中国城市科学研究系列报告

中国城市规划与设计发展报告

2018—2019

中国城市科学研究会
北京建筑大学未来城市设计高精尖创新中心 编

中国建筑工业出版社

图书在版编目（CIP）数据

中国城市规划与设计发展报告 2018—2019/中国城市科学研究会等编. —北京：中国建筑工业出版社，2019.8
（中国城市科学研究系列报告）
ISBN 978-7-112-23937-5

Ⅰ. ①中… Ⅱ. ①中… Ⅲ. ①城市规划-研究报告-中国-2018-2019 Ⅳ. ①TU984.2

中国版本图书馆 CIP 数据核字（2019）第 133171 号

责任编辑：刘婷婷 王 梅
责任校对：焦 乐

中国城市科学研究系列报告
中国城市规划与设计发展报告
2018—2019
中国城市科学研究会
北京建筑大学未来城市设计高精尖创新中心 编
*
中国建筑工业出版社出版、发行（北京海淀三里河路 9 号）
各地新华书店、建筑书店经销
霸州市顺浩图文科技发展有限公司制版
北京市密东印刷有限公司印刷
*
开本：787×1092 毫米 1/16 印张：28 字数：545 千字
2019 年 8 月第一版 2019 年 8 月第一次印刷
定价：**92.00** 元
ISBN 978-7-112-23937-5
（34252）

编委会成员名单

序　言

基于复杂适应系统理论的韧性城市设计方法及原则

当前，城市发展面临的不确定性愈发多样化、复杂化，而认识并适应不确定性成为城市规划和设计领域的发展方向之一。为了寻找应对不确定性的方法，“韧性城市”的概念应运而生，用以推进城市规划设计的科学性、合理性。基于第三代系统论——复杂适应系统理论，针对韧性城市设计的方法和原则展开讨论，提出主体性、多样性、自治性、适当的冗余性、慢变量管理和标识六大要素，以实现绿色发展、经济活力、城市安全的韧性城市构建目标。

一、城市发展面临的不确定性

现代城市正面临着越来越多的不确定性，而这些不确定性也正在危及城市最根本的“安全”问题，并深刻影响着城市的未来。

首先，面对频频出现的前所未有的极端气候，传统的衡量工具和承载力估算方法往往收效甚微，严重挑战着原有的城市规划管理措施和基础设施的功效。其次，城市交通工具的高速化、普及化引发了新型交通革命，同时也带来了高危险性和潜在的脆弱性，例如无人驾驶车辆一旦遭遇黑客攻击，就可能完全失控并引发严重后果。不可否认，人工智能、物联网、人工合成生命等颠覆性的新技术、新事物的快速涌现为社会带来了颠覆性的改变，但同时也暗藏着巨大的不确定性和脆弱性，这也是人们将“万物互联”称作“风险互联”“危险互联”的原因。此外，快速发展及高度国际化也为城市带来了不确定性，交通的机动化与网络化使时空被高度压缩，经济社会全球化使得生产与消费、需求与供应的波动都极易被迅速扩大化、全球化，金融危机就是典型的事例。而人口大规模的迁移也使得城市规模的增长速度更加难以预计。最后，我们的城市多主体也变得愈加复杂，高强度的人口流动使得城市拥有本地城市人口、外来乡村人口、外国移民等多重人口主体，人口流动随着交通工具的发展变得越来越频繁，产生的冲击也越来越大。很多城市在建设、运行、发展阶段就面临从农村到城市的巨大而突然的转变，伴随着人口迁移和聚集、建筑物密度增多、产业结构调整、区域影响力增强等现象，灾害要素以及承载载体密度不断增大，也由此催生出更多、更复杂的公共安全新问题。

二、韧性城市：应对不确定性的工具

在上述不可抗拒的城市发展趋势面前，放大安全冗余或制定预案等传统方式均不能有效应对随之而来的巨量的不确定性，由此，“韧性城市”的概念应运而生，用以定义那些能够吸收未来的不确定因素对其社会、经济、技术系统和基础设施的冲击和压力，并维持自身基本的功能、结构、系统和特征的城市。风险到来时，韧性城市会自动调整形态，表现出高强度的坚持力、调适力和转型力。由图 1 分析可得，一座城市的韧性与其坚持力、调适力、转型力成正比，与外界的扰动因素、脆性因素成反比。城市韧性分为结构韧性、过程韧性、系统韧性三个层面。

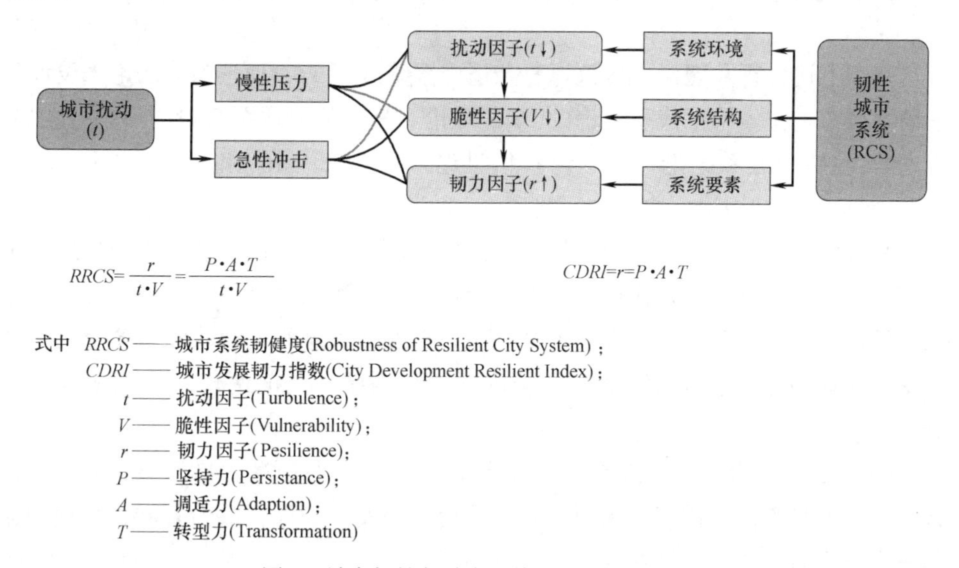

图 1　城市韧性与城市系统组成因子的关系

其中，结构韧性包括技术韧性、经济韧性、社会韧性和政府韧性，分别指代基础设施应对城市灾害、经济结构抵抗金融巨变、社会民众面对重大事件、政府部门维稳职能运行及安定民心的能力。身为城市规划者，我们应把重点放在技术韧性上，强化城市的通信、能源、给排水、交通、防洪和防疫等维持城市正常运营的生命线基础设施应对灾害的能力。

过程韧性是指城市面对大量突发灾害时，在维持、恢复和转型三个阶段所表现出的维持修复能力。在干扰较小时，发挥主要作用的是维持力，以确保系统自主维持平衡状态，保留原有的功能；而恢复力则在扰动较大且已经使系统偏离原平衡态的时候发挥效力，以帮助系统在短时间内恢复到原平衡态；转型力则是指对风险冲击下暴露的城市脆弱点进行修正，并使城市系统达到新的平衡态的能力。

系统韧性即是城市作为不断运作的活有机体所具有的韧性。城市有机体由感知系统、运算系统、执行系统和反馈系统构成，它能够全面感知各类事件、风险来源和不确定因素；将其转译为数据形式投入人工智能运算，并基于大数据和机器运算得出各类问题的解决方案；随后，依据方案可以向相关部门和人员派发指令，以迅速、精准地解决问题；最后，执行结果将被实时反馈，由感知系统再次感知。由此，上述四个系统形成了一组闭环控制系统，体现了城市在受到干扰时自我学习、实时应对和积累经验的能力。

三、复杂适应理论：韧性城市设计的方法及原则

基于上述分析及理论，建议以复杂适应系统（CAS）理论为方法论来设计建造韧性城市。作为第三代系统论的CAS理论，是在第一代系统论（又称为“老三论”，包括一般系统论、控制论和信息论）和第二代系统论（又称为“新三论”，包括耗散结构论、协同论、突变论）的基础上演变和完善的结果。CAS认为，系统中的每个主体都会对外界干扰做出自适应反应，且各种异质的自适应主体相互之间也会发生复杂作用，二者均会对系统的演化路径和结构产生影响。它强调任何系统的变革、演进和发展都是主体对外部世界的主动认知所产生的集体结果，而这种存在于持续演进的系统内的“隐秩序”是前两代系统论未能认识到的。

基于CAS理论，一座韧性城市应具备主体性、多样性、自治性、适当的冗余性、慢变量管理和标识六大要素，并平衡兼顾安全韧性、活力宜居、绿色微循环三大建设目标。

（一）主体性

主体性指系统内的各类主体在环境变化时所表现出的应对、学习、转型、再成长等方面的能力。主体包含多个层次，从市民、企业、社团、政府及由它们组成的建筑、社区、城区到城市整体甚至区域。城市的韧性来源于各类、各层次主体的素质和能动愿望。比如在城市之中建造农场建筑，并引入以半导体二极管紫

外光照等科学技术手段，可以大幅提高农作物产量，缩短食品供应链，从而使城市的农产品自给能力大大提升，可用于应对食品短缺、食品安全和气候突变等城市灾险。

（二）多样性

生态系统拥有的物种和栖息地种类越多，抗干扰能力就越强。因此，要保证城市生命线的韧性，城市基础设施必须按照分布式、去中心化、小型化并联式的方式来规划建设。传统的交通设计存在颇多问题，真正富有韧性的交通应保证选取任何一种单一出行方式的人们都能自由畅通地到达目的地。我们甚至可以在建筑间引入一种架空连廊，在平时用作慢行绿道，在洪水时作为紧急生命通道和避难场所。

（三）自治性

自治性指城市内部不同大小的单元都能在应对灾害的过程中具有自救或互救的能力，或能依靠自身的能力应对或减少风险。城市是由各类单元按一定层级次序组合而成的，这些单元的“自治性”支撑着城市的韧性。日本覆盖家庭、社区、城市等多个层级的地震应急救灾体系和荷兰利用浮力原理及新型材料研发的自动升降防洪体系即为此类典型案例。

（四）适当的冗余性

为了避免“剑走偏锋”带来的脆弱性，城市在基础设施建设中必须要预留出可替代、并列使用和可自我修补的冗余量，且冗余量越大，韧性也就越强。例如在家庭、建筑中引入中水处理系统，自动收集并净化洗澡水、洗衣水、屋顶雨水等，用于马桶用水、灌溉用水等，将看似无用的水资源统一收集、分散处理、多级回用，将有助于节约大量的水资源和应对水资源短缺的问题。

（五）慢变量管理

许多城市脆弱性是“温水煮青蛙”造成的，在潜移默化的过程中对风险逐渐麻痹，以致应对能力下降。此类慢变量风险突出表现在房地产市场热潮和地下燃气管网老化等几个方面。基于现代信息技术的智慧系统则可以对人类觉察不到的风险提出预警，并指出风险累积的临界点。

（六）标识

人们通过标识来区分各种不同主体的特征，实现需求与供给的高效自组织配对，从而减少因系统整体性和个体性矛盾引发的雷同性和信息混乱。在标识运用成熟的系统里，主体的能动性增强，在灾害发生时能够准确区分危险与安全，从而提高城市抗灾能力。例如，在现代科技的帮助下，利用人脸识别帮助辨别、跟踪监控罪犯、恐怖分子等，可为城市安全提供保障。

四、总结

传统的城市防灾思维企图建造一个巨大的“拦水坝”，将各种风险和不确定性拒之城外，这不仅是对自然资源和建造材料的极大浪费，同时也会催生出新的脆弱性。传统工业文明思路下的集中化、大型化、中心控制化的城市基础设施布局模式存在一定的片面性和安全隐患，必须辅之以基于 CAS 理论的新型城市建设模式，以构建兼顾绿色发展、经济活力、城市安全的韧性城市。

作者简介：

仇保兴，博士，国务院参事，住房和城乡建设部原副部长，中国城市科学研究会理事长，中国社会科学院、同济大学、中国人民大学、天津大学博士生导师。

前　言

2018年是改革开放四十周年。四十年来，中国城镇化进程波澜壮阔，城乡面貌发生了翻天覆地的变化。2018年这一年在以习近平同志为核心的党中央坚强领导下，全国人民深入学习贯彻习近平新时代中国特色社会主义思想和党的十九大精神，改革创新，开拓进取，城乡规划事业发展取得了新进展、新成效，为经济社会持续健康发展作出了积极贡献。

这一年，是城乡规划行业认真贯彻习近平总书记对城市规划工作的重要讲话和指示批示精神的关键之年。这一年城乡规划工作围绕着全面提高城市规划建设管理品质、推动城市绿色发展的总体要求，聚焦于推进国土空间规划体系建设，加强城市设计工作。这一年进一步开展了历史文化保护，全面开展了历史文化街区划定和历史建筑确定工作，积极开展了历史建筑保护利用。这一年全面推进了海绵城市建设，完善了标准体系，编制实施海绵城市建设专项规划。为切实抓好城市生态建设，提高城市生态建设水平，各地城市开展了城市生态建设评估考核标准和机制建设工作。《河北雄安新区总体规划（2018—2035年）》得到了国务院的正式批复，作为雄安新区发展、建设、管理的基本依据。《北京城市副中心控制性详细规划（街区层面）（2016年—2035年）》得到了中共中央国务院的批复。这两个规划，坚持世界眼光、国际标准、中国特色、高点定位，坚持生态优先、绿色发展，坚持以人民为中心、注重保障和改善民生，坚持保护弘扬中华优秀传统文化、延续历史文脉，提出了高起点规划高标准建设雄安新区、创造“雄安质量”、建设“廉洁雄安”、打造推动高质量发展的全国样板、建设现代化经济体系的新引擎的总体要求。在此基础上，各地的城乡规划实践工作纷纷围绕国家的战略计划、政策方针、实事热点、民生问题等普遍展开，并取得了显著的成绩。

本年度报告以贯彻落实党的十九大会议精神为出发点，紧密联系现阶段我国城市规划工作的重点领域和焦点、热点问题，以综合篇、技术篇和管理篇三个部分，汇总了一年来国内有关国土空间规划、城市设计、城市规划管理与技术创新等方面的优秀理论与实践研究成果。具体包括韧性城市设计方法、空间规划逻辑、空间规划体系构建、空间规划体系改革、城镇开发边界划定、特大城市总体规划实施、城市总体规划编制变革的实践、绿色城市理论与实践、城市更新、城市设计、粤港澳大湾区协同发展、国际合作园区发展研究、规划实施管理改革经验、区域空间规划的方法、总规实施评估方法、未来智慧城镇的空间设计、特大城市功能格局和集聚扩散、低碳试点城市成效评估、中外绿色生态城区评价标准比较、社区参与的新模式、传统社区微更新行动规划研究等方面的研究成果，以期对各地城市规划管理制度建设、城市规划技术创新和应用提供有益的参考。此外，报告还介绍了 2018 年中国海绵城市建设情况以及 2018 年城市设计管理工作情况。

本报告的素材来源包括：2018 年在《城市发展研究》《城市规划学刊》《城市规划》《规划师》《城市建筑》《中国土地》等核心刊物上发表的内容；以及符合本报告特点、具有前瞻性、创新性的部分较高水平的学术论文；相关部门对城市规划相关领域 2018 年工作开展情况的总结与评述。本期报告编制过程中，得到了诸多单位和专家领导的支持。在此要特别感谢住房城乡建设部科技发展司、中国城市规划学会、中国城市规划协会、中国城市规划设计研究院、北京建筑大学等单位的大力支持。

目　录

综合篇

新时代的空间规划逻辑

国土是生态文明建设的空间载体。进入生态文明新时代，国土空间规划的理论、方法和实践，要顺应新时代发展的要求而优化（图 1）。尤其是国土空间规划作为谋划空间发展和空间治理的战略性、基础性、制度性工具，要注重目标、问题和运行导向，围绕前瞻性、科学性、操作性三个核心问题，从势、道、术三个方面进行优化，成为管用、适用、好用的规划。

图 1　国土空间规划进入新时代

一、空间的逻辑：为什么要优化

一个时代有一个时代的空间逻辑。中国古代对空间的布局安排讲求“天时、地利、人和”，注重合时宜、服水土、通人性，“天、地、人”是农耕文明时代空间规划理论和实践的基本要素和内在逻辑。现代人做规划不一定比古人更有智慧，我们往往对土地等物质条件和技术因素比较重视，对人的感受不够重视，对时间维度和运行问题也考虑不多。

每一个时代都需要相应的时空秩序支撑。谋划长远发展首先要把国土空间开发保护格局规划好。时代（天）、空间（地）、社会（人）这些因素有了重大改变，规划的理论、方法和实践也要随之优化。经历过原始文明、农耕文明和工业文明后，空间发展进入了“生态文明的新时代”——空间 V4.0。

国土是生态文明建设的空间载体。中央将空间规划改革纳入生态文明改革总体方案，即意味着国土空间规划进入了生态文明的新时代，这是讨论规划逻辑的起点和基点。因此，国土空间规划的理论、方法和实践，不是因为行政主管部门的变化而“优化”，而是顺应新时代发展要求而优化。

二、战略的逻辑：在哪些方面优化

“多规合一”虽然解决了规划之间的协调性问题，却难以解决规划自身的功能问题。因此，现在应回归到规划问题的起点：规划到底能干什么？笔者以为：国土空间规划作为空间发展和空间治理的战略性、基础性、制度性工具，涉及三个核心功能问题：一是前瞻性，没有前瞻性就没有必要做规划；二是科学性，规划能针对性地解决空间发展和治理的问题；三是操作性，通过有效的方法和实施机制，切实解决问题，产生效益。

现在，一些空间规划比较重视目标、愿景，有空间策略，但时间维度考虑不够，尤其缺乏有效运行机制来保障规划实施。这大概是现有规划的一个短板，所以才会有“规划规划，墙上挂挂”的说法，因而也必须“优化”。

一个好的规划应是“管用、适用、好用”的空间治理政策或制度设计（图 2）。所谓“管用”就是能解决问题；“适用”就是能适应具体的时期、地域和应用场景；“好用”就是运行成本不高，便于执行。因此规划必须强化问题导向或治理导向，具体可细化为三个导向：一是目标导向，明确方向，提振预期；二是问题导向，优化配置，完善秩序；三是运行导向或操作导向，通过健全运行机制和操作规划，实现效益。

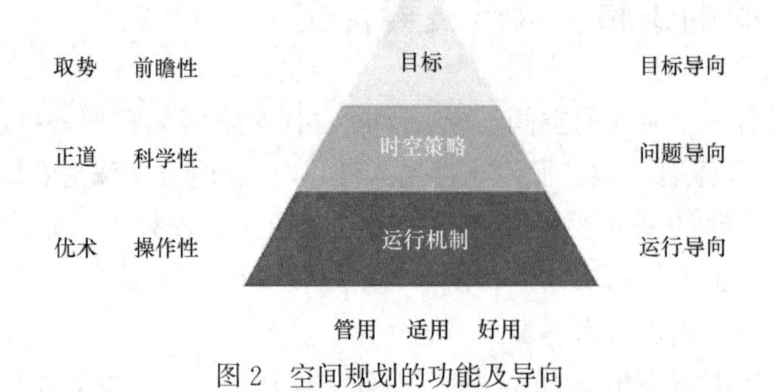

图 2　空间规划的功能及导向

按照中国人的理念，我们可以把规划的三个核心功能问题对应到“势、道、术”三个层面。具体而言，第一是取势；第二是正道；第三是优术。“取势”就是取有利之势，有时还要造势。好的规划都善于“无中生有”，再顺势而为。“正道”，就是要掌握科学的规律，把握正确的原则，才能针对性解决问题。“优术”，就是优化具体的工作方式、方法或机制，保障规划能有效实施和运行。

三、“势”的逻辑：从发展动力和发展需求两个方面分析

取势——动力逻辑。生产力与生产关系的相互作用，推动社会的发展进步。而时空关系对于生产力、生产关系具有实体性的重塑作用。所以分析一个地区的发展动力，可以从生产力、生产关系和时空关系这三个供给性维度来看。新时代的发展动力主要以深度信息化、新型市场化（或法治化）和新型全球化为代表，分别代表了生产力、生产关系和时空关系。

一是“深度信息化”。“深度信息化”包括数字化、网络化、智能化，或简称数字化，因为数字化代表了科技原动力。所以，有人认为世界万物可以用“信息＋算法＋能量”来解释。数字化史无前例地改变了人类生产方式、生活方式乃至发展方式、治理方式，重构了人与人之间的生产关系、社会关系乃至人与物、物与物之间的时空关系，形成了智慧经济、网络社会和一种“数字生态”。人与万物皆为数字化生态系统中的网络节点或单元，自然、人、城市、经济、社会等因数字化而“生态化”。因此，数字化超越了以往的生产力变革，既改变了生产力，也改变了生产关系和时空关系，并形成了一种万物互联的“新生态文明”特征。

二是新型市场化（法治化）。中国正处于经济转型发展期，“四个全面”推动了市场化改革和法治化建设，对生产关系、社会关系和空间关系影响重大。

三是新型全球化。全球化不仅影响了贸易和地缘关系，也影响了文明的发展。“一带一路”将对国土空间格局产生重大的影响，也将促进区域协调发展。

以上三大动力中最需要关注的是数字化，因为我们将面对的是一个数字化的“新生态”，其生态文明的空间特征与仅有自然生态的时代大不一样。

取势——需求逻辑。推断未来发展趋势，可以从三个需求维度来看，一是主体全面人本化。一个地方的竞争力体现在人的创造力和凝聚力。人类的发展超越对温饱生存的需求后，进入全面发展的新阶段。“以人民为中心”在高质量发展阶段体现在充分满足“人民对美好生活的向往”。二是客体全面生态化。经历过工业化对自然环境的巨大冲击后，需要回归尊重自然、顺应自然、保护自然，营造人和自然和谐共生、可持续发展的生态。“全面生态化”不仅指环境质量的改善和资源的节约，更意味着生产、生活方式的生态化，意味着资源的生态价值超越了其作为生产资料的价值。三是群体的区域网络化。城市之间不能孤立生存，没有网络化就会被边缘化。信息化、市场化和全球化都将促进区域化、网络化，

形成“命运共同体”。甚至城市内部也要网络化，使更多有活力的城市节点或中心产生社区，成为一个“微型城市”。

以上“三化”意味着未来一个地区的空间发展必将体现“新发展理念”的导向：第一，注重创新和共享，实现高质量发展和高品质生活；第二，注重生态优先，实现绿色发展；第三，注重开放和协同，实现协调发展。

取势——空间 V4.0。上述“六化”之“势”在数字化背景下，呈现出新的时空生态特征。数字化融合了时空，实际上是我们人为分割了时空，时空本来就是时空一体、虚实合一的“相”。空间 V4.0 的空间生态特征，主要体现在空间布局、结构、功能、品质、特色、权益的六种“相”变。

一是布局的多中心、网络化。互联网让世界更扁平，但不是“去中心化”。新的“集中—分散”动能使城镇群及城镇内部呈现“多中心、网络化”的分布式结构。二是结构的群落式、圈层化。交通和网络的可达性决定了空间群落结构，弱化了行政边界作用，形成了同城效应的都市圈及城镇圈、社区生活圈等群落式圈层结构。三是功能的复合式、社区化。数字化使生产、生活更加融合。人成为网络节点，而虚实结合、功能复合的社区（社群）成为群体活动的基本时空单元。四是品质的体验性、场景化。时间决定空间的意义，体验决定空间的价值，空间规划和设计要围绕人的感知，注重场景营造，人们在场景当中连接世界、感知生命、创造价值。五是特色的地域性、个性化。过度工业化、标准化、批量化的规划和建设带来的“千城一面”。而数字化促进了个性化规模生产与消费，独具魅力的空间地域感将自带价值和流量，促进分工和交流，激发空间活力。六是权益自主性、权力化。空间就是权益，规划即是政治，而技术就是权力。每次重大科技进步均引发利益再分配。网络化是利益创造和分配的自主加速器、放大器，容易自发形成“马太效应”“空间折叠”和新的时空安全问题。

四、“道”的逻辑：遵循科学的规律和正确的原则

规律的逻辑。空间治理问题不仅是环境问题，也是经济、社会乃至文化和政治问题，因此，空间发展需要同时遵循经济规律、社会规律和自然规律。需要说明的是，规律并不等同于现成的理论或模型，因为理论都有假设，模型都有边界条件，而空间是具体的，规律要经得起实践和历史的检验。

一是经济规律。古典经济学模型包含了工业化的理性假设，不仅对人的需求和产品都进行了标准化，同时忽略了时空特有的自然和人文历史差异等因素。而时空差异性和人的“非理性”恰恰是空间治理中的关键因素。空间产品不同于一般工业消费品，它具有尺度、区位、自然与人文禀赋等特点，因而具有天然垄断

性、稳定性和“禀赋效应”，使得某些古典经济学理论或“常识”失效，如厂商理论就很难解释土地供应规模和地价的关系。而2017年诺贝尔经济学奖获得者——非主流经济学家理查德·塞勒的行为经济学理论，则可以更好地解释空间开发问题。实际的经济规律是既要发挥市场决定性作用，又要更好地发挥政府的作用。二是社会规律。把握以人为本，体现“以人民为中心”，充分考虑人的全面发展需求。与此同时，规划要注重人的社会性，注重空间权益的公平性和包容性，促进人类命运共同体建设。三是自然规律。自然规律是空间发展最为基础性的规律，经济规律和社会规律也受制或融合于自然规律。应该把空间作为“生命共同体”来看待，尊重自然、顺应自然、保护自然。规划师不能像制造机器一样去制造空间，而要像养育生命一样培育空间。遵循这三个规律还要注意两个条件：第一个是因地制宜，每个地区都有禀赋效应；第二个是时间维度上与时俱进和知行合一。

供给的逻辑。空间规划本质上是空间发展和空间治理的政策和制度供给，必须符合我国治理体系和能力现代化的要求。“多规合一”后的国土空间规划的作用如何变得更好？关键在于谋划空间发展要符合新发展理念和发展思想，形成空间供给要遵循“五位一体”的总体布局。这也是空间供给侧结构性改革的总体要求，是国土空间规划能发挥引领和约束作用的基本依据。

空间的规划重点要处理好人与自然的关系，“以人民为中心”要落实到人的全面、健康和可持续发展。因此，按照统筹推进“五位一体”总体布局进行的空间产生，将系统地提供人的全面发展的空间需求，对接人的日常感知，提升人们的安全感、归属感、获得感、成就感和幸福感，满足“人民对美好生活的向往”。

“五位一体”是比“3E”要素更全面、更具可操作性的制度供给体系，体现了中国特色和文化自信。如“文化”更加注重“以文化人”的高质量发展和高品质生活；“政治”更加注重“天下为公”的全面协调发展；“生态”比“环境”更加注重“天人合一”的整体可持续发展。所以，新时代的国土空间规划要有文化自信和历史担当，不能只有自然没有人文，只重数量不重质量，只要管控不要发展。

原则的逻辑。2019年全国生态环境保护大会上，提出了“习近平生态文明思想”，并明确了新时代生态文明建设六大原则，有很强的针对性：一是“坚持人与自然和谐共生”，这是总体原则。二是“绿水青山就是金山银山”，强调发展理念和发展方式变革。三是“良好生态环境是最普惠的民生福祉”，强调空间发展和治理的宗旨。四是“山水林田湖草是生命共同体”，强调生态的系统思维。五是“用最严格制度最严密法治保护生态环境”，强调治理制度的底线约束。六是“共谋全球生态文明建设”，强调命运共同体的生态文化特征。这六大原则体现了“五位一体”总体布局和新发展理念的深刻内涵，对建立中国特色的空间治理理论、方法有重要指导意义，是新时代生态文明建设和空间治理的基本原则。

优化的逻辑。未来空间治理中要重点从六个维度把握空间变量的优化（图3）。一是从物质驱动到“数字驱动”。发展资源由自然“资源”、社会“资本”等拓展到“数字生态”，将使国土空间规划成为可感知、能学习、善治理、自适应的智慧型生态规划。二是从规模驱动到“生态（创新）驱动”。以地球系统科学为基础，强化底线约束，优化资源环境承载能力和空间开发、运营适宜性，以生态优先倒逼创新发展、绿色发展、韧性发展。三是从点轴驱动到“网络驱动”。多中心、网络化、圈层式、集约型空间结构布局驱动空间多维发展。四是从生产（园区）驱动到“品质（社区）驱动”。美好社区在哪里，人就在哪里，美好生活带动空间发展，“以人民为中心”的规划通过社区营造和社区运营落实。五是从区块驱动到“流量驱动”。数字化模糊了规划、设计和治理的边界。城市设计、社区设计、场景设计和运营设计将成为空间规划的常态；全要素、全生命周期的空间“用态”管理将成为规划实施的常态。六是从行政（客户）驱动到“用户驱动”。政府、企业、社会机构和个人等是共同成长的命运共同体。政府将更好发挥公共平台作用，“开门规划”使规划过程成为“用户”们共建、共治、共担、共享的社会治理过程。

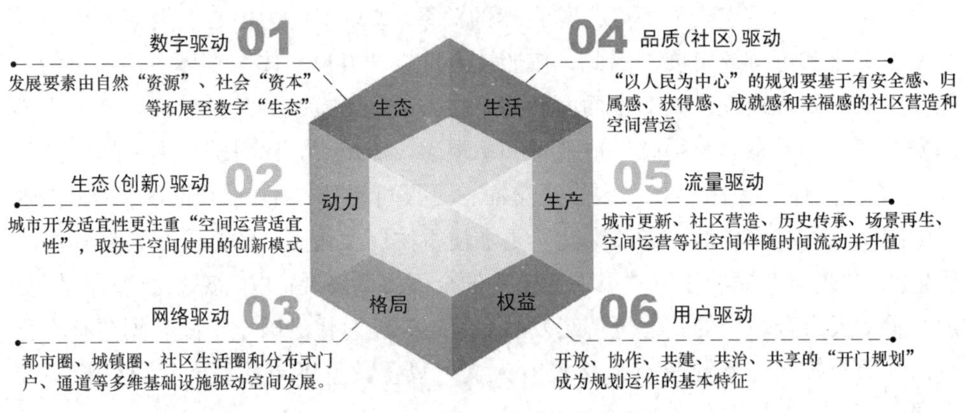

图3　未来空间治理的六个优化维度

五、“术”的逻辑：优化空间治理和运行制度的方式方法

优术——思维逻辑。要改变方法先要改变思维，在生态文明新时代的背景下，规划的思维不应该是延续机械主义的工业化思维或工程思维，停留在工程标准做规划就不合时宜了。要改变“工程思维”定势，树立“生态思维”。使规划

不仅能适应注重个性的“小时代”，也能适应“天人合一”的“大时代”。

一是“用户思维”。“用户”既是消费者，也是生产者，有创新和共享的基本要求，“以人民为中心”要求践行网络时代的群众路线，发挥人民群众的“群体智慧”“依靠人民创造伟业”。二是“有机思维”。将空间当作有机生命体，而不是砖块和机械，城市化不等于城市蔓延，要有生态底线。三是“跨界思维”。注重多个区域、多个主体的开放与协调，用网络化改造阶层化。

优术——运行逻辑。要针对规划不管用、不适用、不好用及不作为、乱作为等问题，强化规划的政策和制度属性，降低制度运行成本，构建高效的规划运行体系。因此，不仅要改革现有编制审批体系，还要重构实施监督体系、政策法规体系和技术支撑体系。

优术——方法逻辑。“以道统术，以术得道”，空间治理的手段不可能单一，规划时应“有之以为利，无之以为用”。总体上可以归纳为“五只手”或“四手一体”：政府——有形之手，要强化依法行政，完善法规和政策；市场——无形之手，强化利益导向；社会——有情之手，强化共建共享；技术——无情之手，强化正向利用；自然——生命之手（或生命之本体）是规划的最高境界，即实现道法自然、“天人合一”的规划理念，因而也是“生命之本”。

规划的逻辑有势、道、术，也有天、地、人，老子曰“人法地，地法天，天法道，道法自然”，最高的逻辑还是道法自然。生态文明新时代是国土空间规划逻辑的起点和工作的基点，国土空间规划的发展将在“道法自然”中不断完善，而规划行业也要有自身良好的生态，正如管子所说：“人与天调，然后天地之美生。”

（撰稿人：庄少勤，自然资源部总规划师）

注：摘自《中国土地》，参考文献见原文。

论新时代城市规划及其生态理性内核

导语：单一计划经济决定和单一市场经济决定的城市规划均对城市可持续发展造成了巨大的伤害。研究提出了新时代背景下城市规划的生态理性规划范式，纳入中华理性的思想，是对传统的理想导向和问题导向的城市规划的修正和改善。分析生态文明作为城市生长的文明背景的时代要求；认识城市是具有意志、智慧和尊严的生命体，并充分尊重城市生命，作为根本前提；以大智移云技术和复杂科学作为城市规划技术和思想体系的支撑；不断发掘城市发展规律、尊崇城市规律。以上四个层面是生态理性规划范式的思想方法和工作方法。分析了规划思想的历史变革，提供了生态理性规划的具体案例，阐释了新时代的城市规划必须以生态文明的建构为目标导向，以创新为引领的新发展理念为基本动力，尊重城市发展和城镇化的基本规律，方可实现未来城市发展的多元统筹协调以及人类城镇化的可持续发展。

1985 年，笔者在华东地区城市规划工作会议上做了《城市规划思想方法的变革》报告，指出“随着计划经济在城市决策中一统天下的决定性作用受到了动摇，市场经济的到来后，规划在城市决策中间扮演的角色越来越重要，城市规划的思想方法需要进行变革，纯粹以苏维埃自上而下的刚性决策模式不再适应于中国城市规划所面临的决策挑战，必须面对市场力量的挑战提出规划思想方法变革”。当时报告的主观点是：“思想方法的变革总是依托社会活动的发展进行的。理解城市规划思想方法的变革，首先是认识城市规划工作发展的背景，它们是思想方法变革的附着物，是思想方法进行变革的基础”。

面对从计划经济转向市场经济的城市规划思想方法和工作方法变革的需求，具体提出了城市规划四大方面的转型（吴志强，1986），那就是：

（1）从单一封闭走向复合发散的思想方法变革；

（2）从最终理想静态走向过程动态的思想方法变革；

（3）从刚性走向弹性的思想方法变革；

（4）从指令性走向引导性的思想方法变革。

这个报告当年收录于《城市规划通讯》，按照董鉴泓先生的要求整理后，1986 年发表于《城市规划汇刊》。

城市规划进入新时代，思想方法必须变革，同样面临以上两个基本问题：

第一个基本问题是怎么变。必须针对社会、经济、生态所面临的可持续发展问题，必须以生态文明的建构为目标导向，以创新为引领的新发展理念为基本动力，尊重城市发展和城镇化的基本规律，实现我国城镇化关键过程和城市未来发展的多元统筹协调，城市规划才有可能进 AW 时代。

第二个基本问题是变什么。假如说，33 年前提出中国城市规划的四项“思想方法变革”，针对的是城市规划当时面临的基本挑战：国内从计划经济转向市场经济的改革。那么，今天我们更应该以更广泛的视野、更长远的历史维度来观察和思考新时代中国特色城市规划思想体系。我们的视野是在人类命运共同体思想下，思考全球城市所面临的根本问题。并以此为背景，建构中国未来城市规划的价值观、思想方法和工作方法，及其对于全球性的贡献可能。我们考虑的时间维度，已经跨越了当时的时间局限——规划如何应对几十年计划经济之后导入市场经济所面临的挑战，今天我们更应该从人类八千年城市文明、几千年中华文明的视野，思考城市未来的千年走向，人类城镇化可持续发展的千年文明要素。

本文从五个方面来论述新时代城市规划的思想方法建构（图 1）。第一和第二部分，思考的是单一计划经济下和单一市场经济逐利对城市可持续发展的伤害。第三部分，思考的是复杂科学的导入、大智移云技术的到来，对城市本身及其规划思想方法可能带来的变革。第四部分，思考生态文明下未来城市可持续发展中，必须纳入中华文明的生态理性思想。第五部分，指出新时代城市规划特色中不可缺失的生态理性思想及其要素。

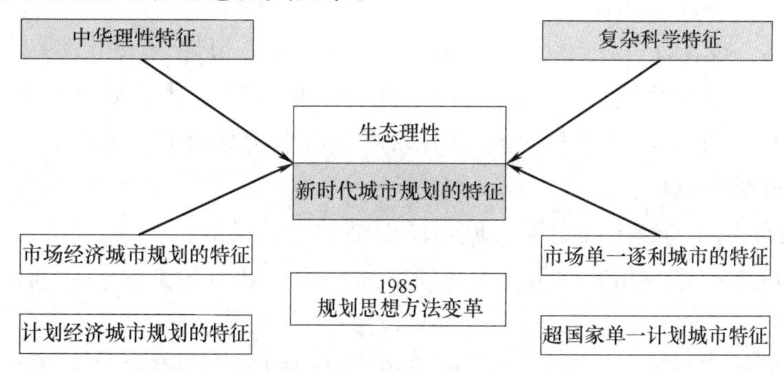

图 1　新时代城市规划思想方法构建

一、单一计划经济决定的城市规划

1. 在计划经济下的城市规划具有四大特征：

（1）单向的封闭型思想方法；

（2）最终理想状态的静态思想方法特征；

（3）刚性规划的思想方法特征；

（4）指令性的思想方法特征

2. 进入市场经济以后，城市规划面对四个不清楚的基本问题：

（1）城市规划总图完成后，不清楚具体的投资者是谁；

（2）城市规划总图完成后，不清楚具体的投资项目类型；

（3）城市规划总图完成后，不清楚具体的投资时间；

（4）城市规划总图完成后，不清楚项目建成后所造成周边的生态环境、经济投资、社会生活、交通的后果。这使得计划经济建立起来的城市规划，面对市场经济的无时无刻、无处不在的挑战，处于被动防守，有时甚至是沮丧的被动局面。

3. 城市规划仅仅是国民经济计划的继续和具体化：

在计划经济语境下，城市规划仅仅是国民经济计划的继续和具体化，并将单一集中的简单理性计划发挥到了极致。国家集团不仅规划实际储蓄的国民经济计划，而且决定了几乎所有的生产产品以及生产数量。

二、单一市场经济决定的城市规划

1. 在单一市场经济下的城市规划两大特征：

（1）只关注个体利益的思想方法；

（2）只关注短期利益的思想方法。

在单一市场经济决定下，市场的力量极大地影响着，有时候甚至决定着城市发展的命运。受陷于单一市场逐利性的驱动，使得城市规划工作只关注到个别小团体（有权集团和有钱集团）的利益，而并非城市中绝大多数人的利益（吴志强，1999）。同时，巨大短期利益的诱惑使得城市规划置长远利益于不顾，处于资本响应的被动局面。

2. 在单一市场经济决定下，城市所面临的三大挑战：

（1）城市自然失和：城市空气污染、水污染、环境污染等一系列生态价值断裂现象；

（2）城市多元系统失衡：城市系统构建过程中缺乏关联和统筹思想，导致多元系统间严重失衡；

（3）城市传承和创新失续：传统文化和历史遗产、土地制度、劳动力供给、城市物质形态等方面的大量不可持续问题。

三、对规划单一决定论的反思

无论是对于“单一计划经济决定”式的城市规划，还是对于“单一市场经济决定”式的城市规划，世界城市规划学界都不缺乏对“规划单一决定论”的批判性反思和纠正，以及对城市规划“理性”的追求。从霍华德的田园城市的理想开始，到雅典宪章中对城市规划的社会任务的明确[1]；从简·雅各布斯（Jane Jacobs）提出的城市规划到底在为谁服务的尖锐问题，到大卫·哈维（David Harve）的新马克思主义对现代资本主义社会的深刻批判（吴志强，1999），都强调“规划单一决定论”必然无法解决所有问题。

改革开放40年以来，中国城市规划学界从未停止过对城市规划思想方法的本质及其理性思想内核的辨析和探索，尤其在如何创造一套适合中国国情的城市规划思想方法体系，以应对中国由于发展不平衡和不充分所带来的城市问题，这一直是所有中国规划人的思考重点。

四、生态理性语境下的技术与实践

城市规划进入新时代，思想方法必须变革，必须针对社会、经济、生态所面临的可持续发展问题，必须以生态文明的建构为目标导向，以创新为引领的新发展理念为基本动力，尊重城市发展和城镇化的基本规律，实现我国城镇化关键过程和城市未来发展的多元统筹协调。

复杂科学和“大智移云”的导入为生态理性的城市规划范式提供了完全崭新的思想方法和工作方法。新时代的城市规划将：①从个体理性走向集体理性；②从学术理性走向实践理性；③技术理性与政策理性相结合；④工程理性与管理理性相结合；⑤市场理性与社会理性相结合。

（一）城市大数据库（WUBDB）

1997年，笔者团队构建了第一代城市大数据库，并在过去的20年里，对数据库不断进行迭代更新与升级。目前为止，第四代城市大数据库（Word Urban Big Date Base，WUBDB）已经聚集了全球城市的八大类信息，包括来源于卫片、航片、统计数据、地面感知、视频、专访等120亿条有效数据，已远超过早期美国UIC2城市诊断数据库所涵盖的2亿条有效数据量。

---

[1] 雅典宪章（Charta von Athen）除了著名的理性主义和功能主义的城市四大功能分离的主张之外，还对城市规划设计提出了以下观点和要求：①现在的城市展示的是一片混乱的局面（CIAM大会当时分析了33座城市）（第71点）；②不幸的无数大众的利益正在受到少数人的毫无顾忌的野蛮侵犯（第72点）；③市场经济的力量远远强于行政管理控制力量和社会联合力量（第73点）；④城市应有利于保障个体在精神和物质上的自由，以及保障集体公共手段的有效（第75点）；⑤防止肮脏的土地投机游戏（第93、94点）；⑥城市大众的公共利益必须优先于个体的利益（第95点）。

（二）城市树（City Tree）及城市发展类型

通过对 30m×30m 精度网格，在 40 年时间跨度内对全世界所有城市卫片的智能动态识别，笔者及其团队把每个城市的卫片数据进行集合构建，首创了“城市树”（City Tree）的概念，将全球城市的增长现状“种”在地球上。截至目前，已经完成了精确到建成区 $1km^2$ 以上的 13810 个城镇建成区的绘制。

如图 2 所示，笔者将所有已绘制完成的城镇建成区按照增长曲线边缘进行统计，归纳出七大城市发展类型：萌芽型城市、佝偻型城市、成长型城市、膨胀型城市、成熟型城市、区域型城市、衰落型城市（吴志强，2018）。其中，佝偻型城市，即过去 40 年内始终保持在 $10km^2$ 以下没有增长的城市，共计 3601 个，约占 26%；成长型城市，即持续保持一定正常增长率的城市，共计 2365 个，约占 17%。

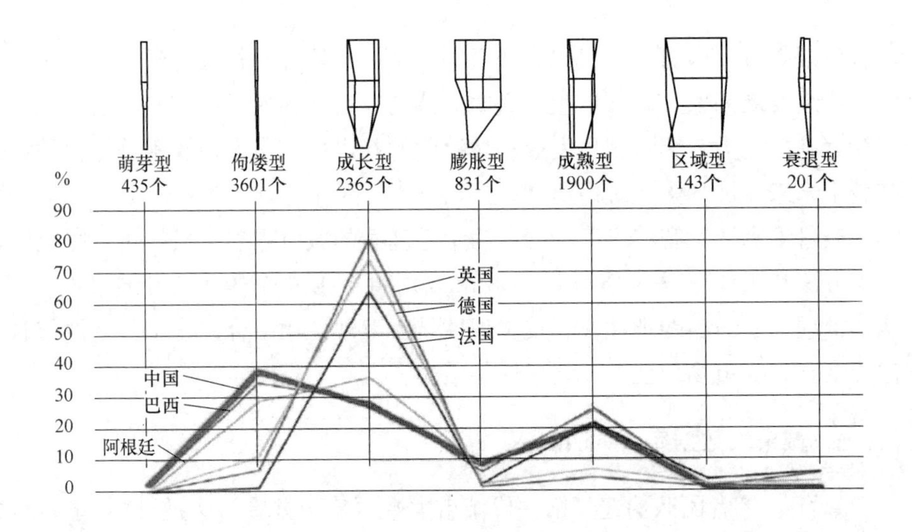

图 2　七大城市发展类型

同时，根据这些城市的空间分布进行观察和统计，德国、英国和法国等发达国家的城市，60%～80%的城镇属于成长型城市；中国、巴西和印度等发展中国家的城市，佝偻型小城市占了约 20%～30%。对于中国而言，膨胀型和成熟型的大城市约占 30%。由此可见，我国的城市整体分布需要进一步调整，其中，小城市的慢速、均匀、内生性增长需要更多的培植。

（三）城镇化转型关键点判断

通过对全世界 214 个国家和地区城镇化发展过程的大量模拟，笔者发现绝大部分国家在城镇化率达到95%以后，人均国内生产总值（GDP）[1]也不会超过18000美金。只有少数国家在城镇化率达到高位时，人均国内生产总值大量飙升，实现“华丽转型”。

（1）“城镇化66模式”。以意大利和奥地利为典型，可称为“意奥模式”。即这些国家的城镇化率达到66%左右，人均国内生产总值通过创新转型大幅度飙升，全国1/3的人口继续保留在农村地区，形成66%的城镇人口和34%的农业人口之间的良性互动。

（2）“城镇化75模式”。以德国和瑞士为典型，可称为“德瑞模式”。即这些国家的城镇化率达到75%左右，人均国内生产总值通过创新转型大幅度飙升，全国1/4的人口继续保留在农村地区，形成75%的城镇人口和25%的农业人口之间的良性互动。

（3）“城镇化80模式”。以英国和美国为典型，可称为“英美模式”。即这些国家的城镇化率达到80%左右，人均国内生产总值通过创新转型大幅度飙升，全国1/5的人口继续保留在农村地区，形成80%的城镇人口和20%的农业人口之间的良性互动。

通过大量国家和城市的案例研究，笔者发现能否产出有价值的智力产品，促进社会创新和创造经济价值，为国家进一步发展积累自主创新动力，是衡量城镇化是否可以走上智力化可持续道路的重要标准（吴志强，等，2015）。

大幅度提升国家自主创新能力是促进城镇化从追求数量的“体力型”转型成为质量导向的、创新驱动的“智力型”最为关键的因素。城镇化的第一步是“农村体力劳动”到“城市体力劳动”的转型；而城镇化成功的第二步，也就是会带来人均国内生产总值大幅度飙升的是“城市体力劳动”向“城市智力劳动”的大规模转型。

如今的中国城镇化正面临着历史性的关键时期：哪个地区能够从“体力型城镇化”转型成为第二阶段的质量导向的、创新驱动的“智力型城镇化”，哪个地区就会成为创新地区。相反，哪个地区如果不能完成城镇化的转型，那么该地区将错过历史的窗口期。从广东省和浙江省近年的创新驱动发展来看，我们已经看到了转型进入城镇化智力创新阶段的新趋势，但对于更多地区的未来走向，还有待于我们观察和推动。近年来，整个中国的各省各地区的发展差异，已经开始证实我们的判断。

---

[1] 本文人均GDP的美元单位，是指2012年世界银行计算后的现价美元。

（四）城市职能模拟平台（CIM）

在目前的规划工作中，笔者及其团队从 2006 年开发的城市地段智能模型（City District Information Model，CDIM）到 2010 后推广到整个城市的城市智能模拟平台（City Intelligent Model，CIM）支持系统，兼容了 1988 年提出的建筑信息模型（Building Information Model，BIM）的基本特征，并导入了城市变化的动态特征，基于城市智能模拟平台，从而为近年来的人工智能城市推演打下了坚实的技术基础。

我们通过北京副中心的规划设计方案的综合工作，对 CIM 支持系统再次进行全面提升，包括：规划方案的动态数据的接口、接入数据的标准化、对于虚拟与现实技术的导入、小区范围内的人口数据、使用者 24h 的分布状态、步行 15min 范围内的“六元平衡”（即职、住、医、教、商、休的空间配置模拟）等多个系统进行了全面提升（吴志强，2018）。CIM 的 2017 版本检验范围覆盖了 155km^2，可以迅速读取区域内的天气、人口成分、人流汇聚规模和速度、每栋建筑的楼层高度、建筑材料使用量等，从而快速地支持规划决策，并进行多方案比较（图 3）。

图 3　北京副中心 CIM 支持系统平台

将“六元平衡”落地以后，直接支撑了“家园”的总体分布及其“六元要素”的空间配置（图 4）。

五、中华理性对城市规划的启示

作为中国当代规划人，我们不仅应该把握源自希腊的西方理性主义，也更应该从我们得天独厚的中华文明基因中得到整体思想和生态理性的营养，作为未来中华城乡规划的思想建构重要源泉。

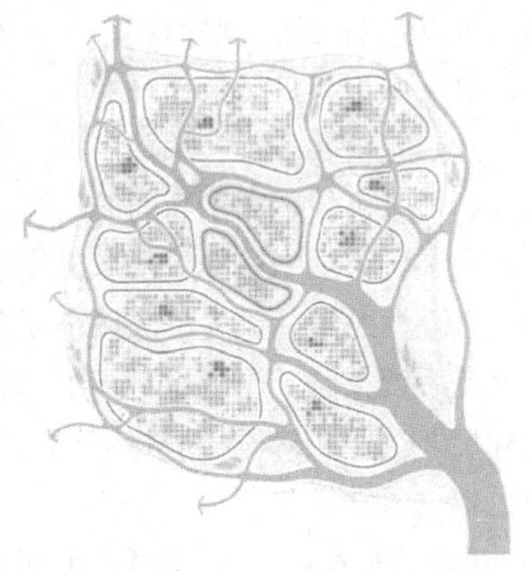

图 4 北京副中心“家园”的总体分布及其“六元要素”的空间配置

（一）中华理性

以现代城市规划中率先导入的单点剖析、精确因果、可重复科学实验为特征的西方理性为唯一判断标准，中华文明中的整体复杂思维和生态理性逻辑经历了近两个世纪的冲击和跌宕，以一种单点评判标准是无法吸纳营养的。

本质上，相对于源于希腊文化的西方理性，中华理性是具有更高层级的整体复杂思维和生态理性逻辑，这是对生命整体的描述，是在看清整体本质的基础上，上升为一种更高级的理性，超出用西方简单理性判断的标准。

（二）中华理性之六性

笔者整理出中华理性的六大优势：

（1）中华理性具有整体性。《庄子》道“天地与我并生，而万物与我为一”。天人是合一的，是整体性的。现今的城市规划正是进入了整合性的新阶段。

（2）中华理性具有包容性。老子《道德经》说“知常容、容乃公、公乃王”。可用来说明城市规划融入和统筹多学科的趋势。

（3）中华理性具有平衡性。《易例》道“不得中不和，故《易》尚中和”。中华理性强调阴阳之合。

（4）中华理性具有规律性。如《论语・阳货》道“天何言哉？四时行焉，百物生焉，天何言哉”；《道德经》说“天法道，道法自然”，都表述了中国人对规律和自然宇宙具有的共鸣。

（5）中华理性具有生态性。《周易》道“天地之大德曰生，生生之谓易”。中华理性强调遵从大自然和义理的统一。

（6）中华理性具有永续性。《荀子》道“应之以治则吉，应之以乱则凶，强本而节用，则天不能贫”。中华理性强调的节省不是不用，而是少用和巧用，与天地形成良性的循环，这也是规划设计中非常重要的“强本节用”的理念。

（三）中华理性对世界城市规划的三大启示

今天世界上的城市面临诸多复杂问题，以中华生态理性思考复杂的城市问题，可以归结为三个层面：

（1）城市与自然失和；

（2）城市元系统失调；

（3）城市传承和创新间的失续。

中国城市规划可以对未来世界城市规划的贡献是，复兴中华的整体复杂思维和生态理性逻辑，成为解决城市复杂生命系统的有力的思想方法。中华理性的本质就是系统关联、深入思考、生态思维、复杂演进的思想方法，“天人合一”“系统和谐”“代际永续”将在未来世界城市规划思想方法和工作方法中扮演重要的角色：

（1）“天人合一”，城市人工和自然之间、内部与外部之间的关系和谐；

（2）“系统和谐”，城市整体境界的相辅相成和互补共生，城市建筑群落情景合一，城市中社会群落和谐；

（3）“代际永续”，一代与一代之间永续，像对待生命一样对待城市，不仅能看到今天是重要的，还能看到比今天更为重要的明天。

六、结语

“崭新的城市规划思想方法，正在工作过程中不断酝酿产生，正在取代传统的城市规划思想方法，以适应改革形势的要求，使城市规划工作向更深刻、更严谨、更切合实际的方向发展”（吴志强，1986）。

新时代的城市规划是以生态文明的建构为目标导向，以创新为引领的新发展理念为基本动力，尊重城市发展和城镇化的基本规律，得以实现我国城镇化关键过程和城市未来发展的多元统筹协调。同时，新时代城市规划是将人类命运共同体作为指导思想，从人类八千年城市文明、几千年中华文明的视野，建构具有中华智慧和理性的规划价值观、思想方法和工作方法，以不可阻挡的生命力清除传统思想方法中的问题和症结，促进人类城镇化的永续发展。

（撰稿人：吴志强，同济大学副校长，建筑与城市规划学院，高密度人居环境生态与节能教育部重点实验室，教授，博导，中国工程院院士）

注：摘自《城市规划学刊》，2018（03）：19-23，参考文献见原文。

新时期城市总体规划编制变革的实践特征与思考

导语：空间规划管理权的整合，将推进空间规划体系的建立，从原来的“多规争一”走向“多规并一”。本文对城市总体规划编制变革的实践进行了研究，提出应放弃门户之见，在“多规”的编制力量、管理部门“合一”的背景下重新考虑城市总体规划（或城乡总体层面的规划）的转型。在对实践进行总结的基础上，对未来的变革思路进行了思考，提出改革建议：在空间的资源观与理论范式方面，应围绕资源的发展权重构规划事权，应从技术理性走向多元协调；在规划的政策性与成果表达方面，应加强规划的战略与政策研究，使之真正发挥引领性，在成果的表达方面应体现政策性与逻辑性；在编制的组织与控制方法方面应加强各方面力量的协同性，在控制方法上应注重结构性与层次性。

空间规划改革是基于生态文明体制改革的重要制度设计。2012 年 11 月党的十八大就提出了大力推进生态文明建设，优化国土空间格局；随后 2013 年 11 月中共十八届三中全会《中共中央关于全面深化改革若干重大问题的决定》提出国家治理体系现代化，建立空间规划体系；2013 年 12 月中央城镇化工作会议提出建立空间规划体系，推进规划体制改革；2014 年 12 月中央经济工作会议要求加快规划体制改革，健全空间规划体系；2015 年 9 月中央政治局审议通过《生态文明体制改革总体方案》，明确提出了空间规划体系，要求构建以空间治理和空间结构优化为主要内容，全国统一、相互衔接、分级管理的空间规划体系，着力解决空间性规划重叠冲突、部门职责交叉重复、地方规划朝令夕改等问题，并指出空间规划是国家空间发展的指南、可持续发展的空间蓝图，是各类开发建设活动的基本依据。空间规划分为国家、省、市县（设区的市空间规划范围为市辖区）三级。从提出、建立再到推进、明确，思路越来越清晰。

2018 年 3 月 17 日第十三届全国人民代表大会第一次会议通过了关于国务院机构改革方案的决定，将国家相关规划管理的职能整合，由自然资源部负责建立空间规划体系并监督实施。对于国家空间规划改革推进了一大步，对于近年来的“多规合一”提供了体制的保障。未来空间规划的体系、城市总体层面规划的名称都还存在很大的未知数。但无论是以空间规划统筹现有各个规划，还是以多级空间规划代替现有规划。城市总体层面的规划工作将始终存在，而且工作方式也将发生较大的变化。

一、空间规划体系建立前的改革与探索

（一）多规合一

在城市总体层面存在着多个规划，这些规划的目标、规划理论、编制方法和实施途径互相交叉冲突，实施和协调难度大。事权分立所导致的分头规划和分散规划与综合规划的结构存在着内在的矛盾，于是各个规划都采取了超出事权的规划延展这一方法作为应对。规划的编制倾向于综合性与全局性，而规划的管理（即核心内容）则基于事权来界定……。这种差异在事权分立的背景下又导致各部门对规划空间权力的争夺（许景权，沈迟，胡天新，等，2017）。

近年来，在地方政府的推动下开始推行“多规合一”实践，但存在条块分割的政府管理体制、规划法规依据不一、规划期限和发展目标差异以及规划编制技术标准不同，难以达到协调和协同的目的。2014 年，国家发展和改革委员会、国土资源部、环境保护部、住房和城乡建设部联合印发了《关于开展市县“多规合一”试点工作的通知》，确定 28 个市县为全国“多规合一”试点。“多规合一”试点工作结束后，中央财经领导小组办公室的领导对四部委的试点似乎不太满意，觉得四部委试点还是把部门的东西看得比较重（孙安军，2018）。各个部门都试图用自己的规划去“合”别的部门的规划。

（二）城市总体规划改革与试点

城市总体规划一直进行着改革，2006～2008 年以《城市规划编制办法》和《城乡规划法》的颁布为标志，城市总体规划的编制形成了较为稳定的范式，但很快又得到来自各方面的压力，开始了一轮又一轮的改革。2017 年住房和城乡建设部选取江苏、浙江两省和沈阳、长春、南京、厦门、广州、深圳、成都、福州、长沙、乌鲁木齐、苏州、南通、嘉兴、台州、柳州 15 个城市进行城市总体规划编制试点。试点经验的总结是要转变规划理念、承接国家责任；实现统筹规划，整合各类空间性规划，形成“一张蓝图”；推进规划统筹，建立规划编制与管理信息平台，实现规划统筹空间资源保护与建设；明晰政府、市场的事权边界和各级政府的事权边界，优化刚性内容传递，推进存量用地盘活（董珂，张菁，2018）。这些结论其实很多早就有共识，关键是由谁来做，怎么做。

总结近年来的总体规划改革，有学科、事业发展的自我完善，有面对社会质疑的自我证明，有面对上级审批部门要求的无所适从，也有在“多规”混战中的越位与防守。总体规划的改革往往是反复强调“我很科学”“我很重要”，但别的

规划的长处在哪里很少分析。空间规划管理权的整合，使各部门可以放弃门户之见，在“多规”的编制力量、管理部门“合一”的背景下重新考虑城市总体规划（或城乡总体层面的规划）的新范式。

二、理念：空间的资源观与理论范式的转换

（一）规划事权的核心：资源的发展权

城市总体规划是一项全局性、综合性、战略性的工作，是政府调控城市空间资源、指导城乡发展与建设、维护社会公平、保障公共安全和公众利益的重要公共政策之一。围绕公共政策的属性，城市总体规划进行了一系列改革探索，政府事权成为总体规划改革的主线之一，划分的建议是中央政府应重点把握涉及全局和长远发展的战略要求等内容，省级政府应着力统筹区域协调和资源环境监管等内容，地方政府应负责具体的公共服务供给和建设用地布局等内容。但依据是什么，城市规划的本质到底是什么，似乎不太清晰。

虽然城市规划的行政基础是法律赋予政府行使土地的用途管制权力，但城市规划者更关注于功能的合理性。相比于城乡规划，土地规划者对于权利给予了较高的关注度，《土地管理法》在总则之后就明确了土地的所有权和使用权：对于土地发展权这个在土地上进行开发的权利的系统研究，基本上是土地规划的研究范畴。城乡规划职能纳入自然资源部，强化了空间的资源属性。在理念上要重视土地发展权。

林坚、徐超诣（2014）指出空间规划的实质性问题是土地发展权，并基于土地发展权的空间管制形成中国特色的空间规划体系：按照土地发展权形成条件的差异以及我国不同层级空间规划的管制特点，我国存在两级土地发展权体系：一级土地发展权隐含在上级政府对下级区域的建设许可中，二级土地发展权隐含在政府对建设项目、用地的规划许可中，其使用是地方政府将从上级所获得的区域建设许可权进一步配置给个人、集体和单位的过程。所谓“责任规划”“责任边界”，强调基于国家利益和公共利益进行空间管制安排和土地发展权配置，侧重于自上而下的“责任”分解和“责任边界”控制；所谓“权益规划”“权益边界”，强调在考虑土地权利人利益的基础上，对个体开发行为进行引导和限制，关注土地发展权价值的合理显化。责任由上级政府赋予或认可，本级政府主要对于开发行为进行控制引导。基于土地开发权的上下级事权划分显然更具有逻辑性与说服力。

同时，由于土地存在着复杂的权属关系，编制规划时应充分尊重公众和利害关系人的合法权益。规划师应抛弃过去的理想化的技术理性思维，规划的过程是

各个利益相关者之间博弈的过程，规划师要从理想主义的设计师转变为各方利益的协调者。

（二）规划理论的转变：从理性到多元协作

城市规划的主要规划理论随着经济社会的变化有了很大的转变，从理性规划理论到倡导性规划、协作式规划理论，对于空间管理的范畴和意义也不断更新。虽然倡导性规划、协作性规划的理论早已深入人心，但在“多规争一”的阶段，由于理性主义方法论所强调的科学主义、现代性、技术理性，使其成为标榜城市规划科学、系统和理性的工具。吴志强（1986）在30年前即指出，城市规划要从单项封闭的思想方法走向复合发散的思想方法；从最终理想状态的静态思想方法走向动态过程的思想方法；从刚性规划的思想方法走向弹性规划的思想方法；从指令性的思想方法走向引导性的思想方法。但从21世纪以来的总体规划实践来看，原来的问题不但少有改善，甚至有所加强。

在统一体制的“多规并一”状态下，可以实现从功能理性向关注社会文化的倡导性、协作式范式转换。只有这样才能制定出符合某一时期社会发展特色，体现社会发展特征，并致力于解决社会主要矛盾和问题的空间规划策略。

城市规划作为一种统筹安排城市资源以应对不确定性的面向未来的工作，要处理目标不确定和（或）方法不确定的问题，需要转变研究范式：情景规划以其合理的描述、广泛的参与、持续的监测更新很好地解决了上述问题，成为规划领域应对重大不确定性问题的主要方法。情景规划扩大了规划人员的研究思路和视野，打破了规划编制的固有模式和程序，增加了许多易被忽视的信息，从而使得规划决策更加务实、灵活、富有弹性（郝磊，宋彦，等，2012）。

三、内容：规划的政策性与成果表达的改进

（一）规划的战略与政策：从工具到引领

规划学者曾反思城市规划在宏观层面的战略思维能力未见显现（杨保军，2010）。随着改革开放后20多年的快速发展，城市规划学科、城市规划实践跳出了纯粹物质空间的范畴。在规划实践中，城市发展战略规划的兴起可以视为规划界对当时城市发展现实需求的积极有效的回应。从2000年起，以广州城市总体发展概念规划为代表的战略规划在众多大城市兴起，城市总体规划跳出了计划经济的束缚，进行“独立”的“畅想”。这一点得到了地方政府的充分肯定，但战略规划这一自下而上的创新几乎完全代表了地方政府的价值取向，成了发展的工具，为学者及上级政府所诟病。同时这一战略主要围绕着空间问题展开，在内容

上也不够全面。另外，由于城市规划师缺乏经济、社会的专业知识，实力强的规划设计单位通过引进人才、外包专题研究等方式得到解决，但总的来说在知识储备、理论体系、技术方法等方面还存在一定的差距，较难发挥真正的引领性。

在战略规划盛行之时，引领风潮的上海并未编制过完整的城市战略规划，但上海在1984年就开展了“上海经济发展战略研究”，1994年前后开展了“迈向21世纪的上海——1996～2010年上海经济社会发展战略研究”等。这些研究都是以市政府牵头，由全国及上海的科研单位完成，为上海发展提供了许多重要战略决策和政策建议，内容都融入到了同期的城市总体规划编制中。与新一版上海城市总体规划（简称上海2035）[1] 同步，上海也开展了发展战略研究，单从成果的“战略框架”来看，其内容、视角、研究主体均与城市总体规划中的战略研究有很大区别（表1）。只有进行全面的、科学的战略研究，才能真正发挥总体规划的引领作用。“上海2035”建立了目标—策略—机制的有机整体，科学确定未来发展的远景与目标，并通过策略与机制形成具体的空间政策，真正体现总体规划的战略性引领与政策引导。

“面向未来30年的上海”发展战略研究框架　　表1

内　容	承担单位
上海建设全球城市的战略框架和战略重点研究	华东师范大学/上海师范大学
上海城市发展内涵和理念优化调整与城市能级阶段性提升研究	同济大学课题组
上海全球城市网络节点枢纽功能、主要战略通道和平台经济体系建设研究	上海大学课题组
上海全球城市商务生态环境研究	上海商学院课题组
上海综合性全球城市新型产业体系与产业布局研究	上海社会科学院部门经济研究所课题组
	复旦大学课题组
上海全球城市形态、空间结构及大都市圈建设研究	东南大学课题组
上海建设具有全球影响力的科技创新中心战略研究	华东师范大学课题组
上海全球城市创新系统与创业生态环境研究	上海市科学学研究所课题组
	上海交通大学国际与公共事务课题组
上海全球城市人才资源开发与人才流动研究	复旦大学课题组
	上海市公共行政与人力资源研究所课题组
上海全球城市文化发展与都会城市建设研究	上海社会科学院文学所课题组
	上海工程技术大学课题组

[1] 新一轮上海总体规划在编制阶段的规划期为2040年，简称“上海2040”，后期随着党的十九大确定的发展阶段，规划期限调整为2035年，内容有局部变化，但规划的理念、成果体系、表达方式则没有变化。

续表

内容	承担单位
上海全球城市社会架构、文化融合与社会和谐研究	上海大学社会学院课题组
	华东理工大学社会工作与社会政策研究院课题组
上海全球城市社会发展趋势与战略目标研究	华东政法大学课题组
上海全球城市生活、生态环境与宜居城市建设研究	上海市环境科学研究院课题组
	华东师范大学课题组
上海提升全球城市品牌形象与增强城市吸引力研究	上海师范大学课题组
	香港城市规划院课题组
上海全球城市管理与安全防护研究	上海工程技术大学课题组
	复旦大学国际关系与公共事务学院课题组
上海全球城市治理模式发展研究	复旦大学课题组
上海全球城市治理模式与民主法治研究	上海市行政法制研究所课题组

（二）规划成果的表达：公众性与引领性

2008年《城乡规划法》颁布前后的政策文件以及全国人大、住房和城乡建设部对该法的解释中，明确地将城乡规划界定为公共政策。但这两方面在这些年的实践中并未有较好的绩效，由行政权力分割所导致的各类规划之间的矛盾被进一步激化。这种激化既是因为延续计划经济体制下政府职能的划分方式引发的，也是对城乡规划作为公共政策定位的挑战（孙施文，2017）。而城市总体规划由于编制习惯的影响，“战略导向”和“政策载体”功能显现不够，具体表现在总规图纸受“实施蓝图”思维的影响，在表达工程类要素方面较为完善，但又过于追求精准化，同时缺少“公共政策”的图示化表达与空间落实，文本与图纸显得极为“专业”或“技术”，既不能很好地表达规划的公共政策意图，同时其“公众界面”也很差，很不利于公众参与（赵民，郝晋伟，2012）。在成果的逻辑结构上，按照内容分类形成的表达体系明显缺乏逻辑性，而要素间简明的逐层递进式线性逻辑不但有助于实现各要素之间的功能联系，也符合人们的阅读习惯，有利于城市规划政策的表达（张昊哲，宋彦，陈燕萍，等，2010）。近年来战略规划已比较多地采用目标导向、问题导向的逻辑结构。

相对于城市总体规划的技术性思维，国外总体规划层面的规划及国家发展和改革委员会主导的规划在表达技术方面有成熟的经验。在《国家新型城镇化规划》发布之前，住房和城乡建设部组织编制并发布了《全国城镇体系规划》，某种程度上来讲，两个规划具有“同质性”，但在表达上有很大的区别。相比城镇体系规划的描述型表达方式，新型城镇化规划倡导型的表达更有利于政策内容的表达与传播。从目录上即可了解新型城镇化规划的主要政策导向（表 2）。

两种不同的表达方式　　　表 2

全国城镇体系规划	国家新型城镇化规划
第四章　城镇空间规划 4.1　城镇空间发展策略 4.2　城镇空间布局 4.3　城镇空间发展指引 4.4　省域城镇发展指引要点 第五章　城镇发展支撑体系 5.1　综合交通设施 5.2　市政基础设施 5.3　社会基础设施 5.4　公共安全体系	第四篇　优化城镇化布局和形态 第九章　优化提升东部地区城市群 第十章　培育发展中西部地区城市群 第十一章　建立城市群发展协调机制 第十二章　促进各类城市协调发展 第一节　增强中心城市辐射带动功能 第二节　加快发展中小城市 第三节　有重点地发展小城镇 第十三章　强化综合交通运输网络支撑 第一节　完善城市群之间综合交通运输网络 第二节　构建城市群内部综合交通运输网络 第三节　建设城市综合交通枢纽 第四节　改善中小城市和小城镇交通条件

“上海 2035”总体规划进行了成果体系及表达的创新，报告形成了以目标导向为逻辑的文本结构，包括六大部分内容：一是“概述”，简要说明总体规划的定义和作用、编制特点和过程以及成果构成；二是“发展目标”，阐述上海进入 21 世纪的建设成就、面临的瓶颈问题，展望未来城市发展趋势，提出上海建设全球城市的目标内涵，是规划编制的总纲领；三是“发展模式”，确立“底线约束、内涵发展、弹性适应”等作为规划导向，明确规划理念和方法的转变；四是“空间布局”，从区域和市域两个层次明确上海未来的空间格局，是规划的核心内容；五是“发展策略”分别从建设创新之城、人文之城、生态之城三个分目标出发，整合了综合交通、产业空间、住房和公共服务、空间品质、生态环境、安全低碳等领域的重点发展策略；六是“实施保障”，从实现城市治理模式现代化的角度，探索规划编制、实施、管理的新模式（张尚武，金忠民，王新哲，等，2017）。

“上海 2035”还专门进行了“空间图示专题研究”，就图纸的表达部分进行了针对性的研究，提出建立多尺度的图纸表达体系、基于政策区划分的多要素叠加表达方式、基于结构性用地的土地分类方法、符号建构与可视化表达（上海同济城市规划设计研究院，2015）。詹运洲等（2015）总结上海历版总体规划总图及境内外经验，提出规划图纸应向宏观战略维度延伸——加入空间战略类图纸、向多规衔接维度延伸——加入底线控制类图纸、向实施保障维度延伸——优化实施管控类图纸，成果图纸表达改变了原有总体规划过于追求准确和工程性的表达方法，采用更能体现总体规划战略性和政策性意图的示意性和结构性的表达方式。在用地表达方面，改变以具体地类为主的表达方法，采取政策性分类，或者政策性分类与功能性分类相结合的方式（张尚武，金忠民，王新哲，等，2017）。

四、方法：编制的协同性与控制体系的建构

（一）规划编制的组织：协同性与参与性

城市规划编制办法明确编制城市规划应当坚持政府组织、部门合作，但在具体操作中，却是规划部门组织，委托设计院编制，其他政府部门在现状调研及规划审批中提意见。2017 年住房和城乡建设部的总体规划试点的具体要求第一条即是“坚持政府主导，落实城市人民政府在城市总体规划编制实施中的主体责任”。可见这一问题始终未得到解决。国民经济和社会发展规划则已经形成了成立规划编制领导小组，深入开展调研，广泛听取意见，梳理形成规划基本思路，各部门按照整体思路协同编制的技术路线。

通过对于总体规划层面的“多规”分析，各种规划各具优势，各类编制技术力量也各有所长，统一的空间规划体系下，各类编制力量应有开放的心态和相互合作的意识，取长补短，形成系统、协调、高效的技术力量。

公众参与作为一项正式的制度安排已经纳入到城市规划的工作程序中，但基本都属于批后发布接受监督，如何在规划编制阶段建立公众意见有效表达的途径、健全多方利益平衡的机制，在很多城市都进行了有益的探索，但在城市规划制度层面亟待解决。

“上海 2035”规划编制秉承“开门做规划”的理念，构建了社会各方共同参与的工作格局。政府、市场、社会的协同：政府由传统的兼任组织者和决策者双重角色，转变为更加侧重组织市场、社会和专业力量等多元主体参与，共同发挥决策作用。管理部门的协同：“上海 2035”在启动之初，成立由市委主要领导任组长、市政府主要领导和分管领导任副组长、市政府 40 个部门和 16 个区共同组成的编制工作领导小组，成员单位包括市发展改革委等 8 个部门，紧密参与了规划编制过程，这一组织架构促成了规划编制过程中政府部门间、上下级政府间的协同。编制单位的协同：在规划编制之初，委托来自 10 所高校的 40 个研究团队开展 18 项战略专题研究，全市 22 个委办局牵头开展 28 个专项规划，各项研究成果为总体规划提供重要支撑（庄少勤，徐毅松，熊健，等，2017）。

（二）规划控制的方法：结构性与层次性

针对城市整体结构的组织与安排、城市各项要素之间的关系所进行的统筹是

体现城市总体规划引导城市发展的重要方面。目前总体成果过于关注具体的土地使用的刚性控制，缺乏结构控制的思路，不仅难以适应市场化环境带来的不确定性和动态性，更无法发挥总体规划的战略引领作用。为了维护规划的权威不断地将法定规划的内容和管控的方式简化为一些“线”（如蓝线、绿线及城市增长边界线等）和数字，这些看上去要强化规划控制作用的做法，却是在瓦解规划的本质特征，弱化其效用的（孙施文，2017）。

董珂、张菁（2018）分析了由于规划督察的“不合理”状况倒逼的“逆向式改革”所形成的不合理的规划编制技术路线，如：为应对督察，将控规的强制性规定反馈到总规中的“逻辑倒置”现象，将总规形式化和工具化，事实上削弱了总规的权威性和严肃性。指出一个逻辑合理的规划，必然是一个战略性、结构性、保持适度弹性的规划，通过给下位规划提出“条件”，为下位规划的“清晰化”预留空间。一个符合逻辑的空间规划体系，必然是一个逐步清晰化的链接过程。

正在进行的总体规划改革要求建立数据平台，对总体规划内容的深度、精细度、准确度提出了新的要求，但一直没有形成明确的制度安排。目前被拿来做样板的广州、厦门、武汉、上海等城市也是因为已经形成市区的全覆盖，信息化基础较好不具有代表性。一般城市虽然在总体规划中有城镇体系、村镇体系的内容，自上而下是层层嵌套的，但在具体的编制中却是各自为政，无法形成层层递进的空间体系。反观土地利用总体规划，已经形成了成熟的分级编制、建库的管理制度。通过省级定任务——市级分解并控制中心城—县级划定扩展边界—乡镇定线的方法逐级落实到位（表 3）。

土地利用总体规划的分级管控 **表 3**

市级土地利用总体规划，应当重点突出下列内容：	县级土地利用总体规划，应当重点突出下列内容：	乡（镇）土地利用总体规划，应当重点突出下列内容：
省级土地利用任务的落实； 土地利用规模、结构与布局的安排； 土地利用分区及分区管制规则； 中心城区土地利用控制； 对县级土地利用的调控； 重点工程安排； 规划实施的责任落实	市级土地利用任务的落实； 土地利用规模，结构和布局的具体安排； 土地用途管制分区及其管制规则； 城镇村用地扩展边界的划定； 土地整理复垦开发重点区域的确定	基本农田地块的落实； 县级规划中土地用途分区，布局与边界的落实； 各地块土地用途的确定； 镇和农村居民点用地扩展边界的划定； 土地整理复垦开发项目的安排

“上海 2035”建立了覆盖全域的空间规划体系，大量的内容在总体规划层面仅作结构性表达，通过《分区指引》形成了“刚性”的传导，这个刚性更多体现在结构性层面，而非一般理解的“一张图”一插到底。同时作为“规土合一”的

上海，已经形成了较为成熟的规划传导体系，即使是各类“刚性”控制线也是通过“市、区县和镇乡”不同层次规划予以法定化，在市级层面为结构线、区级层面为政策区控制线，地块图斑的精准落地只在镇级规划中落实。

五、结语

目前国家空间规划体系正在构建中，城市总体规划以其全局性、综合性、空间性决定了其应当占有主导地位，城市规划师因其对整体的协调能力、多学科知识的支撑能力、对于空间认识与把握的能力决定了其应当成为城市总体规划编制、管理的主导力量。城乡规划应取长补短，加强与相关专业、相关规划的衔接，改变工作方法，但更重要的是坚守自身的核心理念与技术传统，为城乡发展、城乡空间提供有效的战略指引与管控。

（撰稿人：王新哲，上海同济城市规划设计研究院总支书记，副院长，教授级高级工程师）

注：摘自《城市规划学刊》，2018（03）：65-70，参考文献见原文。

新版北京城市总体规划实施机制的改革探索

导语：习近平总书记两次视察北京，对做好总体规划实施提出了明确要求。通过总结总体规划实施普遍面临的难点，结合党中央对北京规划实施提出的新要求和北京规划实施面对的新形势，介绍了新版北京城市总体规划在促进和保障规划实施方面形成的思路，以及建立“多规合一—任务分解—体检评估—督查问责—综合治理”统筹实施机制的改革探索。

一、总体规划实施普遍面临的难点

城市总体规划是城市发展、建设、管理的法定蓝图，总体规划的实施工作是城乡规划建设管理的重要环节，也是理论研究、规划实践长期关注的重要领域。学者们围绕规划实施相关理论研究（孙施文，王富海，2000；柳意云，闫小培，2004），结合北京（施卫良，2012；杜立群，2012）、广州（吕传廷，吴超，严明昆，2010）、深圳（邹兵，2013）、上海（庄少勤，等，2017；范宇，等，2017）等各地历年实践，不断探索总体规划实施机制的优化路径。当前，我国总体规划实施机制日趋完善，但仍面临着体制机制不适应、实施路径不落地、政策保障不到位、跟踪预警不及时、公众参与不充分等难点（杨明，施卫良，石晓冬，2016）。

（一）体制机制不适应

一方面，各类规划出自不同行政职能部门，形成庞杂的规划体系。随着各类规划涉足领域在广度和深度上的不断拓展，已经形成“规划多头、职能渗透、空间冲突”的局面。“多规”不协调不仅造成了空间资源、财政资源配置的脱节甚至矛盾，也提高了规划实施和城市运营背后的成本。

另一方面，区域协同发展也对当前的规划体制机制提出了新的要求。许多跨界议题的协调与实施超出了城市人民政府城乡规划行政主管部门的事权范围和能力，为了更好地落实区域协同发展的要求，需要强化更高层级的协调能力，改革体制机制，将“部门的规划”变为“全市的规划”，甚至是“区域的规划”，统筹安排城市内部的空间资源和区域之间的协调发展。

（二）实施路径不落地

总体规划确定的宏观目标、指标，往往缺乏对进一步分解细化的整体控制，缺乏落实到分区规划、控规等下一阶段工作时的要求。由于缺少这一层面的主动控制，即使各分区规划、控规都是落实总体规划的要求，也容易出现“局部加局部不等于整体”的现象，造成总体规划确定的规模、布局失控。

同时，市场中存在着在项目里突破规划、提高规模的冲动，与总体规划在规模、布局等方面的整体控制相互博弈，形成了规划的整体性与实施的分散性之间的矛盾。若规划实施对此缺少主动应对，便有可能削弱规划对经济社会发展的综合协调能力和参与城市治理的能力。

（三）政策保障不到位

城市发展模式从增量扩张变为减量提质，规划实施的配套政策体系也应随之调整，在土地政策、税收政策、收益分配改革等方面适应、保障新的发展模式。但当前许多城市的配套政策保障还没有完全跟上。多年的快速发展也使一些城市积累了一些深层次的矛盾和问题，人口资源环境矛盾日趋严峻，但面对人口过多、交通拥堵、房价高涨、大气污染等“大城市病”的治理，还没有与之相适应的系统政策。

同时，政府考核体系也影响着规划目标的完成，以近期经济建设为导向进行的考核，使社会发展、民生建设、环境保护等长远可持续发展问题受到的关注相应有所减少。

（四）跟踪预警不及时

目前普遍采用的规划评估，时效性稍弱，同时侧重对规划结果的评估，而对规划实施过程及相关机制的分析有所不足。这都使得传统规划评估难以为规划实施的动态调整提供及时且具有针对性的反馈。考虑到快速变化的社会经济环境要求规划在强化刚性约束的同时，应具备适应社会经济环境变化、适当调整规划目标指标和实施路径的能力，需要加强规划评估的时效性、补充规划实施过程评价，以强化评估结果对规划内容和实施路径的动态调整能力，为规划预警和反馈提供有效的分析研究支撑。

（五）公众参与不充分

首先，公众参与尚未充分贯穿城市规划的整个过程。规划编制阶段的公众参与目前更为普遍，但规划调整、修改和具体实施阶段，能做到及时主动公示的并不多。同时，反馈机制也并不完善，大多数公众参与中具体的意见采纳情况公众自身无法知晓，也难以持续监督落实，即公众参与局限于“有行为无反馈，有参与无结果”的深度（杨新海，殷辉礼，2009）。贯穿规划全过程“参与—反馈—再参与”的公众参与长效机制还未有效形成。

二、北京总体规划实施面对的新形势

（一）中央要求

城市建设和管理相辅相成，建设提供硬环境，管理增强软实力，共同指向完善城市功能。2014年，习近平总书记2·26讲话指出，“建设和管理好首都，是国家治理体系和治理能力现代化的重要内容。”2017年，习近平总书记2·24讲话进一步指出，总体规划经法定程序批准后就具有法定效力，在京各部门各单位要依法办事，涉及空间规划事情要自觉接受总体规划的约束，北京市要坚决维护总体规划严肃性和权威性。习近平总书记两次视察北京重要讲话既对北京做好总体规划实施提出了明确要求，也成为北京落实总体规划，做好实施工作的重要保障。

为贯彻落实习近平总书记重要讲话精神，加强规划的严肃性和权威性，提升城市治理水平，需要进一步做好规划实施保障。这就要求北京在规划编制、实施、监督各环节统筹谋划，在规划编制中强化实施导向，在规划实施中提高科学性和有效性，同时用好监察、督查、评估等多种手段来落实规划、检验成效，通过规划体制机制的不断改革创新来加强规划的严肃性和权威性。

（二）行业探索

住房和城乡建设部围绕当前城市总体规划存在的问题，也提出了改革创新城市总体规划工作方案，建立包含一张图、一张表、一报告、一公开、一督查的“五个一”的规划实施监管和相应管理机制，强调了加强城市总体规划实施评估和监督改革，以指导各地做好新一轮城市总体规划的制定和实施。

各省市也从多角度开展了相关探索，完善规划实施保障。如围绕总体规划改革，建立可实施、可评估、可监督的城市总体规划编制、实施管理机制。落实“多规合一”，整合各类空间规划，实现全域空间管制，提高规划统筹管理水平和执行效果。转变规划管理方式，定期开展规划实施评估，同时建立健全的问责机制，将城市规划实施情况纳入地方党政领导干部考核和离任审计等。

（三）协同共治

中央城市工作会议提出，要统筹政府、社会、市民三大主体，提高各方推动城市发展的积极性。要坚持协调协同，尽最大可能推动政府、社会、市民同心同向行动，使政府有形之手、市场无形之手、市民勤劳之手同向发力。同时，社交网络、自媒体等的发展使个体参与城市治理的能力大为提升（施卫良，2012），为实现协同共治提供了更多元的可能。

三、新版北京总规建立规划统筹实施机制的改革探索

为应对总体规划实施面临的体制机制不适应、实施路径不落地、政策保障不到位、跟踪预警不及时、公众参与不充分等问题，贯彻落实党中央要求，维护城市总体规划的严肃性和权威性，提高规划实施的科学性和有效性，调动各方面参与和监督规划实施的积极性、主动性和创造性，新版北京城市总体规划提出转变规划方式，建立“多规合一—任务分解—体检评估—督查问责—综合治理”的规划统筹实施机制，从全面建立“多规合一”的规划实施管控体系、完善规划任务分解机制、建立城市体检评估机制、建立实施督查问责制度、构建超大城市治理体系等多个方面保障规划实施（石晓冬，杨明，2016）。（图1）

图1　建立规划统筹实施机制示意图

首先，以“多规合一”为抓手，统筹各“部门的规划”成为“全市的规划”，确保各项规划在总体要求上方向一致，在空间配置上相互协调，在时序安排上科学有序，作为规划统筹实施的重要基础。其次，在“多规合一”基础上，加强对城市总体规划各项目标指标和任务要求的分解细化，分解到各项规划编制和实施任务中，落实到具体的实施主体，实现行动与目标相一致。同时，对总体规划实

施进行常态化监测，形成“监测—预警—调控”的机制，总结分析规划实施中的突出问题，提出相关对策建议，为“多规合一”和任务分解阶段的相关工作提供及时的反馈和修正。建立实施督查问责制度，结合体检评估成果，加强对规划实施的督导考核，同时也为“多规合一”、任务分解等阶段的工作提供反馈，进一步增强规划的严肃性和权威性，对总体规划有效实施辅以法律上的保障。在“多规合一”、任务分解、体检评估等规划统筹实施的所有阶段，向公众及时公开相关工作内容，畅通公众参与渠道，接受社会监督，强化协同共治。（图 2）

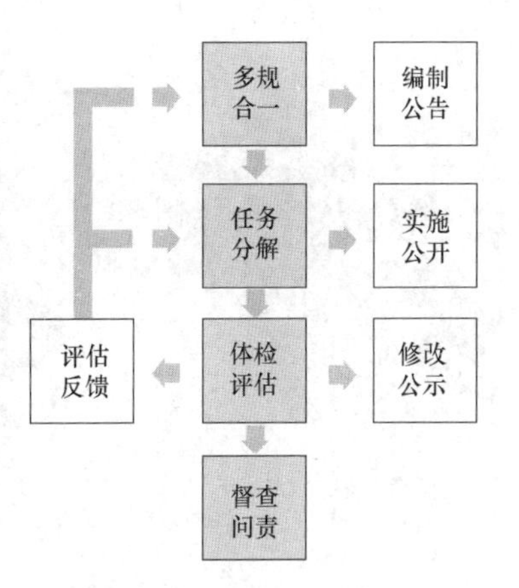

图 2　统筹实施机制各项工作关系示意图

（一）建立“多规合一”协调体系，实现“一张蓝图干到底”

一是底图叠合，夯实城市发展本底。在北京市规划、国土机构合并的基础上，提出率先实现城市总体规划与土地利用总体规划两图合一，同时逐步推动国民经济和社会发展及各专项规划相融合，实现一本规划、一张蓝图。通过整合生态等各项限制性要素，历史文化等保护要素，产业经济、基础设施等城市发展要素，绘制出“多规合一”要素图（图 3）。

二是指标统合，科学统筹各项规划。突出国际一流标准，按照创新、协调、绿色、开放、共享五大发展理念，参考国际宜居城市相关指标、联合国 2016 年《新城市议程》要点，提出建设国际一流的和谐宜居之都评价指标体系（表 1）。具体指标确定时充分考虑指标间的逻辑关系和变化规律，实现各指标统合。如通过测算近十年人口、经济、用地指标之间的基本数关系，分析地区生产总值增加

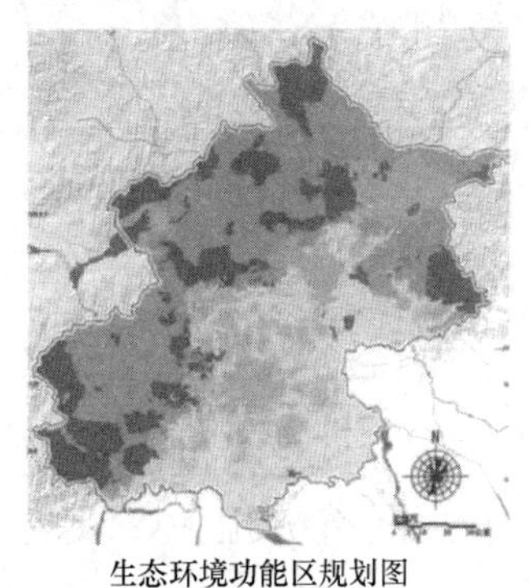

生态环境功能区规划图

河湖水系生态修复规划图

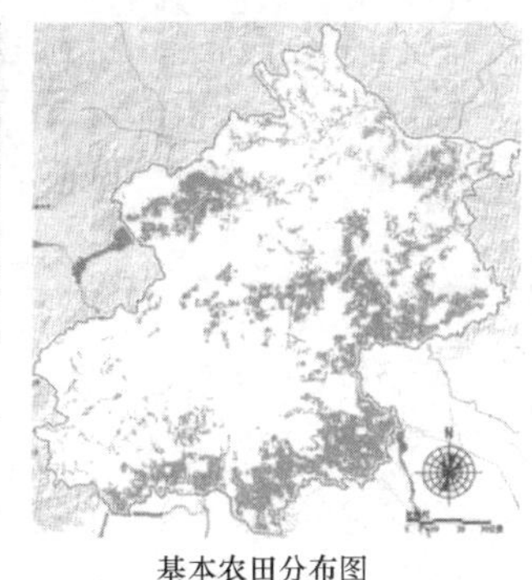

基本农田分布图

图 3　“多规合一”要素图示意（一）

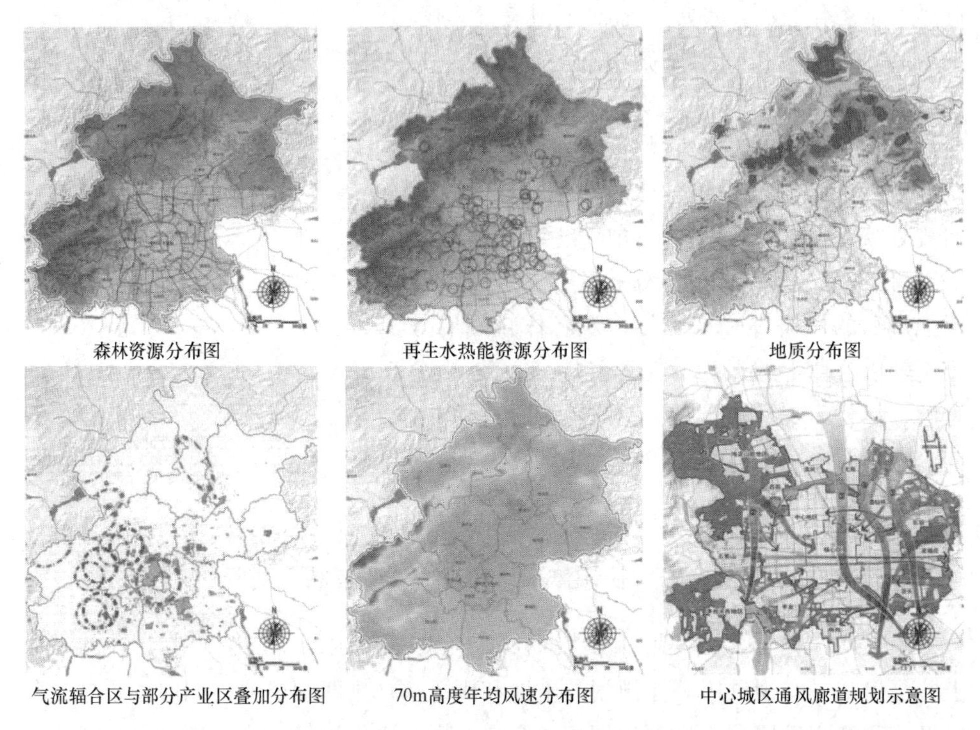

森林资源分布图　再生水热能资源分布图　地质分布图

气流辐合区与部分产业区叠加分布图　70m高度年均风速分布图　中心城区通风廊道规划示意图

图 3 “多规合一”要素图示意（二）

与常住人口增长、建设用地增长的相互约束关系，进一步明确在未来人口控制、用地减量的背景下，必须转变发展方式，大幅提高全社会劳动生产率和地均产出率，倒逼城市发展方式转变的要求，以此作为全社会劳动生产率指标确定的依据。

建设国际一流的和谐宜居之都评价指标体系　表 1

分　项	指　标	
坚持创新发展，在提高发展质量和效益方面达到国际一流水平	1	全社会研究与试验发展经费支出占地区生产总值的比重(%)
	2	基础研究经费占研究与试验发展经费比重(%)
	3	万人发明专利拥有量(件)
	4	全社会劳动生产率(万元/人)
坚持协调发展，在形成平衡发展结构方面达到国际一流水平	5	常住人口规模(万人)
	6	城六区常住人口规模(万人)
	7	居民收入弹性系数
	8	实名注册志愿者与常住人口比值
	9	城乡建设用地规模(km^2)
	10	平原地区开发强度(%)
	11	城乡职住用地比例

续表

<table>
<tr><th>分项</th><th colspan="3">指标</th></tr>
<tr><td rowspan="11">坚持绿色发展。在改善生态环境方面达到国际一流水平</td><td>12</td><td colspan="2">细颗粒物($PM_{2.5}$)年均浓度($\mu g/m^3$)</td></tr>
<tr><td>13</td><td colspan="2">基本农田保护面积(万亩)</td></tr>
<tr><td>14</td><td colspan="2">生态控制区面积占市城面积的比例(%)</td></tr>
<tr><td>15</td><td colspan="2">单位地区生产总值水耗降低(比2015年)(%)</td></tr>
<tr><td>16</td><td colspan="2">单位地区生产总值能耗降低(比2015年)(%)</td></tr>
<tr><td>17</td><td colspan="2">单位地区生产总值二氧化碳排放降低(比2015年)(%)</td></tr>
<tr><td>18</td><td colspan="2">城乡污水处理率(%)</td></tr>
<tr><td>19</td><td colspan="2">重要江河湖泊水功能区水质达标率(%)</td></tr>
<tr><td>20</td><td colspan="2">建成区人均公园绿地面积(m^2)</td></tr>
<tr><td>21</td><td colspan="2">建成区公园绿地500m服务半径覆盖率(%)</td></tr>
<tr><td>22</td><td colspan="2">森林覆盖率(%)</td></tr>
<tr><td rowspan="5">坚持开放发展,在实现合作共赢方面达到国际一流水平</td><td>23</td><td colspan="2">入境旅游人数(万人次)</td></tr>
<tr><td>24</td><td colspan="2">大型国际会议个数(个)</td></tr>
<tr><td>25</td><td colspan="2">国际展览个数(个)</td></tr>
<tr><td>26</td><td colspan="2">外资研发机构数量(个)</td></tr>
<tr><td>27</td><td colspan="2">引进海外高层次人才来京创新创业人数(人)</td></tr>
<tr><td rowspan="15">坚持共享发展,在增进人民福祉方面达到国际一流水平</td><td>28</td><td colspan="2">平均受教育年限(年)</td></tr>
<tr><td>29</td><td colspan="2">人均期望寿命(岁)</td></tr>
<tr><td>30</td><td colspan="2">千人医疗卫生机构床位数(张)</td></tr>
<tr><td>31</td><td colspan="2">千人养老机构床位数(张)</td></tr>
<tr><td>32</td><td colspan="2">人均公共文化服务设施建筑面积(m^2)</td></tr>
<tr><td>33</td><td colspan="2">人均公共体育用地面积(m^2)</td></tr>
<tr><td>34</td><td colspan="2">一刻钟社区服务圈覆盖率(%)</td></tr>
<tr><td>35</td><td colspan="2">集中建设区道路网密度(km/km^2)</td></tr>
<tr><td>36</td><td colspan="2">轨道交通里程(km)</td></tr>
<tr><td>37</td><td colspan="2">绿色出行比例(%)</td></tr>
<tr><td>38</td><td colspan="2">人均水资源量(包括再生水量和南水北调等外调水量)(m^3)</td></tr>
<tr><td>39</td><td colspan="2">人均应急避难场所面积(m^2)</td></tr>
<tr><td>40</td><td rowspan="2">社会安全指数</td><td>社会治安:十万人刑事案件判决生效犯罪率(人/10万人)</td></tr>
<tr><td>41</td><td>交通安全:万车死亡率(人/万车)</td></tr>
<tr><td>42</td><td colspan="2">重点食品安全检测抽检合格率(%)</td></tr>
</table>

规划实施时，提出建立规划指标逐级落实机制，加强对城市总体规划总目标的分解细化，确保城市总体规划刚性要求有效落实。同时建立规划指标分阶段落实机制，结合国民经济和社会发展规划、市级年度重大项目建设安排和财政支出，滚动编制近期建设规划和年度实施计划。把人口规模、建设用地规模、建筑规模、职住用地比、拆占比、拆建比等主动向下一层级分账，在加强整体规模管控的同时合理安排各区目标。

三是政策整合，保障规划有效实施。不局限于规划部门事权，统筹提出保障规划实施的相关政策。在完善政策机制方面，提出制定完善疏解非首都功能、优化提升首都功能、人口调控、治理“大城市病”、服务保障“四个中心”、构建高精尖经济结构等重点领域有关政策；改革建设开发模式，建立以区为主体、以乡镇（街道）为基本单元的统筹规划实施机制；结合财政事权和支出责任划分改革，完善疏解功能促发展的有关财税政策等。同时考虑完善技术标准和规范体系，包括已启动修订《北京市城乡规划条例》，已编制发布了《北京市城乡规划与土地利用用地分类对应指南（试行）》，及时调整完善有关政策法规，推动各行业技术规范在理念、策略、标准等方面相互衔接。

面向减量发展的要求，为实施好人口规模、建设规模双控，严守人口总量上限、生态控制线、城市开发边界三条红线，需要相应的政策保障。新版城市总体规划提出改革实施机制，建立以规划实施单元为基础、以政策集成为平台的增减挂钩实施机制，变单一项目平衡为区域平衡，并细化明确拆占比、拆建比标准，将建设用地“拆”与“占”、建筑规模“拆”与“建”挂钩。同时创新配套政策，坚决遏制新增违法建设，通过腾退整治，实现既有违法建设清零，创新集体建设用地集约集中和转型升级利用机制，探索建立深度土地一级开发模式。

（二）建立规划任务分解机制，科学统筹各级各项规划

为加强对城市总体规划总目标的分解细化，强化总体规划调控作用，在总体规划获批复后，围绕总体规划确定的目标指标，进行规划任务分解，提出规划实施的具体工作要求。根据下一步逐级、分阶段落实总体规划以及重点工作任务的实际需求，围绕编制各级各类规划、聚焦重点区域重大项目建设、开展专项行动、建立健全政策法规四方面形成任务分解方案。

一是编制各级各类规划。将城市总体规划的各项内容、要求和各项规划指标科学分解落实到条、块上。二是聚焦重点区域重大项目建设。围绕加强“四个中心”功能建设，结合近期国家级、市级重点项目建设要求，加大重点功能区和重大项目建设统筹推进力度。三是开展专项行动。围绕“大城市病”治理，以问题为导向，开展专项工作，明确阶段目标、关键问题、重点任务、主要举措和实施

步骤。四是建立健全政策法规。聚焦城市规划建设管理中的难点和瓶颈问题，围绕首都发展、减量发展、创新发展，破解制约首都发展的体制机制障碍，出台切实可行的政策、规范、标准、办法，推进改革试点探索。

随着规划实施不断推进，根据一年一体检、五年一评估的实施情况，采用动态调整、滚动编制的工作机制，对工作方案和重点工作进行不断的补充更新，调整完善，保障规划的分步有序实施。

（三）建立城市体检评估机制，提高规划实施科学性有效性

本次总体规划建立了面向实施过程的城市体检评估机制，对传统采用的5年左右的“实施结果的符合性评价”进行机制上的补充完善，开展年度体检，通过实时监测、定期评估、动态维护，确保城市总体规划确定的各项目标指标得到有序落实，参照评估结果对总体规划实施工作进行及时反馈和修正，促进和保障城市总体规划得到有效实施。

一是实时监测。在“多规合一”基础上，搭建城市空间基础信息平台和全覆盖、全过程、全系统的规划信息综合应用平台，对城市总体规划中确定的各项指标进行实时监测。定期发布监测报告，将监测结果作为规划实施评估和行动计划编制的基础。

二是定期评估。包括每年开展的规划实施年度体检和每五年进行的全面评估。年度体检围绕总体规划确定的各项指标和当年度的重点任务重点工作，分析评价后，形成规划实施情况的总体判断、各领域各区域实施总体规划效果评估结论，为城市下一年度工作提出有针对性的对策建议。五年期评估更为全面，对城市总体规划各项目标和指标落实情况、强制性内容执行情况、各项政策机制的建立和对规划实施的影响等进行阶段性全面评估，综合分析问题和成因，提出下一个五年实施的工作建议。

三是动态维护。结合年度体检和五年期评估的结论，完善规划实施机制，优化调整近期建设规划和年度实施计划等，充分发挥规划的战略引领和刚性管控作用。同时考虑将城市体检评估结果与各区、各部门及领导干部绩效考核挂钩，并与北京市审计监督工作相衔接，进一步增强规划实施的严肃性，确保城市总体规划确定的各项内容得到落实。

（四）建立实施监督问责制度，坚决维护规划严肃性权威性

落实习近平总书记提出的“总体规划经法定程序批准后就具有法定效力，要坚决维护规划的严肃性和权威性”要求，本次城市总体规划提出建立实施监督问责制度。一是完善城市规划法律法规体系，促进规划实施的依法、科学、民主决

策，同时加大行政执法力度，提高违法成本，推进行政执法与刑事司法、纪检监察相衔接。二是强化规划实施监督考核问责，健全规划实施监管制度，建立市级城乡规划督察员制度，强化对规划全过程信息化监管，促进行政机关和有关主体主动接受社会监督，同时建立规划实施考核问责制度，加强对规划实施的督导和考核，健全监督问责机制，对违反规划和落实规划不力、造成严重损失或者重大影响的，一经发现，严肃查处，依法依规追究责任。

（五）构建超大城市治理体系，让城市更宜居

落实习总书记“坚持开门编规划”“尊重市民对城市发展决策的知情权、参与权、监督权，鼓励企业和市民通过各种方式参与城市建设、管理”的要求，城市总体规划提出全面提高城市治理水平，构建超大城市治理体系，统筹政府、社会、市民三大主体，提高各方推动城市发展的积极性，尽最大可能推动政府、社会、市民同心同向行动，使政府有形之手、市场无形之手、市民勤劳之手同向发力。

一是加强精细化管理。通过建立精细治理的长效机制，提高城市环境治理能力，推进城市环境治理更加精准全面，既管好主干道、大街区，也治理好每个社区、每条小街小巷小胡同。同时将网格化管理作为城市精细化管理的基础，提升城市网格化管理水平，提高网格化运行效率，实现网格常态化、精细化、制度化管理。

二是推动多元共治。提高多元共治水平，畅通公众参与城市治理的渠道，坚持人民城市人民建、人民管，依靠群众、发动群众参与城市治理，形成多元共治、良性互动的治理格局。健全规划公开制度，实施阳光规划，在规划编制期间，适时向社会公示规划方案，广泛征求社会各界意见；完善各级各类规划实施的社会公开和监督机制，形成全社会共同遵守和实施规划的良好氛围；对已经批准的各级各类规划强制性内容进行修改，采取多种形式充分征求公众意见，实现编制公告、实施公开、修改公示。

三是坚持依法治理。完善综合执法体系，搭建城市管理联合执法平台，同时加强法制宣传教育和公共文明建设，主动运用法规、制度、标准来管理城市，运用法治思维和法治方式化解社会矛盾，使首都成为依法治理的首善之区。

四、结语

规划建设管理好首都，是党中央、国务院赋予北京市的重大责任，是国家治理体系和治理能力现代化的重要内容。北京城市总体规划是城市发展、建设、管

理的法定蓝图，通过建立“多规合一—任务分解—体检评估—督查问责—综合治理”统筹实施机制，积极应对城市规划建设管理中的难点和瓶颈问题，在规划实施中维护规划的严肃性、权威性，把首都规划好、建设好、管理好。

（撰稿人：王吉力，北京市城市规划设计研究院，工程师；杨明，北京市城市规划设计研究院，规划研究室主任工程师，教授级高工，中国城市规划学会城乡规划实施学术委员会城乡规划实施评估学组委员；邱红，北京市城市规划设计研究院，高级工程师，中国城市规划学会会员。）

注：摘自《城市规划学刊》，2018（02）：44-49，参考文献见原文。

改革开放以来中国城乡规划的国际化发展研究

导语：改革开放40年是中国城镇化和城乡建设飞速发展的40年，中国城乡规划延续中国传统规划文化的特色基因和立足计划经济时期形成的现代基础，兼容并蓄地多元吸收、广泛借鉴和利用当代国际先进理论、技术与人才，在服务中国城乡发展的实践中不断丰富和完善，形成了目前在全球最具有开放性、包容性、多元性和实践性的国际化城乡规划体系，为走向世界、服务全球打下了坚实的基础。文章借鉴相关学者的研究成果及相关史料和事件，通过对40年来中国城乡规划国际化进程的系统分析，勾画出了其总体路径、阶段特征，并从“引进来”和“走出去”两个维度进行系统梳理与总结，进而对新时代中国城乡规划全球化发展的方向、方式、路径进行了展望和提出建议。

近代以来，中国专业化、职业化的城乡规划发展史就是一部城乡规划对外开放和国际化发展史，除了“文革”期间的短暂中断之外，大致可以分为三个时段：中华人民共和国成立前殖民地半殖民地体系下被动西化的阶段、中华人民共和国成立之后计划经济时期全面接收和学习苏联规划体系的阶段及改革开放之后主动全面学习西方发达国家的阶段，目前正在由单纯地吸收、引进走向输出、融入甚至局部引领国际规划体系发展的新阶段。

学术界对于改革开放以来中国城乡规划发展的相关研究，或多或少均关注了中外城乡规划的交流和国际化发展问题。于海漪等人系统梳理了近现代以来中国城市规划学习外国经验和构建本土体系的历程，并对改革开放以来中国城市规划从只向苏联学习变为全面向国外（主要是西方，包括日本）学习的模式进行了分析；徐巨洲先生对20世纪80年代的中国城市规划思想进行过研究，认为这个时期在城市规划学术上最大的突破，是对引进外来学术思想的突破，特别是重视和引进西方城市的规划经验；邹德慈先生领衔对中国当代城市规划发展进行了系统研究，并关注到了改革开放以来城市规划的国际化问题；吴志强等人在国内最早专门关注和研究了境外设计机构在华开展规划设计业务的情况；苏运升等人对中国城乡规划在海外的发展进行梳理和总结；张京祥等人在系统梳理中国当代城市规划思潮时对改革开放以来城市规划的国际化进行研究；王兴平等人在研究中国近现代产业空间规划设计史时专门对改革开放以来产业空间规划领域的国际化问题进行研究，并对开发区30年来的规划发展进行专题研究等。这些研究为系统梳理改革开放40年以来中国城乡规划国际化发展的宏伟历程提供了基础。本文延续学术界相关研究，进一步梳理、汇集和整合相关史料与学术成果等，力图整体勾画出中国近40年城乡规划国际化发展的脉络、特征、动向和趋势。

一、改革开放40年中国城乡规划国际化发展的4个阶段

总体而言，改革开放以来的40年是中国城乡规划国际化发展最快速、最系统的40年。在中华人民共和国成立前局部吸收西方工业化国家的规划体系、1949～1978年全面学习苏联规划体系和结合本土进行构建的基础上，中国城乡规划结合国家改革开放的总体格局和内在要求，开始全面借鉴和吸收欧美等发达资本主义国家的规划体系，引进其规划理念和理论、法规和技术、人才和设计队伍等，并逐步结合国家对外合作的需要，对第三世界和“一带一路”沿线国家进行规划援助与技术输出。目前，随着中国城乡规划实践发展和相应的规划理论、技术创新，以及规划教育的国际化等，中国城乡规划已经由“引进来”为主逐步走上“引进来”与“走出去”并举的新阶段，中国城乡规划“走出去”的力度也在不断加大，中国城乡规划的声音在国际规划舞台也越来越洪亮、有力和受到关注。

总体来看，40年来中国城乡规划的国际化发展是西方引进、本土创新、对外输出三个方面综合发展和相互作用的结果，推动规划国际化发展的主要方式和途径有学术研究与交流、技术与项目合作、规划教育等。40年来中国城乡规划国际化发展的主要成果体现在规划理论、规划技术、规划实践和规划人才等方面。综合来看，40年来，在规划理论和技术领域，西方引进、本土创新、对外输出三个方面呈现出金字塔的结构（图1），西方引进占据主导地位，也是理论和技术发展的主流模式；而在规划实践和人才领域，西方引进、本土创新、对外输出和中西合作四个方面则呈现出一种特殊的“锥—梯”模式（图2），其所呈现

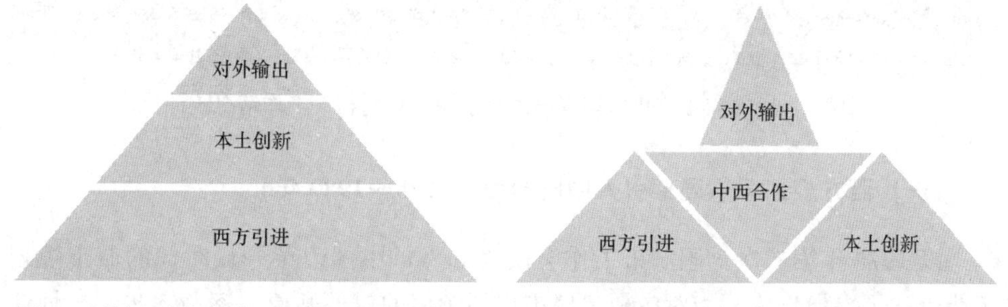

图1　规划理论与技术国际化的金字塔模式　　图2　规划实践和人才的“梯—锥”模型

的“西方引进、本土创新、中西合作”三维并进的梯形模式，和目前较少数量和范围的对外规划实践与人才输出的“尖锥形”相互结合。

为了更加直观地了解中国改革开放 40 年来城乡规划国际化的实践进程，笔者根据邹德慈先生的《新中国城市规划发展史研究：总报告及大事记》有关信息，对 1978 年以来城乡规划领域国际交流的有关事件进行了分类统计（图 3，图 4）。可以看出，国际交流的频繁化、多元化是我国城乡规划 40 年的重要特点，而且国际交流的高峰期与我国城市规划编制、国家发展战略变革的周期具有一致性。中国城市规划的国际化发展过程具有阶段性特征，也是城市规划整体发展阶段性的一个侧面。对于中国城市规划总体发展阶段的研究，学术界有不同的切入点、侧重点和划分方案。本文参考邹德慈先生的研究，并以 40 年来中国城乡规划国际化发展的时代背景和关键目标变化为主线分为四个阶段，各阶段的具体特征如下：

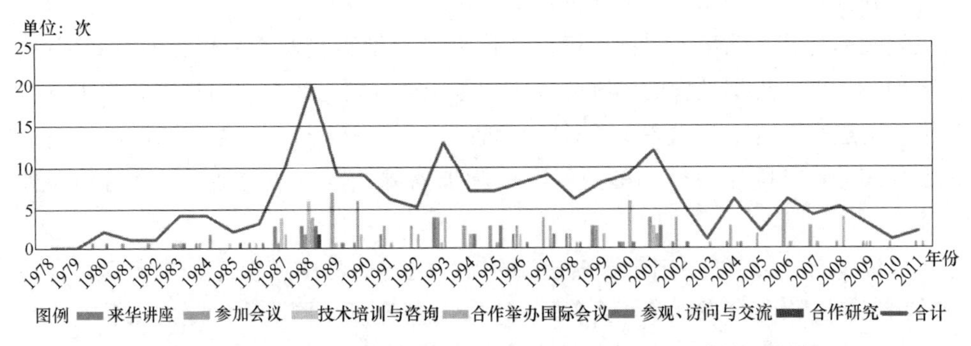

图 3　1978 年以来西方学者来华从事城乡规划相关工作情况统计

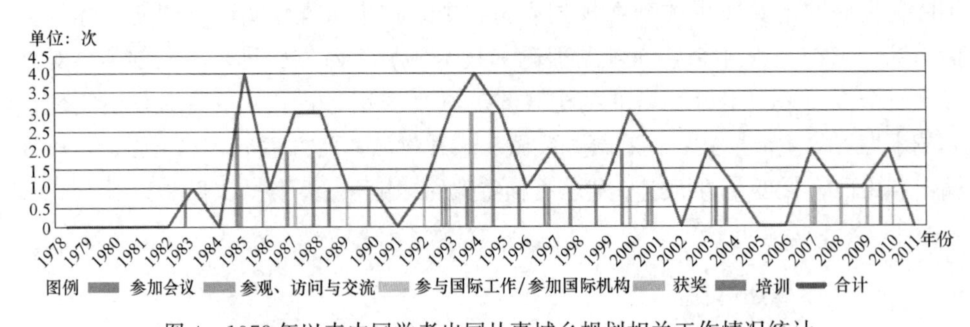

图 4　1978 年以来中国学者出国从事城乡规划相关工作情况统计

（一）西方规划思想局部引入中国阶段（1978～1989 年）

以 1978 年第三次全国城市工作会议为起点，中国改革开放时代的城市规划事业迈开了崭新步伐，相对应地，城市规划领域的对外开放也逐渐起步，规划业界与学界开始通过对西方学术著作的翻译和传播、西方技术和学术信息的引介、中外专业人员双向学术交流和部分西方专家参与规划咨询等方式，接触、学习和引入西方国家特别是欧美的规划思想。这一时期，国家重新确立了实现“四个现代化”的发展目标，城市发展与规划领域相应地掀起了“现代化城市”和“城市现代化”的讨论、研究并进行对应的规划设计，西方国家的城市发展与规划思想借助现代化思潮进一步渗透和深刻地影响到中国规划。在规划实践领域，开始大胆借鉴西方的规划思想和模式，如1980年启动的深圳特区总体规划就吸收了当时国际先进城市和中国香港的一些先进城市规划设计理念。这一阶段也有局部的学术和技术输出，如吴良镛先生等老一代学者重新走出国门讲学交流，中国对第三世界国家延续规划援助基础上的对外规划服务，以及20世纪80年代初期清华大学在利比亚、同济大学在阿尔及利亚、南京大学在非洲等均承接过一些规划服务项目等。此外，随着国家对外开放，外国设计机构来华从业已经受到关注，为此1986年7月1日，国家计委和对外经贸部发布了《中外合作设计工程项目的暂行规定》，首次明确了外国设计机构来华开展设计业务的有关管理要求。

（二）西方规划理论系统引入中国阶段（1990～1998年）

这一时期，地理学、经济学等城市规划相关学科系统引入西方区域与城市理论，如区位论和人文地理学、计量地理学和区域科学、经济学和社会学、交通科学和土地科学、管理学相关理论等。这些理论的引入，主要通过学术翻译、学术研究和高等院校教学、学术会议交流、邀请海外学者来华讲座讲学（包括一批在海外任教、熟悉中外双方的华人学者）等方式开展，对于丰富中国城市规划理论体系和构建社会主义市场经济下的城市规划原理发挥了重要支撑及参考作用。此外，在发展层面，这一阶段“国际性城市”“城市国际化”等成为许多城市规划和发展战略确定的新目标，也带动了西方相关规划理论、思想在中国的全面引入和传播等。同时，西方国家的设计机构在华设计实践逐步开展，比如浦东新区启动区的设计等，而1992年陆家嘴中心区规划国际咨询是中国在城市重点地区的规划中首次邀请世界各国著名设计师参与中国的城市规划。

（三）西方规划设计全面进入中国阶段（1999～2007年）

1998年的亚洲金融危机，提出了如何增强中国城市和中国经济在全球及世界体系中的影响力、控制力问题，关于“世界城市、全球城市与城市全球化”的研究应运而生，西方国家的相关学说和学者被引介到中国，并成为这一时期城市规划思潮的核心。同时，在学术研究层面，中国城市成为国际学术界关注和研究的重点，包括在John Friedmann在内的国际知名学者直接发表关于中国城市问题的论著，一些国际著名的学术会议或者机构开始召集中国城市化与城市规划的国际会议或者专题论坛等。实践层面，伴随着中国迈入城市化加速发展期，“做大、做强、做优、做美”中心城市成为城镇化战略的首选，以北京、上海、广州等为代表的城市一方面谋求世界城市或者全球城市的定位和目标，另一方面开始谋划大手笔建设城市的标志性景观和功能，由此开启了聘请西方发达国家规划和设计专家来华开展规划与城市设计的风潮。典型案例如2001年7月，按照河南省委省政府“高起点、大手笔”的要求，郑州市对郑东新区总体规划进行了国际征集，日本黑川纪章事务所、法国夏氏事务所、美国SASAKI公司及中国城市规划设计研究院等6家单位参与规划设计竞争。随后《外商投资城市规划服务企业管理规定》于2002年颁布并于2003年实施。2004年7月，新加坡CPG集团新艺元规划顾问有限公司成为全国首家荣获国家建设主管部门颁发《外商投资企业城市规划服务资格证书》的外资企业。自此，一批外资规划设计企业开始在华设立和拓展业务，西方规划设计全面进入并影响了中国规划设计行业的发展。

（四）中国城乡规划全面国际化与“走出去”结合阶段（2008年至今）

一方面，随着一批海外华人学者的崛起、中国在西方相关专业留学生群体规模化扩张和来华交流的国际学者增多、涉华学术会议和刊物的扩大、在华参与项目的国际公司和来华从业的国际专业人士不断增多等，加之国内学术考核体制压力下相关学者国际刊物发文量的扩大、设计单位参与国际赛事频繁化等，中国城乡规划学术和行业的国际化迅速发展，成为国际规划界的主流话语和话题，并在国际城乡规划及相关学科领域形成了关注和研究中国城市的学术热潮。另一方面，伴随着2008年的国际金融危机和随后“一带一路”倡议的促进，中国企业加大了“走出去”的步伐，中国园区、中国基础设施建设“走出去”带动了中国规划设计“走出去”，并逐渐由在境外为中国投资和项目提供规划服务，发展到逐渐为外方提供规划服务，典型的如中国城市规划设计研究院编制安哥拉首都罗安达的总体规划等。近年来还出现了中国规划设计咨询企业通过海外并购、在海外进行业务扩张的现象。目前，“一带一路”沿线国家来华接受规划培训和规划教育的专业人士不断增加，近年来呈现出井喷式增长态势，预计将对中国规划大幅度“走出去”发挥更强有力的支撑作用。

对中国而言，40年来城乡规划的国际化在“跟跑”中推动形成了一批既对接国外前沿理论又融合中国本土文化和国情、具有丰富实践支撑的中国当代城乡规划理论与技术体系。典型的有广义建筑学和人居环境科学理论体系、城市设计理论与方法、城镇体系规划理论与方法、山地人居规划理论与方法、主体功能区规划理论与方法等。此外，融汇中西方文化基因的“城市人”理论和“四维城市”理论、控制性详细规划和开发区规划技术体系等均是中国城乡规划 40 年国际化发展的成果。目前，站在世界前沿、与国际“并跑”甚至“领跑”的智能城镇化与城乡规划理论和方法、数字化城市规划与设计、新时代乡村规划技术体系也在日趋成熟和完善。

二、城乡规划“引进来”的 40 年

(一) 规划体系引入

改革开放以来，我国城乡规划体系不断借鉴和引入国际前沿的规划类型，其中城镇体系规划确立、控制性详细规划创设、城市设计探索与建立、战略（概念）规划诞生、都市圈和城市群规划兴起、国家空间规划体系探索与创立等，都是这一时期城乡规划国际化发展的典型成果。其中，城镇体系规划就是在改革开放初期借鉴西欧国土规划及后来进一步吸收欧美国家的研究成果逐步构建起来的；控制性详细规划创设主要借鉴美国区划技术和中国香港地区的法定图则，结合我国国情和城乡规划体系特征，形成了我国独特的微观刚性规划控制体系；城市设计则顺应美国和日本为代表的国际城市设计发展潮流，在周干峙、吴良镛和齐康等老一辈学者的推动下，东南大学王建国院士等学术团队系统探索和不断创新，逐步建成了中国城市设计理论与方法的完整体系；战略规划于 20 世纪 90 年代在西方国家逐步盛行，2000 年结合新加坡经验，广州编制和实施战略规划并在国内引发广泛关注与追随，随后北京、南京、合肥与杭州等先后编制实施战略规划，从而促使战略规划成为我国规划体系中的一个新的层次和类型，甚至有学者指出战略规划可能是新千年以来城市总体规划编制工作中最具革命性的探索；都市圈、都市区、城市群与城镇群的概念相似，起源于日本、法国、美国等，2000 年我国开始兴起相关规划研究与实践，2014 年《国家新型城镇化规划(2014—2020 年)》颁布实施，城镇群成为我国城镇化的主体形态，城镇群规划迎来发展新高潮；目前，借鉴荷兰、瑞典与英国等国家空间规划经验，我国正在逐步建立具有中国特色的空间规划体系，全方位地管理和调控土地使用与空间资源配置。

(二) 规划理论引介

改革开放以来，我国城乡规划理论发展非常重视从西方的引进和学习。理论引介的重点随着时代发展有所差异：① 1978～2000 年西方理性规划理论主导时期，其发展动因来自于社会主义计划经济向社会主义市场经济转型的需求，表现为在城乡规划复兴过程中非常重视对西方自由市场经济国家城乡规划理论的学习

和引介，一批西方经济地理和人文地理、经济学和社会学的经典理论如田园城市理论、区位论、大都市带理论、城市更新理论、卫星城和新城相关理论等被引入或者重新引入中国。② 2001～2010 年西方多元规划理论竞相争鸣时期，WTO 背景下规划业务国际招投标、规划项目国际合作及规划设计机构国际城乡规划人员引入等方式，促使我国城乡规划成为西方国家盛行的新城市主义、后现代主义、生态城市理论、精明增长理论和管治理论、社区规划理论和全球城市理论等理论的重要"试验场"。同时，城市快速建设导致城乡规划人才长期处于短缺状态，严重冲击了对城乡规划理论总结的关注，也缺乏理论研究的力量，导致我国本土化城乡规划研究力量长期得不到健康发展。③ 2011 年以来，西方倡导性规划理论再次受到国内重视，借助计算机信息和网络技术革新，依托众筹规划和规划众创平台支持，如北京 CITYIF 云平台、众规武汉及上海 2040 官方网站等，极大地拓展了城乡规划公众参与的范围广度和内容深度，具有国际特质和中国特色的倡导性规划理论与实践成为新潮。

（三）规划技术引进

改革开放以来，我国城乡规划技术引进和转化应用取得了显著成效。首先是西方计量地理学的引入和在规划分析与预测中的应用；其次是引入 CAD 等制图方法和工具改变了传统手工制图的模式；再次是引入 GIS、RS、GPS 等地理信息科学发展的高精度制图和分析工具，随着概念规划与战略规划的普及，SWOT-PEST 分析方法、情景模拟分析方法和定位分析方法等也进入中国；最后通过国际招投标、人才培养及学术交流等方式，将城市生长模拟、元胞自动机与空间决策系统等大量西方提出的复杂数学模型及其相关软件逐步应用于我国城乡规划设计之中。目前，面对数字化和智慧化时代的来临，大数据技术和人工智能技术在我国城乡规划领域被广泛引入，并结合我国国情进行适应性创新，以分析我国城市人流和物流分布与移动、人口分布和居民日常活动热点区域与动态结构、市民规划诉求与意愿等，有力地推动了我国城乡规划技术的数字化和智能化转型。

（四）规划人才引回

改革开放以来，我国城乡规划人才培养与执业人员管理发生了巨大的变化，人才培养国际化方式不断创新，"请进来"形式的国际化办学在规划院校达到新高度，如同济大学每年平均举办 100 多场国外专家学者的学术讲座，清华大学建筑设计研究院与美国麻省理工学院建筑与规划学院共同创建的"清华—MIT 北京城市设计合作教学"已开展 30 多年，2017 年创设的东南大学建筑国际化示范学院是目前全国建筑学科的唯一试点单位，首批引入3位外籍全职教授和4位外籍客座教授。此外，高端人才的引进来与引回来也有力促进了城乡规划的国际化发展。例如，吴志强、吕斌、柴彦威与董卫等一大批在海外获得博士学位的高端人才回国执教，翟国方、彭仲仁和陈雪明等在国外任教人员回国从业，部分国际知名海外学者受聘在华任教等，极大地带动了规划行业的国际化发展；在城乡规划从业人员管理方面，在学习和借鉴国外资格和注册制度的基础上，结合我国国情和发展阶段需要，逐步建立了注册规划师制度并获得部分国际组织和西方国家的认可，为城市规划执业的国际化提供了支撑和保障。

（五）规划设计输入

改革开放以来，规划设计市场逐步对外开放，境外规划设计机构逐步深度参与国内规划设计业务，典型的如AS&P、RTKL、SWECO、GMP等美国、英国、新加坡、法国、澳大利亚和日本等国际知名城乡规划设计事务所在中国境内开展业务，邦城、阿特金斯等取得外商投资城市规划设计企业在华开业的许可。同时，为征集有创意和有特色的发展理念，学习国外优秀的规划设计手法，城乡规划"国际征集/竞赛活动"日趋密集，为我国城乡规划建设工作者熟悉国际惯例、国际规则和开展国际交流提供了平台。国际招标地域覆盖广阔，从北京、上海、深圳、广州、天津与南京等东部发达沿海地区到郑州、长沙、南宁、宜昌、贵州和昆明等西南地区；项目规模从局部几十公顷的城市节点（如北京金融街核心区仅34hm^2），拓展到几十或数百平方公里的片区乃至整体城市发展空间（如广州南海概念性规划覆盖范围为250km^2）；业务类型从概念规划、总体规划的宏观研究，拓展到城市设计、详细规划、交通规划、市政规划、土地利用规划、旅游规划和产业规划等专项规划，涵盖法定规划和规划研究。此外，部分设计机构引入国外专家担任规划师，甚至设立国际规划师事务所开展国际引智和国际项目合作，如武汉市规划研究院设立国际交流与合作所，是国内首家以规划院为平台的专业国际交流部门，致力于整合海内外城市发展与规划的高端智力资源、提供前沿理论和实践经验，组织大型项目方案征集，参与重大国际合作项目，先后与英国、德国、美国、荷兰等25个国家和地区的著名院校、优秀设计公司、事务所建立长期合作关系。

三、城乡规划"走出去"的40年

自1978年改革开放至今，我国城乡规划行业在实践项目、理论技术与人才教育等多个领域逐步走向海外，由资助援建到合作共赢，由交流合作到培养输出，形成了中国规划“走出去”的新方式，树立了中国规划行业国际化的新形象，在全球语境下的国际话语权也在逐步提升。

（一）规划实践项目“走出去”

以规划技术援助带动规划项目实践“走出去”，是我国早期规划实践项目“走出去”的方式。我国对周边国家的城市规划援助始于改革开放前，在科技合作协议的指引下，1959 年我国首次派专家组为越南提供技术援助。改革开放之后，中国提出了对外援助四项新原则，在 1978～1979 年前后，国家城市建设总局派出以周镜江先生为组长，由北京、上海等地的多名专家组成的专家组，在以镇江市为案例考察的基础上，为越南的两个城市做了城市规划。1995 年我国再度援建越南，为南河省编制经济发展战略研究及南定市城市总体规划。20 世纪 80 年代初，我国逐步开始商业化的规划输出，如同济大学、清华大学等在非洲承担相关的规划设计任务等。2000 年以后，我国的海外规划项目由技术援助走向技术服务，2005 年昆明市规划设计研究院受越南庆和省政府委托，承担了编制芽庄城市（庆和省府）西部新区总体规划的任务。正是我国的规划项目援助，为越南河内、太原、越池与南定等工业化城市的形成奠定了基础。同时，中国城市规划设计研究院等在非洲安哥拉编制了其首都罗安达的总体规划和工业园区规划等，中国规划走向非洲的步伐也不断加快。

我国在海外的规划实践项目不仅在合作方式上有所发展，在领域与地域上亦有所突破。20 世纪 90 年代初，我国海外项目的商业实践初现原型，在伦敦、巴黎等大都市由华人投资或合资兴建的中式风格“中国城”、粤海集团投资的 GD 波兰集散中心为代表的旅游商业规划项目兴起。2000 年之后，伴随着中国国际合作园区在“一带一路”沿线的 44 个国家 81 个地区布局，产业园区规划也逐渐走向海外。目前，我国城市规划实践项目“走出去”的步伐遍布全球，涉足城市、商业区、旅游区与工业区等多个方面。不久前，联合国人居署正式邀请武汉市土地利用和城市空间规划研究中心参与尼泊尔灾后重建项目，为尼泊尔编制《必都城市综合发展规划（2017—2035 年）》，这是武汉规划机构首次走出国门做城市规划，也是联合国人居署首次邀请中国规划机构参与援建项目。

（二）规划技术与理论“走出去”

改革开放以来，我国城市规划理论发展融汇中西、引领实践，形成了自己的特色和内涵。众多国外知名期刊开始关注我国规划理论并出版专刊，《Planning Theory》曾结集出版“中国规划理论”专刊，集合了来自中国城市规划设计研究院、清华大学、人民大学、南京大学、同济大学、中山大学及浙江大学等 10 所大学和研究机构的理论研究论文。

在规划理论“走出去”方面，特别值得一提的是吴良镛先生的广义建筑学、人居环境科学理论及基于该理论形成的《北京宪章》，以及石楠秘书长领衔中国专家参与联合国人居署《城市与区域规划国际准则》的编写，这些基于中国实践、中国文化和价值观的规划理论及技术在国际组织平台上发布的学术性、技术性文件，极大地推动了中国规划理论的国际扩散和传播。与不少国家一样，中国的规划实践也走在理论前面，结合实践的理论研究是中国规划理论“走出去”的变体形式。中国城市规划实践过程中的经验吸引着海内外的众多学者。1978 年，日本亚洲经济研究所学者访华，以中国城市建设为案例，研究中国的城市化与工业化。2008 年邵益生、石楠等编著的《Some Observations Concerning China’s Urban Development》一书，以中国城市为案例研究，获得了国际城市与区域规划师学会颁发的 2008 年度葛德·阿尔伯斯奖（Gerd Albers Award），这是我国学者首次获得该项国际大奖。1996 年联合国举办的“最佳人类居住区实践成果展览”，其中 500 多平方米的中国展区展示了中国改革开放以来在住宅规划建设上的成就。近年来，我国城市规划案例越来越受到国际关注，2017 年国际城市与区域规划师学会（ISOCARP）第 53 届国际规划大会开设“中国制造（Made in China）”专场及相关主题报告，联合国人居署分别于 2015 年的《International Guidelines on Urban and Territorial Planning: Towards a Compendium of Inspiring Practices》、2018 年的《Global Experiences in Land Readjustment》报告中，以中国的深圳城市发展、长三角城市群区域规划、广州的土地改革与再开发为案例进行了研究与正面宣传。不少城市的规划更是获得国际社会的广泛赞誉与肯定，从 1990 年唐山市政府第一次获得联合国人居奖，到 2008 年南京市政府首次以城市身份获得“人居特别荣誉奖”，中国的机构与个人已 16 次获得联合国人居奖，这些规划实践中机构、个人及项目获得的关注和荣誉进一步扩大了其蕴含的中国规划模式与理论的国际影响力。

作为规划理论与实践的经验总结，我国城市规划技术标准通过援建项目、国际合作项目及委托设计项目分别走向了“一带一路”沿线的不同国家。依据笔者调研，中国在非洲、东南亚建设的许多境外产业园区均由国内规划设计机构编制规划并采取了中国的规划技术体系和标准规范。武汉市土地利用和城市空间规划研究中心在为尼泊尔编制《必都城市综合发展规划（2017—2035 年）》的过程中使用了中国标准，并将其在地化编制为当地城市规划的标准。中国联合工程有限公司总承包的委内瑞拉大住房计划——新埃斯帕塔州波拉马尔的 2520 套住房项目采用中国标准，提前 3 个月时间完成了建设，不仅加快了工期，还节约了建造成本。中国城市规划技术标准在海外的成功应用与转换体现了中国标准的成熟化及其走向海外的步伐。

（三）规划人才与教育“走出去”

人才与教育“走出去”是规划行业“走出去”的另一个重要领域，40 年来我国规划行业的高校及研究机构吸引了众多海内外学子，培养了多批“走出去”的规划人才。从改革开放之初代表中国赴德讲学的吴良镛、金经昌先生等早一批“走出去”的国内学者，到改革开放初期赴欧美访学交流的崔功豪、姚士谋等学者，再到在有关国际或者境外组织任职的国际建协理事和副主席吴良镛先生、ISOCARP 副主席石楠先生、美国艺术与科学院院士俞孔坚先生、德国工程科学院和瑞典皇家工程科学院院士吴志强先生等，以及在《International Journal of Urban and Regional Research》《Cities》等海外杂志任编委的顾朝林教授和赵鹏军、何深静、李志刚等学者，进而到在海外知名学府任教的伊利诺斯（芝加哥）大学城市规划系教授张庭伟先生、伦敦大学学院巴特利特规划学院吴缚龙教授、麻省理工学院城市研究与规划系郑思齐教授等，众多出身于中国本土规划院校的人才在国际规划舞台上大放异彩。在联合国人居署等国际机构中，中国规划的个人力量也不可小觑，自 1990 年中国在内罗毕设立驻联合国人居中心代表处后，多位中国专业人士在联合国人居署任职。不仅是个人，我国规划企业也在积极“走出去”，2012 年中国建筑设计研究院成功收购新加坡 CPG 集团，2016 年苏交科集团股份有限公司并购美国 Test America 与西班牙 EPTISA 公司，2017 年北京建谊设计院控股白罗斯国家设计院等，中国规划正在深度拓展海外市场。我国规划行业的优秀人才与企业在全球范围内由点及面向国际规划界推广了中国规划行业的发展。

中国规划教育的“走出去”在国家主导、技术培训与高校引领、教育合作两条道路上齐头并进。改革开放初期，我国多次派专家组赴越南、埃塞俄比亚等国家开展技术培训援助。2003 年在时任建设部部长汪光焘先生的提议下，建设部派出专家组赴埃塞俄比亚开展了为期两周半的城市规划和土地管理培训，就城市规划中的城市总体规划编制、各专项规划的编制、城市规划管理、城镇体系规划编制和实施、城市土地管理政策与法规五大部分进行了教育培训，并与埃塞俄比亚政府建立了长期的合作关系。伴随着规划编制的输出，我国规划执业体制也在加强对外交流。2000 年，我国城市规划执业制度管理委员会举办城市规划国际研讨会，与美国持证规划师学会、英国皇家规划师学会、欧盟规划师学会及香港注册城市规划师管理局、香港规划师学会等有关国家和地区的规划师执业管理机构代表就有关问题进行交流讨论。2005 年 5 月，全国城市规划执业制度管理委员会与香港规划师学会签订《内地注册城市规划师与香港规划师学会会员资格互认协议》。如今，越来越多的中国规划从业者获得海外执业资格，我国规划执业体制向国际接轨又迈进了一步。

同时，来华留学生的培养是我国规划行业提高全球化教育水平的途径，也是规划教育面向现代化、面向世界、面向未来的体现。改革开放以来，我国众多知名院校的规划专业培养了多批海外人才；而在当代，来华留学生在规模、质量和制度建设等方面都已经取得了长足的进步。以东南大学为例，近年来在高校教育改革中设国际前沿课程，与 MIT 等国际知名高校开展教育合作项目，招收的留学生遍布非洲、中东、欧洲、东亚、东南亚等多个国家及地区。高校留学生培养、国际技术援助及我国规划人才走向海外，助推我国规划界从认识论和方法论两方面增加与国际的交流，规划人才的国际化持续提升着我国规划行业的国际影响力。

四、新时代中国城乡规划全球化展望

回望城乡规划的国际化发展历史，历史上有多次值得关注的“国际化”模式，包括中国古代规划模式在亚洲地区的扩散、英国殖民地时代的规划输出和全球化、苏联在社会主义阵营的规划输出和国际化、现代西欧和东亚规划体系的国际化传播和输出等。改革开放以来，中国城乡规划吸收借鉴和本土创新相结合，形成自己的特点，并具有一定的国际影响力与认同感。伴随国家“一带一路”倡议的实施，中国城乡规划正在由单向输入为主的国际化发展转变为双向融合、引导国际的全球化发展。特别是 2016 年以来，中非合作领域也拓展到了规划行业，中非合作论坛——约翰内斯堡行动计划（2016—2018 年）明确提出“中方将向非洲国家派遣政府高级专家顾问，提供工业化规划布局、政策设计、运营管理等方面的咨询和帮助”等，这些都昭示着在新时代中国城乡规划国际化的新作为和新方向。为此，笔者认为，以下几个领域将是中国城乡规划全球化发展的重要领域和内容：

（1）规划理论的全球化

复兴中国传统规划思想中的精华内容，诸如礼制思想中的物质空间与社会空间统一的理念、风水思想中天人合一及人与自然协调的理念等，总结提炼中国改革开放以来新的规划理论创新成果，诸如人居环境理论、“城市人”理论和城市设计理论等，并结合全球不同区域的特点、国际前沿规划理论等进行融会贯通，进而通过规划实践和规划教育、学术交流，在全球层面进行推广和再创新，让中国规划理论的全球普适性价值和内涵进一步放大。

（2）规划实践的全球化

立足中国快速城镇化阶段累积的丰富规划实践和强大的规划产能，以及高素质的规划技术力量，结合“一带一路”倡议和中国建设、中国投资与中国人才“走出去”的步伐，积极推动中国规划实践更大力度地“走出去”，以中国海外建设项目、产业园区等的规划设计为支点和支撑，全方位开拓海外规划服务和业务，培育具有全球能力和口碑的规划设计公司及规划设计大师品牌；积极介入海外重大规划设计项目的竞争，确立市场地位。

（3）规划教育和人才的全球化

新时代结合国家新的全球化发展模式，遵循人类命运共同体的新全球观，立足中国规划理论和实践优势，在广泛吸引全球规划专业学生、学者来华学习、交流和培训的同时，鼓励、促进中国规划学者大胆地“走出去”，特别是走向“一带一路”沿线的高校、科研机构和设计机构，把中国规划理念、理论和技术体系推向全球。

五、结语

放眼全球，中国城乡规划具有独特的近现代开放化发展历史，先后兼容并蓄地吸收和集成了西方近现代城乡规划与苏联城乡规划这两大具有全球性影响的现代城乡规划体系，天然地继承了中国古代城乡规划体系这一东方规划文化的核心，加之经受了中国现代工业化、城镇化波澜壮阔的实践检验和进一步融合发展，当代中国城乡规划体系无疑是全球最具开放性、包容性和实践指导性的规划体系，预期在新时代的全球化发展中将发挥重要的支撑、服务甚至引领作用。未来新的40年，有望成为中国城乡规划大胆“走出去”的40年，也渴望成为中国城乡规划站在“人类命运共同体”高度再发展的新时代。

（撰稿人：王兴平，东南大学建筑学院教授，东南大学中国特色社会主义发展研究院副院长；陈骁、赵四东，东南大学建筑学院博士研究生，东南大学中国特色社会主义发展研究院研究员）

注：摘自《规划师》，2018（10）：05-12，参考文献见原文。

绿色城市理论与实践探索

导语：从20世纪70年代开始，国际上开展了绿色城市广泛的实践活动。力图在中外实践的基础上构建起绿色城市理论的体系框架；明确绿色城市理论支撑、研究范畴与目标愿景，辨析绿色城市的定义内涵；构建绿色城市发展原则、发展目标与指标体系的全空间目标体系；提出完整的绿色城市的全要素技术体系；提出绿色城市规划建设管理与评估监督的全过程标准体系；覆盖不同地域、规模、类型、专业领域的绿色城市的全领域示范体系。

我们正处在工业化、城镇化、信息化和全球化时代。从全球范围来看，工业文明将全世界带入了前所未有的物质创造时代，但同时也带来了史无前例的生态赤字、环境透支和人类生存质量的变化。这种不计生态代价的发展模式让人类社会饱受自酿的苦果。恩格斯在《自然辩证法》中指出："我们不要过分陶醉于人类对自然的胜利。对于每一次这样的胜利，自然界都对我们进行了报复。"从中国国情来看，改革开放以来的中国创造了经济持续高速增长的奇迹，但也同样面临着资源约束趋紧、环境污染严重、生态系统退化的严峻形势。资源快速消耗和劳动力成本提升导致外延式、粗放式的发展模式不可持续。回看城市发展的演进，贯穿始终存在着这样的一条线索：技术突破解放了生产力，盲目乐观的行动又带来了事与愿违的结果，尝到苦果之后人们开始从过去的经验教训中寻求解决方案，并在技术与人文之间、发展与保护之间寻求蜿蜒前行的荆棘之路。审视内外部形势，以"粗放、外延、低效、高耗"为特征的传统城市发展方式已走到尽头，我们已经到达新旧动力转换的临界点。走入中国特色社会主义新时代、新征程，要求中国必须提出绿色引领的新型城市发展理论与实践之课题。

一、绿色城市的理论与实践基础

（一）西方理论与实践溯源

19世纪末埃比尼泽·霍华德（Ebenezer Howard）提出田园城市范式，其构想兼有城市和乡村优点的理想城市；1962年，美国学者蕾切尔·卡尔逊（Rachel Carson）在其《寂静的春天》一书中揭示了生态环境破坏的严重后果；1972年，欧洲罗马俱乐部发表《增长的极限》，突出强调了地球的有限性和当前开发速度的不可持续性。1972年，《只有一个地球》一书呼吁各国人民重视维护人类赖以生存的地球；1972年联合国教科文组织（UNESCO）制定“人与生物圈（MAB）”计划，第一次提出“生态城市（eco-city）”概念；1987年世界环境与发展委员会（WCED）在《我们共同的未来》报告中提出“可持续发展”概念。从此世界各国对其理论进行了不断的探索，并在实践方面做出了持续的努力。国外生态城市建设内涵涵盖生态教育、生态技术的运用等各个方面，且在城市—城区—园区—社区等不同尺度上均进行了探索和实践。西方绿色生态城市实践包括：综合性绿色生态城市，如美国波特兰市、伯克利市，德国弗赖堡市、埃朗根市等；生态技术集中示范区，如阿拉伯联合酋长国的马斯达尔城等；生态社区，如瑞典斯德哥尔摩市的哈马比社区、丹麦Beder镇的太阳风社区、西班牙的巴利阿里群岛ParcBIT社区、英国伦敦的贝丁顿零碳社区等；以及绿色交通、绿色能源、绿色建筑、社会人文、环境保护与治理、废弃物处理、水资源管理和智慧基础设施建设等特定领域的实践。国际生态城市建设目前已形成三种模式，即理念根植、社区尺度的生态技术集成的欧洲模式；规划引导、城市尺度的综合生态提升的美国模式；自上而下、资源节约的城市生态转型的日韩模式。在规划尺度上，欧洲生态城市以适宜的小尺度进行生态城市建设；美国和日韩则多为较大的城市尺度上进行的生态开发建设；在目标体系上，欧洲多为从某一方面出发集中解决城市突出问题，美国多从整体规划角度，全面进行生态城市改造提升；日韩则以构建低碳社会，建立循环经济体系为目标；在物质空间规划上，欧洲生态城市建设涵盖广泛，主要包括能源系统、水资源系统、垃圾系统、公共交通系统等子系统，且在能源利用方面处于全球领先水平；美国由于城市蔓延的诟病，更加注重城市增长边界的控制；日韩国家则强调紧凑空间结构、能源利用和公共交通体系；在推动力量上，欧美国家通常是政府起引导和推动作用，非政府组织（Non-Governmental Organization，NGO）参与度高，而日韩采取自上而下的模式，政府起到主导作用。（图1）

（二）中国理论与实践溯源

中国古代虽然没有系统的城市规划理论体系，但是绿色生态的营城思想一直贯穿在典籍和实践之中。《易经》中“天人合一”的自然观赋予“天”以“人道”，将天、地、人作为一个统一的整体，体现人与自然统一的原则；《道德经》中“人法地，地法天，天法道，道法自然”的认识论和方法论，揭示了万事万物的运行法则都是遵守自然规律；《管子·仲马》提出了一整套因地制宜、顺应自然的城市选址与规划布局思想：“因天材，就地利，故城廓不必中规矩，道路不必中准绳”；吴国大夫伍子胥在营建阖闾城时提出了“相土尝水，象天法地”的

丹麦自行车高速路建设

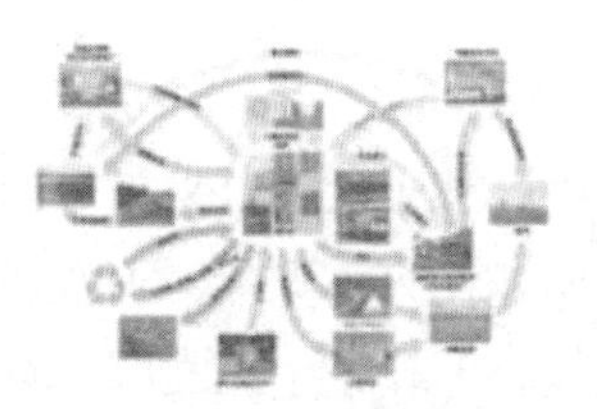
瑞典哈马比资源能源系统

瑞典马尔默“Bo01”社区太阳能

弗莱堡沃邦社区隔执建筑

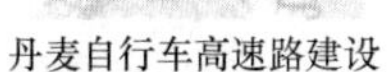

英国贝丁顿零能耗社区玻璃房

法国蒙彼利埃

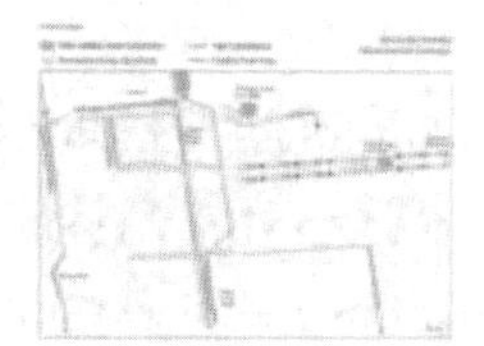
美国伯克利绿色雨水基础设施

波特兰城市增长边界

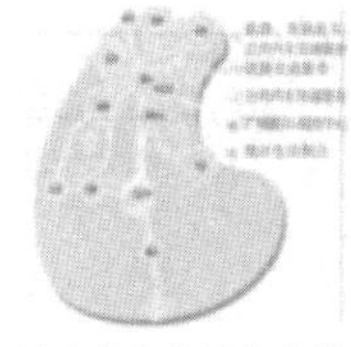
日本富山市城市结构

日本千叶新城小尺度街区

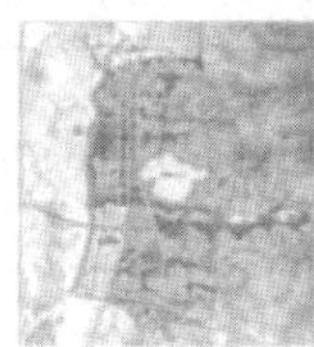
韩国东滩2期新城

阿联酋马斯达尔

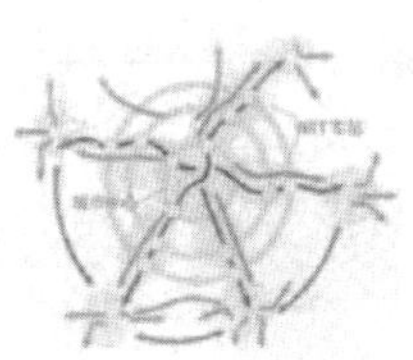
巴西库巴蒂BRT走廊

图 1　国外生态城市建设案例示意

规划思想，在顺应自然过程中进行因势利导、改造和利用。正如仇保兴总结：“在中国传统文化中充满着敬天、顺天、法天和同天的原始生态意识”，这些“原始生态文明理念为低碳生态城市建设奠定了良好的基础”（图 2）。1972 年，中国加入“人与生物圈计划”；1980 年代，中国生态学、地理学及城市规划等领域学者迅速跟进国际城市生态领域研究，开始了相关学术理论探讨；2002 年，第五届国际生态城市讨论会发布了《关于生态城市建设的深圳宣言》，提出生态城市建设的 5 个层面和 9 个行动。

图 2　体现人与自然和谐共生的中国人居意境

（三）中央精神和部门行动

为应对日益紧迫的资源环境问题，中共从十六大以来逐步明确和深化了生态文明建设的基本思路，十八大将生态文明建设写入党章，十八届五中全会将“绿色”作为五大发展理念之一，十九大更是将“建设生态文明、推进绿色发展”作为“新时代坚持和发展中国特色社会主义的基本方略”之一，成为习近平新时代中国特色社会主义理论的重要组成部分，形成了生态文明的中国方案。1992年起，中央政府各部委采用“试点”模式推动绿色生态城市实践。住房和城乡建设部、国家发展和改革委员会、生态环境部、交通运输部、科学技术部分别推动了具有绿色城市特征的试点和实践，具体如表1。

各部委关于绿色城市的实践和探索 **表1**

主管部门	具有绿色生态城市性质的城市评选活动
住房和城乡建设部	园林城市(1992)、国家生态园林城市(2004) 宜居城市(2005) 绿色建筑(2006) 低碳生态试点城(镇)(2011) 智慧城市(2012) 绿色生态城区(2013) 海绵城市(2015) 城市双修(2015) 宜居小镇、宜居生态示范镇(2015)
国家发展和改革委员会	低碳省区和低碳城市试点(2010) 碳排放交易试点(2011) 低碳社区试点(2014) 循环经济示范城市(县)(2015) 产城融合示范区(2016)
生态环境部	生态示范区(1995) 生态县、生态市、生态省(2006) 生态文明建设试点(2008) 生态文明建设示范区(2014)
交通运输部	“公交都市”建设示范工程(2012)
科学技术部	可持续发展议程创新示范区(2018)
部委联合试点	国家发展和改革委员会、生态环境部、科学技术部、工业和信息化部、财政部、商务部、国家统计局联合展开循环经济试点(2005) 住房和城乡建设部、财政部、国家发展和改革委员会联合评选绿色低碳重点小城镇(2011) 国家发展和改革委员会和环保司联合发起“酷中国”活动倡导个人低碳行动(2011) 国家发展和改革委员会、工业和信息化部、科学技术部及住房和城乡建设部联合推出智慧城市试点 国家发展和改革委员会、财政部、国土资源部、水利部、农业部及国家林业局等六部委联合推动生态文明先行示范区建设(2013) 国家发展和改革委员会、工业和信息化部联合开展国家低碳工业园区试点工作(2013) 国家能源局、财政部、国土资源部及住房和城乡建设部联合促进地热能开发利用(2013) 财政部、住房和城乡建设部、水利部展开海绵城市建设试点城市评审工作(2015)

资料来源：笔者整理。

（四）中国传统生态哲学思想的复兴

习近平总书记对于绿色生态发展有着高屋建瓴的见解和阐释，集中体现以下两个理论："两山"理念，即"绿水青山就是金山银山"，深刻阐明了"经济强、百姓富"与"生态优、环境好"的对立统一关系，发展和保护不再成为"哈姆雷特之问"的"两难"悖论，而成为达到共同目标的统一路径；"生命共同体"理论，即"山水林田湖草是一个生命共同体"，强调人类必须尊重自然、顺应自然、保护自然，将自然当作一个复杂、有机的生态系统来看待，尊重"环境伦理"。这两个理论，是对中国古代"天人合一""道法自然"等传统生态哲学的最好注解，秉持了遵从生态法则的大逻辑，包含了敬畏自然、尊重自然、保护自然的生态理念，蕴藏着主体与客体环境协调发展、和谐共生的哲学精髓。全球的人类文明史是循环演进的。东方农业文明体现了技术水平不足的情况下被动顺应自然的智慧；西方工业文明推动了近现代生产力的快速发展；时至今日，人类有必要从东方文明中汲取营养，重新唤醒和复兴中国哲学精髓，在此基础上建立生态文明。纵观中外对比（表2），中国理论已形成了以整体观和共生观为基本出发点、涉及各个领域的理论体系，对于当前全球和中国发展面临的问题具有重要的指导意义。新时代需要新理论进行指导，中国应当以中国传统哲学为基础，以整体认知、和谐共生、人文关怀为核心要义，建立能够解决当前问题和实现未来愿景的理论自信，并借鉴和吸收西方哲学的理性精神和科学思维，寻求面向未来的中国解决方案。

中西方理论体系的差异 **表2**

	西方理论	中国理论
哲学观点	还原论	整体论
哲学代表学说	德谟克利特，原子论	老子，道生一、一生二、二生三、三生万物
生态观点	竞争、优胜劣汰	协同、和谐共生
生态代表学说	达尔文，进化论	生命共同体，命运共同体
规划、建筑观点	功能分区，建筑模式语言	规划、建筑、园林三位一体
规划、建筑代表学说	现代主义运动	人居环境科学

资料来源：笔者整理。

二、绿色城市的理论框架

（一）绿色城市的理论基础

1. 第三代系统论

城市空间是一个复杂、开放的巨系统。步入生态文明的新时代，我们应采用有机、非线性的第三代“复杂适应系统论”的方法研究城市空间。复杂适应系统（Complex Adaptive Systems）实现了人类在了解自然和自身方面的认知飞跃。其核心思想是“适应性创造复杂性”，即系统中的“成员”能够与其他主体进行相互作用，持续地“学习”和“积累经验”，改变自身的结构和行为方式，进而主导系统进行演变。由适应性主体相互作用、共同演化并层层涌现出来的复杂适应系统具有“不确定性、不可预测性、非线性”的特点。采用整体和局部共同决定系统的方法，以及“去中心化”的思维（圣塔菲研究所，SFI），是复杂性研究的方法和路径。正视城市的复杂性，把城市当成一个复杂自适应系统来研究，尊重城市中存在的隐秩序，有助于探索一个能够解决现实问题的较为统一和全面的认识框架。

2. 生态学

生态学是研究生物体与其周围环境（包括非生物环境和生物环境）相互关系的科学。将生态学原理引入城市空间，体现了研究重心从城市本身转变为城市与周边环境的关系。20世纪初，P. Geddes在《城市开发》《进化中的城市》中提出人类社会只有和周围自然环境在供求关系上取得平衡，才能保持持续活力；1971年麦克哈格（Ian L. McHarg）出版专著《设计结合自然》，将人与自然的和谐共存作为其核心主题，提出了先底后图的设计模式；20世纪80年代，我国的马世俊、王如松等中国生态学家提出了社会—经济—自然复合生态系统（social-economic-natural complex ecosystem）理论，指出可持续发展问题的实质是以人为主体的生命与其栖息劳作环境、物质生产环境及社会文化环境间的协调发展。

3. 生物学

生物学是研究生物的结构、功能、发生和发展的规律，以及生物与周围环境关系的科学。雷·库兹韦尔（Ray Kurzweil）认为，“如果非生物体在做出情绪反应时完全令人信服，对于这些非生物体，我会接受它们是有意识的‘人’，我预测这个社会也会达成共识，接受它们。”如果将人类个体行为比作细胞层面的简单运动，那么城乡巨系统就呈现出生命体层面的复杂行为，我们将之比拟为“巨生命体”，与一般意义的生命体相似，城乡这个“巨生命体”具备学习、反馈、免疫、适应、修复、再生等能力，需要通过分布式神经网络实现对动态变化的主动感知、海量计算和智慧决策，从而实现对外部环境变化的适应，实现各大系统的协同耦合和自组织运转，实现与周边环境的物质和能量交换，实现与其他生命体的功能分工和要素互补。现代生物学的发展对有机体和外部环境的关系认识突破了传统的“刺激—反应”模型，而形成了“刺激—主体—反应”的模型，更加强调主体的地位和能动性，有助于深入探究现象之后的内在发生机制，对于城市研究的启发在于突出强调主体和过程的研究方法。

（二）绿色城市的研究范畴

1. 要素范畴

狭义的自然生态强调保护自然生态环境；广义的复合生态强调经济系统、社会系统与自然系统的互动良性发展。在复杂、开放的巨系统中，资本、物质、能量、信息等要素的流动性决定了不能以狭义的概念看待绿色生态，因为“狭义”的边界无法“封闭”：广义的复合生态行为贡献可以“等价交换”为狭义的自然生态行为贡献；复合生态行为消耗亦可以“等价交换”为自然生态行为消耗。所以，系统的“开放性”决定了生态的“复合性”，应当从广义的复合生态角度认识和理解绿色城市理论。

2. 时间范畴

绿色城市的研究目标不仅是为了描绘绿色城市的终极状态，而更加重视城市的绿色化发展过程，注重发展过程中政府的公共政策导向、公民的生活方式和行为准则以及城市工作者秉承的价值导向和技术指南。

（三）绿色城市的内涵定义

1. 相关概念比较

和绿色城市相类似的概念包括生态城市、低碳城市、循环城市、智慧城市、宜居城市，以及强调某一专项领域的公交都市、海绵城市、韧性城市等。这些概念可分为两类：一类是目标型的，如生态城市、宜居城市，都是描述一个综合、全面的“理想境界”；一类是路径型的，如低碳城市、循环城市、智慧城市，都是实现“理想境界”的手段和方法。绿色城市的目标与生态城市、宜居城市相比更为综合，涉及自然、社会、经济、文化、制度等方面；绿色城市的路径主要强调“生态低冲击、资源低消耗、环境低影响”，这些又与低碳城市、循环城市的概念有交集。更为重要的是，“绿色”一词代表着“主体”根据“客体”变化主动适应、使主体自身趋向“绿色化”的涵义。正如辩证唯物主义所强调的：认识的本质是在实践基础上主体对客体的能动反映。这正是辩证唯物主义与机械唯物主义的本质区别。

2. 绿色城市定义

综上所述，本文对绿色城市做如下定义：绿色城市是在城市这个载体上实现经济建设、政治建设、文化建设、社会建设、生态文明建设“五位一体”的发展方式，推进人与自然、社会、经济和谐共存的可持续发展模式，实现“生产空间集约高效、生活空间宜居适度、生态空间山清水秀”的发展范式。绿色城市就是调动自然、社会、经济等“全要素”，在城镇、农业和生态“全空间”，实现过去、现在、未来“全过程”绿色化发展的实践活动（图 3）。关于人和自然的关系，与以往“人在自然之外”或“人在自然之上”的观点不同，绿色城市强调“人在自然之中”，对自然秉持谦逊的态度；关于人和社会的关系，与以利益和礼仪为基础强制形成的“小康”社会不同，绿色城市向往以道德为基础自觉形成的“大同”社会；关于人和经济的关系，与以往经济发展以来资源环境消耗的发展模式不同，绿色城市要求经济发展与资源环境消耗脱钩。

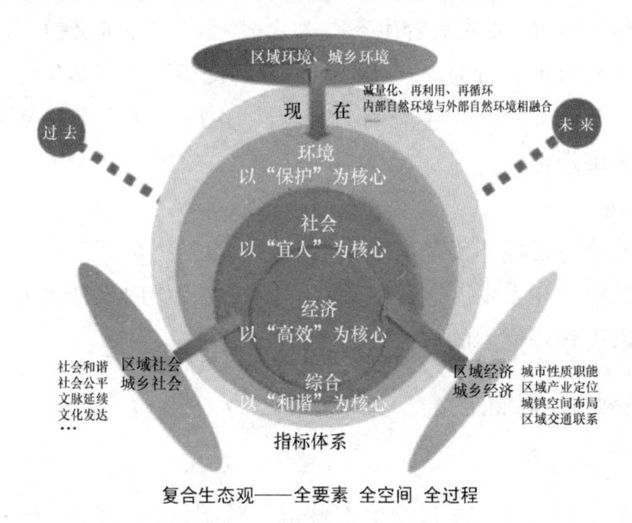

图 3 绿色城市的理论框架

（四）绿色城市的空间层次

正如细胞、组织、器官、系统逐层构成人体这个复杂系统一样，绿色城市这个复杂巨系统也有其内部的空间层次。第一层次是“绿色建筑”，它是城市的“细胞”，也是城市的最基本空间单元；第二层次是“生态社区”，按照功能可细分为生态居住社区、生态大学园区、生态创新社区、生态工业园区等；第三层次是“生态城区/城市”，它是城市的“器官”，是不同功能生态社区的组合；第四层次是“绿色城乡空间”，它覆盖全域城乡空间，旨在协同城市与乡村发展，建设成相互依存、相互促进的共同体。

（五）绿色城市的系统框架

绿色城市的系统框架可以通过绿色城市的目标体系、技术体系、标准体系和示范体系来建构。

三、绿色城市的目标体系

（一）发展原则

1.“四因”制宜

所谓绿色生态，就是能够很好地协调主体（城乡）与客体（宏观环境）之间的关系。不同地区的宏观自然生态和社会文化环境迥异，决定了各城市主体应采取完全不同的适应客体策略；不同地区的经济基础和城镇化阶段迥异，也决定了各城市主体应采取适应当地经济条件和发展阶段的“先进适用技术”，而不是不可承受的“奢侈技术”。所以，“因时制宜、因地制宜、因人制宜、因财制宜”是绿色发展的基本准则。

2. 自然做功

绿色城市要顺应自然。顺应自然不是被动受制于自然，而是按照自然规律顺势而为，通过有限度地改造自然，让自然的能量尽最大可能地为人类造福（即“让自然做功”），实现人与自然和谐相处。譬如海绵城市建设的要义就是正确且充分利用“自然力”，实现“自然存积、自然渗透、自然净化”。

3. 协同互促

以协同替代竞争是未来经济模式的重要特征，也是绿色城市的重要原则。核心内容是通过城乡（区域）之间要素的充分流动和城乡（区域）各自特色的充分彰显，引导城乡（区域）功能的合理分工、城乡基本公共服务均等化、城乡景观风貌的差异化，最终实现城乡空间的互利共赢。

4. 包容和谐

包容和谐既是生物圈、社会圈内维护公平的诉求，也是提高生物圈、社会圈生存延续能力的“基因”。这就要求绿色城市既要在自然生态领域保护生物的多样性，又要在社会生态领域维护社会的多元性。

5. 高效循环

高效循环体现了集约节约利用资源的价值取向。高效体现在城市土地、水、能源的集约利用，以及城市公共设施、基础设施建设与周边土地开发之间的关系；循环应更多强调“微循环”，因地制宜地选择合适的工程技术手段，倡导分散、就近、有机化、生态化的处理方式，补充小型化设施，推动各公用设施由功能分离向综合利用转变等，加强微降解、微能源、微冲击、微交通、微绿地、微调控等城市微循环体系的建设。

6. 安全健康

为了应对未来的不确定性危机，城市应提高“韧性”，建立具有多样性、适应性、可再生能力、自主与协作并存等特点的物质、经济、社会和自然的系统，从“减缓”和“适应”两个方面应对气候变化，突出前瞻性的风险评估和灾害预防，制定兼具系统性和灵活性的应急预案；应当从弱势群体的安全舒适角度考虑，建设儿童、老年、残疾人友好型城市；城市空间应当为市民提供舒适、友好、清洁、健康的工作和生活环境。

7. 最终方向：永续发展

坚持上述绿色发展的六条原则，最终目的是实现城市可持续发展，它兼顾了城镇、农业、生态空间的保护与发展，兼顾了自然、社会、经济的协同，兼顾了当代人与后代人的发展诉求。

（二）发展目标

绿色城市应以“城市空间巨生命体”的持续、健康、协同为标准，实现城镇、农业、生态全空间的协同发展，自然、社会、经济全要素的均衡发展，过去、现在、未来全时段的公平发展，按照复合生态的要求，建设“共荣、共治、共兴、共享、共生”的理想社会（图4）。“共荣”指经济建设，目标是实现城市经济繁荣和全民富裕；“共治”指政治建设，目标是实现政府、市场、社会的多元共治；“共兴”指文化建设，目标是实现中华民族传统文化的传承和复兴；“共享”指社会建设，目标是实现人人共享发展机会、公共资源和福利保障；“共生”指生态文明建设，目标是构建人与山水林田湖草的“生命共同体”，维系人和自然之间唇齿相依的共生关系。

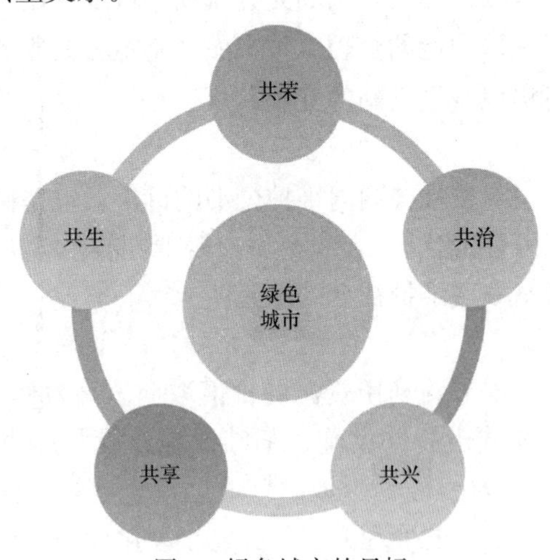

图4　绿色城市的目标

（三）量化指标

基于我国绿色城市的理念、目标，对标国际绿色发展愿景和标准，结合既有城乡建设领域出台的一系列指标体系和标准，应建立涉及“自然、社会、经济、文化、治理”五大领域的城乡绿色发展指标体系，兼顾重点与全局、特色与共性、约束与引导、实施与愿景，使其成为城乡长远发展的战略纲领、近期实施的行动计划、规划评估的基本依据、政绩考核的重要参考、“城市体检”的核心指标（表3）。

雄安新区规划指标表 **表3**

分项		指　　标	2035年
创新智能	1	全社会研究与试验发展经费支出占地区生产总值比重(%)	6
	2	基础研究经费占研究与试验发展经费比重(%)	18
	3	万人发明专利拥有量(件)	100
	4	科技进步贡献率(%)	80
	5	公共教育投入占地区生产总值比重(%)	⩾5
	6	数字经济占城市地区生产总值比重(%)	⩾80
	7	大数据在城市精细化治理和应急管理中的贡献率(%)	⩾90
	8	基础设施智慧化水平(%)	⩾90
	9	高速宽带标准	高速宽带无线通信号全覆盖、千兆入户、万兆入企
绿色生态	10	蓝绿空间占比(%)	⩾70
	11	森林覆盖率(%)	40
	12	耕地保护面积占新区总面积比例(%)	18
	13	永久基本农田保护面积占新区总面积比例(%)	⩾10
	14	起步区城市绿化覆盖率(%)	⩾50
	15	起步区人均城市公园面积(m^2)	⩾20
	16	起步区公园300m服务半径覆盖率(%)	100
	17	起步区骨干绿道总长度(km)	300
	18	重要水功能区水质达标率(%)	⩾95
	19	雨水年径流总量控制率(%)	⩾85
	20	供水保障率(%)	⩾97
	21	污水收集处理率(%)	⩾99
	22	污水资源化再生利用率(%)	⩾99
	23	新建民用建筑的绿色建筑达标率(%)	100
	24	细颗粒物($PM_{2.5}$)年均浓度($\mu g/m^3$)	大气环境质量得到根本改善
	25	生活垃圾无害化处理率(%)	100
	26	城市生活垃圾回收资源利用率(%)	>45

续表

分项		指　　标	2035年
幸福宜居	27	15分钟社区生活覆盖率(%)	100
	28	人均公共文化服务设施建筑面积(m^2)	0.8
	29	人均公共体育用地面积(m^2)	0.8
	30	平均受教育年限(年)	13.5
	31	千人医疗卫生机构床位数(张)	7.0
	32	规划建设区人口密度(人/km^2)	≤10000
	33	起步区路网密度(公里/km^2)	10～15
	34	起步区绿色交通出行比例(%)	≥90
	35	起步区公共交通占机动化出行比例(%)	≥80
	36	起步区公共交通站点服务半径(m)	≤300
	37	起步区市政道路公交服务覆盖率(%)	100
	38	人均应总避难场所面积(m^2)	2～3

资料来源：摘自中共河北省委、河北省人民政府于2018年4月发布的《河北雄安新区规划纲要》，http：//wemedia.ifeng.con/57528753/wemedia.shtml16页。

四、绿色城市的技术体系

绿色城市的技术方法是一个庞大的“工具包”，包括了规划理念、方法、技术和工程建设技术。应当强调的是，如果不分对象地把这些技术方法用到每个具体实践中去，这种做法就是“伪绿色”的。必须尊重绿色发展的原则规律，特别是遵循“四因制宜”的原则，方能实现真正的“绿色”。这就好比技术体系是个“中药铺”，只有顺天地之道（认识、尊重、顺应城市发展规律）、针对具体的病人（特定的城市）给出良方，才是名医（好的规划师），这才是绿色发展的真正内涵（图5）。绿色城市的技术方法包括以下内容：

① 建立绿色发展引领的规划建设指标体系。以“复合生态观”为基础，持续、健康、协同为导向，对标国际绿色发展愿景和标准，建立涉及自然、社会、经济、文化、治理五大领域的规划建设指标体系，兼顾重点与全局、特色与共性、约束与引导、实施与愿景。

② 空间适宜性分析和综合承载力测算。在全域范围内，按照“人与山水林田湖是一个生命共同体”的理念，在保障生态、农业、城镇活动永续发展和协同共生的前提下，通过限制性要素叠加分析，划分城镇、农业、生态三类空间，划定生态保护红线、永久基本农田和城镇开发边界三条控制线，并依此确定规划期内适度、合理的城镇发展规模。

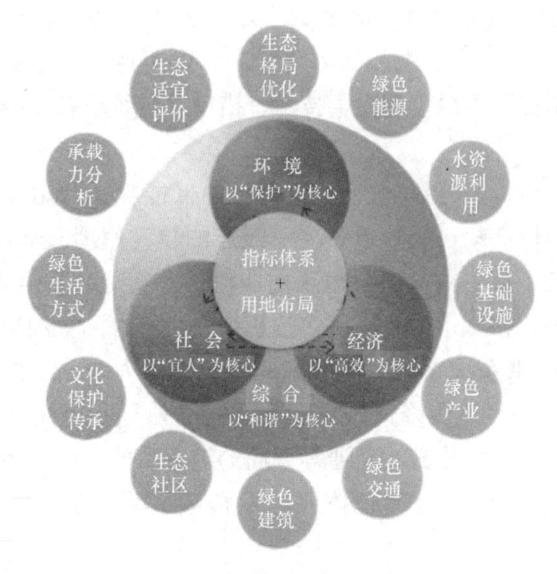

图 5　绿色城市的技术集成

③ 实现城镇、乡村协同发展。摒弃过去“城镇吞噬乡村、乡村供养城镇”的单向物质流动模式，按照系统协同原则，发挥各自的资源禀赋优势，实现人流、物流、资金流、信息流的双向流动，再现中国传统文化中“诗意栖居”的人居境界。涉及的关键技术包括：优化从区域到城市的自然生态格局。推进自然生态保护、修复和建设，建构从区域到城市的结构完整、通道连续、生物多样、功能丰富的自然生态格局，实现“生态空间山清水秀”。建设面向公众开放、容纳多元活动的公共绿地和开敞空间，并与非机动车交通系统实现有机衔接。

④ 推进用地布局优化和城市修补。实现“生产空间集约高效、生活空间宜居适度”。依据自然地理条件和居民平均出行时间确定合理的城市组团尺度，引导一定地域范围内的职住平衡。鼓励城市建设用地功能的平面、立体混合，鼓励紧凑、适度高密度的开发，在城市中心区建设复合、多元的活力空间。将城市中的闲置、低效建设用地看作可再利用的资源，实现多元主体参与的城市更新。

⑤ 弘扬历史和现代文化。全面推进城市设计和历史文化名城、名镇、名村保护工作，倡导用渐进式、微创式的方法来实现旧城的保护与更新，传承中华文化、延续城市文脉、彰显场所精神，处理好传统和现代、继承与发展的关系。乡村规划应致力于发展由“地缘、血缘、业缘和情缘”构成的新乡村文化，提升本土文化自信，增强乡村凝聚力。

⑥ 建设绿色化的公共设施和公用设施。应对人口结构和市民需求的变化，改进公共服务设施配置内容和标准，建立等级清晰、分布均好的公益性公共服务

设施体系，推进公共服务设施的开放共享，与公共交通站点布局的耦合。推进“微降解、微净化、微中水、微能源、微冲击、微交通、微更新、微绿地、微农场、微医疗、微调控”等绿色理念、技术、措施在传统市政基础设施规划建设中的应用。

⑦ 提倡绿色交通。采用高效率、高舒适、低能耗、低污染的交通方式，完成人流、物流的运输活动。配合以紧凑、混合的建设用地布局减少出行总需求。提高绿色出行（长距离公共交通＋短距离非机动车交通）占全方式出行的比例。划定交通政策分区，在城市中心区落实“小街区、密路网”的理念。

⑧ 建设可持续水系统。按照“节流优先、治污为本、多渠道开源”的城市水资源开发利用策略，逐步降低城市人均水耗。协同水系统在灌溉、供水、防洪、生态、景观、文化、旅游、交通等方面的综合功能。推广低影响开发建设模式，构建海绵城市建设综合治理体系，发挥渗、滞、蓄、净、用、排的综合功能。

⑨ 建设绿色能源系统。提高全社会用能效率，遏制能源消费总量过快增长。优化能源结构，推进工业节能、建筑节能和交通节能。

⑩ 推进固体废物资源化利用。提高生产、生活中的资源循环利用效率。推进矿产资源的综合开发利用、产业“三废”综合利用、再生资源回收利用。推进垃圾分类，加强生活废弃物、建材废弃物和电子废弃物的无害化处理和资源化利用。

⑪ 治理环境污染。坚持区域联防联控，以源头减量控制为核心，推进大气、水、土壤、声等污染防治工作。建立产业负面清单，淘汰高耗能、高污染的落后产能，推行清洁生产。

⑫ 提升城乡安全韧性。在不改变自身基本状况的前提下，提升对外部干扰、冲击或不确定性因素的抵抗、吸收、适应和恢复能力。推进抗震、防洪、消防、人防等不同灾种防灾规划的系统整合、城乡联动，提高城乡整体韧性发展能力。从减缓和适应两个方面超前应对气候变化给城乡发展带来的挑战，制定碳减排的目标和措施，提高城乡应对气候变化、抵御极端气候能力，提升城市应对突发公共卫生事件和城市社会安全事件的能力。

⑬ 建设智慧城市。通过城市物联网基础设施建设强化智慧感知，通过大数据采集和大算法生产强化智慧分析，通过城市大脑强化智慧决策。建立空间规划管理信息平台，实现对自然生态、人文历史等公共资源的刚性管控和城市建设用地的高效、集约利用。

⑭ 建设绿色社区。建设“细胞—邻里—片区”的分级空间组织和设施配套体系，鼓励在社区内部创造就业机会，实现职住就近平衡。提供多样化的舒适住

宅，实现“从住有所居到住优所居”。建构蓝绿交织、活力共享的公共空间网络，丰富邻里交往空间。

⑮ 推进绿色生产方式、鼓励绿色生活方式。实施清洁生产。发展循环经济，实现生产过程的“减量化、再利用、再循环”。通过突破式创新实现经济发展与资源环境消耗脱钩。逐步建立生态文明下的生活价值观、质量观、幸福观。从追求物质层面的富足，到追求精神层面的充实；从渴望对生活物品的占有，到实现大部分生活物品的共享；从以铺张浪费为豪，到以简朴节约为荣；从对公共环境卫生的漠视，到人人关注、维护公共环境卫生，共建清洁美丽家园。

⑯ 推进体制机制创新。按照《生态文明体制改革总体方案》的要求，健全各项制度和体系。制定绿色城乡规划建设的行业标准。建立规划评估、督查中的绿色生态考核机制。建立绿色发展教育与宣传机制。

绿色城市各领域的关键技术如表 4 所示。

绿色城市各领域的关键技术 表 4

	领域	关键技术
1	建立绿色发展引领的规划建设指标体系	对标国际 ISSO 标准、专家打分法
2	空间适宜性分析和综合承载力测算	碳足迹、资源承载力分析、建设适宜性评价
3	实现城镇、乡村协同发展	景观生态学、利益分析方法
4	优化从区域到城市的自然生态格局	生物多样性、绿色基础设施
5	推进用地布局优化和城市修补	城市密度研究、土地混合利用、街区尺度研究、公共服务配置、棕地修复
6	弘扬历史和现代文化	历史文化遗产保护技术、空间信息技术
7	建设绿色化的公共设施和公用设施	微循环、物联网技术、远程服务
8	提倡绿色交通	交通预测、公交先导、慢行系统、无人驾驶、共享交通、智慧大脑
9	建设可持续水系统	海绵城市、中水回用
10	建设绿色能源系统	能源需求预测、可再生能源利用、分布式能源、被动式建筑节能技术、智能电网技术
11	推进固体废物资源化利用	垃圾减量化、垃圾收运系统、垃圾无害化处理、垃圾资源化利用
12	治理环境污染	区域联防联控、产业负面清单、清洁生产
13	提升城乡安全韧性	风险评估、风险管理、智能应急反应系统、公共参与
14	建设智慧城市	无线城区、数字城区、智慧城区
15	建设绿色社区	社区能源和资源、社区环境、社区交通、社区服务设施
16	推进绿色生产方式，鼓励绿色生活方式	低碳经济、循环经济、生态价值认同、绿色行动指南
17	体制机制创新	评估考核机制、绿色宣传教育

资料来源：笔者整理。

五、绿色城市的标准体系

欧美等发达国家和地区在绿色建筑、生态社区层次上已经形成了“相关推动政策+评价体系”的框架，如美国的LEED（绿色建筑评估体系LEED、社区规划与发展评估体系LEED-ND）、英国的BREEAM（绿色建筑评估体系BREE-AM、社区版本BREEAM Communities）、日本的CASBEE（建筑物综合环境性能评价体系CASBEE、社区评估体系CASBEE-UD）和德国的可持续建筑评价体系DGNB，对我国具有重要的借鉴价值。目前，我国的导则标准可分为“绿色建筑、生态社区、生态城区”三个层次，以及“规划设计、建设施工、运营管理和评价评估”四个阶段。其中，生态城区/城市层面，具有绿色城市属性的技术导则、评价体系已经比较丰富，具体如表5所示。

各部委发布的与绿色城市有关的导则标准　　表5

发布机构	导则标准名称	颁布时间
住房和城乡建设部	宜居城市科学评价标准	2007
	国家园林城市评价体系	2010
	国家生态园林城市分级考核标准	2012
	低碳生态城市评价指标体系	2015
	绿色生态城区专项规划技术导则(征求意见稿)	2015.5
	城市生态建设环境绩效评估导则	2015.11
	生态城市规划技术导则(征求意见稿)	2015.12
	绿色生态城区评价标准(国家标准)	2017
国家发展和改革委员会	国家循环经济示范城市建设评价内容	2014
	低碳城市评价指标体系	2016
生态环境部	生态县(含县级市)建设指标	2007
	生态市(含低级行政区)建设指标	2007
交通运输部	公交都市考核评价指标体系	2013
部委联合	循环经济评价指标体系	2007
	绿色低碳重点小城镇建设评价指标(试行)	2011
	国家智慧城市(区、镇)试点指标体系	2012
	海绵城市建设绩效评价与考核指标(试行)	2015
机构	绿色生态城区规划编制技术导则(报批稿)	2012
	绿色智慧城镇开发导则	2013
	可持续城市开发导则	2016

资料来源：作者自绘。

六、绿色城市的示范体系

住房和城乡建设部最早的示范工作，是将低碳生态城镇试点工作和绿色生态城区示范整合，统称为“绿色生态示范城区”，并且在2012～2014年批准设立3批次19个绿色生态示范城区，如中新天津生态城、唐山市唐山湾生态城、无锡市太湖新城、深圳市光明新区等，均为新区新建项目。此后，地方城市积极参与国家级生态绿色示范区评选，对绿色生态城区建设进行了有益的尝试和探索，截至2017年，形成综合性生态城区近140多项。此外，2011年，住房和城乡建设部等部委联合印发了《绿色低碳重点小城镇建设评价指标（试行）》，启动绿色低碳重点小城镇试点工作；2018年，科学技术部在深圳、桂林、太原设立国家可持续发展议程创新示范区。

目前，我国示范城市的分布还需要进一步优化和平衡，构建东中西、大中小、新建与改造、城市与农村、南方与北方全方位覆盖的绿色城市示范体系；此外，我国幅员辽阔、地形复杂的特点决定了我国绿色生态发展模式的多样化，示范城市需要因地制宜，分类探索。

七、总结

绿色城市发展需要系统规划，重点突破，设计好发展的目标、技术、政策体系；绿色城市发展必须强调因地制宜，采用适宜技术，体现本土化、地域性；绿色城市发展需要理论支撑，实践探索，平台搭建、互动交流；绿色城市发展更需要中外借鉴，开放合作，共同缔造。

绿色城市的提出是基于新时代国家转型发展的需要，顺应了中共十九大以来国家提出的经济高质量发展和生态文明建设的趋势，体现了对中国特色的道路、理论、制度和文化自信。绿色城市理论的提出并非要破旧立新，而是要在继承既有城市发展理论精髓的基础上，顺应时代的要求不断发展，与包括人居环境学理论、生态城市理论等在内的其他城市发展理论之间建立互补、包容、开放、并蓄的关系。绿色城市虽名为“城市”，但在空间上覆盖城乡全域，应当在绿色引领之下走城乡融合发展之路。

生态文明、绿色发展是对工业文明、灰色发展的深刻变革和扬弃，是汲取农耕文明精粹、协调人与自然关系的新型发展理念，是人类文明的又一次提升和飞跃。绿色发展不再是各地城乡规划的可选项，而将成为城乡可持续发展的必由之路。我们期待以本文为起点，推进绿色发展引领下城市全面转型和高质量发展，推动城市规划内容、理念、方法、技术等方面的全面改革和创新。

（撰稿人：李迅，中国城市规划设计研究院副院长，《城市发展研究》主编，博士生导师）

注：摘自《城市发展研究》，2018（07）：07-17，参考文献见原文。

城市设计：如何在中国落地？

导语：以重点地区城市设计为对象，回顾美国城市设计的演变历程与实践特征，梳理中国城市设计的两个不同发展路径。通过城市设计案例的比较，分析了控制性详细规划和城市设计的异同，最后从法定地位、实施规则和队伍建设三个方面对城市设计实施落地问题提出了建议。旨在厘清城乡规划学和城市设计学科的“分层”关系，避免在设计环节上重复或重叠造成的浪费，促进中国城市设计学科健康发展。

一、引言

“城市要发展，特色不能丢”，这是城市规划前辈任震英先生 1980 年发表在《建筑师》杂志上的一篇文章，他提出的“不要千城一面”的理念被人们所普遍认同并引发广泛讨论。虽然三十多年来对这一专题的研究与实践从来没有停止过，然而中国城市依旧在逐渐失去其特色：一些城市生态环境和标志性景观被破坏；城市历史建筑及其环境面目全非；城市中“孪生建筑”“兵营式城区”不断出现，城市面貌趋同、乱象频发的势头似乎也难以控制。

针对上述问题，2014～2017 年间中央及住房和城乡建设部召开了数次工作会和座谈会，多次提出要加强城市设计，提倡“生态修复、城市修补”“精细化管理”和“构建有效的城市治理体系”等一系列战略措施，并指出要以“钉子精神抓好贯彻落实”。住房和城乡建设部在出台一系列城市设计管理办法之后，2017 年陆续公布了两批城市设计试点城市，布置工作重点并及时跟踪巡查，严格落实。这些举措对于促进和探索中国特色的城市设计无疑有着积极的意义。

然而，从“战略措施”到“贯彻落实”，之间有一个不可或缺的关键环节——城市设计成果的科学性及其法定地位。

城市设计学科以城市物质空间和人的行为规律为研究对象，有严谨的学科假设和基础理论。中国特色的城市设计分总体城市设计和重点地区城市设计两个层次，共同构成了一个连续的塑造城市空间和景观的导控体系。在正确城市设计理念指导下的设计方案及其实施机制是塑造特色和宜居城市的科学依据。

虽然城市设计思想在中国“古已有之”[1]，但是当下“城市设计”的概念却是一个舶来品。它于1980年代中期由西方引入，其目的是将城市设计作为城市建设活动的依据和工具，以适应中国社会环境从计划经济到市场经济的转变，加强城市特色、提升城市空间质量。

然而由于城市设计在中国“本土化”的问题一直没有得到真正解决，导致城市设计学科的边界模糊，在学科体系上没有明确的存在空间，进而造成了城市设计专业教育缺失、职业城市设计人员匮乏的现状。

2011年国务院学位委员会和教育部公布的新学科中，城市设计由原来的一个学科方向变为二级学科，并隶属于建筑学一级学科目录之下[2]。这一重大调整，为中国城市设计学科开辟了一块独立的生存与发展空间，为城市设计学科界定的讨论打下了良好的理论基础。相信这一变化将会促进中国城市设计专业教育的长足进步，而且城市设计人才培养的重心将向建筑学学科偏移。

又由于中国城市设计长期不在法定规划的“体制内”，导致当下城市设计行业仍处于“三无”状态：成果无地位、运作无规则、设计无队伍[3]。虽然各地方政府将大量的时间和财力用在了举办城市设计国际咨询或委托国际著名公司承担城市设计项目上，探索并试图解决城市建设中的城市设计问题，但是由于城市设计成果难以直接“落地”，一些成果被“束之高阁”或被“衰减实施”。这业已成为影响塑造特色城市和建设宜居城市的关键问题。

研究发现，造成上述现象的根本原因是中国现行的控制性详细规划与城市设计的关系问题一直没有得到厘清。由于在空间层面上两者实际上做的事情“大体相当”[4]，笔者认为这个问题是城市设计学科在中国落地的大是大非问题。因此本文以重点地区城市设计为对象，开展对这一问题的讨论。

对这一问题的讨论还将有助于厘清城乡规划学和城市设计学科的“分层”关系，避免在设计环节上重复或重叠造成的浪费，促进中国城市设计学科健康发展。

---

[1] 详见吴良镛先生著作《广义建筑学》，清华大学出版社，1989。

[2] 由国务院学位委员会和教育部颁布的《学位授予和人才培养学科目录（2011）》将作为原建筑学一级学科下属的“城市规划与设计”二级学科，更名为“城乡规划学”并调整为一级学科，将“城市设计及其理论”调整为支撑新建筑学一级学科的二级学科之一。城乡规划学一级学科下，城市设计仅仅是“城乡规划与设计”二级学科的一个研究方向。

[3] 引自邓东在哈尔滨工业大学深圳研究生院第二届“城市设计知行论坛”上的报告，2017年9月。

[4] 详见吴良镛先生著作《广义建筑学》，清华大学出版社，1989。

二、美国城市设计简析

（一）演化历程

“城市设计”（urban design）一词是20世纪40年代才出现在西方社会，在此之前，欧洲城市规划理论中一直使用市政设计（civic design）一词来描述对城市中心区的设计。其主要内容是通过对大型公共建筑、公共设施、主要街道和林荫大道的布局与设计，奠定城市功能和景观格局，城市中其他私人地块的规划设计要与这个格局协调。国际上许多著名的城市，如华盛顿、巴黎、罗马都是在这一设计概念下形成的（图1）。

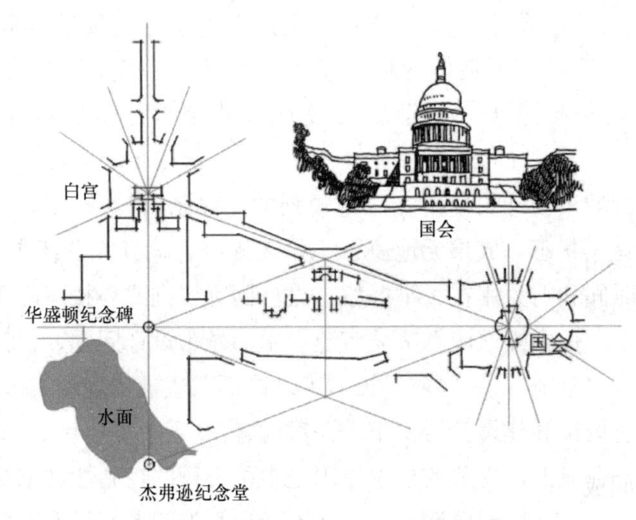

图1 美国华盛顿中心区空间设计概念

在美国，城市设计概念于1940～1960年代被提出并讨论，逐渐成为一个新兴学科，开始了城市设计教育和工程实践。当时是因为在城市综合规划和建筑设计之间出现了比较大的“空隙”，使得城市建设产生了对城市设计的需求。1956年，在美国哈佛大学召开的首次城市设计国际学术研讨会就对城市设计学科的空间定位达成了这样的共识：城市设计是弥补城市综合规划和建筑学、景观建筑学之间“空隙”的“桥”（图2），这一定位是城市设计科学研究与工程实践的基础。

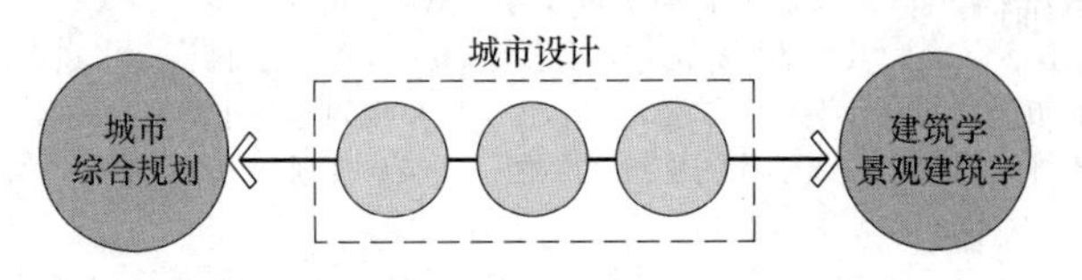

图2 多学科之“桥”的城市设计概念

这期间是美国经济发展的鼎盛时期，大规模的城市更新给城市设计学科带来了发展契机，大量的城市更新工程实践所引起的诸多城市问题，促进了城市设计理论思潮的空前活跃，经典城市设计专著相继出版，对当今城市设计学科内涵的丰富和成熟发展产生了深远影响（图 3）。由此可见，城市设计发展的主要动力源于城市对再开发的需求，如城市更新、步行街建设、历史建筑保护与再利用、公共空间环境质量提升等项目的驱动。

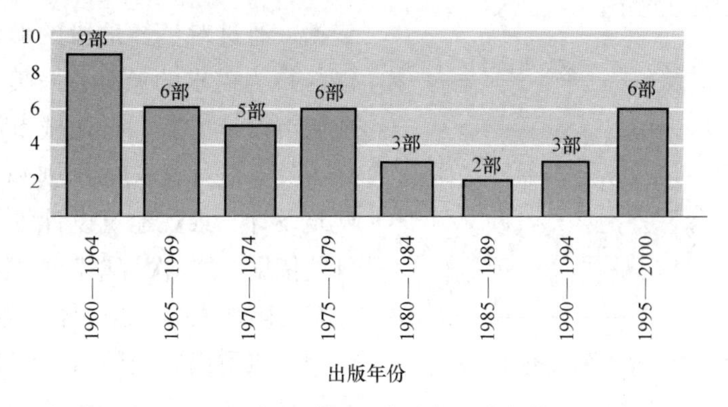

图 3　1960～2000 年间美国经典城市设计专著的出版情况

纵观美国城市设计学科的发展历程，不难看出，城市设计缘起需要三个基本条件：一是城市规划学科领域中关注城市物质空间设计的比重越来越小，偏重社会、经济、生态和管理等的内容越来越多，与关注个体形态的建筑设计之间出现“空隙”；二是人们的城市生活对城市空间类型的需求增多，新技术手段对城市形态的影响加大；三是城市建设以更新改造和质量提升为主，城市空间资源的经济价值凸显，空间成为平衡多方利益的重要物质手段。

（二）实践特征

无论是城市规划还是城市设计，都是城市化和城市建设发展到一定阶段，以需求为导向产生和发展的应用学科，这两个学科之间有着鲜明的层次性和连续性，因此具有共同的实践特征。

与中国城市不同，美国的各个城市没有一个统一的城市规划体系。城市综合规划是各地方政府依据本州政府法律规定的空间范围，由地方城市规划委员会和规划部门组织编制并上报议会。城市综合规划是依据各级政府的城市发展政策，按照一定的规划过程，综合各方面因素形成的，是对城市未来发展的全面安排，相当于中国的城市总体规划。

城市综合规划确定以后，其内容就被转译为实施工具的区划法（zoning）。区划法规定了城市用地性质、建筑面积、高度、密度和退界等，是美国城市对开发进行控制的重要依据，从而使城市综合规划的实施得到了法律上的保障。

在区划法基础上，再编制各种专项规划、适合各个特定地段的城市设计或具体项目的设计，如基础设施规划、交通规划、环境和能源规划、城市更新规划和社区发展规划等。若各专项规划或城市设计对区划法提出修改要求，必须向市议会提出“更改区划”（rezoning）的申请才能进行。

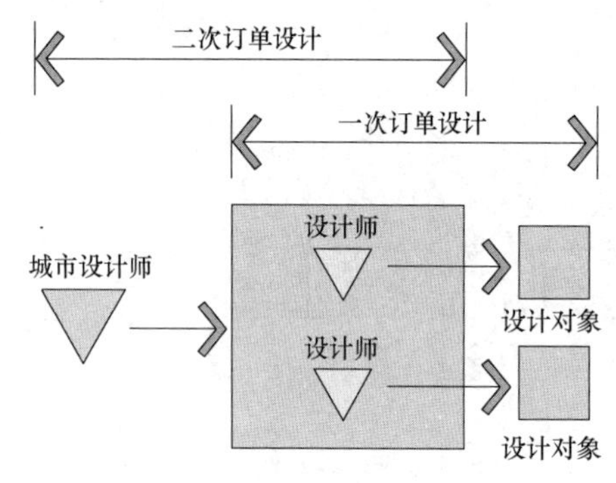

图 4 “二次订单”的城市设计概念

城市设计活动是以区划法为基础和依据，通过对具体地段的形态特征、功能与行为需求的调查、采集和分析，形成城市设计方案，再把城市设计方案转译为具有法律意义的图则和导则，作为建筑设计、景观建筑设计等具体产品设计的依据，“二次订单”的城市设计概念比较清晰地说明了这一体系架构（图 4）。

不难看出，美国城市综合规划和城市设计在体系上是连续的，其共同特点是研究体系和实施体系相对清晰、独立（图 5）。城市综合规划关注城市的社会经济、各类市政系统的布局关系，其实施体系是区划法，实施策略上是从区划到政策引导；城市设计则主要关注具体地段的空间形态和人的行为，其实施导控体系是设计指标、设计导则，实施策略上是奖励与协调机制。

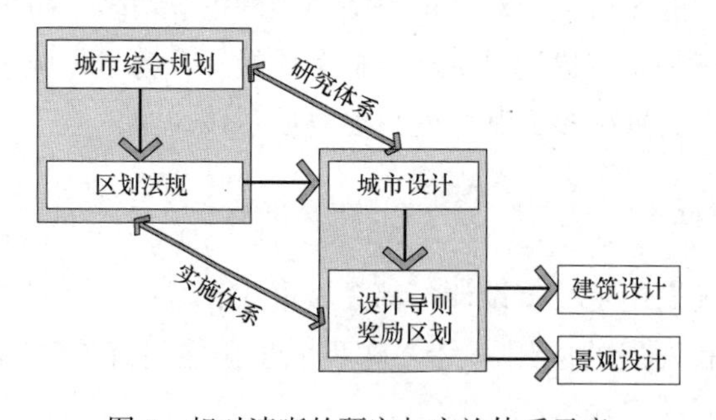

图 5 相对清晰的研究与实施体系示意

三、中国城市设计的两条路线

（一）“改良”路线

改革开放以后，中国的城市化进程加速，市场经济的社会环境下多方投资的城市建设背景对城市设计有着强烈的需求，而在中华人民共和国建立以后形成的计划经济下的城市规划编制体系，已不再适应改革开放社会环境的需要，在这样的背景下引入城市设计是非常必要和及时的。

在城市设计概念的影响下，以上海市城市规划院为先导，全国各地的规划师们纷纷借鉴美国的区划技术和城市设计的弹性实施策略，以适应城市开发中土地出让管理为核心，在原有详细规划基础上，开始做了针对适应市场经济开发的探索和实践，初步形成了一套控制性详细规划的成果范本，引起全国各地的规划设计院学习。

在此基础上，1990 年第一部《城市规划法》提出了中国的城市详细规划分为控制性详细规划和修建性详细规划两个层次，并进一步明确了两个层次的编制内容和成果形式，从此奠定了控制性详细规划的法定地位。于是一场中国特色的控制性详细规划在城市建设用地范围内“全覆盖”运动全面开展起来。

1991 年，住房和城乡建设部（当时为建设部）颁布的《城市规划编制办法》第 8 条对城市设计是这样定位的：“在编制城市规划的各个阶段，都应当运用城市设计的方法……”这样的表述将城市设计定格在了一种方法，从此开启了中国特色城市设计的“改良”路线。

“控制性详细规划”的出现使得城市规划与建筑设计之间一直没有实质性地存在“空隙”，虽然控制性详细规划在土地出让中不可或缺，对中国城市化和经济发展发挥了积极又重要的作用，却在一定程度上影响了城市设计学科在中国的发展，弱化了对城市特色的塑造。

2002 年中国建筑工业出版社出版的《城市规划资料集》第四分册中所列的“控制性详细规划控制指标体系表”中，城市设计的内容仅限于建筑体量、建筑色彩、建筑形态、其他环境要求、建筑空间组合和建筑小品设置。

上述观点在 2006 年修订的《城市规划编制办法》中得到了明确表述：“控制性详细规划应当包括如下内容，……提出各地块的建筑体量、体型、色彩等城市设计指导原则。”在 2008 年以后施行的《城乡规划法》中却没有了关于城市设计的任何表述，城市设计似乎进入了“冰冻期”（图 6）。

由于控制性详细规划是为适应城市土地市场化环境，吸收城市设计思想所采取的一种“改良”措施，适应了城市发展过程中不可或缺的土地出让环节，因此得到规划行政管理部门和规划院的积极推动与探索。

控制性详细规划以具有鲜明的“规划思维”为特征，在学习和借鉴美国区划技术过程中，对影响空间形态元素的控制如街墙（street wall）、曝光面（sky exposure plane）和退界（setback）等“设计含量”高的概念没有足够重视，因此在对三维空间、城市形象、风貌特色和行为活动等的控制方面显得力不从心（图 7）。

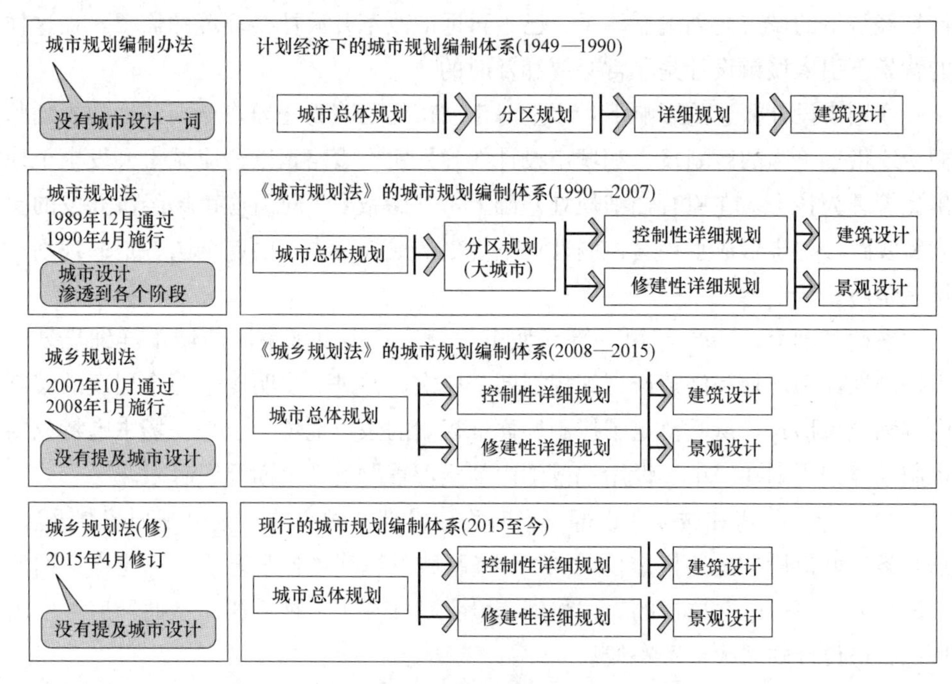

图 6　中国城市规划体系演变中的城市设计

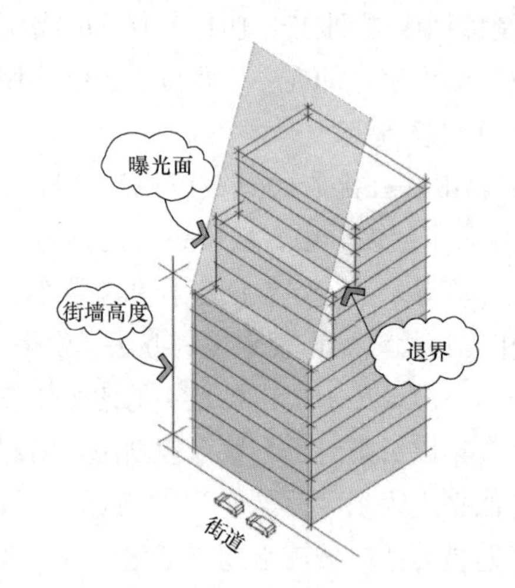

图 7　美国区划技术中的形态控制元素

（二）整体引进路线

在控制性详细规划全面开展、继续发挥作用的同时，将城市设计作为一项独立项目实践的“整体引进路线”，也在中国悄然开展起来。

下面以深圳为例展开阐述。

“敢为天下先”的深圳在积极推行法定图则（控制性详细规划）的同时，就开始了单独编制城市设计的探索。1998 年颁布实施了《深圳特区城市规划条例》，确立了城市设计的法定地位，进而展开了以《深圳市城市设计编制技术规定》为核心的一系列城市设计技术研究，并于 2004 年将主要研究内容纳入了《深圳市城市设计标准与准则》（表 1）。

1998 年以后深圳完成的城市设计系列研究成果 **表 1**

模块	项目名称
编制要求	《深圳市城市设计体系及背景研究》 《深圳市城市设计编制技术规定》
技术指引	《深圳市城市设计指引技术规定》 《深圳市城市设计控制指标系统》
系统研究与管理规定	《深圳经济特区整体城市设计研究》 《深圳市未来城市形象研究》 《深圳市城市设计中的中国文化内涵研究》 《深圳经济特区灯光景观系统规划》 《深圳经济特区户外灯光设置管理规定》 《深圳经济特区城市雕塑总体规划》 《深圳经济特区城市雕塑管理规定》 《深圳经济特区户外广告设置指引研究》 《深圳经济特区户外广告设置指引》 《深圳经济特区地下空间开发利用规划研究》
设计标准	《深圳市城市设计标准与准则》

深圳城市设计是其城市规划体系中的有机组成部分，这是一个“双轨制”的城市设计发展路线：有贯穿于城市规划各个阶段的“五层次”城市设计，也有针对城市设计特殊性单独编制的城市设计（图 8），其划分的依据是“重点地区城市设计应当单独制定，并融入相应地区的法定图则，一般地区城市设计作为法定图则的组成部分，随法定图则一并制定。”❶

在实施管理上，1994 年深圳在国土规划局设立了城市设计处，明确规定了城市设计技术指引的内容“须作为《建设用地规划许可证》的规划设计条件”。并先后在城市重点地段开展城市设计国际咨询活动，完成了一些在国内有影响的城市设计项目，如《深圳特区整体城市设计》《中心区城市设计国际咨询》《福田中心区 22/23-1 街区城市设计》等项目并取得了成功。其中《福田中心区 22/23-1 街区城市设计》是委托国外某设计公司承担的。城市设计对原规划地块进行了结构调整和指标重新分配，除了用地控制之外，重点对公共空间，街墙，退线，

❶ 引自深圳市国土规划局，《深圳市城市规划条例》，1998 版（2001 修正）。

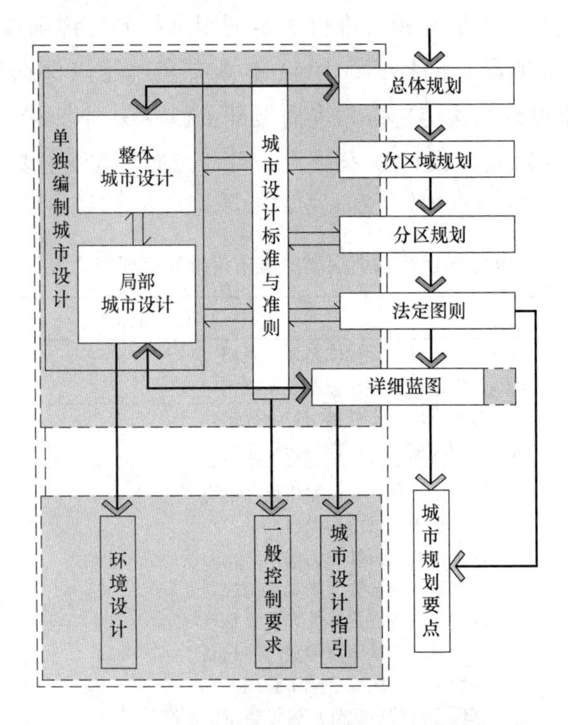

图 8 “双轨制”城市设计的深圳城市规划体系

塔楼的位置、形式、高度等形态元素编制了设计导则，是当时实施度最高的城市设计项目，对后来城市设计项目的实施与管理影响非常大（图 9）。

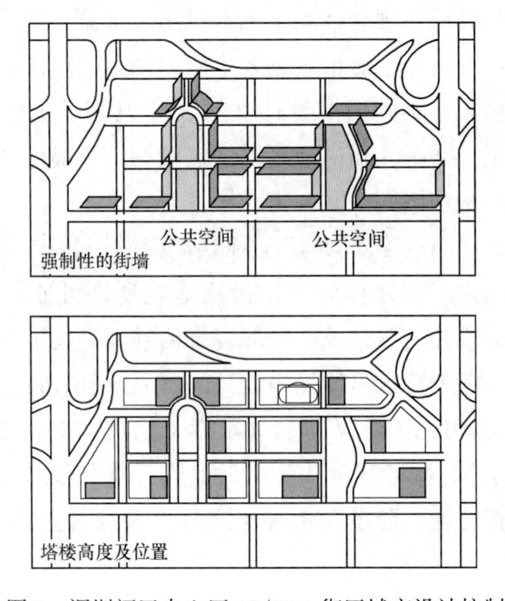

图 9 深圳福田中心区 22/23-1 街区城市设计控制

由于中国的控制性详细规划自身的弊端越来越显现出来，各地方政府纷纷效仿深圳市的经验，将城市重大城市设计项目拿出来单独编制，积极开展独立于控制性详细规划的“城市设计项目国际咨询”。

但是，单独编制的城市设计项目由于“非法定”的缘故，城市设计成果必须“转译”后与法定的控制性详细规划“绑定”才能实施。在城市设计成果转译的过程中，城市设计概念和意图都有不同程度的衰减。其直接原因是在文件中留给城市设计的文字空间不足，无法保证“设计城市”的理念对下一层次设计产品的直接导控。

此外，规划管理人员的素质也是导致“衰减实施”的主要原因之一。2015年的网络问卷调查显示，在从事城市规划管理工作的受访者中，有城市规划专业背景的规划管理人员占 42.27％，有建筑学和风景园林专业背景的规划管理人员仅分别占 11.37％和 3.37％。而由非上述专业转入的受访者比例最高，占城市规划管理受访者群体总数的 42.98％（图 10）。

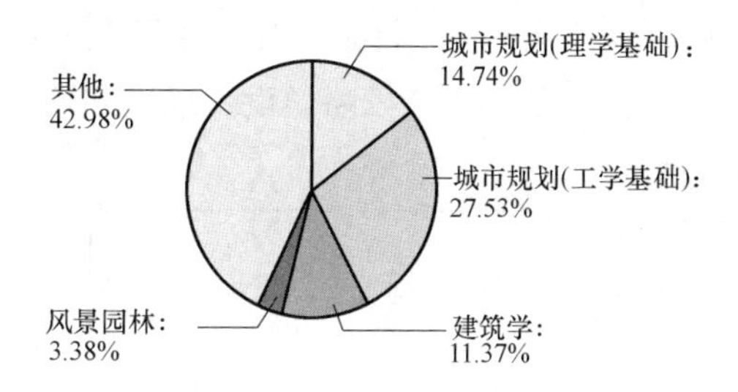

图 10　从事城市规划管理工作受访者的专业背景

四、案例与比较

（一）实践案例

（1）案例 1——重庆市西永副中心核心区城市设计项目

重庆市西永副中心位于重庆城市西部，其功能定位为以科研教育、服务业、休闲旅游功能为主导的城区。其核心区分东西两个片区，两个片区功能互补，相辅相成，其中西区侧重于商业文化功能，东区侧重于商业商务功能。

城市设计创作先对西永副中心的原有控制性详细规划做了详细解读与分析，发现其功能构成与结构布局论证不够科学充分，存在比较大的问题。经过研究和论证，首先对西永副中心的控制性详细规划的功能构成和空间布局做了比较大的调整，核心区城市设计创作是以修改后的功能构成为依据进行的，这一修改也得到了咨询专家的一致认可（图 11）。

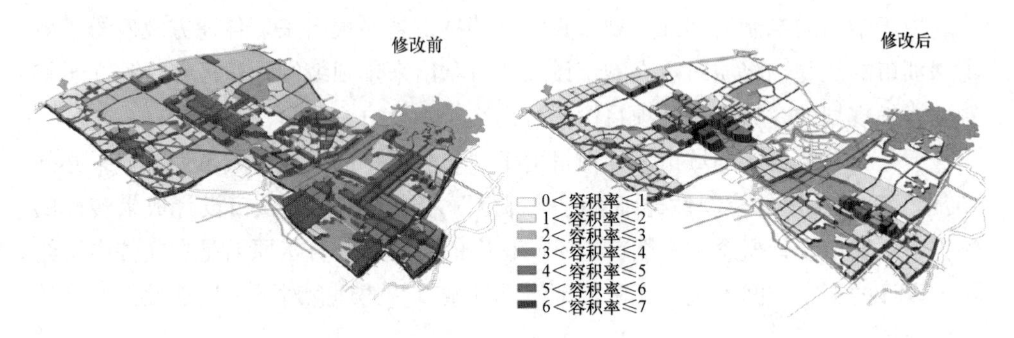

图 11 重庆大学城城市设计创作对控规的修改对比

(2) 案例 2——深圳前海合作区城市设计项目

深圳前海合作区占地 $18km^2$[1]，该地段的开发建设首先是全面开展了城市设计国际竞赛与论证，确定了以“前海水城”为主题的整体城市设计方案。该方案利用改造后的五条滨水走廊，将合作区划分出 5 个有特色的“都市亚区”，创造出丰富多彩的滨水空间环境（图 12）。每个“都市亚区”又以整体城市设计为依据，编制进一步的城市设计控制与实施策略，设计思维和整体设计理念自始至终贯穿于开发建设的全过程。

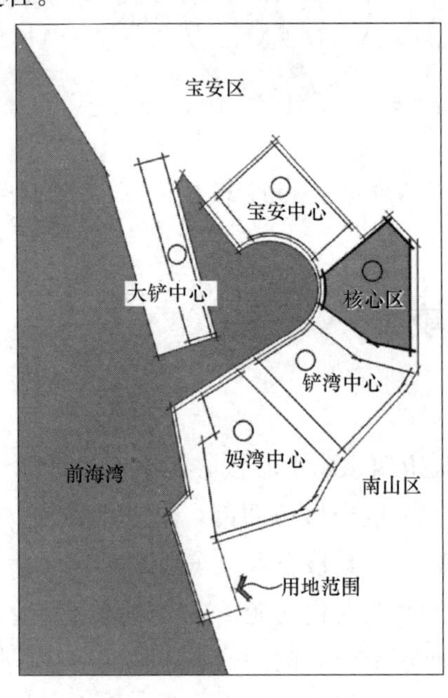

图 12 深圳前海城市设计全过程控制

[1] 深圳前海合作区范围为 $15km^2$，整体城市设计国际竞赛时包含了宝安中心区和大铲湾港区在内统一考虑，故该设计项目占地为 $18km^2$。

以位于核心区的“二、九开发单元”城市设计为例，城市设计创作针对前海合作区小街区、密度大的特点，秉持产品设计理念，用城市设计思维和方法，多专业集群方式，形成集成化综合型城市设计成果，创新性提出“一书三图”的城市设计成果形式。通过地上与地下、规划设计与工程设计、土地出让与建设管控三图结合，作为规划管理审批的直接依据。该项目获得2015年度国家优秀规划设计一等奖❶。

（二）比较分析

上述两个案例中，一个是先修改了原控制性详细规划，另一个是抛开了原控制性详细规划，都是用城市设计的概念和方法贯彻于项目的始终，从而完成了城市建设的全过程。显然，控制性详细规划和城市设计在空间范围上是在做同一件事情，即都起着城市总体规划和建筑设计之间“桥”的作用。

城市设计与控制性详细规划的比较见表2，从中可以明显看出两者之间的异同，其中相同点是内在的、本质的，不同点则是外在的、主观的。

中国当下城市设计和控制性详细规划比较　　表2

<table>
<tr><th colspan="2">比较内容</th><th>控制性详细规划</th><th>城市设计</th></tr>
<tr><td rowspan="7">相同</td><td>引进背景</td><td colspan="2">始于1980年代中国改革开放初期，市场经济体制形成的过程中</td></tr>
<tr><td>概念来源</td><td colspan="2">都源于美国区划技术，“控制”的概念从对传统区划的学习借鉴和改良入手，城市设计概念则从美国城市设计学科的理论体系中引进的</td></tr>
<tr><td>项目性质</td><td colspan="2">都针对城市的局部地段，是一个层面的设计项目</td></tr>
<tr><td>价值观</td><td colspan="2">都通过城市土地和空间资源的配置，通过功能布局，保证城市生活。公共安全、公众利益、社会公平</td></tr>
<tr><td>设计概念</td><td colspan="2">城市设计分宏观、中观、微观三个层次或总体城市设计。区段城市设计、地块城市设计</td></tr>
<tr><td>设计过程</td><td colspan="2">都以城市总体规划为依据，通过对功能与形态设计探索开发的可行性，再转译成可操作实施的控制指标和导控策略</td></tr>
<tr><td>控制技术</td><td colspan="2">以硬性的规定性指标和弹性的指导性原则、设计导则、实行“软硬兼施”的控制策略</td></tr>
<tr><td rowspan="5">不同</td><td>参与人员</td><td>城市规划师</td><td>以建筑师或有设计背景的规划师领衔的多专业的“城市设计集群”</td></tr>
<tr><td>概念理解</td><td>城市设计是控制性详细规划中综合控制指标体系的一部分</td><td>城市设计是一门独立的学科，是联系城市规划和建筑学之间的“桥”</td></tr>
<tr><td>思维方式</td><td>以规划思维为主导，以控制指标和控制图则来管控实施</td><td>规划思维与设计思维并重，以设计导则将控制指标和弹性实施策略结合起来</td></tr>
<tr><td>关注重点</td><td>以土地使用为主，是对城市土地资源配置和对开发行为的控制</td><td>以使用者行为、空间形态研究为主，重视城市整体景观特色的塑造</td></tr>
<tr><td>法定地位</td><td>法定规划内容</td><td>非法定规划内容</td></tr>
</table>

❶ 参考单樑在哈尔滨工业大学深圳研究生院第二届“城市设计知行论坛”上的报告，2017年9月。

正是由于两者在本质上的同质性，两者才可以在城市设计的实施阶段能够“绑定实施”。又由于两者都在从不同的角度持续地学习和借鉴美国的区划法和城市设计的经验，所以许多学者都认为：现在城市设计越来越像控制性详细规划；控制性详细规划也越来越像城市设计了。

控制性详细规划的本质是“重要的城市土地开发工具”，是在改革开放初期，为了适应城市化快速发展需要，以地方政府土地出让需求为导向的规划类型，因此在编制过程中偏重于具体的控制指标体系和实施的成果形式，往往忽视了与空间质量密切相关的设计元素。

而城市设计的创作成果同样是由两个部分组成的，首先是整体空间与形态设计方案，然后才是实施技术与策略。其提供的控制指标以使用者行为和空间质量为核心，因此，更加适宜对人性化空间和特色空间的塑造。

五、对城市设计落地的建议

（一）建议一：成果要有地位

中国已经进入新型城镇化发展阶段，以城市土地优化为主的小规模更新改造为主，有限的新区开发也倾向于精细化和集约化，功能复合的城市空间设计在平衡多方利益、适应人的行为活动、提高城市空间与景观质量方面扮演着越来越重要的角色。

显然，中国特色的“控制性详细规划”已经完成了作为土地出让应急工具的使命。而目前许多城市建设实践中的城市设计概念早已不同于 2002 年《城市规划资料集》中所表述的了，城市设计不仅仅局限于建筑色彩和建筑体量，而是作为一个独立学科，对城市物质空间开展整体设计，涵盖了控制性详细规划所涉及的内容。正因为如此，城市设计与控制性详细规划之间的关系越来越成为热门话题，在各地方政府的实践探索中，城市设计的地位和作用具有逐渐上升的趋势。在城市设计法定化基础上，天津市探索了“一控规，两导则”的协同运作机制；深圳则探索了城市设计全过程控制。

“要加强设计城市的环节”，“要让城市设计有用”，就应该将城市设计的形象思维“提前介入”，由城市设计取代“控制性详细规划”，纳入法定的中国城市规划编制体系之中，成为有法定地位的设计类型（图 13）。只有设计思维“前置”，统领对城市物质空间的形态设计，才能有利于对特色和宜居城市的塑造。同时也避免了控制性详细规划和城市设计重复和重叠的不必要浪费。

中国的城市设计经过三十多年的探索，已成为成熟的学科和设计类型，完全

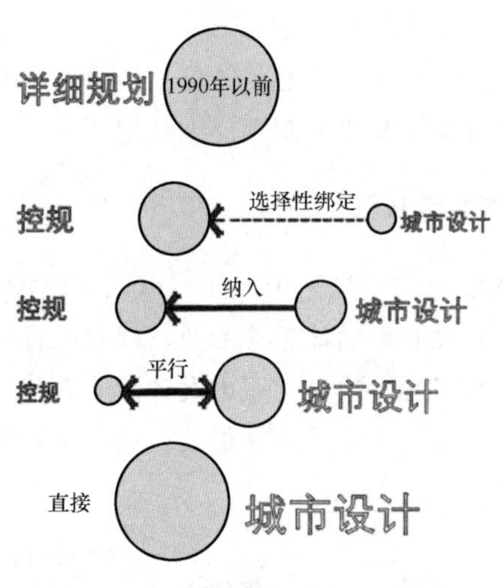

图 13　中国城市设计地位的上升趋势

具备了作为城市总体规划和建筑设计之间“桥”的独立学科与职业层次，城市设计取代控制性详细规划，还能使城市设计的国际化学术交流更加顺畅。

(二) 建议二：实施要有规则

日前住房和城乡建设部出台的《城市设计管理办法》是这样规定的：重点地区城市设计的内容和要求应当纳入控制性详细规划，并落实到控制性详细规划相关指标中。重点地区的控制性详细规划未体现城市设计内容和要求的，应当及时修改完善。

依据《中华人民共和国立法法》，当法律规范之间冲突时，高位阶的法律规范优于低位阶的法律规范，低位阶的法律规范不得与高位阶的法律规范相抵触。依照《城市设计管理办法》的表述，城市设计内容在法律范畴内是优于控制性详细规划内容的，属于高位阶的法律规范，因此，控制性详细规划的内容可以被“及时修改完善”。此外《城市设计管理办法》还对城市设计贯穿于城市规划全过程，渗透到城市建设审批管理各个环节的管控机制也做了详细的表述[1]，可见及时修改《城乡规划法》很有必要。

进一步的建议是，根据中国城市建设和城市设计人才队伍状况，目前城市设

---

[1] 《城市设计管理办法》对城市建设审批管理各个环节的管控机制表述——对控制性详细规划要求：“重点地区的控详规划未体现城市设计内容和要求的，应当及时修改完善”；对单体设计方案要求：“单体建筑设计和景观、市政工程方案设计应当符合城市设计要求”；对土地出让要求：“以出让方式提供国有土地使用权，以及在城市、县人民政府所在地建制镇规划区内的大型公共建筑项目，应当将城市设计要求纳入规划条件”；对监督要求：“城市、县人民政府城乡规划主管部门进行建筑设计方案审查和规划核实时，应当审核城市设计要求落实情况。”

计取代控制性详细规划需要分两步实施：第一步是在重点地区城市设计项目中率先以城市设计贯彻始终，同时对其他地区的重点地段开展城市设计；第二步在条件成熟以后，全面以城市设计取代控制性详细规划。

（三）建议三：创作要有队伍

2016 年 2 月，国务院《关于进一步加强城市规划建设管理工作的若干意见》中指出：支持高等学校开设城市设计相关专业，建立培育城市设计队伍。

由于中国一直没有系统的、独立的城市设计专业教育，目前从事城市设计的人员专业背景不尽相同，且专业素质差异很大，这也是导致中国城市设计实践不尽如人意的重要原因之一（图 14）。

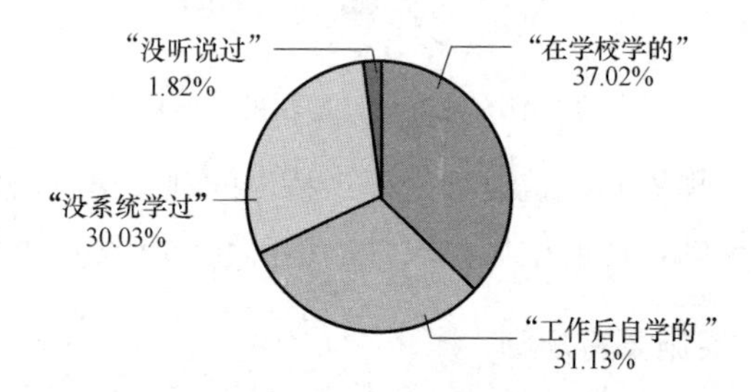

图 14　中国城市设计教育状况调查结果

然而通过在"高等学校开设城市设计相关专业"来实现城市设计师队伍建设，需要一定的时间成本，不足以满足当下城市建设的需要，因此针对目前城市设计实践领域的专业人员开展城市设计职业教育应是当务之急。

开展"城市设计证书培训"对于当下中国有着特殊的现实意义。通过面向城市设计管理和实践的在职人员开展城市设计证书培训，有利于在比较短的时间内建立起能够适应城市设计需求的专业设计队伍，为城市设计研究与实践提供专业人员的资源保障。

同时，在高等学校里开办城市设计专业，作为城市设计人才储备的长远战略。关于城市设计专业教育问题，笔者将另辟专题讨论。

六、结束语

中国城市规划开始从增长用地建设转向存量用地盘活，一些城市开始出现"城市收缩"迹象，城市建设进入了以再开发、提升质量为主的城市更新与空间优化时代。城市空间与景观将成为平衡多方利益的重要资源，以形态多样性为目标的"产品导向型"城市设计将在提升城市空间和景观质量上发挥积极作用，这对城市设计师处理三维空间问题提出更高要求。如果城市设计在观念上及时转变，在地位上实现法定，其成果直接作为实施管理的依据，那么城市设计成果才能“好用”“有用”和“被用好”。

应该说明的是，虽然城市设计变得越来越重要，但是城市设计也不是万能的，它有所为，有所不能为。城市设计如同一瓶饮用水，人不喝水或喝了不干净的水一定会生病，但是人生病后仅靠喝水却不能治好病。如果城市建设项目没有一个科学合理的城市设计目标与机制来导控，城市也一定会生病，但是仅靠城市设计并不能完全治愈城市病。可见，准确的城市设计学科定位十分必要。

（撰稿人：金广君，博士，哈尔滨工业大学（深圳）教授）

注：摘自《城市规划》，2018（03）：41-49，参考文献见原文。

共识与争鸣——当代中国城市设计思潮流变

导语：当代中国城市设计史是一个曲折断续、与外界不断交互的片段化发展过程，不具备进行线性思想归纳的可能。本文尝试从当代中国城市设计的争议出发，凝练形成“技术—价值”的思想分化路径。基于该路径，文章辨析了理论和实践中“形体的设计”“设计的综合”“设计的控制”“政策的设计”四种思潮倾向，并初步总结了思潮流变特征和流变机制。文章试图建立一个思潮演进框架，为全球化背景下城市设计在中国的本土化发展提供参考坐标。

一、问题与背景：一段复杂的历史

对当代[1]中国城市设计的思想史研究往往以欧美“现代城市设计”[2] 引介进入中国为起点[3]，将其发展归功于对“欧美模式”下现代城市设计的国际学习。该类研究往往将当代中国城市设计的发展视为“现代城市设计”在中国的实践应用过程，或将其预设为一个独立、连续的发展主体，从而借用“编年体”方式，以时间为轴线，采取以纯粹技术演进逻辑的线性描述进行归纳、分析，其研究成果陷入“起—承—转—合”“诞生—发展—繁荣—重构”“秩序—风貌—活力”等简单的阶段型结构。类似结构无力应对当前的思想混乱（图 1），不能还原历史演进的本来面貌，因此对当代中国城市设计发展状态的解释力略显不足。

---

❶ 一般认为，中国当代史自 1949 年开始。

❷ 1954 年，国际现代建筑师协会第 10 小组中的最初成员发表《杜恩宣言》，提出以人为核心的“人际结合”思想，被认为是现代城市设计的思想基础；1956 年，哈佛大学研究生院召开了首届城市设计会议，城市设计才被视作美国城市设计作为一个独立学科，同时这一会议也被认为是现代意义上的城市设计与传统意义上的城市设计之间的分水岭；1960 年，哈佛设计学院开设“城市设计”学位教育，一般被视为现代城市设计作为一门独立学科，从规划与建筑学中独立出来的标志。

❸ 1981 年 11 月，应美中关系全国委员会的邀请，中国城市规划设计考察团访问了美国中部的芝加哥、明尼亚波利斯和西部的丹佛、旧金山 4 个城市，其目的是考察城市设计和城市规划两者内容的区别。在 1980 年代初期中国对国外城市设计思想引介的所有活动中，此次赴美考察有组织、有目的，发生时间最早，取得成果最多，影响力最大，故笔者将此视为现代城市设计引介进入中国的标志，在此之前的所有城市设计行为均不作为现代城市设计概念讨论。

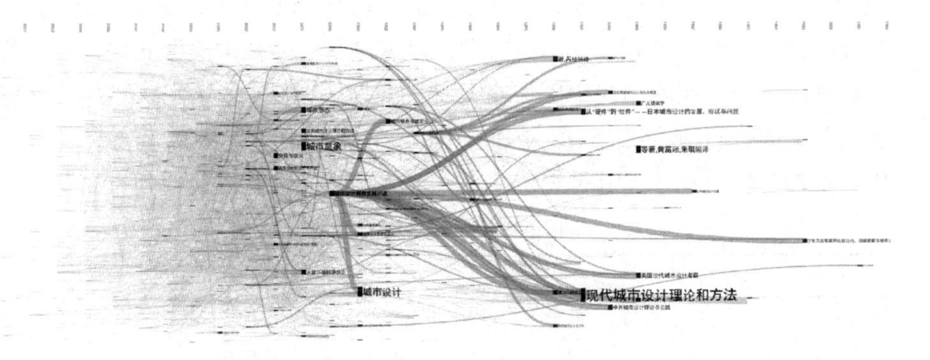

图 1　当代中国城市设计学术论文引用关系❶

事实上，“现代城市设计”引介进入中国之前，来自欧美和苏联的城市设计概念早已植入中国城市建设体系。城市设计虽未获得独立的操作机制，但实质参与了城市建设工作，且受到部分学者重视。例如，1927 年，《首都计划》大量使用了城市设计方法，并单独列出“城市设计”章节；1932 年，张锐发表《城市设计要义》一文，明确指出中国城市设计有两个实践领域——“新市设计”和“改善设计”；1946～1949 年，清华大学梁思成受伊利尔·沙里宁（Eliel Saarinen）的启发，提出“体形环境计划”并编写教案；1954 年，南京工学院刘光华先生编写的《市镇计划》教材中，对“城市设计”进行了针对性的论述❷；而据吴良镛先生回忆，1961 年《城乡规划》教材则决定采用“总体规划”和“城市设计”上下两部分的结构❸。

诸多历史现实均说明，当代中国城市设计并非自 1979 年“从零开始”，而是孕育于一个复杂化的语境体系，经历了曲折、断续、与外界不断交互的片段化过程（表 1）。从时间的推进来看，当代中国城市设计历经“都市计划”、“苏联模式”、“苏联模式”与“反城市”共存、“欧美模式”的引介学习、“本土实践”、

❶ 该图是笔者对中国知网数据库中以“城市设计”为主题的所有论文（截至 2014 年 4 月，文献总数量为 13384 篇）进行的引用关系分析。图中文章由右向左按照年份先后排列，红色线条表示引用关系，红色线条的宽度表示引用文章的被引频次分布。这一数据可视化的结果显示，当代中国城市设计学术研究思想脉络不清晰，有价值的文献占据极少数，无意义的重复论述成为普遍现象。

❷ 刘光华将城市设计工作命名为“城市总体设计艺术”，给城市设计做了初步的定义：“城市设计是一个三度空间的设计，不只是一个两度空间的平面设计”。他从“城市的立体轮廓”“历史古迹与城市设计的组合”“自然地形与城市设计”三个小节对城市设计进行了系统而详细的论述。

❸ 1961 年，国家计委城市规划局召集相关人员开会讨论教材编写工作。参会人员包括南京工学院齐康、夏祖华，同济大学李德华、宗林，重庆建筑工程学院黄光宇，清华大学吴良镛等。会议决定由清华大学来编写上册（“总体规划”部分），由同济大学、南京工学院两校合编下册（“城市设计”部分）。

“制度化”等历史阶段，其发展历经波折，思想和实践活动具有一定的复杂性。在此条件下，对改革开放后的城市设计发展进行“断章取义”式的总结研究是不尽合理的，也不能将当代中国城市设计的思想发展视作一个简单的“线性过程”予以归纳或进行阶段式描述。因此，如何正确认识当代中国城市设计的发展历史，把握其发展规律尤其是思想演变，成为城市设计学界研究的重要课题。

当代中国城市设计发展的宏观历程　　表 1

时间	阶段特征	事件与影响
前奏阶段❶	“租界模式”“都市计划”与“本土意识”	西方对其在中国的租界进行了城市设计
		“中华民国”政府广泛开展都市计划❷其中含有城市设计内容
		外籍建筑师，留学归国的中国建筑师，市政专家等进行了不少思考和实践，初步具有本土化意识❸
1949～1952	“都市计划”	沿用“都市计划”，城市设计仍存在于城市建设和管理中
1952～1958	“苏联模式”	1952年后，城市规划建设体系采取苏联模式，城市设计与城市发展计划、规划、建造等一体化
1958～70年代末	“苏联模式”与“反城市”共存	1958年“青岛会议”❹之后，推行“快速规划”，城市设计在城市规划工作制度中被取消
		1958～1976年，“三年不搞城市规划”“生产城市”“全国设计革命运动”“超经济”运动等一系列事件使城市设计陷入困境
		在“东方红广场”“人民公社”，火车站等城市建设中存在城市设计活动，城市设计成为空间建设过程中的政治工具
		1976年唐山大地震之后的震后重建规划初步运用了总体城市设计的理念

❶　由于城市设计发展的连续性，本文将1949年前的阶段统称为前奏阶段。

❷　都市计划是近代中国对城市规划、城市设计、市政建设等城市建设计划行为的一种特殊称谓。在当时的学术领域中并无明显界定，与此词相近的还有市政计划、市政建设计划、市政改造计划、市镇建设计划、“城市计畫”、“物质建”、“都市规劃”、“都市规畫”等。1939年，国民政府颁布《都市计划法》，都市计划的名称得以统一。

❸　例如，1932年《广州城市计划草案》对广州市以自然环境为空间骨架的设计方案、《首都计划》中中央政治区的选址方案等都体现出当时的城市设计者对中国传统城市设计思想的尊重。又如，1932年第二期《工业年刊》上，张锐发表了《城市设计要义》一文。他明确指出：“吾国旧式之城垣，例有其相当之设计……欧美之谈城市设计者，亦远溯古希腊罗马”。不仅如此，他还指出中国城市设计有两个实践领域——“新市设计”和“改善设计”。在该文中，张锐对《首都计划》提出了意见——“其计画固极伟大，惜乎未能尽洽国情”，体现出华人学者对中国本土城市设计的独立思考。另外，在1946～1949年，梁思成提出“体形环境计划”，则可视为中国城市设计思想的先导。

❹　1958年6月27～7月4日，全国城市规划工作座谈会在青岛举行，会议任务主要是交流各地城市规划建设经验，部署城市规划工作。会议形成了《城市规划工作纲要三十条(草案)》，提出了适应“大跃进”运动的“快速规划”方法，并要求“在大城市周围发展卫星城镇”。“快速规划”要求一般的中小城市只要做出现状图、用地分析图、初步规划示意图或功能分区规划图、当前(近1～2年)修建规划图，编制时间大大缩短。例如，山东省以“快速规划”的方法，在短短20天内完成了26个县、镇的规划。这次会议之后，“快速规划”方法在宏观和中观层面上取消了城市设计，使城市建设过程中省略了城市设计的内容，导致城市的建设计划基本上停留在平面的土地使用功能分区的简单层次上，空间布局和设计简单化。

续表

时间	阶段特征	事件与影响
1970年代末～1980年代	“欧美模式”的引介学习	1970年代中期❶，城市规划和设计机构，制度逐渐恢复，但城市设计工作仍处于废弛状态
		1980年代初，由于对城市规划工作质量不满，学界开始引介和运用欧美的现代城市设计思想、经验
		1982年，历史文化名城制度，历史保护和城市更新成为中国城市设计中的一项重要工作，促进了城市设计应用
		1980年代中期，部分高校开设城市设计研究生课程
		1980年代后期，建设部要求“普遍开展城市设计工作”，国内出现了一批以空间设计为基本思想的，影响深远的城市设计工程
		1989年，《城市规划法》颁布，在体制上初步建构了城市设计的发展范围
1990年代～2000年代	“本土实践”	对欧美城市设计理论的认知继续深化，出现本土化的城市设计理论研究
		1991年，《城市规划编制办法》施行，确定“编制城市规划的各个阶段应当运用城市设计的方法”
		1990年代中期开始，城市设计理论研究和实践活动呈现繁荣状态，以步行街、大学城、新城、开发区、中央商务区、滨水区等为代表的实践极大地促进了城市设计在中国的运用
		地方政府和中央政府两个层面均开始探讨城市设计制度化的路径
		2000年代，城市设计教育逐渐普及
		城市设计结合控制性详细规划进行城市空间控制成为普遍现象
		2005年，国务院颁布新《城市规划编制办法》，淡化了城市设计
2010年代～未来	“制度化”	2011年，教育部公布《学位授予和人才培养学科目录(2011年)》，城市设计被划归为建筑学二级学科，在城乡规划和风景园林学科均未提及
		2014年以来，中央领导人历次提出意见，要求加强城市设计工作，“将城市设计作为一项制度在全国建立起来”❷

❶ 1973年6月，国家建委在建筑科学研究院设立城市建设研究所，全国开始恢复城市规划和设计工作，城市设计的技术人员也逐步由“五七干校”回到工作岗位。1974年5月，国家建委颁布《关于城市规划编制和审批意见》和《城市规划居住区用地控制指标(试行)》两个文件，使城市设计工作重新获得部分规范性的依据。

❷ 2014年12月16日，国务院副总理张高丽强调，要“加强城市设计、完善决策评估机制、规范建筑市场和鼓励创新，提高城市建筑整体水平”“强化城市设计对建筑设计、塑造城市风貌的约束和指导”“将城市设计作为一项制度在全国建立起来”；2015年12月20～21日在北京举行中央城市工作会议。国家主席习近平强调“加强城市设计，提倡城市修补，加强控制性详细规划的公开性和强制性……要加强对城市的空间立体性、平面协调性、风貌整体性、文脉延续性等方面的规划和管控，留住城市特有的地域环境、文化特色、建筑风格等‘基因’”；2016年2月《中共中央国务院关于进一步加强城市规划建设管理工作的若干意见》提出：“提高城市设计水平”“城市设计是落实城市规划、指导建筑设计、塑造城市特色风貌的有效手段……鼓励开展城市设计工作，通过城市设计，从整体平面和立体空间上统筹城市建筑布局，协调城市景观风貌，体现城市地域特征、民族特色和时代风貌”，另外，该意见提出，新建住宅要推广街区制，原则上不再建设封闭住宅小区。已建成的住宅小区和单位大院要逐步打开。

续表

时间	阶段特征	事件与影响
2010 年代～未来	“制度化”	2016 年，住房和城乡建设部城市设计专家委员会成立，随后，住房和城乡建设部城乡规划司成立城市设计处
		2017 年，住房和城乡建设部发布《城市设计管理办法》

对当代中国城市设计思潮进行梳理，观察其流变特征，探寻其生成、衰退的演进机制，将有利于凝聚当前城市设计的共同认知，认识发展规律，把握未来的发展方向，进而形成对当代中国城市设计发展的本质性理解。有别于相关研究对城市设计相关活动进行阶段性梳理、实践范式总结或战略性判断，本文尝试从纷繁芜杂的争议出发，提炼思想分化路径，在此角度下辨析当代中国城市设计理论和实践的思潮演进。

二、争议：从多元的立场到“技术—价值”框架

（一）多元的立场

目前城市设计炙手可热的发展状态并不能掩盖其饱含争议的理论现实，从对争议的观察和思考中可以窥视城市设计思潮的演进。

当代中国城市设计研究和实践中的争议集中在两个方面：第一，概念之争，即城市设计是什么，包含哪些内容（表 2）；第二，角色之争，即城市设计应在建设体系、学科体系中承担怎样的角色，通过何种途径发挥价值（表 3）。

城市设计概念争议　　表 2

从“物质空间设计”出发的概念定义	体型环境设计论	城市设计是一个三度空间的设计，不只是一个两度空间的平面设计（1954 年版《市镇计划》）
		设计城市环境可能采取的形体，城市设计有 3 种工作对象：工程项目、系统设计、城市或区域设计
		城市设计是对城市体型环境所进行的规划设计，是在城市规划进行的同时，对城市空间体型环境在景观美学艺术上的规划设计
		城市设计是对城市体型环境所进行的设计，一般是指在城市总体规划指导下，为近期开发地段的建设项目而进行的详细规划和具体设计
	综合环境设计论	从广义看，就是指对城市生活的空间环境设计，是人们为某特定的城市建设目标所进行的对城市外部空间和形体环境的设计和组织
		对人类空间秩序的一种创造，是空间环境的综合设计

续表

<table>
<tr><td rowspan="12">从“物质空间设计”出发的概念定义</td><td rowspan="2">综合环境设计论</td><td>城市设计是城市规划师、设计师调动多种手段，为市民创造高质量的综合环境所做的设计</td></tr>
<tr><td>城市设计是对城市体型和空间环境所作的整体构思和安排，贯穿于城市规划的全过程(《城市规划基本术语标准》1998)</td></tr>
<tr><td rowspan="3">思维方法论</td><td>城市设计是一种观察和研究城市历史，现实和预设未来城市社会空间形态的方法……是综合性的工作方法……设计无界，解题不限域</td></tr>
<tr><td>城市设计是城市形体环境设计的一种构思、方法、手段，它贯串于城市规划的各个编制阶段，有不同的任务和重点</td></tr>
<tr><td>目标的特殊性(非终结性，非单一设计可达性)决定了城市设计是相关设计及其实施管理领域共同应用的法则，而不是一种具体的设计工作</td></tr>
<tr><td rowspan="3">综合实践论</td><td>城市设计涉及众多社会、经济、技术方面的知识和领域，表明它已经不是一项单纯的专业技术活动，而是一种综合的具体的设计实践</td></tr>
<tr><td>城市设计是一种以满足城市人的生理、心理要求为根本出发点，以提高城市生活的环境质量为最高目的，对城市的营造巨细皆兼的整体性创造活动(孟建民)</td></tr>
<tr><td>现代城市设计是在城市规划体系中，较重视城市的美学、舒适、活力、特色等方面，以逻辑分析为基础，以三维形态设计为手段，以广义综合为特点的社会实践过程</td></tr>
<tr><td rowspan="3">城市规划论</td><td>城市设计为城市规划创造空间和形象，是城市规划的深化和具体化，城市设计就是设计城市的空间</td></tr>
<tr><td>城市设计是从城市整体环境出发的规划设计，其核心是城市公共环境形态及其对市民大众生活的影响</td></tr>
<tr><td>城市设计与详细规划大致相当，但城市设计广泛地涉及城市社会因素、经济因素、生态环境、实施政策、经济决策等，目的是建立良好的体形秩序或有机秩序</td></tr>
<tr><td rowspan="4">从“社会政策运作”出发的概念定义</td><td>公共干预论</td><td>城市设计是政府对于城市建成环境的公共干预，它关注城市形态和景观的公共价值领域</td></tr>
<tr><td>政策设计论</td><td>城市设计是为设计师设计塑造城市形态的基本框架，或是为建设管理者设计城市建设的决策环境。这个基本框架或决策环境表现的是对建设元素和建设过程的控制，而非终端性的设计成果</td></tr>
<tr><td>社会实践论</td><td>城市设计是一种主要通过控制城市公共空间的形成，干预城市社会空间和物质空间的发展进程的社会实践过程……是对设计实践活动的设计，它所设计的是使城市形成良好形态的手段，包括行政体制、程序机制、管理政策等</td></tr>
<tr><td>全方位形象设计论</td><td>城市设计是城市形象的全方位设计：对城市整体社会文化氛围设计，城市物质形体空间设计以及形成与运作机制的设计。它实际贯穿城市规划的各个阶段层次</td></tr>
</table>

城市设计的角色争议　　表3

类别	分类	观点
建筑学范畴论		城市设计是一种以建筑学基本原理为基础的学科，基本上是作为建筑师的工具存在的，是建筑学范畴的拓展，城市规划工作必须有着眼于整体设计的建筑师参加
城乡规划范畴论	规划形式论	城市设计是一种新的、更先进的、目的性更强的城市物质规划形式，是规划的核心和基础
	规划分支论	城市设计是城市规划的分支，解决建筑特色的整体协调以及人在建筑环境中的生理和心理舒适性，在很大程度上履行了城市规划的艺术性职能
	规划专项论	城市设计研究的直接对象是城市的空间体系以及城市空间资源的最终分配结果，因此它是城市规划工作体系中的“空间专项规划”
	规划工具论	城市设计核心是城市空间资源的分配方式与具体形态，从而成为一种综合考量城市未来建设形态的独特的规划研究工具，因此应贯穿城市空间发展和规划的全过程
相对独立论		详细规划偏重于技术的合理性和计划的政策性问题，建筑设计更具个性化与局部性，因此容易造成“详细规划与建筑设计阶段脱节”“真空”。城市设计专门用来填补这一断裂带，内容涉及“不仅一般概念的规划设计工作，还包括确定各种发展战略”
思维观念论		城市设计只是一种工作方法，一种思维观念，一种“意义通过图形付诸实施”的手段(齐康)。城市设计是相关设计及其实施管理领域共同应用的法则，而非具体的设计工作。“设计思维理念，应该贯穿于从规划至单体建筑设计的始终，各阶段有各自不同的任务与重点”
无解论		物质空间环境问题背后是现代城市职能的复杂化，不能在城市规划和建筑设计之间得到解决，因此城市设计难以简单地在两个学科间划分。也有人认为，城市设计属于建筑学范畴，但必须以城乡规划为落脚点，通过“转译”为城市规划来实现

争议显示，在城市设计概念认知上，一方面，存在“体型环境设计论”“综合环境设计论”“思维方法论”“综合实践论”以及“城市规划论”等观点，其共同点为城市设计均被看作是创造优秀的城市物质空间的技术手段，有“对城市物质形体的设计”或者“对城市各专业设计的综合”两个基本出发点；另一方面，又存在“公共干预论”“政策设计论”“社会实践论”“全方位形象设计论”等不以城市物质空间营造为直接操作对象的定义方式，这类认识强调对城市空间形成的“本源”进行干预，认为城市设计应该是“对设计的控制”“对过程的控制和设计”“一种公共政策”，其实践成果应以导则、计划、政策等系统性和社会性成果为主。

在城市设计角色上，则存在“建筑学范畴论”“城乡规划范畴论”“相对独立论”等主要观点，其主要分歧在于，一方面，有人认为城市设计应作为一种具体的空间营造工程实践，成为建筑师的设计任务；另一方面，城市设计也被理解成一种设计和管理法则，是城市规划领域内空间资源分配的工具，进而外化为一种广义的社会实践方式。

（二）“技术—价值”框架

诸多学术论断都未否认城市设计的工作对象是以城市空间为基础和核心展开

的，存在分歧的原因实质是城市空间认识论的相异：第一，空间作为物理学意义上的物质存在的广延性，以纯粹“容器”的概念面向人类活动，仅为后者提供环境；第二，空间作为社会活动的构成部分，内化于社会活动和社会关系中。

在不同的认识论基础上，当代中国城市设计形成了不同的内涵认知和价值选择。从第一种空间认识论出发的城市设计倾向于纯粹物质形体的技术性建构，将城市空间视为操作的对象，以一般形体秩序或综合环境质量为目标，以空间设计为基本工具，对城市物质形态进行建构和重整。因其对城市空间的技术性思考、研究和操作倾向，笔者称之为城市设计的“技术”维度。从第二种空间认识论出发的城市设计则倾向于在社会政策运作的视角下将城市空间看作一个发展过程的结果，以社会理想的恢复或健全为目标，以空间的管理和制度规范为工具，对城市功能形态和文化形态进行规制。由于更重视城市空间的价值指向性，本文称之为城市设计的“价值”维度。

从思想研究和实践活动整体发展来看，对“技术—价值”的两个维度的侧重不同，使当代中国城市设计形成了四种思潮：“形体的设计”“设计的综合”“设计的控制”“政策的设计”（图 2）。

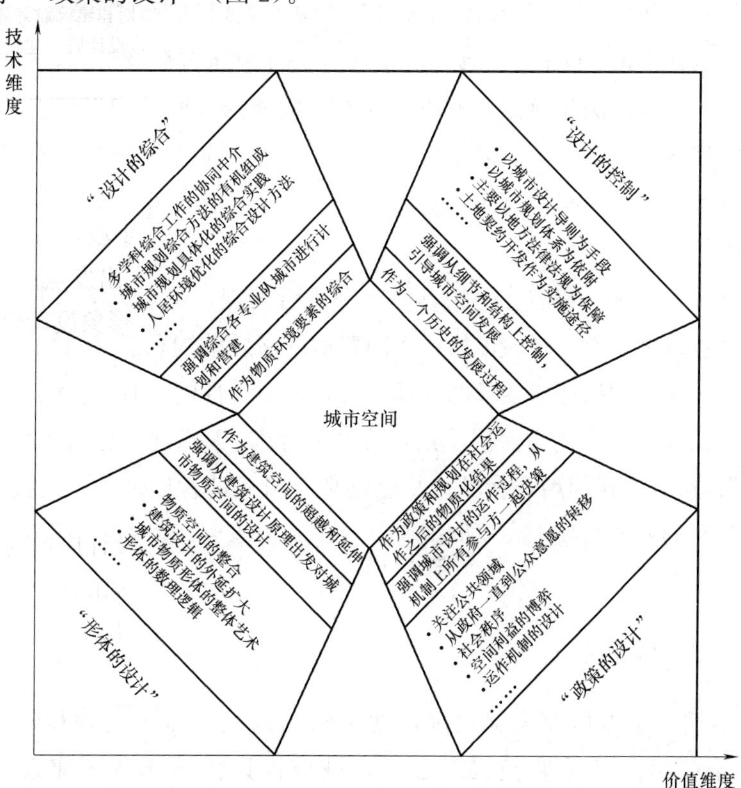

图 2　当代中国城市设计的思潮维度

三、四种思潮：共识与争鸣

（一）“形体的设计”

中国城市的认知和建设始于“建造”逻辑——城市是可以被营建而成的一个建筑空间的集合，因此面对当代城市建设活力与混乱并存、开发与保护矛盾的局面，学界首先在物质形体上寻求形式表象的整体性、系统性、有序化，将城市设计基于空间美学、场所理论等理论，对包括建筑实体和外部空间等的城市物质空间进行设计，以整合物质空间、实现城市空间形体秩序和整体艺术，达到理想的“城市空间形态”。笔者将这种倾向称之为“形体的设计”思潮。

该思潮主张，城市设计是对传统建筑设计的“扩大化”、延伸和“超越”，因而它处于学科体系的“灰色地带”，但又因其“图式思维”，应偏于“建筑学范畴”。从实践特征看，这一思潮贯穿了中国城市设计发展的整体历程，是内在并伴随着“物质空间规划”“传统城市设计”“城市规划与设计”等概念发展起来的。在实践活动中，“形体的设计”思潮较为关注建筑体量及形式，一般通过总结城市经典的景观范例和规律来解决现存城市物质形态问题和指导将来的设计，强调以空间环境、物质实体、视觉艺术为基础，通过轴线、序列、对景等多种手法来塑造三维的城市空间。当前的实践活动集中在城市空间立体化、一体化的设计和营建中。

由于其过度注重对物质空间的具体问题进行处理，这一思潮引起不少批评。例如，有学者认为它忽视了城市物质空间背后的深层结构和意义系统——形体的混乱和无序是深层次秩序所要求的外部形态，是本质性的、有意义的，城市发展应该接纳它们并将其演化成深层次的内在“有序”，因此这一思潮实现手法“肤浅而脆弱”；也有人认为后现代城市早已游离于自身的秩序之外，尤其是当代中国城市超常规的发展状态下，空间的整体性已不再重要，思潮的实际价值已逐渐降低。

（二）“设计的综合”

当代早期，中国城市面临大规模的扩张与改造，城市规划和建设体系缺乏准备。全面引介“苏联模式”之后，城市设计内化于各个建设领域和阶段，形成了从“计划”到“建设”自上而下一体化的综合协调机制。1979

年后，中国城市再次面临类似的局面，加之受到多种国际城市设计理念的影响，亟待在横向上完成对各个城市建设层次、各学科专业和不同建设方的综合协调。在此背景下，城市设计的关注对象逐渐由单纯的“形体”拓展到城市“综合环境质量”，应用范围扩展到几乎每个城市建设领域，即“设计的综合”思潮。

“设计的综合”思潮将城市设计视作“城市要素分离、城市形态和空间环境缺乏整体性的现实状况而出现的应对策略”，强调其作为一种综合环境营造，应重视与社会、政治、经济相交互，以此来平衡不同维度的各城市发展要素。该思潮认为，城市设计是一种多专业协同、多角度干预城市建设的平台机制、中介或思维观念，是城市规划的具体化过程和实现手段，它仅针对某一特定区域的设计进行综合，“而不是构想一个成型的、可以解决所有问题的……理论体系”。

在实践活动中，该思潮形成两个派别。其中一部分学者秉持“空隙论”“桥梁论”“减震器”“边角料”等观点，认为城市设计作为一种实践类型，是城市规划的“分支”，因此在实践中，城市设计应作为城市规划的“专项规划”；另一部分人认为，作为一种思维观念和方法，城市设计长期以来就是城市规划本身的有机构成之一，故应与城市规划“一体”发展，并贯穿区域规划、总体规划、详细规划的“全程”（图 3）。

这一思潮发端于当代早期的“苏联模式”，与中国城市规划体系紧密结合，表现为对城市规划的辅助。但因“综合环境”本身的意义指向不清，在实践中往往对城市形象、城市风貌特色等过于关注，其“中介”作用受到大量质疑，不少人认为“综合”最终模糊化了城市问题的根源，“以人为本”的原则在“综合”的过程中沦为口号。

（三）“设计的控制”

1980～1990 年代间，城镇化迅速推进。在高度分散和相对自由的市场环境下，城市空间严重失控，蓝图式的设计成果因在实施逻辑上的欠缺和难以面对现实发展状况而受到大量批评。对美国区划管理的学习使控制性详细规划应运而生，为城市设计控制提供了土壤。同时，城市认识论中的“设计决定论”被“控制调节论”取代，“设计的控制”思潮萌发。它主张，城市设计是“一个过程、原型、准则、动机、控制的综合，并试图用广泛的，可改变的步骤达到具体的、详细的目标”。

它认为城市空间发展是一个动态的、历史、可控（可以干预并至少获得部分

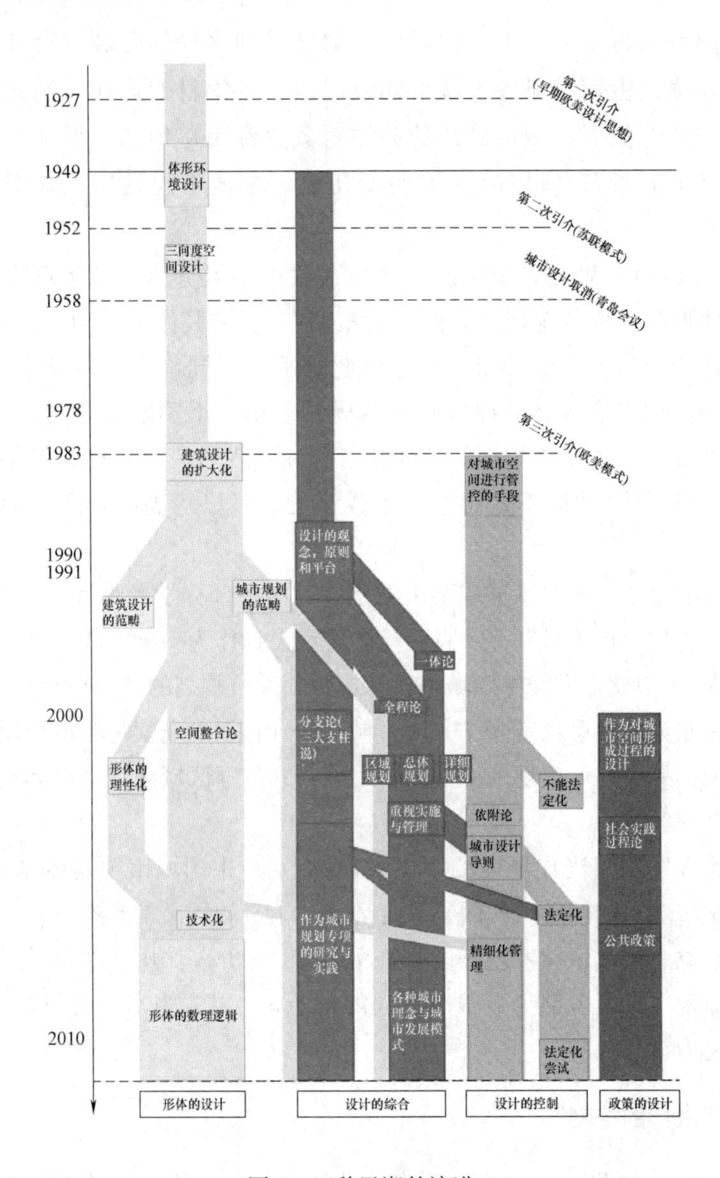

图 3　四种思潮的演进

成果）的过程，因此它把“控制”作为空间设计实施过程中的策略制定、信息反馈、控制调整的重要手段，追求设计成果在市场环境和时间维度中的刚性和弹性平衡，强调成果的法定化、有效限定性。这一思潮不仅明确提出将与城市空间环境直接相关的各种规划、设计活动作为控制对象，干预并禁止城市开发过程中某些“消极的”甚至“破坏性”的设计行为，而且试图控制政府在城市空间营建过程中的自由裁量界限。

该思潮于1980年代中期萌芽[1]，至2000年代初已获得显著发展[2]。在城市设计的学科归属方面多持“依附论”，认为城市设计不能独立建制，而应依附城市规划学科体系。在运作机制上，该思潮以设计导则为手段，以土地契约开发为主要实施途径，并附着于城市规划获取操作权威、参与行政管理，呈现出对社会规则或制度的依赖。

“设计的控制”思潮可以看作针对1979年以来中国城市土地开发市场逐渐向私人（或企业）开放，城市规划编制和管理机制的一系列被动调整和适应。地方政府在土地一级市场中的主导地位使该思潮获得有利的发展环境。对其批判性的意见，一方面来源于它直接借用欧美城市设计的思想和手段，对制度环境的特殊性考察不足；另一方面，由于带有明显的社会、文化控制印记，其控制边界和准则也逐渐引起学界警惕和深思：在实践活动中往往注重控制效果，忽视控制目的——城市越控制越差，越控制越乱，越控制满意度越低。为什么需要控制？为谁而控制？有哪些内容实际无需控制？什么是适度的弹性？又如何表述这种弹性的振幅范围？该思潮并未给出满意的答案，这成为一些学者反对将城市设计推而广之并法定化的重要理由。

（四）“政策的设计”

2000年代前后，城市设计实施已得到广泛发展，在实施过程中出现的不同利益诉求带来了对城市设计价值因素的观察和思考。由于认识到城市设计的过程和技术内容在客观上具有政策性内涵，与相关各方的权益密切相关，加之公共管理学、制度经济学等多学科的介入提供了城市设计运作的多视角解读，学界开始反思，认为城市设计的实施性取决于它能否正确应对背后的复杂利益格局和多元价值观念。因此，城市设计被看作各利益相关者围绕城市空间环境形塑，为利益配置进行互动并达成契约的过程——城市设计不仅是单纯建筑体型、空间的设计过程或者单纯的技术过程，更是对设计的设计、“一项建设政策的设计过程，或是立法过程”、政治过程，即“政策的设计”思潮。

---

[1] 例如，《上海市虹桥新区规划》（1984年）运用了城市设计控制，不仅对每块基地的使用性质、面积、建筑后退、建筑面积密度、高度限制、出入口方位、停车车位数等八项要素作了规定，同时也阐明了对建筑设计的要求和建筑群体布局的意图，以作为单项开发设计的具有约束性的依据。不仅如此，在传统的详细规划建筑体型示意方式的基础上，该方案将空间序列环境、景观朝向、景观、视线、焦点等概念纳入建筑布局详细规划中，要求设计者参考执行，体现出“设计的控制”思想。1986年6月，全国城市规划设计经验交流会在兰州召开，会上该规划得到普遍关注，获多方肯定。

[2] 例如，2001年，金广君引介了美国城市设计导则；2001～2003年间，唐子来对法国、英国、西班牙、意大利、德国等国家的城市设计控制的引介开始，城市设计控制一度兴起学术研究热潮。

这一思潮认为城市设计终极目标是通过配置空间资源，增进建成环境中公共价值的实际效益，维护建成环境塑造过程中的社会公平与公正，因而是一种设计城市社会空间和物质空间健康发展进程的社会实践，而非一种物质化的空间实践。它主张将城市设计的社会目标、公共物品分配的实现方式以及城市设计运作过程纳入自己的思考核心，通过公共参与、协调沟通等交流、反馈机制来表达公共意志。在城市设计价值的实现方式上，该思潮不再侧重于技术思维下单一的"结果评判"，而拓展到对实践主体、对象、过程和制度环境的反思。

"政策的设计"思潮也面临诸多争议。其一，由于当下公共利益的不可量度性，城市设计平衡利益格局的能力便是有限而"虚伪"的；其二，由于中国国家整体政治制度框架中缺少对公众参与的实质性规定，公众参与受到来自国家本位思想和社会组织基础薄弱等因素的制约，往往流于形式。另外也有不少实践者认为，这一思潮已经将城市设计概念拓展到一个模糊的边缘地带，由"城市设计师"对"政策"进行设计，不免有越俎代庖之嫌。

四、思潮流变特征与机制探析

（一）思潮流变的整体特征

1. 新旧共进与主流不明

从横向上看，当代中国城市设计思潮的流变并不具有独立、单向的发展逻辑，而是多种思潮并存共进的过程。历经三次变迁，新思潮的建立并未完全替代旧思潮——在不同的城市认识论基础上，不同思潮在短时间内就形成了并列渗透、纠缠演进的格局，并未汇合形成主流（参见图 3)。这与同时期西方城市设计思潮相继而起的段落感明显不同。

究其原因有三：第一，相比较于西方城市设计思想的相对独立、完整、漫长的演化历史，当代中国城市设计在较短时间内迅速吸收融合了大量的城市设计经验（例如图 3 中第二、第三次引介)；第二，城市设计实践具有的历时性和对象的复杂性使其不能被完全证伪，新思潮只能"在相应范围内解释规律性问题"——旧思潮不能完全对新思潮形成支撑作用，新的思潮也未完全否定旧思潮——与其说新思潮是对旧思潮的否定，不如说它只是建立了一个更加包容的思想框架；第三，当代中国复杂多变的制度环境造成城市设计运作机制不稳定，地方政府主导的制度化历程使不同地域条件下的城市设计承担着不同的角色，一定程度上为不同思潮共存提供了可能性。

值得一提的是，近年来随着生态原则、大数据应用、计算机的计算能力提升等新的思维和技术的发展，“形体的设计”思潮开始强调人与环境的调试过程及人与人的互动关系，试图使城市空间在获得“数理逻辑”的同时也获得人类集体生活的“空间逻辑”。这一努力将有助于摆脱形式主义的批评，从侧面回答对城市设计科学性的质疑，未来发展值得观察。

2. 连续性与跳跃性共存

在思潮整体流变同时，各思潮在自身框架内基本形成了连续性的发展，而思潮之间则存在跳跃性的升级过程。

不同思潮的各自连续发展，使当代中国城市设计发展过程中的大部分截面上，既有静态、刚性、工程型成果，又存在动态、弹性、控制性的社会性成果；既有依赖设计行为的运作机制，又有更加依赖制度环境的运作机制；既有空间干预导向，又有社会控制导向。这种复杂状态正是当代中国城市设计实践和研究所面临的复杂性，也是争议产生的根源。而思潮之间跳跃性的形成，既非自觉选择，也非思想活动累积而成的质变，而是得益于外部城市设计概念的直接植入。从纵向上看，这种植入过程是与社会政治制度变革同步发生的，可视作社会政治制度变革在城市建设领域内的延伸，体现出当代中国城市设计高度的环境敏感性和依附性。

（二）思潮流变机制及其影响探析

内生型城市设计思想随着城市发展需求而不断升华，外接型城市设计概念随社会政治制度变革同步植入，两者结合成为当代中国城市设计思潮流变的主要机制。“形体的设计”在一定程度上继承了传统城市设计思想的精华，其他思潮则深受国外城市设计运作模式的影响（参见图 3）。其中，“设计的综合”思潮直接诞生于“苏联模式”，“设计的控制”和“政策的设计”则因 1980 年代之后对欧美城市建设管理体系的学习而产生。这一机制使当代中国城市设计形成了多种实践范式（图 4）。

1. “传统城市设计”

古代中国城市建设者们一直在不自觉地进行着城市设计实践，城市设计活动与城市发展计划相融合，并统一于整体的城镇营建过程。其思想精华（例如大格局融合思想、全方位营城理念和因地制宜的实施）的影响贯穿了中国当代城市设计的发展，理性与非理性、礼制与反礼制的城市设计特征仍存在于当前的城市实践中，从而成为当代中国城市设计思想内生的起源。

2. “都市计划”

1927 年后，国民政府向欧美等国学习，开始在全国推行“都市计划”，其中

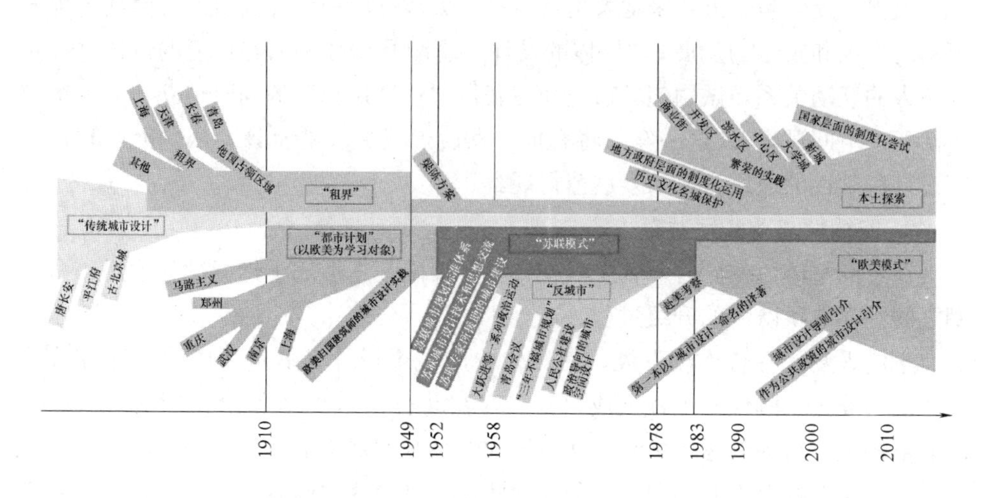

图 4　中国城市设计的范式分层现象

均含有城市设计的内容❶。这一范式将城市设计贯穿于城市规划的同时，又对部分地块单独编制城市设计。1949～1952 年间，该模式一度沿用。

3. “苏联模式”

1952 年后，中国全面学习苏联，城市发展和建设计划被纳入国民经济发展计划中，确立了计划经济体制下的城市计划、规划、设计和建造的模式——自上而下的整体计划式，并设立相应的管理、设计组织机构，制定了一体化的法律条文，形成了从计划到实施、维护的系统性过程。作为“政治实践的空间形式”，城市设计内在于“计划—实施—维护”的行政命令计划之中。

4. “欧美模式”

1980 年代以来，中国重新向欧美城市建设管理体系学习，引介现代城市设计思想。城市设计实践与市场化的经济环境紧密结合，重视契约以及附着在土地上的空间权益，以空间的设计为工具进行城市开发、经营和管制。

思想范式呈现出的断裂状历史分层状态，暗示了当代中国城市设计发展的矛盾性：一方面，社会变革导致的多方向国际学习在丰富本土城市设计思想的同时，又相互冲突；另一方面，不仅多种范式共存于同一历史截面，而且旧有范式

❶ 例如上海、南京、重庆、青岛、南昌、武昌、芜湖、济南、郑州、汕头等城市均编制了都市计划，基本都含有城市设计的内容。其中比较著名的包括《市政改造计划》（汕头，1922 年）、《首都计划》（南京，1928 年）、“建设新郑州运动”（郑州，1928）、《陪都十年建设计划草案》（重庆，1946）、《上海市中心区域计划》（上海，1929）、《大上海都市计划》（上海，1948）等。

对城市设计思想的影响并未完全消失。

外来的城市设计范式不断植入中国城市建设体系，却在中国国家制度变革过程中无所适从。由于既有的城市设计语境——“苏联模式”并未彻底变革，“欧美模式”的城市设计概念和思想不断引入，致使“拿来主义”和实践经验催发的新思潮不得不面对旧的制度框架，造成城市设计范式重复建构，制度语境前后冲突，表现出一定的历史局限性。思潮的演进和变迁试图消解这一状态与迅速转变中的城市发展需要之间的制度性矛盾，但这一努力又导致了城市设计角色、学科归属的争议，相关术语的意义指向也愈发不明，城市规划与城市设计两者模糊化的风险继续加大。可以预见，未来本土化的理论创造和制度创新仍可能将面临这种矛盾，当代中国城市设计发展的自主性仍将受到考验。

五、结语

思想史研究者往往将历史活动作为人类自觉选择的行为进行考察，在此基础上将该历史活动作为单一的发展主体进行纵向研究。笔者认为，当代中国城市设计并非单一的、独立的历史连续主体，因此尝试从对城市设计相关争议的梳理出发，凝结形成“技术—价值”的思想分化路径，结合城市认识论的演进来区分和观察多种城市设计思潮演变的过程。在这一视角下，当代中国城市设计整体上呈现出“形体的设计”“设计的综合”“设计的控制”“政策的设计”四种思潮倾向，其演进具有以下特征：

（1）与同时期西方城市设计思潮相继而起的段落感明显不同，当代中国城市设计思潮流变并不具有独立、单向的发展逻辑，而是在短时间内就形成了多种思潮并列渗透、纠缠演进的格局。

（2）在思潮整体流变同时，各思潮在自身框架内形成了相对连续性的发展，而思潮之间则存在跳跃性的升级过程，体现出当代中国城市设计复杂性、环境敏感性和制度依附性。

（3）对国际城市设计思想的植入成为当代中国城市设计思潮演进的重要机制，但也使其思想范式呈现出断裂状的历史分层状态，制度语境前后冲突。

甚至可以说，对西方城市设计思想的不断引介、冲突与融合，就是当代中国城市设计思潮的全部内容，而在此过程中显示出全盘西化倾向以及对外来思想和经验的强烈依赖性，则是中国自身传统缺乏主动、积极、自觉的认知，对中西两种异质的文化、制度和城市建设体系未能进行深入的比较和历史分析基础上产生的极端表现。如何置身于世界城市设计潮流，对西方城市设计思想的涌入做出一个面向现代、面向本土的抉择，从而使中国城市设计得到自主发展，仍值得我们深思。

（撰稿人：刘晋华，东南大学建筑学院博士研究生）

注：摘自《城市规划》，2018（02）：47-60，参考文献见原文。

走向持续的城市更新

——基于价值取向与复杂系统的理性思考

导语：城市更新是我国进入以提升质量为主的转型发展新阶段的重要课题之一，基于国际发展趋势和新常态背景下的中国现实，走向持续、健康与和谐的城市更新十分必要。从世界人居环境发展趋势、国家新型城镇化发展要求、国家经济发展政策、国家现实城市建设工作重点等方面分析城市更新的现实背景，剖析了当前城市更新存在的问题与面临的挑战，回顾国际城市更新的发展历程与趋势，梳理与分析了城市更新价值体系的重大转向和城市更新复杂系统的现实反映。在此基础上，从城市更新目标、学科建设、规划理论以及制度设计等方面对城市更新的未来发展进行了思考与展望，提出面向更长远与更全局的更新目标、构建学界与业界跨学科跨部门的交流平台、改变现有的和传统的城市规划理论与方法，以及发挥政府、市场、社会与群众的集体智慧等构想与建议。

经过30余年的城市快速发展，我国的城镇化已经从高速增长转向中高速增长，进入以提升质量为主的转型发展新阶段，城市更新在注重城市内涵发展、提升城市品质、促进产业转型、加强土地集约利用的趋势下日益受到关注。近年来，北京、上海、广州、南京、杭州、深圳、武汉、沈阳、青岛、三亚、海口、厦门等城市结合各地实际情况积极推进城市更新工作，呈现以重大事件提升城市发展活力的整体式城市更新、以产业结构升级和文化创意产业培育为导向的老工业区更新再利用、以历史文化保护为主题的历史地区保护性整治与更新、以改善困难人群居住环境为目标的棚户区与城中村改造，以及突出治理城市病和让群众有更多获得感的“城市双修”等多种类型、多个层次和多维角度的探索新局面。

如何基于新常态背景下的形势发展要求和城市发展客观规律，全面正确理解城市更新的本质内涵与核心价值，如何充分认识城市更新的复杂性和多元性，如何提高城市更新的科学性和合理性，以及如何促进城市整体功能提升与结构优化，走向持续健康和谐发展？这些问题需要学界和业界共同讨论。

一、城市更新的现实背景与形势需求

新中国成立初期至改革开放，城市更新总的思想在于充分利用旧城，更新改

造对象主要为旧城居住区和环境恶劣地区。改革开放以后，随着市场经济体制的建立、土地的有偿使用、房地产业的发展，以及大量外资的引进，城市更新由过去单一的“旧房改造”和“旧区改造”转向“旧区再开发”。进入新的发展阶段，城市更新所处的发展背景与过去相比，无论更新目标、更新模式还是实际需求均发生了很大变化。

（一）从世界人居环境发展趋势看

继1976年在加拿大温哥华召开的“人居一”和1996年在土耳其伊斯坦布尔召开的“人居二”，2016年在厄瓜多尔基多举办“人居三”大会并通过了一份具有里程碑式的政策文件——《新城市议程》（New Urban Agenda）。与之前的《人居议程》相比，《新城市议程》更加包容和全面，涉及经济、环境、社会、文化等多个不同的问题领域；同时，《新城市议程》的内容与可持续发展目标密切关联，提出通过良好的社会治理、优良的规划设计和有效的财政支撑，应对气候变化、社会分异等全球性挑战，并倡导社会包容、规划良好、环境永续、经济繁荣的新的城市范式，对全球的城市规划以及城市更新工作提出了新的要求。

（二）从国家新型城镇化发展要求看

《国家新型城镇化规划（2014—2020年）》根据世界城镇化发展普遍规律和我国发展现状，指出“城镇化必须进入以提升质量为主的转型发展新阶段”，提出了优化城市内部空间结构、促进城市紧凑发展和提高国土空间利用效率等基本原则。2015年12月召开的中央城市工作会议强调城市工作是一个系统工程，要坚持集约发展，提倡城市修补和更新，加快城市生态修复，树立“精明增长”和“紧凑城市”理念，推动城市发展由外延扩张式向内涵提升式转变等。《中共中央国务院关于进一步加强城市规划建设管理工作的若干意见》（2016年2月）提出围绕实现约1亿人居住的城镇棚户区、城中村和危房改造目标，实施棚户区改造行动计划和城镇旧房改造工程，推动棚户区改造与名城保护、城市更新相结合，加快推进城市棚户区和城中村改造。党的十九大指出，我国社会主要矛盾已经转化为人民日益增长的美好生活需要和不平衡不充分的发展之间的矛盾，以人民为中心，以市民最关心的问题为导向，共建共治共享，建设让人民满意的城市；解决发展不平衡不充分的问题，推动城市发展由外延扩张式向内涵提升式转变等。这些会议精神成为新时代城市更新工作的使命和任务（图1）。

（三）从国家城市建设工作重点看

国务院于2013年和2014年相继出台《国务院关于加快棚户区改造工作的意

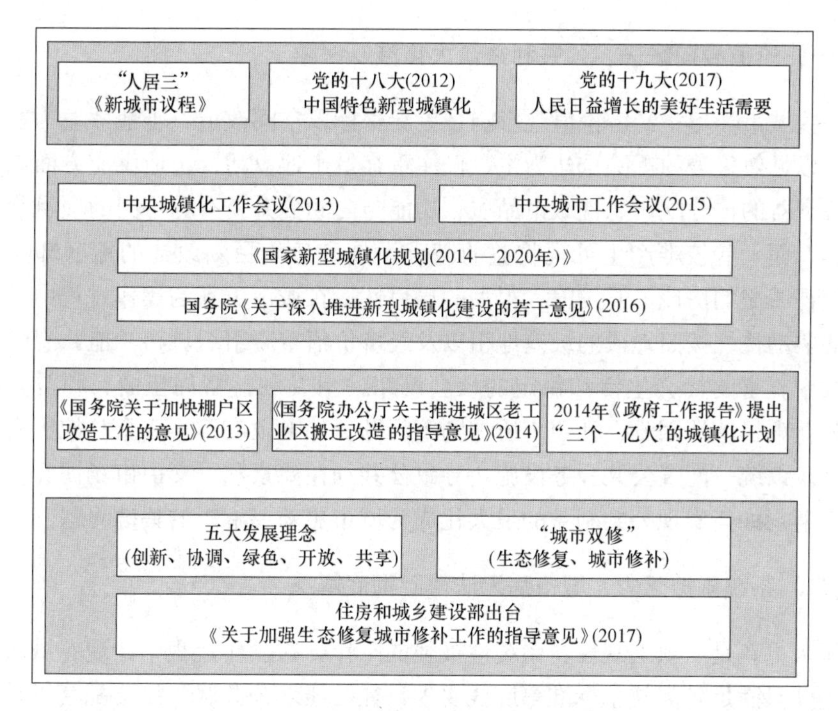

图 1　城市更新的政策背景

见》和《国务院办公厅关于推进城区老工业区搬迁改造的指导意见》重要文件。2014 年《政府工作报告》提出"三个一亿人"的城镇化计划，其中一个亿的城市内部的人口安置就针对的是城中村和棚户区及旧建筑改造。2014 年国土资源部出台《节约集约利用土地规定》，明确提出"严控增量，盘活存量"，提高土地利用效率将是未来土地建设的方向，并于 2016 年发布《关于深入推进城镇低效用地再开发的指导意见（试行）》的通知。2017 年 3 月 6 日，住房和城乡建设部出台《关于加强生态修复城市修补工作的指导意见》，指出生态修复城市修补是治理"城市病"、改善人居环境的重要行动，是城市转变发展方式的重要标志，要求各地转变城市发展方式，治理"城市病"，提升城市治理能力，打造和谐宜居、富有活力、各具特色的现代化城市，让群众在"城市双修"中有更多获得感。

二、城市更新存在的问题与面临的挑战

就当前城市更新工作而言，由于对城市更新缺乏全面正确的认识，历史文化保护意识淡薄，以及市场机制不完善等原因，城市更新在价值导向、规划方法以及制度建设等方面仍暴露出一些深层问题。

（一）价值导向缺失，公共利益最大化难以保障

一些城市受单一经济价值观影响，更新目标以空间改造、土地效益为主，更新方式以见效显著的拆除重建为主，仅注重存量土地盘活、土地供应方面以及短期经济利益的再分配，忽视城市品质、功能与内涵提升，有利可图的项目往往开发殆尽，而一些较难产生可观收益的基础设施和急需更新改造的地区却无人问津，使得旧城的房地产开发陷入很大的盲目性。在城市更新的操作过程中，受市场力的驱动往往按照地段的级差地租以及经济价值重新组织城市功能，忽略了更新地段中丰富的社会生活和稳定的社会网络，引发利益格局扭曲、利益分配不公、公益项目落地困难、社会矛盾加剧等问题。加上政府不再完全掌控所有土地资源，难以统一配置公共服务设施，导致公共利益要素和可交由市场博弈的要素混淆不清，如何实现公共利益的最大化成为城市更新要解决的关键问题。

（二）系统调控乏力，城市病无法得到彻底解决

城市更新是一项宏观性、系统性极强的工作，在操作过程中，现有城市更新开发主体只满足各类技术标准等底线要求，往往压缩公共服务设施配套以及开放空间，随意增加开发量，获取自身利益的最大化，破坏了城市更新的整体协调和综合开发。由于缺乏城市功能结构调整的整体考虑，单个零散的更新项目往往背离城市更新的宏观目标，无法从本质上解决城市布局紊乱、城市交通拥堵严重、环境质量低下，以及交通设施、市政设施、公共设施利用效率低下等问题。

（三）历史保护观念错误，建设性破坏现象突出

“文物保护单位”“历史文化街区”等具有法定地位的对象依托《文物保护法》《历史文化名城保护条例》等法律法规的保护要求得到较好保存，但城市中仍然存在大量达不到入选条件的优秀建筑及地段，在城市更新实施过程中，由于对它们的重要性认识不够，同时受经济利益驱动以及文化遗产保护观念错误，一些地方政府在政策执行过程中存在误解国家政策精神等问题，片面注重土地的经济利益，出现了不少“大拆大建”“拆旧建新”和“拆真建假”等破坏现象，给城市文化遗产保护造成巨大损失。

（四）市场机制不健全，部门之间条块分割严重

随着以产权制度为基础、以市场规律为导向、以利益平衡为要求的城市更新的推进，各方利益主体话语权逐步提高，传统城市更新运作及管理体制机制越来越暴露出在利益协调平衡机制、公众参与协商机制、更新激励机制等方面的不足

和缺位。虽然在一些城市中新近成立了城市更新管理机构，但是由于更新政策大多局限于部门内部，规划、发改、国土、房产与民政等主管部门分别从相应的领域开展相关工作，部门与部门之间缺乏联动，项目行政审批程序、复建安置资金管理以及政府投资和补助等相关配套政策仍缺乏有机衔接。

三、欧美城市更新的发展及其启示

自产业革命以来，城市更新一直都是国际城市规划学术界关注的重要课题，是世界范围内各国城镇化水平进入一定发展阶段后面临的主要任务。欧美城市更新的兴起主要是为了解决工业革命之后出现的整体性城市问题，这一城市更新运动发展至今，其内涵与外延已变得日益丰富，由于不同时期发展背景、面临问题与更新动力的差异，其更新的目标、内容以及采取的更新方式、政策、措施亦相应发生变化，呈现出不同的阶段特征。

1940～1960年代，战后欧洲的城市建设百废待兴，基础设施急需建造、旧住宅急需维修、贫民窟亟待清除，以中心城区土地再开发以及内城复苏为核心的城市更新成为关注的焦点。英国侧重于土地再开发，同时新建住宅、改造老城、开发郊区。法国和德国则侧重于基础设施的重建与布局。由于当时的重建以建筑师为主，主要以大规模物质更新为特征，所提出的大胆设想对推动城市更新起到了一定的作用。但是，仍然有一些社会经济的问题没有得到解决，人口流失与历史保护观念的缺乏，加剧了欧洲老城社会网络的断裂。

1960～1970年代，人们发现大规模物质更新不仅未能减缓地区的衰败，还因为毁灭性的社区清理和拆除，为城市埋下了社会与种族不安的重要因子。在政治压力下，过去推倒重建式的城市更新活动加入了许多社会、经济方面的内容。各国分别开始探索低收入住宅的建设、附属设施与公共设施的补充、混合使用的土地利用模式，城市更新涉及的内容也更加广泛，纳入了重要的公众参与程序，奠定了后期邻里复兴计划的雏形。

到1970年代末，人们广泛意识到必须从根本上激活内城的活力，解决内城衰退问题。逐渐出现一种以“邻里复兴”（neighborhood revitalization）的概念取代“城市更新”（urban renewal）的倾向。其实质是通过制定优先教育区域、建立城市计划基金资助社区等社区发展工程，既给衰败的邻里输入新鲜血液，又可避免原有居民被迫外迁造成的冲突，同时还可强化社区结构的有机性，最终实现社区内部自发的“自愿式更新”（incumbent upgrading）。英国制定法律和条例，加强对内城更新的监督管理，通过政府资助和税收政策，帮助内城复兴开发。法国则注重城市管理和城市发展的关系，旧区改建、住宅更新、保护自然环境、限制独立式小住宅蔓延成为当时人们普遍关注的问题。美国的社区开发计划从过去单一的政府主导，逐步转变为由中央政府、地方政府，以及民间力量加以合作的社区更新计划。

进入1990年代，可持续发展的理念成为世界发展的主流价值观，城市更新开始更多地引入绿色更新的概念。在美国，持续的城市蔓延与郊区化造成了严峻的土地浪费和生态危机，为了有效控制城市蔓延，由马里兰州率先提出“精明增长”策略，后逐步推广为美国全国范围的一种“城市增长控制”规范。纽约、西雅图、波特兰等大城市纷纷开展了以“绿色、低碳、可持续”为主题的总体规划编制与指标评估，在传统城市更新领域开始融入绿色主线。在欧洲，环境的可持续发展理念在整个欧洲地区逐渐达成了共识，城市更新围绕城市再生和可持续发展理念，聚焦城市物质改造与社会响应、城市机体中诸多元素持续的物质替换、城市经济与房地产开发、社会生活质量提高的互动关系、城市土地的最佳利用和避免不必要的土地扩张以及城市政策制定与社会协调等内容。此外，城市复兴的资金更加注重公共、私人和志愿者之间的平衡，强调社区作用的发挥，同时更加注重文化的传承和环境的保护。

纵观欧美城市更新的发展演变，可以看出几个主要的趋势：

（1）城市更新政策的重点从大量贫民窟清理转向社区邻里环境的综合整治、社区邻里活力的恢复振兴、城市功能结构的调整提升以及城市社会经济文化的全面复兴。

（2）城市更新规划由单纯的物质环境改善规划转向社会规划、经济规划和物质环境规划相结合的综合性更新规划，城市更新工作发展成为制定各种不可分割的政策纲领。

（3）城市更新方法从急剧外科手术式的推倒重建转向小规模、分阶段和适时的谨慎渐进式改善，强调城市更新是一个连续不断的更新过程。

（4）城市更新组织从市场主导、公私伙伴关系转向公、私、社区多方合作，更加注重社区参与和社会公平的城市更新管制模式。

四、城市更新基本特征属性的再认识

（一）城市更新价值体系的重大转向

面对城市的复杂问题，城市更新的思想与理论日趋丰富，呈现出由物质决定论的形体主义规划思想逐渐转向协同理论、自组织规划等人本主义思想的发展轨迹，同时也直接反映了城市更新价值体系的基本转向（图2，图3）。

早期城市更新主要是以“形体决定论”和功能主义思想为根基，引为经典的

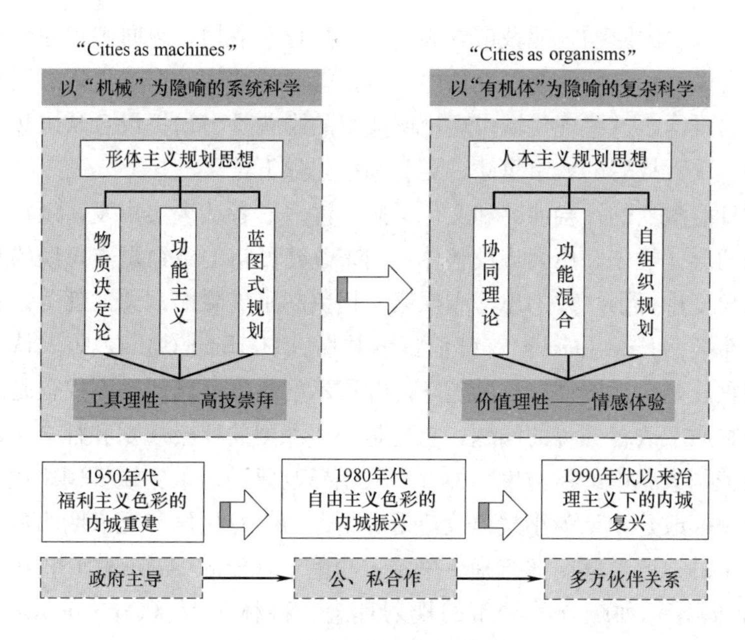

图 2　城市更新的思想演变

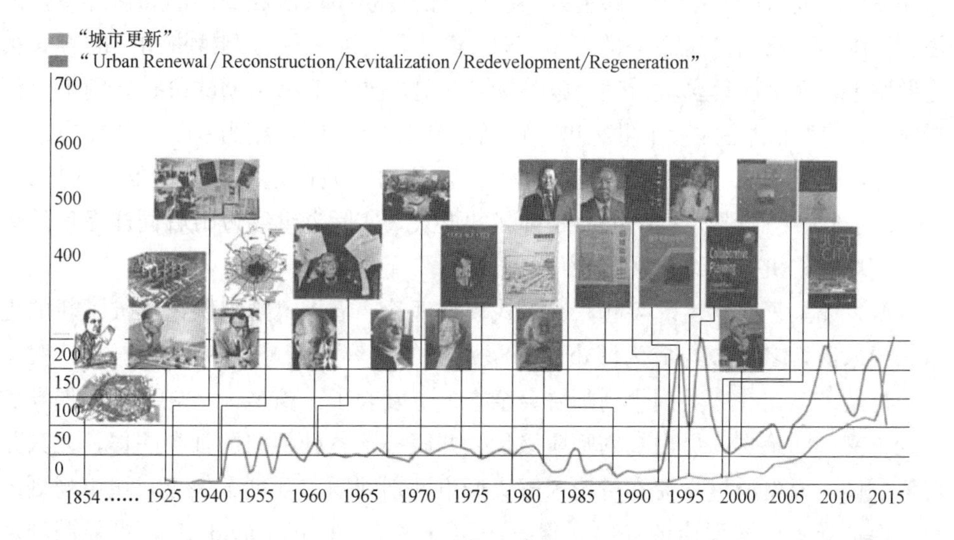

图 3　基于知网中文索引与外文索引的"城市更新"文献统计

当是奥斯曼（Haussmann）的巴黎改建、勒·柯布西耶（Le Corbusier）1925 年为巴黎设计的中心区改建方案（Plan "Voisin" de Paris）和以其为首的 CIAM 的"现代城市"，以及英国皇家学院拟订的伦敦改建规划设计。虽然这些构想较之以前纯艺术的城市规划，更多地使现代技术和艺术得到了融合，并且内容也扩大了，但本质上仍无一例外地继承了传统规划观念，仍然没有摆脱建筑师设计和建设城市的方法的影响，把城市看成是一个静止的事物，倾向于扫除现有的城市结构，代之以一种崭新的新理性秩序，指望能通过整体的形体规划总图来解决城市发展中的难题。这些现代城市理论所遗留的影响是当初提议者从未想到的，这种思想为二次大战后的城市重建、更新和扩建酿下苦果。

面对日益激烈的社会冲突和文化矛盾，许多学者从现实出发，敏锐地觉察到了用传统的形体规划和用大规模整体规划来改建城市的致命弱点，纷纷从不同立场和不同角度进行了严肃的思考和探索，担负起了破除旧观念的任务。社会学家简·雅各布斯（Jane Jacobs）、赫伯特·甘斯（Herbert Gans）等人认为，大规模的城市重建是对地方性社群的破坏，并揭示解决贫民窟问题不仅仅是一个经济上投资与物质上改善环境的问题，它更是一项深刻的社会规划和社会运动。雅各布斯在《美国大城市的死与生》中，对大规模改建进行了尖锐批判，主张进行不间断的小规模改建，认为小规模改建是有生命力、有生气和充满活力的，是城市中不可缺少的。芬兰著名建筑师伊里尔·沙里宁（Eliel Saarinen）提出“有机疏散理论”，倡导一种疏导大城市的规划理念。科林·罗（Colin Rowe）和弗瑞德·凯特（Fred Koetter）的《拼贴城市》认为，西方城市是一种小规模现实化和许多未完成目的的组成，那里有一些自足的建筑团块形成的小的和谐环境，但是总的画面是不同建筑意向的经常“抵触”，提出以一种“有机拼贴”的方式去建设城市。而美国著名城市理论家刘易斯·芒福德（Lewis Mumford）则十分深刻地指出：“在过去的一个世纪里，特别是过去30年间，相当一部分的城市改革工作和纠正工作——清除贫民窟，建立示范住房，城市建筑装饰，郊区的扩大，‘城市更新’——只是表面上换上一种新的形式，实际上继续进行着同样无目的的集中并破坏有机机能，结果又需治疗挽救。”

至“邻里复兴”运动兴起，交互式规划理论、倡导式规划理论又成了新的更新思想来源，多方参与成为城市更新最重要的内容和策略之一。1965年，费恩斯坦与达维多夫在《美国规划师协会杂志》上发表了一篇名为《规划中的倡导和多元主义》的论文，提出规划师应该代表并服务于各种不同的社会团体，尤其是弱势群体，提出通过交流和辩论来解决城市规划问题，开创了倡导式城市规划理论。而倡导式规划理论的提出者保罗·达维多夫（Paul Davidoff），更强调沟通主体的多元性和平等性的博弈机制，此后出现的协作式规划理论、交互式规划理论，都同样重视“自下而上”的社区参与。

20世纪末出现的基于多元主义的后现代理论，在思想上受到1960、1970年代兴起的后结构主义和批判哲学的深刻影响。以米歇尔·福柯（Michel Foucault）为代表，提出“空间既是权力运作所建构的工具，也是其运作得以可能的条件”。同一时期的马克思主义批判哲学家亨利·列斐伏尔（Henri Lefebvre）提出了“空间生产”理论，认为“空间”并非是单纯物质性的场所，而是包含了资本主义生产关系和支持资本主义再生产的重要载体。他们的理论突破了传统的经济学、社会学、公共管理学分析，为城市更新研究开启了一种全新的政治经济学视角。在质性研究的框架下，城市更新研究不再停留于表面的资金平衡、多方参与和协调，开始深入到更新机制背后的空间权利、资本运作与利益博弈的交互关系。大卫·哈维（David Harvey）便是基于对马克思主义的批判性再解读，从资本、社会等更大的视野思考城市问题，提出了“空间正义”的概念，倡导来到城市中的人应平等地享有空间权力。至20世纪末，著名规划理论学者曼纽尔·卡斯特尔（Manuel Castells）基于对社会发展趋势的基本判断，提出“社会公平”必将成为新阶段规划实践的核心议题，为城市规划理论研究的“社会”转向奠定了基础。近年来影响力较大的《公正城市》（The Just City），便将目光聚焦于弱势群体，提出“新自由主义”导向下的城市更新应当重新审视对边缘化社区、贫困社区等弱势群体的关注。

在中国，伴随中国城市发生的急剧而持续变化，城市更新日益成为城市建设的关键问题和人们关注的热点。许多专家学者从不同角度、不同领域对其展开了研究，代表性的有吴良镛的“有机更新”思想和吴明伟的“走向全面系统的旧城改建”思想。吴良镛先生于1979年在北京什刹海地区规划研究中，提出了“有机更新”的理论构想。在获得“世界人居奖”的“菊儿胡同住房改造工程”中，以“类四合院”体系和“有机更新”思想进行旧居住区改造，保护了北京旧城的肌理和有机秩序，强调城市整体的有机性、细胞和组织更新的有机性以及更新过程的有机性，从城市肌理、合院建筑、邻里交往以及庭院巷道美学四个角度出发，对菊儿胡同进行有机更新。其“有机更新”理论的主要思想，与国外旧城保护与更新的种种理论方法，如“整体保护”（holistic conservation）、“循序渐进”（step by step）、“审慎更新”（careful renewal）、“小而灵活的发展”（small and smart growth）等汇成一体，并逐渐在苏州、西安、济南等诸多历史文化名城推广，推动了从“大拆大建”到“有机更新”的城市设计理念转变，为达成从“个体保护”到“整体保护”的社会共识做出了重大贡献。吴明伟先生一贯重视规划实践，善于把握宏观与微观、整体与局部之间的关系，带领学术团队相继在南京、绍兴、苏州、杭州、曲阜、泉州等城市完成一批城市中心区综合改建、旧城更新规划和历史街区保护利用工程，结合实践提出了系统观、文化观、经济观有机结合的全面系统的城市更新学术思想，对指导城市更新实践起到了重要的积极作用。

与此同时，一系列城市更新研究论著亦相继出版，如《旧城改造规划·设计·研究》《现代城市更新》《当代北京旧城更新》《城市更新与改造》等。各地学者结合自己的工程实践和学术背景，在旧城结构与形态、历史文化环境保护、旧城居住环境改善、土地集约利用、中心区综合改建、老工业区更新改造以及城市更新政策等方面进行了卓有成效的探索。

（二）城市更新复杂系统的现实反映

城市更新涉及城市社会、经济和物质空间环境等诸多方面，是一项综合性、全局性、政策性和战略性很强的社会系统工程（图 4）。从城市更新复杂的空间系统看，随着对土地资源短缺认识的不断提高和对增长主义发展方式的反思，我国城市发展从“增量扩张”向“存量优化”的转型已得到政府及社会各界的广泛重视。规划工作的主要对象不再是增量用地，而是由功能、空间、权属等重叠交织形成的十分复杂的现状城市空间系统：功能系统涉及绿地、居住、商业、工业等方面，空间系统包括建筑、交通、景观、土地等，权属系统主要有国有、集体、个人等，在耦合系统方面则包括功能结构耦合、交通用地耦合、空间结构耦合等。

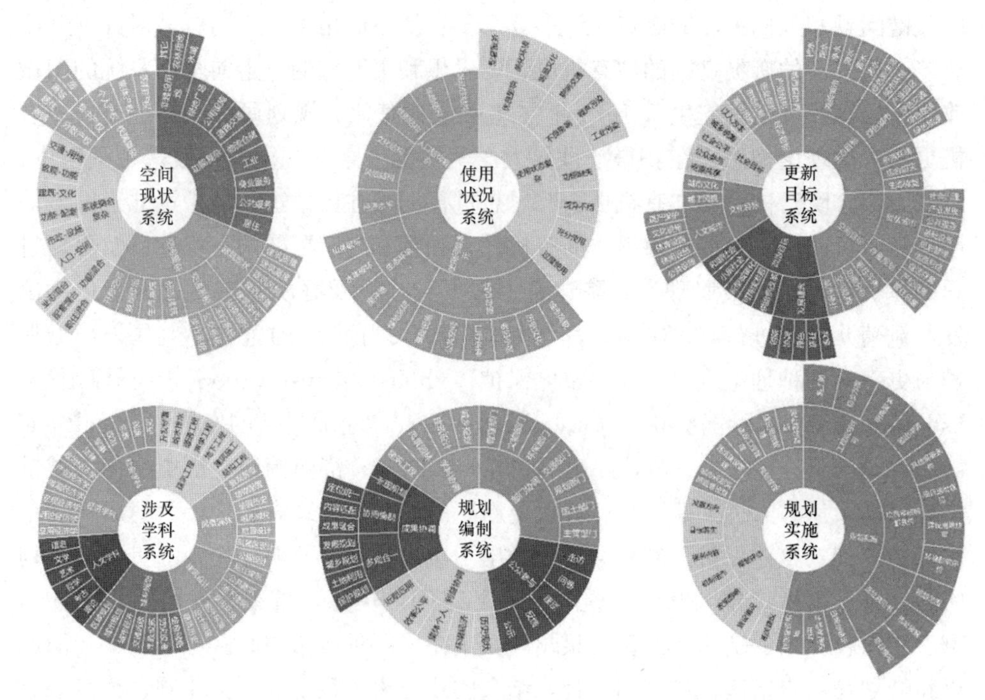

图 4　城市更新系统的相关子系统

就其物质建设方面而言，从规划设计到实施建成将受到方针政策、法律法规、行政体制、经济投入、市场运作、基础设施、土地利用、组织实施、管理手段等诸多复杂因素影响，在人文社会因素方面还与社区邻里、公众参与、历史遗产保护、社会和谐发展、相关利益者权利和产业结构升级等社会经济特定文化环境密切相关，反映出城市更新的经济、社会、文化、空间、时间多个维度。城市更新需要适应国家经济发展转型和产业结构升级，注重旧城的功能更新与提升，需要关注弱势群体，同时也需要重视和强调历史保护与文化传承，为城市提供更多的城市公共空间、绿色空间，塑造具有地域特色、文化特色的空间场所。

必须清楚认识到，在市场经济的现实状态下，城市更新是一个非常复杂与多变的综合动态过程。一方面，市场因素起着越来越重要的作用，城市更新不能脱离于市场运作的客观规律，而且需要应对市场的不确定性预留必要的弹性空间；另一方面，城市更新体现为产权单位之间以及产权单位和政府之间的不断博弈，体现为市场、开发商、产权人、公众、政府之间经济关系的不断协调的过程，在政府和市场之间需要建立一种基于共识、协作互信、持久的战略伙伴关系。无论是对工业区、居住区还是对城中村的更新，都面临着产权关系的问题，在城市更新规划的编制和实施过程中，需要认识并处理好复杂的经济关系，处理好房地产的产权关系，加强经济、社会、环境以及产权等方面的综合影响评价，只有这样，城市更新才会真正落到实处，才能适应新形势的发展需求。

此外，在市场经济条件下，城市规划是国家对于城市发展特别是对房地产市场进行调控的重要手段。城市更新既要发挥市场的积极作用，处理好有关经济关系和产权关系，更必须体现城市规划的公共政策属性，保证城市的公共利益，全面体现国家政策的要求，守住底线，避免和克服市场的某些弊端和负能量。总之，城市更新需要重视经济效益，但是绝不能以经济效益为唯一目标，而是必须促进经济社会和生态文明协调发展，努力满足多元主体的需求，并且协调它们之间的关系。

五、城市更新未来发展的思考与展望

（一）面向更长远与更全局的更新目标

中国现阶段城市更新的实质就是基于新型城镇化这一宏观深刻变革背景下的物质空间和人文空间的重新建构，它不仅面临过去历史上遗留的物质性老化、基础设施短缺和功能结构性衰退问题，更交织着转型期新出现的城市土地空间资源短缺、城市产业结构转型、城市功能提升，以及与之相伴而随的传统人文环境和历史文化环境的继承和保护问题。

城市更新作为城市转型发展的调节机制，意在通过不断调节结构与功能，提升城市发展质量和品质，增强城市整体机能和魅力，使城市能够不断适应未来社会和经济的发展需求，以及满足人们对美好生活的向往，建立起一种新的动态平衡。从深层意义上，城市更新应看作是整个社会发展工作的重要组成部分，从总体上应面向提高城市活力、促进城市产业升级、提升城市形象、提高城市品质和推进社会进步这一更长远全局性的目标。因此，急需摆脱过去很长一段时间仅注重“增长”“效率”和“产出”的单一经济价值观，重新树立“以人为核心”的指导思想，以提高群众福祉、保障改善民生、完善城市功能、传承历史文化、保护生态环境、提升城市品质、彰显地方特色、提高城市内在活力以及构建宜居环境为根本目标，运用整治、改善、修补、修复、保存、保护以及再生等多种方式进行综合性的更新改造，实现社会、经济、生态、文化多维价值的协调统一，推动城市可持续与和谐全面发展。

目前我国许多城市的更新实践均反映了这一目标趋向。北京市结合城市基础设施建设适时提出“轨道＋”的概念，提出“轨道＋功能”“轨道＋环境”“轨道＋土地”等更新模式方式，为轨道工程建设赋予更多的城市内涵，变单一工程导向为城市综合提升导向，将单一的工程设施建设，转变为带动重点功能区提升、旧城风貌保护、社区设施完善、城市交通改善的重要契机，带动城市功能与环境的整体提升完善。上海新一轮的城市更新坚持以人为本，不仅限于居住改善，更要关注商业商务办公、工业、公共服务、风貌保护的统筹，致力于更加关注空间重构和功能复合、更加关注生活方式和空间品质、更加关注城市安全和空间活力、更加关注历史传承和特色塑造、更加强调“低影响”和“微治理”以及更加关注公众参与和社会共治等空间治理策略，提出了富有人性化和情怀的“街道是可漫步的，建筑是可阅读的，城市是有温度的”城市更新口号，强调城市的品质、特色和温度在城市更新中的核心价值和作用，以城市更新为契机，实现提高城市竞争力、提升城市的魅力以及提升城市的可持续发展三个维度的总体目标，实现城市经济、文化、社会的融合发展。

（二）构建学界与业界跨学科跨部门的交流平台

随着新时期城市更新目标趋向更长远、更多元和更全局，以及城市更新成为当前和未来中国社会现代化进程中矛盾突出和集中的领域，人们越来越清楚地认识到，城市更新不仅是极为专业的技术问题，同时也是错综复杂的社会问题和政策问题，任何专业、任何学科和任何部门都难以从单一角度破解这一复杂巨系统问题。

城市更新学科领域不仅需要注重物质环境的改善，更应置于城市政策、经济、社会、文化等的整体关联之中加以综合协调，尤其需要基于新型城镇化背景聚焦当代中国城市更新的重大科学问题和关键技术，通过城乡规划学、建筑学、风景园林学、地理学、社会学、经济学、行政学、管理学、法学等多学科、多专业的渗透、交叉和融贯，构建城市更新的基础理论和方法体系：一方面，城乡规划学、建筑设计、风景园林、建筑工程作为城市更新的主干学科，需要从城乡、建筑、房屋、道路、交通、市政工程等方面完善自身学科框架；另一方面，应广泛吸收人文学科的营养，加强传统的城市规划学科和经济学、社会学、法律学的有机结合，使城市更新更加符合经济和社会规律，从而提高城市更新的科学理性与现实基础（图 5）。

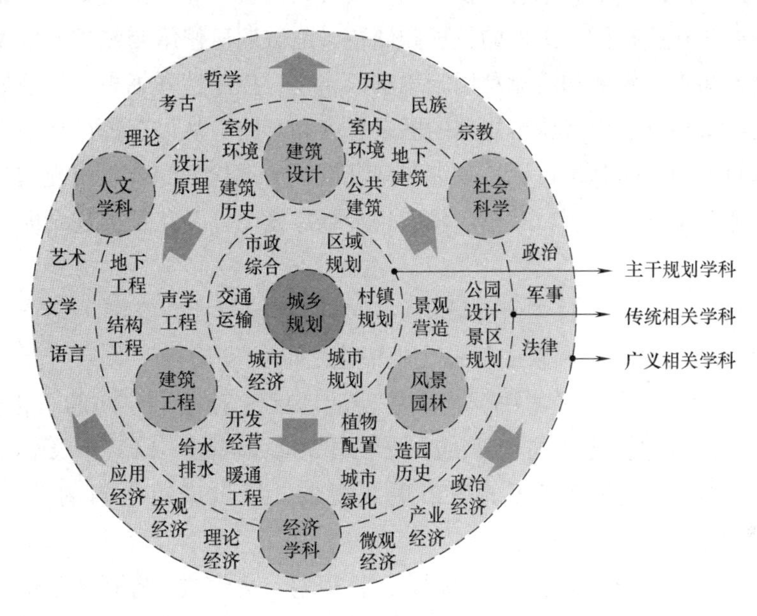

图 5　城市更新涉及的相关学科

必须基于价值目标建立综合协调机制，在学科建设上一定要搭建学界、业界的跨学科、跨行业、跨部门的交流平台，需要学界和业界集思广益，共同应对。顺应这一时代需求，为了促进跨学科、全方位、系统化研究城市更新问题，中国城市规划学会于 2016 年 12 月恢复成立城市更新学术委员会，其主要宗旨既是立足新型城镇化背景下的城市更新实践，跟踪国际学术前沿与行业动态，凝练城市更新的科学问题，把握城市更新发展未来趋向，整合多学科研究成果，加强行业内的学术交流，加强学界与业界的沟通，引导学界和业界开展城市更新领域的学术研究和实践，提升我国城市更新规划的理论和实践水平；同时面对我国城市建设发展实际，开展城市更新领域的学科和专业教育研究，推进继续教育与专业技能培训工作，引领城市更新学科队伍建设和人才培养，促进学术研究和专业知识的普及，搭建多学科交叉融合的学术平台，以更好地推进城市更新领域的基础理论与应用实践的发展，全面提高城市更新研究领域的学术水平。

（三）改变现有的和传统的城市规划理论与方法

现时期城市更新具有复杂性、矛盾性和艰巨性等突出特征，与新区建设相比，城市更新不仅是空间与土地资源的分配，更是利益重新调整和土地开发权力再配置。就现有城市规划编制体系与方法而言，难以满足城市更新实践的深度要求，各产权单位的诉求、原有产权人利益及公共利益保障、土地升值与收益、商业开发中拆迁利益补偿、土地的整理和储备、危破旧房修缮与维护，以及历史建筑的征收、购买、修缮和活化利用等均难以转化成控制性详细规划的规划控制指标。因此，需要改变现有城市规划的固定思维和套路，从以工程设计为主的传统型物质空间规划转向基于目标、政策与制度设计的现代型综合系统规划，实现从静态目标到动态过程控制，从单一尺度到多维尺度，以及从精英规划向社会规划的转型。

在宏观层面，需要整体研究城市更新动力机制与社会经济的复杂关系、城市总体功能结构优化与调整的目标、新旧区之间的发展互动关系、更新内容构成与社会可持续综合发展的协调性、更新活动区位对城市空间的结构性影响、更新实践对地区社会进步与创新的推动作用等重大问题，以城市长远发展目标为先导，制定系统的和全面的城市更新规划，提出城市更新的总体目标和策略。

在微观层面，开展土地、房屋、人口、规划、文化遗存等现状基础数据的分析工作，建立国土、规划、城乡建设、房屋地籍等各行政管理部门基础数据共享机制，运用“大数据＋信息分析＋互联网”实行更新改造全程动态监管。同时更需要有艰苦工作的准备，充分考虑社会各方利益的多元化，对地段内各产权单位的诉求进行深入细致的调查研究，在规划编制和审批过程中，倡导“自上而下”和“自下而上”相结合的“参与式规划”，建立“社区规划师”制度，通过各种途径了解社区居民诉求，提供精准化的公共服务，提高居民认同感。对每一项更新改造项目进行成本效益分析，产业空间绩效、空间改造价值判断以及土地增值测算，建立从地区问题评估诊断、再发展潜力分析、更新改造方案到实施落地的全过程设计管理制度，明确地区需要重点补充完善的公共设施，统筹协调利益相关人的改造意愿，细化权益变更、建设计划、运营管理等相关要求，使更新改造建立在可靠的现实基础上。与此同时，在城市更新的整个过程中要加强城市设计的作用，注重旧城传统风貌的保护与延续，使城市更新规划与旧城保护规划和景观保护规划紧密结合，突出旧城景观特征和文化内涵，提升城市精细化设计和管理水平。

（四）发挥政府、市场、社会与群众的集体智慧制

针对当前城市更新工作中存在的市场机制不健全和部门之间条块分割的突出问题，需要从城市整体利益和项目实施推动的角度出发，明确涉及城市更新工作相关不同政府部门的职责，发挥政府、市场、社会与群众的集体智慧，不断应对复杂多变的城市更新实践需求，通过在城市更新主体、法规制度、操作平台等方面的探索创新，实现城市更新的有序推进和良性循环。

在更新主体上：改变以往单一的政府主导模式，基于政府、市场与社会并举的合作参与机制，充分调动政府、市场和社会三大主体参与城市更新的积极性，加强沟通协作，共同治理，共同缔造。

在法规制度上：进一步健全城市更新相关法律法规，在充分发挥政府统筹引领作用的基础上，明确政府行为与市场行为的边界，建立宏观的运行调控机制，在体现国家政策的要求和保障公共利益的前提下，创新财税、规划、产权和土地政策，通过制定合理的引导、激励和约束政策，积极推动房地产市场的理性发展。

在操作平台上：搭建多方合作和共同参与的常态化制度平台，加强发改、规划、建设、房产、土地以及民政等部门的协调与合作，促进包括企业部门、公共部门、专业机构与居民在内的多元利益角色的参与和平衡，保障城市更新工作的公开、公正和公平。

近年来，不少城市结合实际需求在制度设计、利益平衡和规划管理等方面开展了积极的探索与创新。广州市设立办公室、组织人事处（政策法规处）、计划资金处、土地整备处、前期工作处、项目审核处和建设监督处等机构，组建成立专门的城市更新管理机构，承担起草相关地方性法规、规章，组织编制城市更新相关规划、计划，统筹管理和监督使用城市更新资金，统筹标图建库、测绘工作，完善历史用地手续报批及供地审核等职责。深圳城市更新工作在规划管理制度创新、利益平衡机制构建等方面进行探索，坚持以政府引导、市场运作为原则，充分关注各方权益，厘清现有产权关系，尊重市场规律，由市场和政府共同推动更新，建立起“法规、政策、技术标准、操作指引”四个层面的城市更新规划技术与制度体系，以规则协调平衡包括政府、市场、原权利人等在内的各方利益。上海制定颁布了《上海市城市更新实施办法》《上海市城市更新规划土地实施细则（试行）》以及《上海市城市更新规划管理操作规程》《上海市城市更新区域评估报告成果规范》等相关配套文件，明确了城市更新的定义和适用范围，城市更新实施的组织架构、工作流程、土地与规划管理政策等内容。这些创新对发挥政府、市场、社会与群众的共同作用，以及有效推进城市更新工作起到了积极

的作用。

六、结语

城市更新是一项综合性、全局性、政策性和战略性很强的社会系统工程，面广量大，矛盾众多，牵一发而动全身，不可能一蹴而就，需要一个长期、艰巨和复杂的实现过程。

当前城市更新暴露出价值导向缺失、系统调控乏力、历史保护观念错误、市场机制不健全以及部门之间条块分割等深层问题，急需借鉴国内外先进经验，瞄准国际发展趋向，基于价值取向和复杂系统开展理性思考，敢于直面和破解现实中的难题，致力于走向持续的城市更新。

必须摆脱长期以来受单一经济价值观的约束，回归“以人为本”，以人民对美好生活的向往为蓝图，守住城市发展的底线，将城市更新置于城市社会、经济、文化等整体关联加以综合协调，面向提高群众福祉、保障改善民生、改善人居环境、提高城市生活质量、保障生态安全、传承历史文化、促进城市文明、推动社会和谐发展的更长远和更综合的目标。

必须充分掌握城市发展与市场运作的客观规律，在复杂与多变的现实城市更新过程中，认识并处理好功能、空间与权属等重叠交织的社会与经济关系，改变现有的和传统的城市规划理论与方法，加强法律法规、行政体制、市场机制、公众参与以及组织实施等方面的深度研究，建立政府、市场和社会三者之间的良好合作关系，发挥集体智慧，遵循市场规律，保障公共利益，加强部门联动，促进城市更新的持续、多元、健康与和谐发展。

（本文根据笔者在 2017 中国城市规划年会“复杂与多元的城市更新”专题会议上所作的主题报告整理而成。感谢葛天阳、陈月等对本文的帮助。）

（撰稿人：阳建强，中国城市规划学会城市更新学术委员会主任委员，东南大学建筑学院教授）

注：摘自《城市规划》，2018（05）：68-78，参考文献见原文。

粤港澳大湾区协同发展特征及机制

导语： 区域协同能发挥初始禀赋与比较优势，实现发展要素和资源的优化配置。文章以协同学为基础并参考相关研究，将区域协同发展分为孤立、扩散、共生和融合四个阶段，并以粤港澳大湾区为例，通过梳理其协同发展进程，从经济、城乡、交通、政策与规划五个方面分析了现阶段（共生阶段）的协同发展特征，剖析了区域协同发展的机制，由此提出下一阶段（融合阶段）粤港澳大湾区区域协同发展的问题与对策，以期为粤港澳大湾区的下一步发展、政策制定提供参考。

一、引言

“协同”的概念最早出现在经济学领域，指两个企业在资源共享的基础上产生的共生互长关系。协同学认为，子系统的结构、行为和特征受相同原理和规律支配，产生影响整个系统的联动作用，促使系统由无序向有序发展。协同效应、伺服原理和自组织原理是协同理论的三大核心。

区域协同指由城市及城市之间的人流、物流和信息流等构成的开放系统，突破行政区划制约，与外界进行物质、能量交换，发挥初始禀赋与比较优势，实现发展要素和资源的优化配置，自发形成时间、空间和功能上的有序结构，进而实现区域整体利益最大化，推动共同发展。国内外学者对区域协同的研究主要集中在经济要素的协同发展方面，从全球、国家联盟或城市群尺度，对经济、产业发展水平进行了协同测度和实证分析，探寻产业、城市、环境和交通网络之间的协同演化问题。

粤港澳大湾区以珠江口为依托，集聚了珠三角 9 个城市和香港、澳门 2 个特别行政区，其概念前身为“环珠江口湾区”，最早在 1980 年的学术讨论会上提出，2010 年《粤港合作框架协议》首次提出“粤港澳大湾区”的概念。2017 年《政府工作报告》中粤港澳大湾区建设正式成为国家发展战略。湾区独特的空间组织、经济形态引起了不少学者的关注，目前对粤港澳大湾区的研究主要集中在粤港澳三地地缘关系与区域协作、内部经济关系与时空演变及发展策略思考等方面，对粤港澳大湾区的整体协同发展研究较少。

随着全球化进程的不断深入与区域竞争的加剧，城市与区域正经历着巨大变革，区域间以协作的形式扬长避短、实现共同繁荣已成为我国经济社会可持续发展的话题之一。粤港澳大湾区作为我国对标（即对比标杆找差距）世界三大湾区的重要载体，是我国未来重要的战略地区和经济增长点，湾区的协同发展显得尤为重要。本文从区域协同发展的理论分析入手，研究粤港澳大湾区协同发展的特征、机制与问题，以期为粤港澳大湾区的发展、政策制定提供参考。

二、区域协同的演化阶段与内容

以协同学为基础并参考相关研究，本文尝试构建区域协同系统的理论框架，将区域协同系统分为经济协同、城乡协同、交通协同、政策协同与规划协同五大子系统，系统运作服从协同效应、伺服原理和自组织原理，子系统内部的快变量在伺服效应下服从序变量，自组织程度不断提升，形成功能有序、具有高层次结构的系统。同时，经济、城乡、交通、政策和规划协同子系统之间的合作通过协同效应不断深入整合，最终相互依赖、相互促进，实现区域协同（表 1，表 2）。

区域协同系统的主要内容　　表 1

子系统	主要内容和标准
经济协同	产业结构合理、经济发展差距缩小、无差异化贸易市场、经济联系度高
城乡协同	城镇化水平均衡、城乡居民收入均衡化、区域内城市定位互补
交通协同	大型交通基础设施布局合理、交通管理政策统一、同城交通高速便捷
政策协同	政府引导作用强、区域政府密切合作、清除地区保护主义和行政壁垒、优势互补的政策
规划协同	多区域、多部门合作，具有空间统一、可操作性强的区域总体指导性文件

区域协同系统的运作原理　　表 2

运作原理	具 体 内 容
协同效应	各子系统通过相互非线性作用产生的整体效应
伺服原理	快变量服从慢变量，慢变量逐渐演变成序变量，序变量影响子系统
自组织原理	子系统内要素在没有外部指令的条件下，按照特定规律自发促进子系统向高层次结构发展

区域系统的协同发展程度可以用协同度表示，协同度越高，区域冲突越小，协同合作越成熟。根据增长极理论，区域内各城市的发展一开始是孤立的，之后发展条件好的城市成为增长极核，通过扩散效应推动其他城市的经济发展，缩小区域发展差异，最终实现区域协同（图 1）。根据区域发展的特征，本文将区域协同发展过程总结为孤立、扩散、共生和融合四个阶段，而每个阶段的协同度、驱动力、子系统自组织程度及主要特征等是不同的（表 3）。

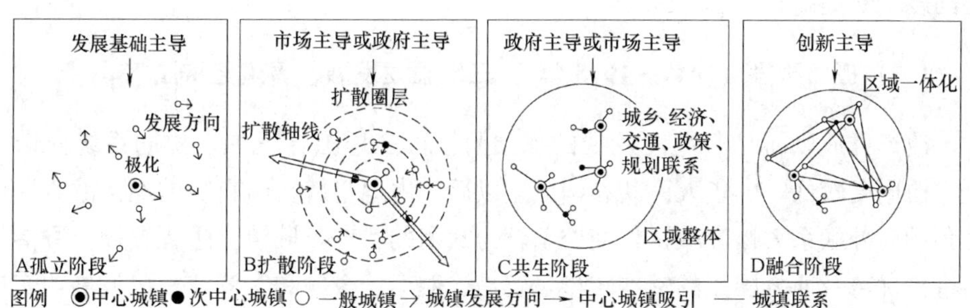

图1 区域协同演化四阶段示意图

区域协同演化阶段及特征　　表3

演化阶段	协同度	驱动力	子系统自组织程度					主要特征
			经济协同	城乡协同	交通协同	政策协同	规划协同	
孤立	低	发展基础主导	—	—	—	—	—	区域间的内在联系较弱，增长极出现，解决各自发展问题
扩散	中	市场主导或政府主导	＋	＋	—	—	—	增长极扩散作用带动周边城市发展，区域内经济、城乡合作增强，面临的共性问题开始增多，主要解决城乡、经济协同问题
共生	中高	政府主导或市场主导	＋＋	＋＋	＋	＋	＋	区域发展差距缩小，协作范围扩大，相互之间只有密切合作才能解决各自矛盾，主要解决交通、政策、规划协同问题
融合	高	创新主导	＋＋＋	＋＋＋	＋＋＋	＋＋＋	＋＋＋	区域间相互依赖，进入高度融合和一体化的协作阶段，需要新的协同驱动力，解决区域发展的共性问题

注：“—”表示不协同；“＋”表示初级协同；“＋＋”表示中级协同；“＋＋＋”表示高级协同。

三、粤港澳大湾区协同发展进程

虽然粤港澳大湾区的概念成型不久，但由于三地地域邻近、历史同源与资源禀赋各具优势等因素，合作历史已久，虽然期间也出现过矛盾冲突，但是总体呈现趋同态势。粤港澳大湾区协同系统演化遵循“孤立—扩散—共生—融合”的发展路径，经历了孤立、扩散阶段，目前正处于共生阶段，尚未进入融合阶段。区域内拥有不同要素的子系统逐步完善，由低级向高级演化，组织结构不断调整，协同度不断提高。

（一）孤立阶段（1949～1978年）：三地独立发展，香港经济腾飞

改革开放以前是粤港澳发展的孤立阶段，三地独自发展，协同系统尚未成型，协同度较低。中华人民共和国成立以后，内地坚持自给自足的经济战略，珠三角的对外联系大幅衰减，长期处于较为封闭的状态，城镇化进程缓慢。香港凭借港湾优势及西方国家的资本转移，贸易、航运、金融和工商业得以发展，实现经济的腾飞，成为区域经济增长极。该时期由于制度与政策的差异，三地发展较为独立，合作交流较少。

（二）扩散阶段（1979～2014年）：从“前店后厂”的非制度合作到建立更紧密经贸合作的制度性安排

改革开放后至2014年是粤港澳大湾区协同发展的扩散阶段，又以2003年粤港澳三地签署《内地与港澳关于建立更紧密经贸关系的安排》（简称“CEPA协议”）为界分为前期和后期。

在扩散阶段前期，香港发挥龙头作用，带动珠三角和澳门的经济发展，经济、城乡等方面的合作在市场驱动下逐步展开。区域协作主要集中在产业上，珠三角以低成本的土地劳动力和宽松的金融政策承接香港的劳动密集型制造业转移，香港发挥自由港优势负责接单、销售和管理，粤港形成“前店后厂”模式。

在扩散阶段后期，CEPA协议、《珠三角地区改革发展规划纲要》、“自由行”、“资金自由行”等一系列政策规划的出台，降低了粤港澳区域内生产要素流动的障碍，建立起开放的贸易市场，促进粤港澳合作从“非制度性”向“制度性”过渡，推动力逐渐从市场驱动转向制度引导。三地产业协作从以出口导向的制造业为主转变为以拓展内陆市场的服务业为主，跨境消费、度假、医疗和养老等社会联系明显加强，呈现出更为紧密的生产、生活协作特征。

（三）共生阶段（2015年至今）：三地生产、生活、政策规划的深入融合

2015年后粤港澳区域协作上升为国家战略，合作方式由双边发展转变为多边推动，合作机制不断完善，标志着区域协同发展进入共生阶段。在合作领域上，从较为单一的基础设施建设、工业分工走向生产互补、生活融合和政策统一的全方位合作。在生活方面，三地通勤、医疗、休闲和养老来往更为密切，出台了一系列开放医疗市场政策，跨境居住和旅游往来更加频繁；在经济生产方面，借助珠三角的广阔腹地与港澳联通全球的营商网络，建立起对外对内更为密切的经贸关系；在制度规划方面，中国（广东）自由贸易试验区、“一带一路”倡议

与加快粤港澳大湾区建设的提出，使粤港澳大湾区在政策规划上成为一个有机整体，规划建设也从战略层面落实到空间上。

四、粤港澳大湾区协同发展特征

粤港澳大湾区目前处于区域协同共生阶段，其协同特征如下。

（一）经济协同：区域发展差距缩小，经济联系度逐步提高，存在一定产业同构现象

广州、深圳近年来保持着较快的发展速度，与香港的经济差距逐渐缩小（图 2）。粤港澳大湾区人均 GDP 变异系数波动下降，由 1995 年的 1.48 下降到 2015 年的 0.84，区域差异不断缩小（图 3）。

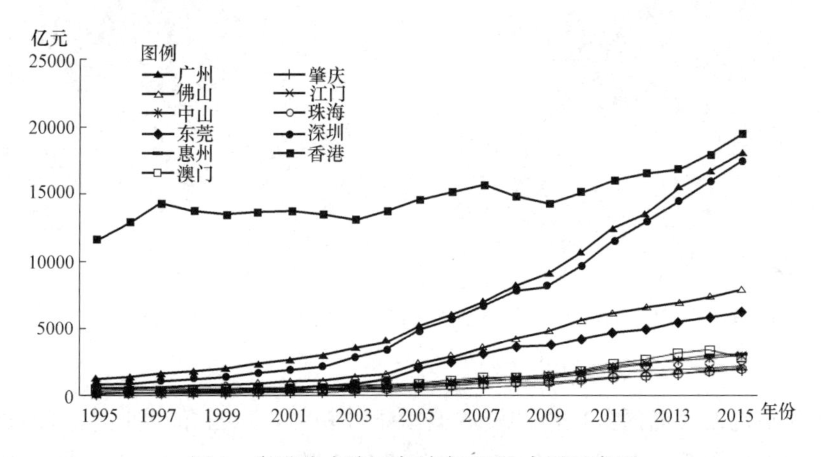

图 2　粤港澳大湾区各城市 GDP 水平示意图

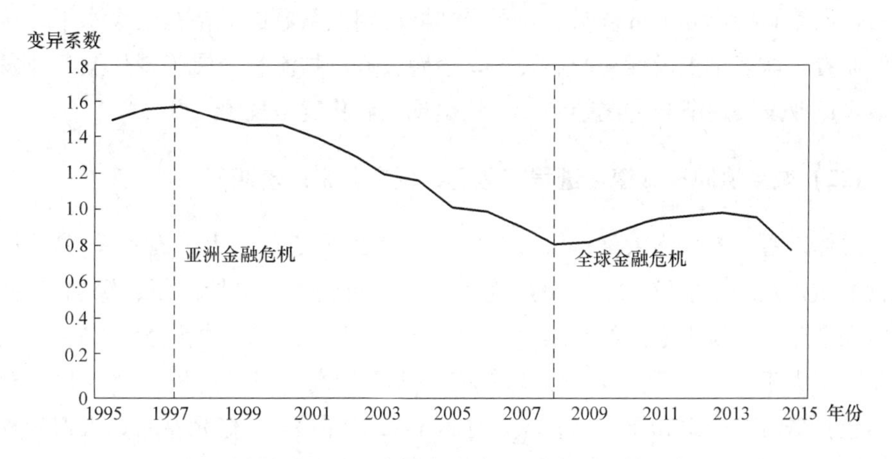

图 3　粤港澳大湾区各城市人均 GDP 变异系数示意图

随着中国加入 WTO 及 CEPA 协议的签订，三地经济贸易壁垒逐渐弱化，经济联系逐渐增强，形成了开放的商品与要素市场。本文依据 1995 年和 2015 年的经济数据，采用传统引力模型来度量粤港澳大湾区内各城市的经济联系程度。结果显示：相比 1995 年，2015 年粤港澳城市间的经济联系度均有显著加强，形成了以广州、佛山和深圳为核心圈层的网格状经济结构，联系强度总量占粤港澳地区整体的 84.85%以上（图 4）；粤港澳三地的资金贸易往来频繁，珠三角实际使用的港澳资金从 1995 年的 37.2 亿美元上升到 2015 年的 182 亿美元。

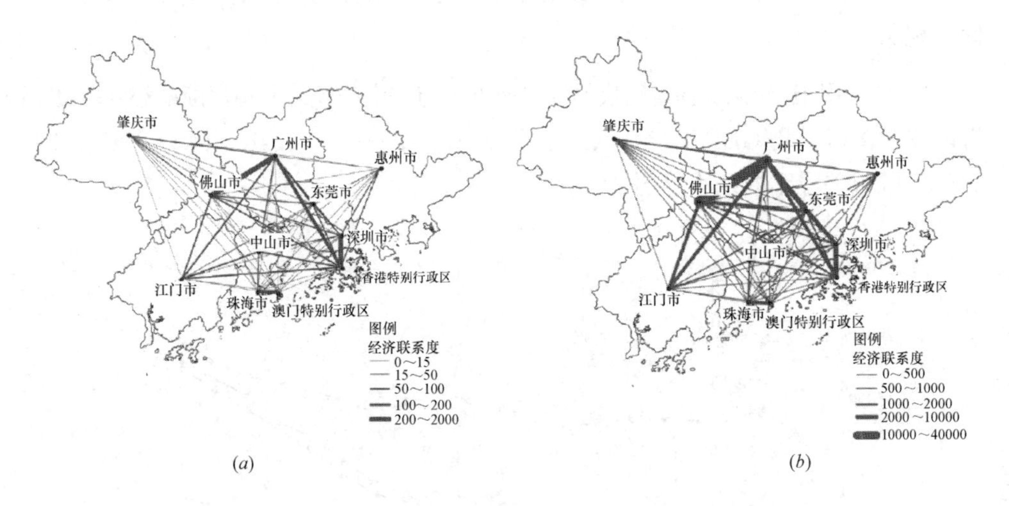

图 4　1995 年和 2015 年粤港澳大湾区各城市经济联系强度示意图

（*a*）1995 年；（*b*）2015 年

由于粤港澳大湾区各城市的资源禀赋条件相似，珠三角产业同构现象突出。从第二产业看，珠三角 2015 年工业相似系数平均值为 0.65，相比 2000 年下降 0.04，虽然制造业分工日益明显，但局部城市相似系数仍保持在较高水平；从第三产业看，珠三角积极推动产业转型，金融服务、物流和会展等现代服务业发展迅猛，产业发展逐渐与港澳趋同，三地出现同质化竞争现象。

（二）城乡协同：城镇化进程有差异，城市分工逐步明显

总体来看，粤港澳大湾区城乡发展水平大致形成了三大阵营（图 5）。第一阵营的城镇发展水平较高，人口规模和经济规模较大，包括广州、深圳、香港、佛山和东莞，各城市地区的 GDP 均在 6000 亿元以上，人口规模大于 700 万，城镇化水平大于 85%。第二阵营的城镇发展水平较高，但经济规模和人口规模较小，包括珠海、中山和澳门，各城市地区的 GDP 在 2500 亿元左右，人口规模为 60 万～350 万，城镇化率大于 85%。第三阵营的城镇化发展水平较低，经济与

人口规模相对较小，包括惠州、江门和肇庆，GDP 在 2500 亿元左右，人口规模在 400 万左右，城镇化率低于 70%。

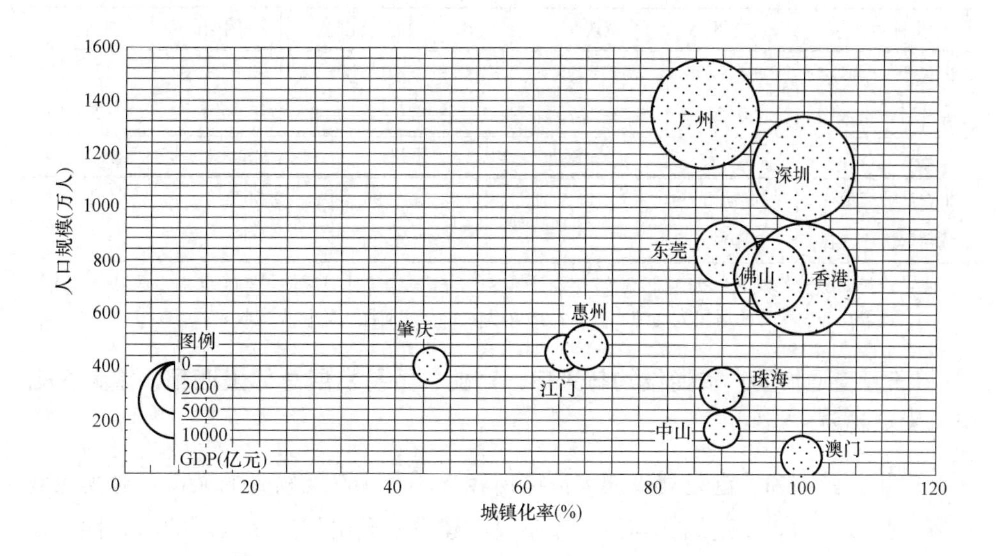

图 5　粤港澳大湾区各城市规模等级与发展水平示意图

（1）城市规模分布均衡。用“位序—规模”法则检验粤港澳大湾区的城市规模，1995 年和 2015 年的回归方程分别为 $Y=-0.895X+0.3018$ 和 $Y=-0.9962X+3.3312$，相关系数 R 分别为 0.64 和 0.69，拟合度较好。在线性回归方程中，回归线斜率从 0.895 上升到 0.992，说明区域城市逐渐走向均衡。2015 年粤港澳大湾区城市首位度 2 城市指数为 1.19，即广州总人口规模除以深圳总人口规模所得的值；4 城市指数为 0.50，即广州总人口规模除以深圳、东莞与佛山三地总人口规模所得的值，这也表明粤港澳大湾区的规模分布接近均衡。

（2）城乡统筹相对协调。由于发展条件、历史等原因，粤港澳大湾区各城市的城镇化进程各不相同，2015 年香港、澳门与深圳的城镇化率已达到 100%，肇庆、江门和惠州的城镇化发展水平落后于其他地区，其中肇庆的城镇化率最低，为 45.16%。粤港澳大湾区的非农产业产值的占比不断增加，区域内各城市的城乡居民人均收入比总体降低幅度较大，说明城乡统筹发展较好，城乡关联度不断增加，城乡社会发展协调度较高（表 4）。

（3）区域内城市定位分工逐渐明显。香港的金融贸易发展较为成熟、国际化程度较高，是具有全球影响的金融、商贸中心；澳门为自由港和离岸金融中心；深圳拥有高度成熟的市场环境，集聚了众多 IT、金融企业，已成为新型的国家经济中心城市；广州是具有强大组织能力与区域辐射能力的行政中心；此外，东莞、中山等城市近年来工业发展快速，成为专业化制造中心。

2000/2015 年粤港澳大湾区城乡经济与人民生活指标　　表 4

指标占比	广州	肇庆	佛山	江门	中山	珠海
非农产业产值比	0.94/0.98	0.76/0.99	0.91/0.85	0.84/0.98	0.87/0.92	0.95/0.98
城乡居民收入比	2.28/2.42	1.93/1.70	2.11/1.80	2.28/1.62	1.30/1.53	3.42/1.87

指标占比	东莞	深圳	惠州	香港	澳门
非农产业产值比	0.88/0.98	0.98/1	0.83/0.95	0.95/1	1/1
城乡居民收入比	2.10/1.64	2.33/—	1.73/1.90	—	—

注：资料来源于各城市 2000 年和 2015 年统计年鉴。由于国家统计局调整，2000 年城乡居民收入比统计数据为农村常住居民人均纯收入，2015 年为农村常住居民人均可支配收入。

（三）交通协同：交通结构与人口、产业、贸易发展总体上匹配，重大基础设施布局相对集中

广州、深圳和香港是粤港澳大湾区内经济、产业发展领先的城市，对其他城市有较强吸引力，交通结构与重大基础设施建设呈现出与之相匹配的向心性，枢纽功能高度集中。

公路交通方面，粤港澳地区公路通车总里程接近 70000km，广州占比为 13.58%；轨道交通方面，珠三角地区铁路客运的 61.83%集中在广州，其余集中在深圳和惠州；航空运输方面，广州、深圳、香港三大机场的航线数量、入驻航空公司数和客货运吞吐量都高于其他区域，香港机场客运和货运吞吐量为区域之最，占比为 39.36%和 62.70%；港口运输方面，广州港、深圳港和香港港在粤港澳大湾区港口体系中具有重要地位，集装箱吞吐量和货物吞吐量总份额占粤港澳大湾区的 85.59%与 68.15%。与此同时，非中心城市（诸如江门、肇庆）与中心城市的城际交通连接较少，各种运输方式建设发展不平衡。由于地理位置与政策体制差异，珠三角与港澳连接的交通设施尚不完善。

（四）政策协同：“三地分治”到“一国两制”，政策环境逐渐协调

在港澳回归之前，三地的沟通交流多为非官方的民间行为。中华人民共和国成立之初，由于粤港澳的社会制度和意识形态不同，三地关系多次因边境和海难等问题发生摩擦，其交往带着浓厚的“外交事务”性质，是“三地分治”下的“对外”关系。从 20 世纪 60 年代开始，三地关系趋于缓和，合作逐步增多，但由于英政府与葡萄牙政府的“积极不干预”政策，粤港澳官方往来较少，主要为民间的商团访问。港澳回归之后，政治壁垒逐步破除，三地在政治交流上更加积极主动，顺利实施了多项有利于区域合作发展的政策（图 6）。

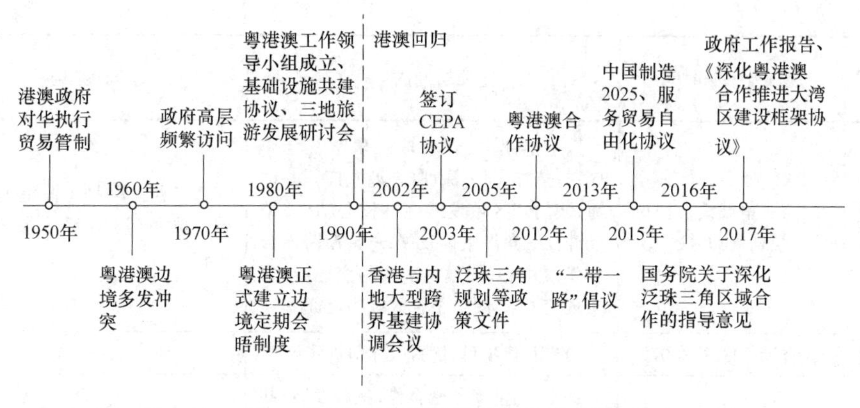

图 6　粤港澳大湾区政策变化示意图

2003 年签署 CEPA 协议之后，粤港澳地区的政策合作更加频繁，“粤港澳大湾区”概念的提出和一系列规划政策的出台，更标志着珠三角与港澳的合作从区域层面提升到国家议题层面，迈向了涉及面更为广阔的合作新阶段。

（五）规划协同：从分头规划到发展共识

在孤立阶段，三地规划分头进行，仅将其他两方作为影响因素进行参考，主要通过学术交流与征求意见来考虑三地的产业、交通、旅游和基础设施的协调。改革开放后的扩散阶段前期，三地已经逐渐意识到粤港澳在战略规划上需要协同合作，1987 年广东省旅游局率先明确提出“粤港澳大三角国际旅游区”的设想，1994 年编制的《珠江三角洲经济区域城市群规划》提出打造“广深（香港）发展轴”“广州（澳门）发展轴”，但这个时期的三地合作仅仅停留在概念层面。

港澳回归后的扩散阶段后期及共生阶段，三地已普遍接受一体化发展思路，规划合作也逐渐从战略层面落实到空间上。2008 年《珠江三角洲地区改革发展规划纲要》首次在国家层面提出珠三角“与港澳紧密合作、融合发展，共同打造亚太地区最具活力和国际竞争力的城市群”的目标要求。之后出台的相关规划与实施方案，都以区域全面合作为主线，加速推进粤港澳基础设施的对接，深化合作机制创新，建设具有国际竞争力的世界级城市群（表 5）。

粤港澳地区主要规划协同内容　　表 5

编制地区	规划及编制时间	主要协同内容	空间结构
广东	《珠三角经济区城市群规划》(1994)	深化粤港澳合作的发展思路，划定“粤港澳跨界合作发展地区”	一个核心，即广州；两条主轴，即广州—深圳（香港）、广州—珠海（澳门）；三大都市区，即中部都市区、东岸都市区、西岸都市区

续表

编制地区	规划及编制时间	主要协同内容	空间结构
广东	《珠三角城镇群协调发展规划》(2004)	携手港澳，共建大珠三角紧密合作区；打造“广州—深圳(香港)、广州—珠海(澳门)”区域发展主轴核心功能，带动珠江三角洲整体发展；粤港澳跨界合作发展中心；加强粤港澳的交通对接，实现交通一体化；整合区域物流资源	“广州—深圳(香港)、广州—珠海(澳门)”区域发展主轴
香港	《香港 2030》(2007)	跨界基建项目、优秀人才引进建议等	—
广东	《珠三角改革发展规划纲要》(2008)	提出“与港澳紧密合作、融合发展，共同打造亚太地区最具活力和国际竞争力的城市群”的目标要求	三大城市群、两个沿海经济带
粤港澳	《大珠江三角洲城镇群协调发展规划研究》(2009)	应充分发挥环珠江口湾区优势，建立高度一体化的区域基础设施体系、服务体系和创新体系，提出三地的共同发展目标与产业、交通、生态、跨界地区的协调对策	三大都市区(广佛、深港、珠澳)、三条发展轴
广东	《珠三角五个一体化规划》(2010)	携手港澳共建宜居湾区，打造新型发展模式示范区	—
粤港澳	《环珠江口宜居湾区建设重点行动计划》(2011)	共建广州、深圳、东莞和中山等 5 个市与港澳优质生活圈、经济发展方式示范区	—
广东	《珠三角全域规划》(2014)	以广东自贸区为支点，建设粤港澳大湾区	广州、深圳—香港双核联动，南拓西进
广东	《中国(广东)自由贸易试验区总体方案》(2015)	强调粤港澳合作特色和优势的发挥，在南沙、前海和横琴三地尝试构建全方位的粤港澳深化合作体制机制，包括建立组织、政策对接和制定法律法规等	—
广东	《粤港澳地区空间发展战略规划》(2016)	深入剖析粤港澳地区的共同发展目标和经济社会环境的协调对策	—

资料来源：根据相关规划、文献整理。

综上所述，粤港澳大湾区的城乡、经济基本达到协同，交通、政策和规划协同发展刚刚起步，需要进一步完善。

五、粤港澳大湾区协同机制

粤港澳大湾区协同发展的不同时期，主要驱动力有所不同。总的来说，粤港澳大湾区在资源禀赋差异与发展条件互补、市场力量与资本驱动、制度引导与政府的促进作用、外部环境变化与重大事件发生这四种主要力量的交替作用下，不断地向协同度高的融合方向演进。具体来看，孤立阶段，区域协作主要由资源环境、发展条件推动，呈现出自然生长的态势；扩散阶段，市场资本的驱动力加强，区域协作主要集中在经贸方面，联系较为薄弱；共生阶段，由于交通信息网络的高速发展，比较优势与市场要素的推动作用逐渐减弱，区域协同在很大程度上受到制度和政府影响，协同内容也拓展至交通设施建设、规划制定等方面。而外部环境变化与重大事件发生在各个阶段都对协同进程产生一定影响（图 7）。

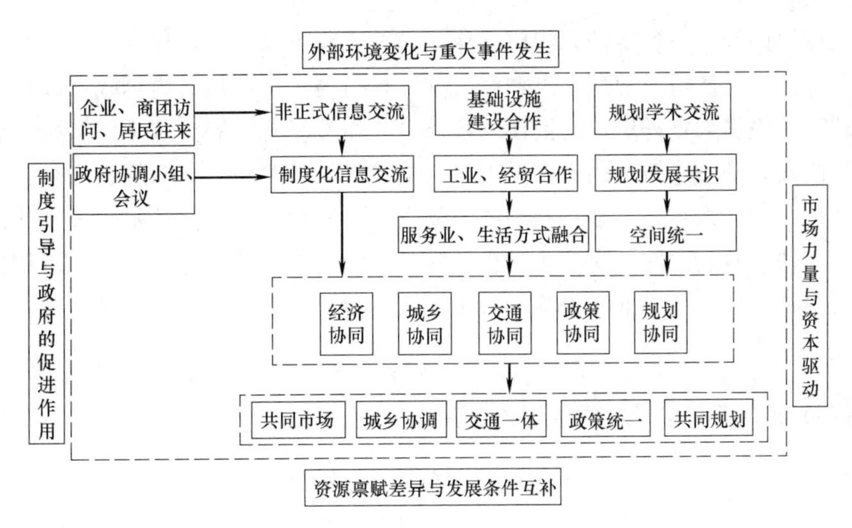

图 7　粤港澳大湾区的区域协同机制框架图

（一）资源禀赋差异与发展条件互补

区域协同往往始于区域内资源环境与发展条件的差异，比较优势决定了协同形成的基础力量和发展方向。在粤港澳大湾区协同的孤立与扩散阶段前期，香港的优势突出，但其发展面临劳工短缺、土地成本压力和东南亚廉价生产基地带来的市场竞争压力，而珠三角恰好拥有广阔的经济腹地、低成本的劳动力与土地等有利发展条件，双方优势互补，开始了生产与贸易上的分工合作，区域协同开始发展。

（二）市场力量与资本驱动

粤港澳大湾区协同发展的动力来源于市场与资本。在孤立和扩散阶段，港澳民营企业顺应成本差异吸引，跨地区选址，将资金投资与办公地点逐渐转移到珠三角，形成了区域内广泛的经济产业联系，市场驱动力先形成。在粤港澳合作不断推进的过程中，三地的企业与市场组织一直是区域协作进程中积极的推动者，从早期的跨境办厂、商团访问到后期率先提出建设自由贸易区，市场资本一直致力于建立更加密切的经贸往来，也在一定程度上影响政府的决策行为，使地方政府行为更加符合区域公共利益。随着经济全球化和跨国公司的崛起、三地经贸合作的加深，市场的作用越来越明显，推动跨区域资源配置与资源共享。

（三）制度引导与政府的促进作用

区域协同作为不稳定的自组织结构，政策工具可以在一定程度上保障协调机制的实施。在扩散阶段前期，港澳尚未回归，得益于珠三角的优惠政策和灵活措施，珠三角吸引大量外资，与港澳的经济合作得以率先开展。到了扩散阶段后期与共生阶段，随着港澳回归及一系列协议的签署，政府制度导向的区域整合力量不断壮大，协作内容也逐渐拓展到政策规划上，推动社会生活及基础设施建设合作步伐加快。政府之间的交流沟通更加频繁，政府在区域资源再配置、协调多方利益及弥补市场失灵方面所扮演的角色越来越重要，重大问题的区域共同治理成为可能。

（四）外部环境变化与重大事件发生

外部环境变化与重大事件的发生，对区域协同进程有着重大影响。港澳的回归，加快了三地政策一体化的进程；中国加入 WTO 及香港在国际地位上的变化，在一定程度上刺激了港澳与内地合作的决心；三地 CEPA 协议的签订，更是直接标志着粤港澳三地融合机制从市场驱动的自发性融合转变为制度化融合。此外，区域系统所在的外部环境变化也会影响协作进程。2008 年经济危机的爆发冲击了香港的实体经济，导致大量企业倒闭，港澳特区政府深入体会到与内地合作的重要性，在政治上更加积极进行协调，顺利实施各种有利于三地发展的政策。

六、新时期协同发展的瓶颈与对策

（一）发展瓶颈

（1）产业结构面临转型升级，区域协同发展缺少新驱动力。粤港澳大湾区的协同发展主要建立在粤港澳三地的发展条件互补、香港对区域其他城市的辐射带动作用上。随着香港经济增长速度的减缓，与广州、深圳等城市的发展差距逐渐缩小，龙头带动作用逐渐消失；内地政策的全面开放与区域经济环境的变化，粤港澳地区市场资本的驱动作用已发挥到了极致，以往基于三地互补优势的协作模式难以为继，区域协同发展亟需新的驱动力。

(2) 粤港澳三地管理体制的差异。“一国两制”的制度边界对港澳回归之后的稳定与发展起到了极大的保护作用，但同时也造成了合作体制性障碍、城市主体地位的不对等和区域利益的竞争，形成了区域政治壁垒，影响协同进程的推进。

(3) 产业发展的同质化倾向。一方面珠三角内部制造业趋同程度较高，另一方面粤港澳产业结构也存在趋同现象，经贸关系由原来互补性的垂直分工逐渐转向同质化的竞争性，三地比较优势逐渐丧失，整体产业发展效应逐步降低。

(4) 交通一体化运输效率较低。粤港澳地区目前基本形成了涵盖公路、铁路、航空和水运等多种方式的综合交通运输体系，为区域协同发展奠定了良好基础。但由于珠江口形成的天然阻碍，且三地隶属于不同的管理体制，交通规划与建设存在行政区划分割和城市利益博弈，区域内交通一体化进程较为缓慢。

(5) 规划内容与协调机制脱节。粤港澳三地逐渐意识到区域合作的重要性，普遍接受一体化发展思路，但由于粤港澳大湾区区域规划涉及3个独立税区与多个职能部门等多方利益主体，在编制过程中易出现冲突矛盾；规划内容仍多停留在战略层面，缺少有效的规划实施路径及协调机制。

(二) 发展对策

1. 以建设具有全球竞争力的世界级湾区为目标，深化粤港澳全面合作

综上所述，建议将粤港澳大湾区作为整体来发展，提升湾区在国家战略中的地位；兼顾全局利益，构建具有拉动力的战略平台，解决区域内部利益矛盾，最终形成区域利益共同体；以国家“21世纪海上丝绸之路”战略为依托，深化粤港澳全面合作，将粤港澳大湾区建设成具有经济、社会和文化交往枢纽功能的世界级湾区。

2. 以区域规划为蓝图，加强区域建设合作

目前粤港澳地区的规划主要由三地成立的规划编制小组进行编制，可以适当完善与专家学者、公众的互动机制，听取多方利益诉求；利用大数据、遥感等多种现代化手段，推进跨境规划的编制；构筑责权明晰、多元主体互动的规划协调机制，通过立法、协议方式赋予区域协调发展的权力，加强规划监督；注重规划与市场的紧密结合，广泛开展空间规划、专项规划、重点地区规划和行动计划研究。

3. 以协同创新为引领，推动粤港澳协同发展新格局

粤港澳地区在市场、政府驱动下逐渐进入区域协同发展的融合阶段，创新是区域协同发展的新动力。以协同创新为引领，建立区域多元化创新模式，共同推动区域创新合作。协调城市创新重点战略行动计划，制定创新制度，规范区域创新行为；加大对研发经费、R&D人员等创新要素的投入，引导“产、学、研”结合，促进创新互动。

4. 以一体化的交通网络为纽带，打造“一带一路”的交通枢纽

充分发挥深水岸线优势，依托现有广州、深圳和香港的交通枢纽，积极推进港口、航空和轨道交通资源的整合，加强与亚欧大陆通道的对接，打造“一带一路”交通枢纽；树立区域交通一体化协调发展理念，精简三地通关手续，推行“一站式”通关服务，提高通关效率；完善区域交通协调标准与机制，增强相关职能部门的沟通与协作，编制区域交通规划，完善通道资源配置、需求管理统筹、跨境交通对接等。

5. 完善区域合作机制手段，协调经济发展

在中央政府的领导下优化各级政府间的交往模式，完善粤港、粤澳行政首长联席会议机构，协调组织机构体系，通过协调、磋商等方式协商解决合作中面临的问题；建立区域激励和约束机制，解决利益纠纷，实现利益共享；建立一体化贸易市场，在发挥三地优势的同时，培育新兴产业，提高三地在全球价值链分工中的地位；构建市场自组织协调机制，允许资源、资本、技术、信息和人才的自由流动。

七、结语

区域协同是区域内各城市通过人口、资金和信息等的相互作用，突破行政区划制约，发挥比较优势，实现发展要素和资源的优化配置，形成时间、空间和功能上的有序结构，进而实现区域整体利益最大化。粤港澳大湾区是一个完整的地理单元，但社会经济制度存在较大差异，是在世界经济中占据重要地位的一个特殊地区，故从协同学的角度对该区域的发展进行研究就显得十分必要。

粤港澳大湾区的区域协同经历了三地独立发展的孤立阶段、从“前店后厂”非制度合作到建立更紧密经贸合作的制度性安排的扩散阶段，目前处于三地生产、生活、政策和规划深入融合的共生阶段，这一阶段区域发展差距缩小，协作范围扩大，交通、政策和规划等问题则是需要重点解决的协同矛盾。

粤港澳大湾区进入融合发展阶段是迟早的问题，但融合发展需要新的协同驱动力，故推进区域协同创新、全面深化粤港澳合作是该区域协同发展的一个永恒话题，也是值得一直研究的问题。

（撰稿人：周春山，中山大学地理科学与规划学院、广东省城市化与地理环境空间模拟重点实验室教授，博士生导师；邓鸿鹄、史晨怡，中山大学地理科学与规划学院硕士研究生）

注：摘自《规划师》，2018（04）：05-12，参考文献见原文。

“一带一路”沿线中国国际合作园区发展研究——现状、影响与趋势

导语：系统梳理了“一带一路”沿线中国国际合作园区的发展现状，分析了国际合作园区的作用，并对其未来发展趋势进行了预判。研究表明，国际合作园区的建设，不仅有力支持了中国的产能合作和产业国际转移，也有利于与沿线国家实现资源共享，此外对于促进当地社会发展、推动国家间友好合作也具有积极作用。研究发现，合作园区的发展兼受国内“推力”与国外“引力”，是政治、经济、外交、文化等共同作用的结果。未来，国际合作园区覆盖范围将越来越广，产业门类将趋于多元，园区环境设施将日趋完善，民企日益成为中国海外园区投资的主体，此外，合作园区将进一步带动本土园区的发展。目前园区建设还存在分布不均衡、规划不合理、缺乏规划建设标准等问题，为此，研究提出了相关对策建议。

一、引言

随着“一带一路”倡议的提出，“一带一路”沿线逐步成为中国海外投资的重点领域，其中共建合作园区是“一带一路”建设的重点内容，也是中国对沿线国家直接投资的主要方式之一。近年来，“一带一路”沿线中国国际合作园区蓬勃发展，不仅加快了当地社会经济发展，促进中国与沿线国家缔结更为紧密的战略合作关系，也为日后更多企业“走出去”开创了良好的局面，已成为推动中国企业积极参与境外投资和融入“一带一路”国际合作的重要平台。

“一带一路”沿线国家对于国际合作园区的发展多持积极、开放的态度，但合作国的社会、经济、政治等环境同中国国内存在较多差异，且受国际环境的影响，合作园区的发展存在诸多不确定因素。发展理念差异、前期投资主导、政策环境多变、投资难以回收等是现阶段合作园区发展面临的主要挑战，如何融入东道国环境、拓宽融资渠道、规避投资风险、进一步提高发展成效等也是园区下一阶段需要考虑的重点内容。目前，国际合作园区建设虽已取得较大进展，但总体来说尚处于起步期，园区的规划、建设、运营等尚处于持续探索和不断优化的阶段。

随着“一带一路”倡议的持续推进，越来越多的国家对倡议有所回应并提出合作意向，这也正是国际合作园区实现大发展的契机。为深入了解当前“一带一路”沿线中国国际合作园区的发展情况，文章对沿线中国国际合作园区的发展和建设现状进行了梳理，以探索中国国际合作园区的发展规律，并对园区未来发展趋势做出预判，以期对中国国际合作园区的发展提供建议和支撑。

二、“一带一路”沿线中国国际合作园区建设现状

“一带一路”倡议提出于2013年并得到世界各国的积极响应，截至2017年12月，已有81个国家和地区明确表示共同参与“一带一路”建设，其中部分国家和地区在此之前便已同中国共建了合作园区。本文所分析的中国国际合作园区分布于“一带一路”沿线，包括“一带一路”倡议提出前后所共建的所有园区。总体来说，目前沿线合作园区发展迅速，分布范围广大，产业门类多元，入园企业众多，据不完全统计，截至2017年3月，沿线合作园区入驻企业已达1082家，总产值达506.9亿美元，园区发展已取得较大成效。

（一）园区空间分布

“一带一路”沿线中国国际合作园区发展已呈现遍地开花之势。截至2017年12月，沿线已有44个国家和地区同中国共建了国际合作园区，园区数量达到81个。目前“一带一路”沿线可以划分为东北亚、东南亚、南亚、中亚、西亚、独联体、中东欧、非洲八大板块。就园区的空间分布而言，非洲、东南亚、东北亚三大板块的合作园区数量远多于南亚、中亚、西亚、中东欧和独联体（图1）。在共建园区的国家和地区中，俄罗斯园区数量最多，有11个，其次为老挝和埃

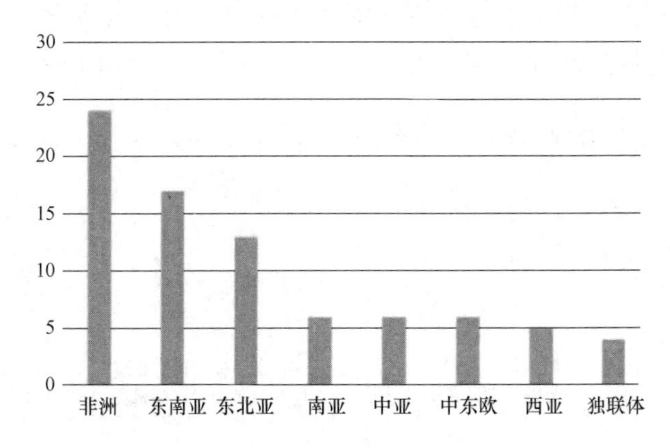

图1 “一带一路”沿线各板块中国国际合作园区数量分布（截至2017年12月）

塞俄比亚，各建有 6 处国际合作园区，印度尼西亚次之，建有 5 个，南非建有 3 处国际合作园区，尼日利亚、蒙古、越南、印度等各建有 2 处国际合作园区，其他国家和地区目前只有 1 处国际合作园区（图 2）。

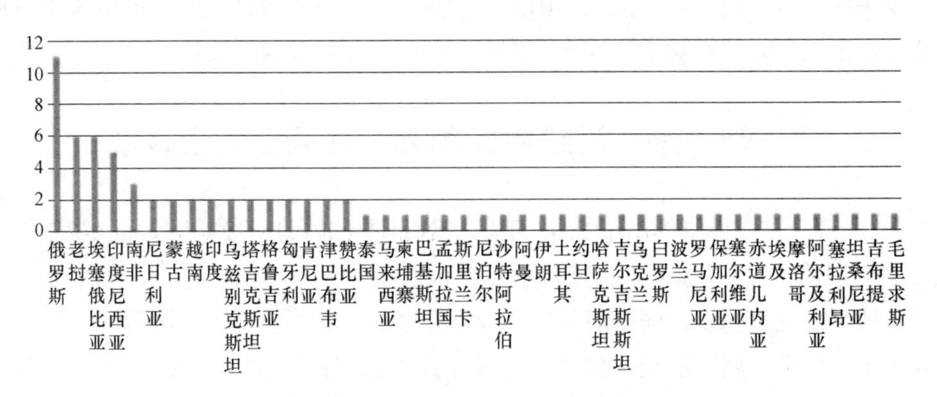

图 2 “一带一路”沿线不同国家和地区的合作园区数量分布（截至 2017 年 12 月）

对“一带一路”沿线中国国际合作园区的空间区位进行梳理，分别从园区所在城市的级别和园区与国际港口、国际机场及铁路站场等重要交通设施的空间关系来分析（图 3）。在已建的 81 个产业园区中，从园区所在城市的级别来看，有 25 个园区设立于所在国家的首都，35 个园区设立于所在国家首都之外的主要城市，21 个园区设立于所在国家的一般县市；从园区与国际港口的关系来看，有 57 个园区设立于沿海国家（即有海岸线的国家，海域包括黑海、里海等内陆海），其中有 34 个园区临近国际港口；从园区与国际机场、铁路站场的关系来看，所在城市设有国际机场的园区有 47 个，临近铁路站场的园区有 17 个。总体来看，沿线合作园区趋向于在发展基础相对较好、交通条件相对便捷的地区设立，在城市选择上，趋向于选择所在国家的首都或主要城市设立，在交通区位上，趋向于临近国际港口、国际机场、铁路站场等重要交通枢纽或节点设立。

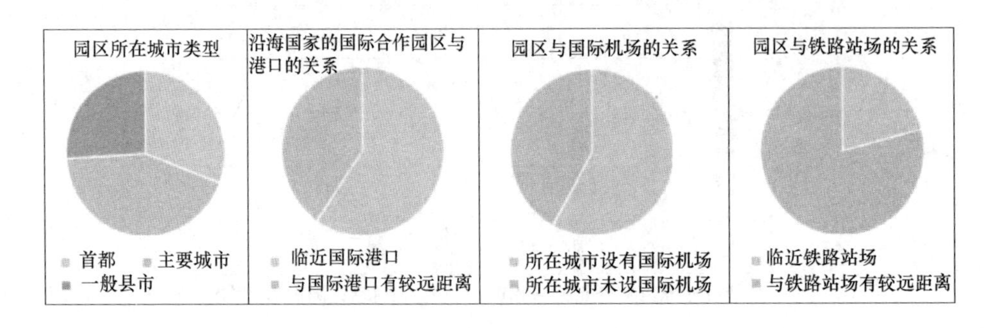

图 3 “一带一路”沿线中国国际合作园区空间区位分析

（二）园区主导产业

梳理“一带一路”沿线中国国际合作园区的主导产业，发现目前主导产业已覆盖第一、二、三类产业，其中第一产业包括森林抚育采伐、农业种植等，第二产业包括电子电器、机械加工、纺织服装、建材等，第三产业包括仓储物流、商贸服务业、旅游服务业等（表1）。

“一带一路”沿线中国国际合作园区主导产业 **表1**

产业层级	主导产业门类
第一产业	森林抚育采伐、农业种植、禽畜养殖
第二产业	电子电器、机械加工、纺织服装、建材、汽车、化工、轻工业、木材加工业、矿产资源加工、生物医药、食品加工、新能源、装备制造、新材料、石油化工、生物技术、电力、钢铁、能源开发、海产品加工、橡胶、造纸、家具、石材加工、航空、陶瓷
第三产业	仓储物流、商贸服务业、旅游服务业、房地产、金融、船舶服务业

以将每一类产业作为主导产业的合作园区数量作为该类产业的发展频次，以产业发展频次表征该类产业在沿线合作园区所有产业中所占的比例。分析发现，在81个合作园区中，排名前5位的主导产业依次为建材、电子电器、机械加工、纺织服装、农副产品加工，均有15个以上的园区将其作为主导产业（图4）。目前沿线合作园区的主导产业以劳动密集型产业为主，且多选择国内发展已较为成熟、产能相对富余的产业，如建材、电子电器、机械加工、纺织服装等。

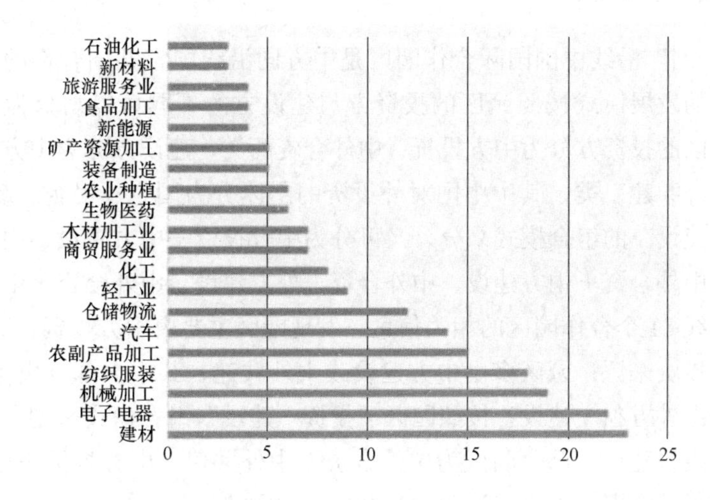

图4 “一带一路”沿线中国国际合作园区主导产业频次（截至2017年12月）

按照产业发展需求来源，“一带一路”沿线中国国际合作园区的主导产业可分为面向中国国内市场需求和面向海外市场需求两类，其中面向海外市场需求的又可分为沿线国家发展需求和“一带一路”基础设施建设需求两类（表 2）。中国国内市场需求类产业如森林抚育采伐、木材加工、矿产资源加工、石油化工等，依托沿线国家丰富的自然资源，提供在中国市场依然广阔的产品；沿线国家发展需求类产业如电子电器、机械加工、纺织服装、汽车等，在中国国内的市场已接近饱和而在沿线国家的市场则相对广阔；“一带一路”基础设施建设需求类产业如建材、电力、钢铁等，其快速发展不止基于沿线国家自身的发展需求，更多是由于“一带一路”基础设施互联互通带来的建设需求。

“一带一路”沿线中国国际合作园区主导产业发展需求分类　　表 2

<table>
<tr><th>产业发展
需求来源</th><th colspan="2">产业门类</th></tr>
<tr><td>中国国内
市场需求</td><td colspan="2">森林抚育采伐、农业种植、畜禽养殖、木材加工业、矿产资源加工、石油化工、能源开发、橡胶</td></tr>
<tr><td rowspan="2">海外市场需求</td><td>沿线国家发展需求</td><td>电子电器、机械加工、纺织服装、汽车、化工、轻工业、生物医药、食品加工、新能源、装备制造、新材料、生物技术、海产品加工、造纸、家具、石材加工、航空、陶瓷、仓储物流、商贸服务业、旅游服务业、房地产、金融</td></tr>
<tr><td>“一带一路”基础
设施建设需求</td><td>建材、电力、钢铁、船舶服务业</td></tr>
</table>

（三）园区发展模式

“一带一路”沿线中国国际合作园区是中方同沿线国家共同合作的成果，目前已建园区的发展模式按照园区的投资方与建设方的不同可以划分为不同的类型。合作园区的投资方分为中方投资、中外合资两类，建设方分为中方建设、外方建设和中外共建三类，其中中国对外投资的主体分为国企、民企、政府三类，按“投资＋建设”的组合模式来分，又可分为中方投资＋中方建设、中方投资＋中外共建、中外合资＋中方建设、中外合资＋外方建设、中外合资＋中外共建五类。分析沿线 81 个合作园区的相关信息，发现园区主要由中方投资，其中民企、国企是主要投资来源；园区多由中方建设或中外共建，其中大部分由中方建设，极少园区是由外方独立建设；按照园区“投资＋建设”组合模式来划分，大部分园区为中方投资建设，部分园区为中外合资＋中外共建、中方投资＋中外共建，极少园区是中外合资＋外方建设和中外合资＋中方建设（图 5）。

对参与园区投资或建设的中方单位进行分析，目前共有 22 个省（自治区、直辖市、特区）参与“一带一路”沿线中国国际合作园区的投资或建设（图 6）。

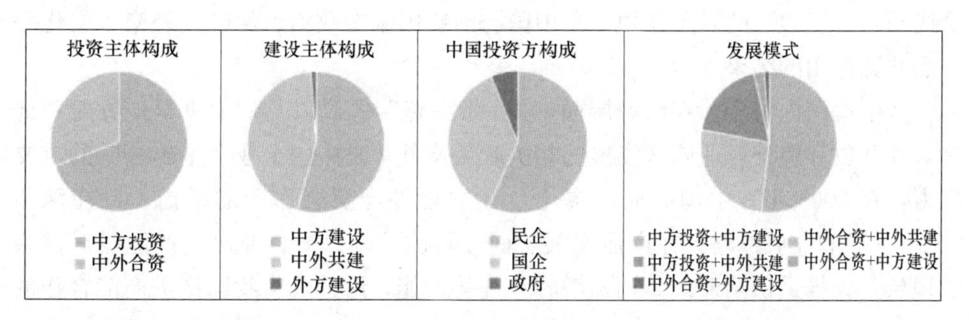

图 5 “一带一路”沿线中国国际合作园区投资、建设及发展模式分析（截至 2017 年 12 月）

其中，央企参与投资建设的合作园区数量最多，黑龙江、江苏、新疆、浙江、四川、香港、江西、台湾、重庆 9 省市区参与合作园区投资建设的中方单位均为民企，安徽、广西、宁夏、西藏 4 省（自治区）参与的中方单位均为国企，湖南省参与的中方单位为政府。从民企的视角来看，各省（自治区、直辖市、特区）参与投资或建设的合作园区数量与其对外开放程度呈现一定的正向相关性。黑龙江、江苏、山东、广东、新疆、浙江等省份的民企参与投资建设的合作园区数量相对较多，其中黑龙江省得益于独特的地理优势和悠久的中俄边境贸易渊源，在中俄边境接壤地区形成众多中俄合作园区，江苏、山东、广东、浙江是我国东南沿海对外开放合作的重要省份，而新疆则是丝绸之路经济带的核心区。

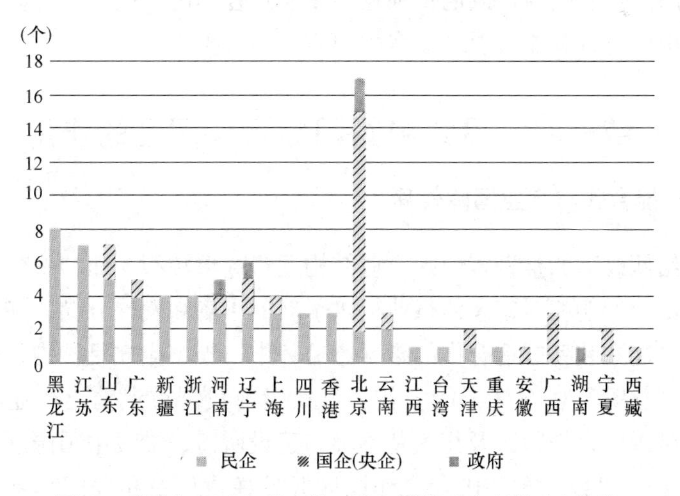

图 6 不同省市区在“一带一路”沿线参与投资/建设的国际合作园区数量（截至 2017 年 12 月）

（四）发展动力机制

“一带一路”沿线中国国际合作园区的蓬勃发展，受到中国国内“推力”与沿线国家“引力”的双重作用，是中国与沿线国家在政治、经济、外交、文化等方面共同作用的结果。

从中国国内来看，在政策层面，“一带一路”倡议以及从中央至地方对于促进对外开放和境外产业园区发展的相关政策文件等是中国企业“走出去”的重要推力，在2005年，中国政府即提出了建立境外经贸合作区的举措，旨在深化“走出去”的发展战略；在产业发展层面，目前国内大量行业出现产能相对富余的现象，为推进供给侧改革，疏解转移优势产能，海外成为我国推进产能合作的重要方向，此外，国内激烈的市场竞争和日益增长的用工成本也使得众多企业转投海外；在文化层面，中国对外开展经贸合作源远流长，中国企业家“走出去”探索海外市场一定程度上也是对“丝路”文化精神的复兴。

从沿线国家来看，在政策层面，目前众多国家已出台相关招引、优惠政策以吸引中国企业前去投资；在资源层面，沿线国家丰富的自然资源、土地资源以及成本相对较低的人力资源是吸引中国企业“走过来”的重要引力，以笔者最近调研的埃塞俄比亚东方工业园为例，园区家具制造企业聘用当地工人的月工资折合人民币500元，与国内的高额用工成本形成巨大反差；在产业发展层面，部分国内相对富余的产能如钢铁、水泥、玻璃、纺织等在沿线国家往往是重要的、急需的产能，故在国外的市场相对广阔；此外，出口低关税甚至零关税也是吸引中国企业走出国门的重要因素，以尼日利亚广东经贸合作区为例，其工业产品出口欧美零关税，由此尼日利亚吸引了众多中国企业前来投资。

三、“一带一路”沿线中国国际合作园区的作用

（一）产能合作与产业国际转移

随着供给侧改革的推进，国内产业结构逐步寻求转型，而“一带一路”倡议的推进则为部分产能相对富余的行业提供了新的市场和发展方向。在《国务院关于推进国际产能和装备制造合作的指导意见》中，提出应立足国内优势，推动钢铁、有色、建材等行业对外产能合作。对比当前我国重点输出产业与“一带一路”沿线中国国际合作园区及相关基础设施建设所需、沿线中国国际合作园区主导产业（图7），可以发现，国际合作园区开发建设以及相关配套基础设施的建设为中国钢铁、建材、铁路、电力、工程机械等行业带来了广阔市场，而沿线中国国际合作园区的主导产业与我国当前重点输出产业之间则具有高度的一致性和关联性。此外，国际合作园区的发展也为国内有意“走出去”的企业提供了开拓海外市场、开展产能合作的平台和机会。由此可见，沿线中国国际合作园区已成为推进我国产业国际转移、开展国际产能合作的重要平台。

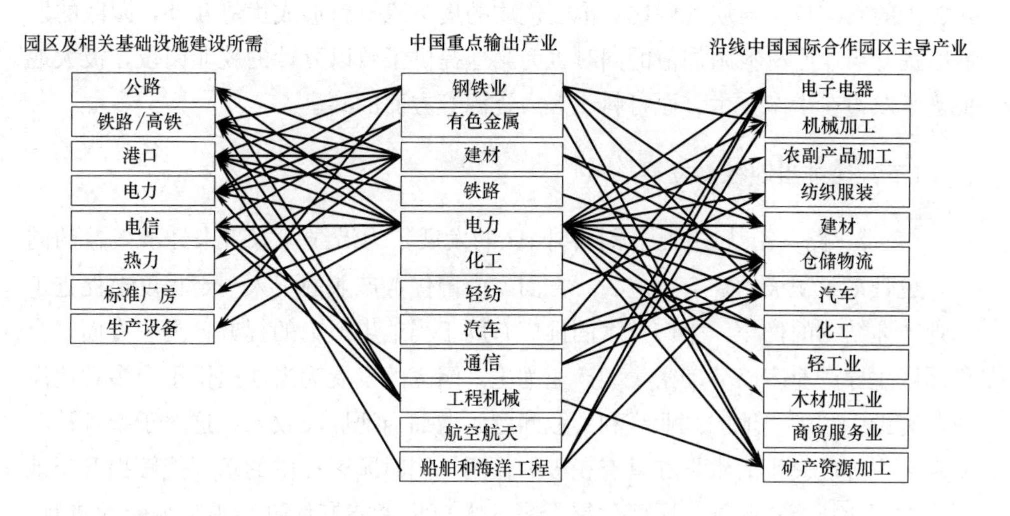

图 7　国内重点输出产业与国际合作园区及相关基础设施建设、园区产业的关联性分析

（二）与沿线国家资源共享

“一带一路”沿线中国国际合作园区的发展，既是双边产业合作的过程，也是双方进行资源共享的过程（图 8）。在合作园区的规划建设阶段，中方往往提供资金、规划发展理念、建造技术、施工经验、人力资源等，沿线国家则提供土地、资金以及人力资源等。在合作园区的运营阶段，中方往往提供相对先进的生产技术、人力资源、发展理念、管理体制、资金等，外方提供自然资源、人力资源、资金、市场等。目前，国内日益短缺的土地资源、自然资源和日益上涨的人力成本已成为制约国内众多行业尤其是劳动密集型产业发展的重要因素，而沿线国家丰富的土地资源、自然资源和低成本的人力资源等与中国的产业发展现状具有一定的互补性。以埃塞俄比亚—中国（东莞）华坚国际轻工业园为例，华坚集

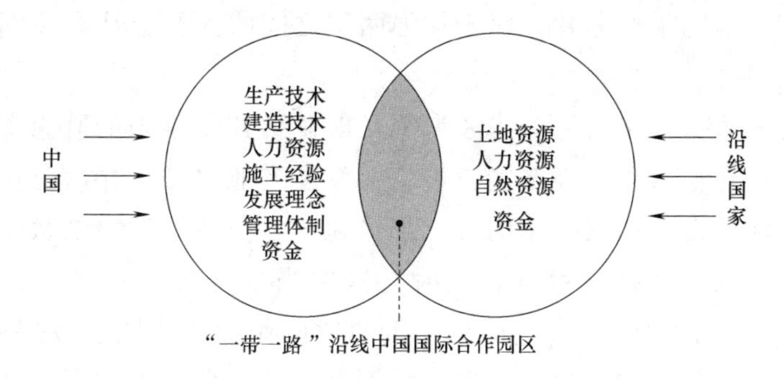

图 8　合作园区建设促进相关资源共享示意

团领先的制鞋技术与埃塞俄比亚丰富优质的皮革原材料形成优势互补，园区的发展在提升当地原材料附加值的同时也为当地提供了数以万计的就业岗位，极大地促进了双边在生产技术、原材料、人力资源等方面的共享。

（三）促进当地社会发展

“一带一路”沿线中国国际合作园区的发展，为沿线国家带来经济效益的同时，也带来了积极的社会效应。一方面，中国优势产业的引入一定程度上促进了当地产业结构的优化，生产技术的推广有助于当地生产力的提升；另一方面，合作园区主导产业多以劳动密集型产业为主，园区的发展为当地提供了众多就业岗位，有助于缓解当地的就业难和失业问题、增加当地居民收入，这对于维护社会稳定、提升居民生活水平亦具有积极的作用，同时园区提供的培训能够提升当地群众的职业技能；此外，园区发展带来的人口集聚能够促进当地的城镇化进程。以中国—印尼青山工业园为例，2016年销售额（出口额）已达35亿美元，由于青山工业园区以及中国企业的存在，2015年该县GDP增长达到15%，为印尼提供直接和间接就业岗位达2万多个，短短三年时间里，一个偏远的小渔村已发展成为全球重要的镍铁和不锈钢产业基地。

（四）推动国家间友好合作

共建合作园区是对“共商、共建、共享”三大原则的切实践行，不仅促进了国内生产技术和优势产能的输出，实现与沿线国家的资源共享，也推动了合作国的经济、社会发展，实现互利共赢，符合双方的共同利益。同时，通过合作园区开展产业合作，可在各国之间形成产业分工，加强了中国与沿线国家之间的经济合作和贸易往来，对于促进沿线地区的和平稳定与繁荣发展具有重要的作用。此外，沿线中国国际合作园区是中国对外展示国家形象、发展理念等的重要名片，对于加强两国之间的人文交往和民间交流亦具有积极作用。

以柬埔寨西哈努克港经济特区为例，得益于其多年来的驻柬深耕，目前特区已成为所在地重要的经济增长极。在发展产业之外，特区公司亦组织了众多民间交流活动，如安排中国员工赴当地小学免费进行中文教学，学生在学成后即可进入特区担任翻译，同时特区在当地开展了一系列公益慈善活动，扶持当地弱势群体。这些活动产生的效应作为合作园区发展的副产品，大大促进了两国的民间交流，提升了中国企业的形象，助推了中柬两国之间的友好合作。

四、“一带一路”沿线中国国际合作园区发展趋势

（一）双边扶持政策日益加强

国际合作园区的发展离不开双边政策的扶持。在国内层面，“十三五”规划明确提出以“一带一路”建设为统领，积极开展国际产能和装备制造合作，因地制宜建设境外产业集聚区；商务部已出台《境外经贸合作区服务指南范本》，分别从信息咨询、运营管理等方面提出服务引导，以促进合作园区进一步做大做强。在省市层面，目前31个省市区（不包括港、澳、台）均已出台“一带一路”战略对接方案，其中67.74%的省、自治区和直辖市已同国家发展和改革委员会签署《推进国际产能和装备制造合作协议》；大部分省市均已出台支持“一带一路”沿线国际合作园区建设发展的相关政策，如河南省在2017年11月出台的《河南省支持省级境外经济贸易合作区建设实施意见》中，明确提出应完善政策支撑体系，为河南企业全面参与国际产业布局、开展国际化经营、拓展新的发展空间闯出新路。

在国际层面，“一带一路”沿线国家亦积极出台相关发展、优惠政策，以吸引中资企业前来投资。如2014年11月泰国投资促进委员会发布的《七年投资促进战略（2015—2021）》，其中提出要促进经济开发区的发展，包括泰国本土园区和国际合作园区。埃塞俄比亚已出台系列政策并提供中文版本，以方便中国企业前来投资，其中专门就工业园区的优惠政策进行明确，包含财务性优惠政策（收入税减免、关税减免、租金优惠等）、非财务性优惠政策（一站式服务、海关协调、汇款自由、加速签证办理等），此外还分别针对园区开发商和入园企业制定优惠政策。部分国家已立法予以保障，如埃塞俄比亚制定的工业园区法案（Industrial Parks Proclamation No. 886/2015），从工业园开发商/运营商的权利义务、入园企业的权利义务等多个方面制定条例以保障园区发展。

总体来看，目前国内各层面以及“一带一路”沿线国家、地区等对于沿线中国国际合作园区的扶持政策正逐渐优化完善，随着政策扶持力度的日益增强，国际合作园区将呈现又好又快发展的趋势。

（二）覆盖范围不断扩大

在“一带一路”沿线，中国最早投资建设的合作园区为2003年建成的中国—俄罗斯华宇经济贸易合作区、中国—老挝磨丁关口经济开发特区和塞拉利昂国基工贸园区。历经十多年探索发展，目前中国国际合作园区已覆盖沿线44个

国家和地区，且近年来合作国的数量增长较为快速。以 5 年为跨度，分析 2005 年、2010 年、2015 年及 2017 年这四个时间节点合作园区所在国家的空间分布，发现合作国分布呈逐渐扩大之势（表 3）。非洲是同我国较早共建园区的地区，而在非洲之外的其他地区，随着时间推移，合作国的分布整体呈现由近及远之势，由邻国逐渐向非邻国扩展，由沿海国家逐渐向内陆国家扩展，由亚洲逐渐向欧洲扩展。未来随着“一带一路”倡议的持续推进以及越来越多中国企业“走出去”，沿线中国国际合作园区的数量将会持续增加，分布范围也将更加广大。

不同时间段“一带一路”沿线中国国际合作园区及共建园区国家的数目变化 表 3

年份	沿线国际合作园区数目(个)	新增合作园区数目(个)	沿线合作国家数目(个)	新增的合作国家数目(个)	新增的合作国家
2003—2005	5	4	3	3	俄罗斯、老挝、塞拉利昂
2006—2010	26	21	13	10	巴基斯坦、印度尼西亚、泰国、越南、乌兹别克斯坦、白罗斯、尼日利亚、埃塞俄比亚、阿尔及利亚、赞比亚
2011—2015	55	29	30	17	吉尔吉斯斯坦、马来西亚、柬埔寨、土耳其、格鲁吉亚、匈牙利、南非、津巴布韦等
2016—2017	81	26	44	14	沙特阿拉伯、伊朗、波兰、斯里兰卡、阿曼、保加利亚、吉布提、埃及、肯尼亚等

（三）产业门类更加多元

将沿线中国国际合作园区按建设时间划分为四批（2003—2005、2006—2010、2011—2015、2016—2017），分别分析四个时间段内新建园区的主导产业（图 9）。2003—2005 年间，合作园区的产业以农业种植、畜禽养殖、电子电器和商贸服务业等为主；2006—2010 年间，新增园区的产业以电子电器、建材、机械加工、农副产品加工等为主；2011—2015 年间，新增园区的产业以机械加工、电子电器、商贸服务业、物流业等为主；2016—2017 年间，新增园区的产业以电子电器、纺织服装、建材、汽车等为主（表 4）。

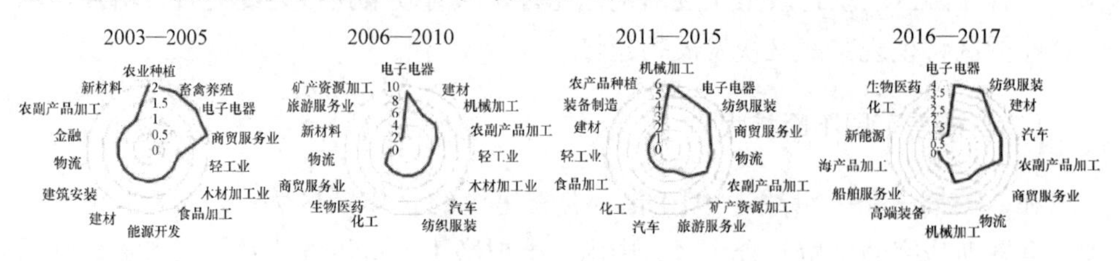

图 9 不同时间段“一带一路”沿线中国国际合作园区主导产业频次

不同时间段"一带一路"沿线中国国际合作园区主导产业变化　　表4

年份	该时间段内新建园区的主导产业	该时间段内新增产业	新增主导产业门类（类）	主导产业总数量
2003—2005	农业种植、畜禽养殖、电子电器、商贸服务业、轻工业、木材加工业、食品加工、农副产品加工、能源开发、新材料、建材、建筑安装、物流、金融	—	14	14
2006—2010	电子电器、建材、机械加工、农副产品加工、轻工业、木材加工业、汽车、纺织服装、化工、生物医药、新材料、陶瓷、矿产资源加工、新能源、橡胶、造纸、森林抚育采伐、工程机械加工、食品加工、生物技术、电力、钢铁、物流、商贸服务业、旅游服务业、房地产开发	森林抚育采伐、机械加工、汽车、纺织服装、化工、生物医药、矿产资源加工、新能源、陶瓷、橡胶、造纸、工程机械加工、生物技术、电力、钢铁、旅游服务业、房地产开发	17	31
2011—2015	机械加工、电子电器、纺织服装、商贸服务业、物流、农副产品加工、矿产资源加工、汽车、化工、食品加工、轻工业、建材、装备制造、农产品种植、畜禽养殖、木材加工业、钢铁、新能源、通信、生物技术、森林抚育采伐、工程机械加工、石油开采、高端装备、电力、家具、石材加工、旅游服务业	农产品种植、装备制造、通信、石油开采、高端装备、家具、石材加工	7	38
2016—2017	电子电器、纺织服装、建材、汽车、农副产品加工、商贸服务业、物流、机械加工、高端装备、船舶服务业、海产品加工、新能源、化工、生物医药、航空	海产品加工、船舶服务业、航空	3	41

总体来说，国际合作园区主导产业逐渐多元化，产业门类逐渐丰富，新增主导产业在产业层次上也趋于向高端化、智能化转变。随着《"一带一路"科技创新合作行动计划》的出台，科技园区成为中国与"一带一路"沿线国家合作的又一重点领域，国际合作园区的产业将逐步由劳动密集型向资金与技术密集型产业升级。

（四）环境设施日趋完善

从园区的基础设施、功能配置等方面，对比"一带一路"沿线不同时期建设的中国国际合作园区。分别选取绥芬河乌苏里斯克跃进工业园（2005年）、泰中罗勇工业园（2007年）和中埃·泰达苏伊士经贸合作区（2009年）作为对比案例。

跃进工业园在开发前曾是苏联废弃的综合收割机修理厂，中国投资企业在经过三年改造建设后才完成全部基础设施使其达到招商标准。泰中罗勇工业园的基础设施和功能配置则相对较好，在基础设施方面，罗勇工业园区在开放引资前已完成了“七通一平”及光纤通信系统全覆盖和现代化的污水及废物处理系统建设；在功能配置方面，园区包括一般工业区、保税区、物流仓储区以及商业生活区。苏伊士经贸合作区除了完成必要的基础设施建设之外，还配置了中国小企业孵化园、投资服务大厦、四星级酒店以及配套娱乐设施等，正逐渐向高标准的现代化产业新城发展。从跃进工业园、泰中罗勇工业园和苏伊士经贸合作区的对比来看，近年来沿线合作园区在基础设施和功能配置等方面均有很大提升，园区环境呈不断优化的趋势。

（五）民企日益成为投资主体

据统计数据显示，近年来地方企业尤其是民营企业在境外投资并购活跃，2016 年我国地方企业对外非金融类直接投资流量达 1505.1 亿美元，占全国非金融类对外直接投资流量的 83%。梳理“一带一路”沿线已建成合作园区的中方投资主体历年变化情况，发现由不同类型主体（政府部门、国企、民企）投资的合作园区数量均呈逐年增长态势，其中由民企投资的园区数量一直保持领先，国企次之，而由政府部门投资建设的园区数量相对较少（图 10）。从不同类型主体投资的合作园区数量比例来看，近年来，国企（央企）以及政府参与投资的合作园区比例正逐步上升，尤其是政府部门，自 2013 年“一带一路”倡议提出之后，政府部门“走出去”的步伐日益加快，而民企参与投资的合作园区比例则相应有所下降（图 11）。综合来看，近年来中国民企、国企（央企）以及政府部门“走出去”的热情逐年上升，未来中国民企将成为“一带一路”沿线合作园区的中坚力量，而合作园区的快速发展也将为更多民企“走出去”提供良好平台。

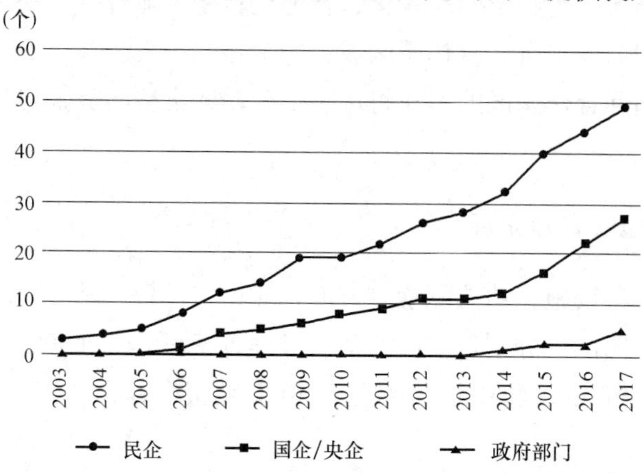

图 10　各类中国组织参与投资的中国国际合作园区数量年度变化（截至 2017 年 12 月）

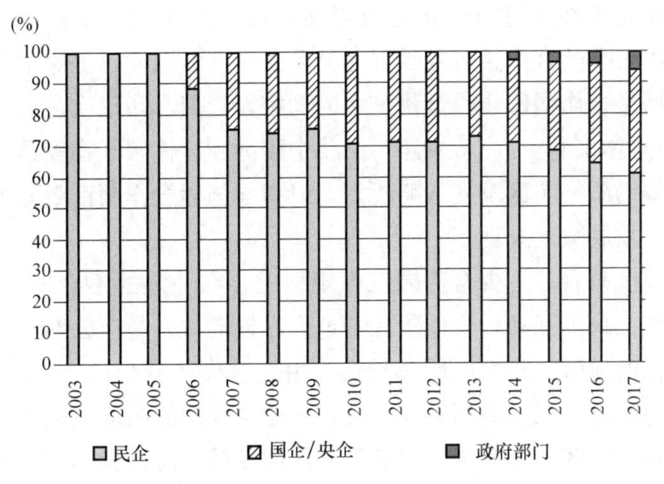

图 11　不同中国组织参与投资的中国国际合作园区数量比例年度变化（截至 2017 年 12 月）

（六）逐步带动本土园区发展

"一带一路"沿线中国国际合作园区的发展不仅是中国企业走出去的过程，也是中国"开发区模式"和发展经验走出去的过程。中国"开发区"模式在海外的推广应用除了聚焦于中国国际合作园区，对本土园区的发展亦具有重要的推动作用。以埃塞俄比亚东方工业园为例，近年来以东方工业园为主要代表的中埃国际合作园区已成为推进埃塞俄比亚工业化的重要力量，在自身发展之外，合作园区应当地政府要求为埃塞俄比亚进行管理和技术人员的培训，这对于促进埃塞俄比亚本土园区的发展具有重要作用。以中埃·泰达苏伊士经贸合作区为例，中方合作企业天津泰达集团，迄今已举办十多期开发区建设的培训和研究班，包括非洲国家开发区建设研修班、亚洲国家开发区建设研修班等，这对于指导合作国本土产业园区建设、促进其实现良性发展具有重要意义。沿线中国国际合作园区的蓬勃发展对合作国本土产业园区所发挥的催化和推动作用，将逐步带动合作国本土产业园区的发展，并最终实现内外产业园区的协同发展。

五、国际合作园区建设存在的问题与建议

（一）园区规划建设存在的主要问题

（1）合作园区分布不均衡

"一带一路"沿线中国国际合作园区分布不均衡体现在地区间不均衡和国家间不均衡。在地区层面，非洲、东南亚、东北亚三大板块的合作园区数量最多，

在东南亚、东北亚地区进行密集建设可能造成园区间同质化竞争，而中国与中亚、西亚、中东欧的合作相对较少，尤其是缺少与欧洲发达国家的合作。在国家层面，俄罗斯是合作园区建设数量最多的国家，老挝、印尼次之，大部分国家只有1～2个。总体来看，“一带一路”沿线中国国际合作园区在整体布局上缺乏统筹，应考虑编制海外园区发展战略规划，以指导国际合作园区更好地发展。

（2）园区发展缺乏规划

从园区尺度来看，不少合作园区在规划上存在一定的不合理，主要表现在：一是园区与城区缺少互动，合作园区选址多靠近港口、高速公路出入口等交通便捷、地价较低的地区，与城区距离较远，由此造成产城分离，生产空间与生活、服务空间彼此隔离；二是规划的滞后性，企业主导型的园区往往注重招商引资而忽视整体规划，园区的龙头企业决定了园区的发展方向，大型项目的入驻往往改变园区原本的发展方向。园区缺乏顶层设计，容易造成定位不明、发展与规划不符等现象，此外也可能造成产业混杂现象，难以形成产业特色和规模效应。

（3）规划建设缺乏统一标准

目前“一带一路”沿线中国国际合作园区建设推进迅速，但在园区的规划、建设方面尚缺乏统一的标准。纵观国内产业园区发展历程，其发展已有数十年，但目前仍未形成统一的、具有普适性指导意义的规划建设标准，在我国国内，对于国际合作园区的规划建设也多为指导性、政策性意见。合作园区的规划建设一方面参考国内产业园区发展经验，另一方面则依据所在国家的要求，因地制宜建设。国际合作园区规划建设缺乏统一标准，一方面是因为国内园区规划建设统一标准尚未形成，另一方面则是由于国内标准未能有效输出。

（二）园区发展建议

（1）制定园区发展战略规划

“一带一路”沿线国际合作园区真正实现长远发展不能单纯依靠企业和资本的力量。在国家层面，应加快制定“一带一路”沿线合作园区发展战略规划，强化对合作园区的宏观统筹和顶层设计。可依据与不同国家的合作现状、合作重点、未来合作意向以及各国的发展需求等，分板块、分国家制定合作园区发展规划，明确合作园区的功能定位、发展目标、发展重点、发展策略等。通过制定发展战略规划，推进合作园区在各个国际板块、各个国家之间有重点、有层次地布局，避免重复建设和同质竞争，并逐步拓展中东欧地区，向发达国家延伸。此外，合作园区发展战略规划也能够为国内企业“走出去”提供参考和发展引导。

（2）谋划科学合理的规划布局

为优化当前园区规划建设存在的问题，应在园区层面制定科学合理的规划布局。为消除园区选址不佳、产城分离的问题，在选址时应综合考虑交通、土地、人口、环境等因素，选择交通条件便捷、土地开发条件较好、人口相对集聚、周边环境稳定的区域进行开发建设。为消除产业定位不足、建设与规划不符的问题，建议明确产业定位，制定招商引资行业名录，确保园区主导产业明确、产业之间无冲突，并逐步扩大产业规模，形成产业集群。

（3）完善国际合作园区规划建设标准

在最新出台的《标准联通共建“一带一路”行动计划（2018—2020年）》中，明确提出要提高中国标准与国际和各国标准体系的兼容水平，在国际合作园区迎来大发展之际，更应加快产业园区规划建设标准的完善和确立，进而更好地支持我国企业、规划技术等“走出去”。国际合作园区规划建设标准的形成对于合作园区的规划建设可形成较好的指导作用，避免园区规划建设时出现规划不合理、盲目建设等现象。为推进国际合作园区规划建设标准的形成，一方面应加快国内园区规划建设标准的完善和确立，同时因地制宜，为国际合作园区标准的建立提供参考借鉴，另一方面则应推进国内标准的输出，加快中国参与制定国际标准的步伐。

六、结语

“一带一路”沿线中国国际合作园区是双边合作的重要成果，也是推进国家间进一步合作的重要抓手。相对于国内园区，国际合作园区建设起步较晚，但“一带一路”倡议的实施正为国际合作园区的发展带来前所未有的发展机遇。在发展政策、投资环境等不断优化以及中国企业“走出去”热情日益高涨的时代背景下，国际合作园区须把握时代契机，以更为科学合理的规划应对，服务中国企业“走出去”，做好“一带一路”倡议的桥头堡。

（撰稿人：赵胜波，东南大学建筑学院硕士研究生；王兴平，东南大学建筑学院，教授，博士生导师，中国城市规划学会城市规划历史与理论学术委员会副秘书长，本文通信作者；胡雪峰，东南大学建筑学院硕士研究生）

注：摘自《城市规划》，2018（09）：09-20，参考文献见原文。

技术篇

空间规划：为何？何为？何去？

导语：在我国从计划经济向社会主义市场经济的转型阶段，许多关于空间的规划都是促进经济发展的重要工具。文章在回顾空间规划制定的演变过程后，认为现行空间规划体系在行政体制“条条分割”与“条块分离”的状态下运行，对地方政府的规划事务造成了诸多尴尬，地方为谋发展，通过推动“多规合一”来解决问题，但是简单地将这种技术协调工作推向全国或省域却困难重重，要实现转型的“质变”需要顶层设计。据此，文章提出在当前国家治理理念已经从“发展是硬道理”转变为“绿水青山就是金山银山”的背景下，空间规划必须兼顾资源的保护、开发与配置，成为多方博弈的平台，而新的空间规划体系必须遵循区域、城乡和学科的发展规律，服务于国家发展战略，在发展和保护之间保持刚性与弹性的平衡。

一、规划：为何？

规划是人类为趋利避害而主动调整行为的一种本能，因此天然具有两个基本面向：一方面“达己达人”，积极寻求投入产出的最大化；另一方面“己所不欲勿施于人”，尽量避免损益，控制负外部性。西方的规划正是源自对市场失效下的“非理性”应对，为市场的开发活动提供引导和秩序。

政府的责任是在平衡经济、社会与环境三大效益的前提下使全社会福利最大化，规划的目的则是寻求发展经济、提供公共产品、保护自然资源之间的帕累托最优。但是，在不同的发展阶段，政府编制规划的目标也各不相同。迄今为止，各级政府编制规划的主要目的仍是为了推动经济发展。

（一）从计划到规划

20 世纪 50 年代，我国将近代自日本舶来的“都市计划”一词改为“城市规划”，就是为了避免与国民经济和社会发展计划混淆。其实，计划和规划在英文里都用“Planning”一词表示。

1949 年以后，我国学习苏联的社会主义计划经济体制，采取了“大政府、小社会”的政府管理模式，对全社会全领域实施计划管理。依照宪法规定，全国人民代表大会负责审查和批准《国民经济和社会发展五年计划》，主要是对国家重大建设项目、生产力分布和国民经济重要比例关系等做出安排，为一定时期内国民经济发展制定目标和方向。

1978年以后，随着市场化改革和权力下放，我国政治经济背景发生了重要变化，空间规划元素在五年计划体系中从无到有，不断发展完善。从1953年“一五”中的工业项目区域布局，到改革开放后市场经济下的特殊政策区域和空间分类引导，再到2006年的“十一五”，“发展计划”直接被改名为“发展规划”，国家通过编制“发展规划”开始在国土空间谋划国民经济和社会发展，通过国土空间分类引导和约束地方发展。这标志着计划经济时代中央政府作为发展主体的责任已经完成，其任务已经转变为社会主义市场经济背景下规范和引导地方政府的发展。

改革开放40年来，中央政府“行政分权＋GDP锦标赛”的做法，“激励”着市、县政府开辟和探索了各种发展路径，有效推动了国家经济的整体繁荣。市、县政府是国家经济发展和社会服务的具体执行单元，在“发展是硬道理”的经济建设导向下，特别是财政分权的大背景下，其更加关注“自然资源开发”。而在土地财政的背景下，土地资源的使用更成为各级政府博弈的焦点。

但是，大规模的资源开发不仅耗费了大量矿产、森林及耕地，还对环境保护造成了极大的压力。《国务院关于编制全国主体功能区规划的意见》（国发〔2007〕21号）明确了主体功能区规划是科学开发国土空间的行动纲领和远景蓝图，目的是平衡全国和省域国土的开发与保护分区，确立了优化开发、重点开发、限制开发和禁止开发四类区域。当然，生态保护和经济建设之间也必须保持一定的平衡，经济的持续发展必然要投入资源，于是资源开发与保护的平衡问题就只能靠资源开发利用的效率来解决，即最有效地开发资源、最大规模地保护自然。因此，资源的开发利用进入到经济地理的范畴，开发和保护的区位就成为核心议题，如何有效地在不同区位进行“资源配置”？这就引发了对空间规划的需求。

（二）关于空间的规划

自1990年出台的《中华人民共和国城市规划法》确立了城市规划的法定地位，到2008年《中华人民共和国城乡规划法》的颁布实施，规划的范畴从城市和建制镇扩展至乡村建设，耕地保护、环境保护和乡村发展等内容在总体规划中的分量不断加大。这显示了，城市规划从计划经济时期“对国民经济计划的被动空间落实”逐渐演变为“城市建设管理依据”“发展工具”和“公共政策工具”。

城市规划本质上是地方事务，是在服务城市经济发展的过程中形成的。随着城市日益市场化运作，城市空间和土地成为地方政府关注的重要资产，以城镇体系规划、城市发展战略规划与城市总体规划为代表的宏观规划以及以城市设计及详细规划为代表的微观规划能够有效调控经济、社会、环境，有效优化城市外部和内部结构，使城市实现协调发展。

1987年，《中华人民共和国土地管理法》正式实施。国土管理部门通过“谁来养活中国人”这个命题，发现、辨析和保卫了“18亿亩耕地”的底线，通过“全国国土规划”设立了一整套土地用途管理指标制度，并刚性分解到省、市、县，在严控土地管理和提高土地资源配置效率方面发挥了积极作用。但是，由于增长拉动型国民经济和社会发展计划、目标导向型城市总体规划的空间和土地开发远远超出土地利用规划的预期，使土地利用规划最终成为保护耕地资源、按区实施土地供给制的“计划经济堡垒”。进入21世纪后，国家不断严控土地管理、加强土地调控、严控耕地保护、促进节约集约用地，细化了各类用地空间布局，走向了基于土地资源利用的区域综合规划之路。

2002年后，随着快速城镇化过程中公共服务设施和基础设施短缺的问题日益凸显，各类专项规划的编制陆续兴起，对空间土地资源提出了保障要求……

从全民所有的计划经济时代到基本建成中国特色社会主义时期，在行政和财政分权改革的背景下，国务院和省级政府通过转移支付，成为协调全国和省域空间可持续发展的责任单位，市、县政府则成为推动本区域经济社会发展的基本行政和财政单元。由此可见，经过近40年的大发展，围绕资源开发与保护的“中央—地方”博弈，逐渐形成了一套惯性，并据此完成了若干从部门职责出发的国家立法，使得国务院各部委和省级政府各部门通过规划以及据此展开的依法行政以及审批、检查、处分市县地方政府的工作，努力在发展与保护之间取得一定的平衡，试图使国家在自然资源保护的“节节败退”中还能有所坚守。

（三）为增长而规划

自20世纪70年代以来，受新自由主义兴起的影响，西方国家的规划逐渐走向“去管制化”的道路。我国的现代城市规划在形成之初便很大程度地学习、融合了西方现代规划理论，在不一样的语境下“地方化”出越来越多的转型期特征。在中国的语境下，随着政治经济体制的转型，规划体系有其历史的延续性，其中一以贯之的便是政府干预行为，核心目的是为促进城市的快速发展。正如吴缚龙所言，从政治经济学的视角看，中国规划体系的本质为“增长型规划”。

1988年国有土地使用权转让制度的确立，拉开了城市快速建设的序幕；1994年的分税制改革释放了地方政府的发展积极性；1998年的住房制度改革则进一步推动了城市建设的市场化。地方政府在分权改革和GDP考核制度背景下，构筑了基于“地方主义”的发展政体，形成了具有中国特色的土地财政和产业财政。城市政府转变成为“经营空间的企业”——通过为行政边界里的经纪人（居民、企业）提供公共服务（基础设施、法律保障、公共安全等），获取经济收益。在这一阶段，城市用地规划是城市经济发展规划的空间化，重物质、偏技术，未起到配置空间资源的作用，而国家意志才是资源空间配置的决定因素。为实现国家工业化和现代化，我国实行工业赶超战略，强调工业资源的空间均衡配置。由于生产要素缺乏自由流动，不符合效率准则，计划指标与实际的土地供求脱节，造成普遍性的违法建设和土地闲置，遏制了经济的快速发展。

随着我国进入社会主义市场经济时期，市场这只看不见的手主导着资源的空间配置。全球经济的地域分工以及我国城市发展制度环境的重塑，使得土地价值得到释放，培育了我国规划的“增长主义”。在持续变革之中，规划为城市政府搭建了吸引投资的平台，以城镇体系规划、城市发展战略规划和城市总体规划为代表的“城市发展规划”有效指导了城市参与发展竞争；土地利用总体规划也从最初保护耕地的工具逐渐演变为扩大建设用地规模的工具。在“GDP 的增长是第一要义”的转型时期，规划向着持续提供就业并维持社会稳定的方向发展，这种追寻“增长”的规划在一定历史时期的出现有其合理性。在这一阶段，规划是城市政府配置空间资源的公共政策、实现城市空间再生产的重要制度工具，通过调控生产要素集聚，影响产业区位，从而深刻影响经济发展。

总体而言，我国的城市规划是“以空间换发展”，培育强大的产业基础；“以土地换财政”，配合地方政府经营城市土地，构筑了庞大的土地财政框架，成为地方政府挖掘土地价值、增强财政能力的手段。

（1）城市政府“以土地换财政”。我国独特的“权利二元、政府垄断、非市场配置和管经合一”的土地制度，成为政府发展土地经济的“堡垒”和特殊激励机制。政府垄断了土地一级市场，通过出让土地获得财政收入，这些收益为政府招商引资创造了有利条件。作为我国工业化初期的发展经验，受到广泛推崇。

（2）城市政府“以空间换发展”。我国城市快速发展，城镇工业经济快速崛起并推动城镇化进程，其核心载体即空间。在工业化进程中，外向经济带动产业和资本的转移，刺激空间生产，产生大量用地需求。大量的以新区规划、开发区规划为代表的增量规划应运而生。工业发展对人口、产业等要素产生强大的集聚效应，通过“溢出”效应，激发了经营性用地需求并产生相关营业税，刺激城市开发。而土地低价出让，导致了规划工业用地的粗放开发和经营性用地的快速外延扩张。通过市场竞争和经济手段，城市政府利用规划获取土地溢价，即“规划收益”，并在活跃的土地市场帮助下求发展。

与此同时，经济发展提高的税收可以投入公共事业，进一步加快城市发展的步伐。为了在开放的投资市场中争取更多“以足投票”的国内外投资项目，城市规划作为经营城市的工具，通过统筹改善城市环境、塑造城市形象、改善社会和生态基础设施、改进服务，帮助城市政府在城市发展竞争中获取胜利。

改革开放40年来，为摆脱一穷二白的困境，我国通过行政和财政分权积极革除计划经济体制的弊端，通过对外开放政策加入了世界产业分工，获得了经济的超速发展，但是也因此承担了发展的负外部性。

二、关于空间的规划：何为？

（一）“中央—地方”关系中的规划

从全民所有的计划经济时代到基本建成中国特色社会主义时期，中共中央与地方的关系发生了重大改变。由于当前城市政府仍无需为空间上和时间上的负外部性支付成本，中央政府（省政府）和城市政府的博弈必然存在，而城市空间资源是企业化的地方政府通过行政权力可以直接干预、有效组织的重要竞争资源，空间资源使用的规划自然就成为各级政府博弈的焦点。

由此可见，在中央与地方政府博弈过程中产生的规划，有的代表国家利益，而有的则代表地方利益，在过去40年经济建设优先与土地财政的背景下，地方政府的“天平”往往倾向发展。但是发展的负外部性成本高昂，迫使中央政府走可持续发展之路。

2003年，在科学发展观被提出后，党的十七大首次明确提出以生态文明建设为目标进行生态文明体制改革和资源管理体制改革，反映了中央政府在地方发展的诉求下努力坚守资源、保护底线的决心。自20世纪90年代以来，国家层面完成了一系列的规划（图1），加强了对资源的管控，体现了国家和省政府试图约束发展导向下地方任性发展的行为。

（二）部委管控与规划冲突

在实际开发建设过程中，国务院各部委和省级政府各部门是各类规划的主管机构，他们需要在实际工作中通过规划以及据此展开的依法行政来保障开发建设活动的有序推进。部门管控在事权分立的背景下实现了国家意志的纵向传递，也为编制和实施地方空间类规划提供了基本框架。国家经由各部门，努力在发展与保护之间获取一定的平衡，尽力保护自然资源。

经过40年的发展，各部门从各自的职责出发逐渐形成了一套习惯做法，这套习惯做法经过不断的实践检验，最终以国家立法的方式确立下来。然而，我国的立法过程借鉴了西方政府事权分立的制度框架，不同国情下引发的分头规划、分散规划问题却与西方综合规划的结构存在着内在的矛盾。

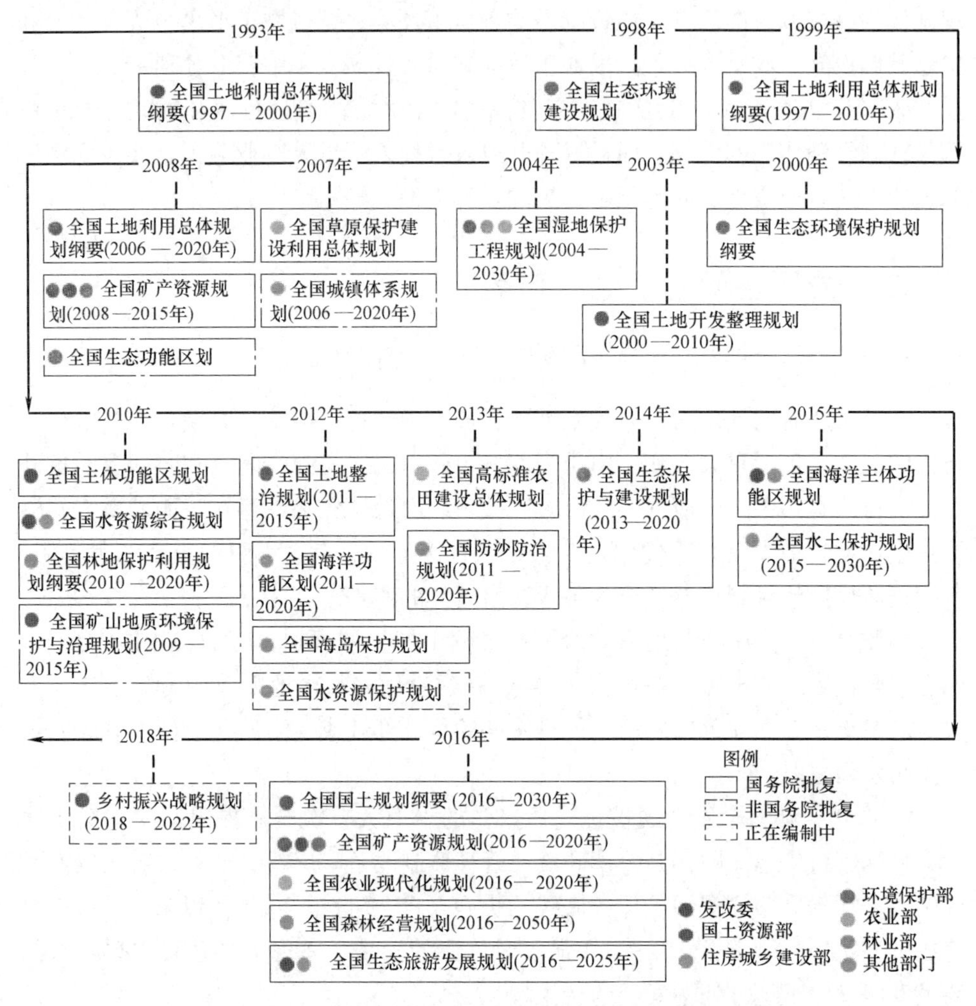

图1　20世纪90年代以来国家层面的空间性规划时间轴

从部门职责出发的、为捍卫本位主义、加强部门权威的《中华人民共和国土地管理法》《中华人民共和国城乡规划法》等法规强化了各种规划的法定地位，使各部门在经济、城市建设、土地和环境等政府事权分立的情况下进行规划管理。但实际上，关于空间的规划必然是综合性与全局性的，这使得各部门的空间性规划常常需要协调超越部门职责的内容。由于各部门展开规划研究的基础数据不同、实施与管理的技术手段不同，对空间问题的判断也存在差异，这是造成“一个空间多个规划”且彼此冲突问题的重要原因。值得注意的是，这种差异在事权分立的背景下导致了各部门对规划空间权力的争夺，使部门事权一再扩张，空间性规划的冲突实际上是部门根据各自行政权力和利益取向围绕土地发展权博弈的结果：“①横向：各类规划数量众多、衔接不够；②纵向：部门规划自成体系、不断扩张，缺乏能全面有效统筹国土空间的顶层设计；③发展规划与空间规划割裂，部门规划话语体系各异，多规难对接；④各部门规划在基础数据的采集与统计、用地分类标准及空间管制分区标准等技术方面存在差异”。各类空间性规划的立法过程直观地反映了这些部门职责的扩张过程及其间的冲突（图 2）。

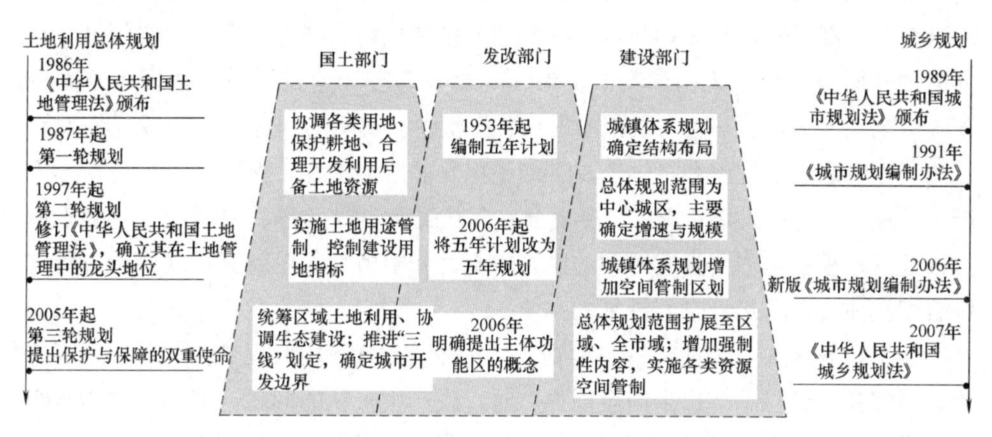

图 2　与空间相关的规划立法过程中各部门职责的扩张

国土部门主管的土地利用规划经过几轮规划实践和对《中华人民共和国土地管理法》的修订，从最初侧重耕地保护向注重经济发展和生态建设的协调统一转变，对建设用地的控制不断加强。建设部门主管的城乡规划在最初制定城镇体系规划，确定结构布局、制定总体规划、确定中心城区增速与规模的基础上，持续增加空间管制内容，而《中华人民共和国城乡规划法》的制定更明确了这种全域管控的态势。由于政出多门，多规重叠与冲突明显，地方政府在发展中要花大量精力去协调各种规划。

（三）“多规合一”：地方为发展的自我救济

部门之间的博弈、中央与地方之间的博弈，产生于行政体制的“条条分割”与“条块分离”，由此引发的空间规划重叠与冲突给地方政府带来了诸多麻烦，但实际上却并不会阻止地方政府在现有法规体系下引导空间开发。相反，地方政府的行政目标总是一致的，发展地方经济是地方官员任期内的第一要务，地方官员总有足够的热情去寻找一切方法来协调冲突、推动地方发展，导致“任期机会主义”的出现。

进入 21 世纪以来，为加强中央政府权威，国土资源部门及住房和城乡建设部门分别依据《中华人民共和国土地管理法》和《中华人民共和国城乡规划法》开始向地方派出督察员，以约束地方政府的“任期机会主义”。在这种背景下，地方政府为完成任期经济发展指标，不得不自下而上地推动机构和规划改革以自我救济。

首先，一些大城市政府率先将国土与城市规划部门合并，如武汉、天津和深圳等就以地方主导的“一个规划”应对国家各部委的“多项审批”；而云浮、厦门等则干脆将发改部门的主体功能区规划、国土资源部门的土地利用规划、住房和城乡建设部门的城乡规划与其他各部门的多种规划编制全部合并，进而设立独立的“规划委员会”机构。其次，市、县地方政府开始自下而上地推动规划变革，以推动“多规合一”，试图解决土地管理过于刚性的问题，为完成任期发展任务而在既定土地规模和指标前提下调整拟发展用地坐标，保障既有用地指标能够支持地方政府的发展战略。“多规合一”在提高审批效率、引导地方空间发展方面起到了重要作用，具有鲜明的中国本土性和根植性，单就其规划协调过程和综合特性而言，已接近空间规划的本质。

但是，现有的“多规合一”实质上是一种地方事务性的规划协调工作，当中央政府将各地经验总结出来向全国推广时，就产生了新的问题。海南省作为省级空间规划改革试点，通过“三规合一”规划将土地规划权上收到省级政府的“规划委员会”。实践的结果却是这个“地级市规模”的省，由于规划技术路线以自上而下为主，其过细、过于技术主义、刚性的“省域”规划，使得负责推动发展的市、县政府苦不堪言，一筹莫展。造成这种尴尬实际上可能是将地方政府的技术协调工作直接交由更高级政府完成的必然结果。

部门合并或编制一个“整合规划”只是表层的技术工作结果，这或许能帮助地方政府在短期内缓解规划之间的矛盾，但对于国家和省级政府而言，更重要的是如何找到一种可以实现相关部门利益协调的手段，而这事实上有赖于治理创新。

当前，我国正处在社会发展的特殊时期，面临着体制与结构的双重转型，在这个过程中社会结构的不平衡性、社会矛盾的尖锐性和社会内容的创新性是转型社会的一般特征。从这个角度看，现有空间规划体系是我国在渐进式改革中探索从计划经济转变为市场经济的产物，其间出现的各种问题和改革创新体现了转型社会的特征。

我国空间性规划的法制化从无法到有法，从有法到冲突，是必然过程。然而，近40年的探索和量变积累已经大大改变了我国的城市景观，原有的发展模式恐难以为继，而要超越渐进主义，则需要从国家治理层面出发，将我国城市打造为新的制度空间、新的工作与生活方式空间。为实现这种“质变”，需要国家空间治理顶层设计做出积极应对。

三、空间规划：何去？

（一）从“发展是硬道理”到“绿水青山就是金山银山”

随着经济发展与环境保护的关系日渐紧张，生态保护和环境问题开始成为重要议题，我国在价值观层面开始从“发展是硬道理”转向“绿水青山就是金山银山”，逐渐重视“自然资源的保护”。2015 年《生态文明体制改革总体方案》提出要“构建以空间治理和空间结构优化为主要内容，全国统一、相互衔接、分级管理的空间规划体系，着力解决空间规划重叠冲突、部门职责交叉重复、地方规划朝令夕改等问题”。将空间规划体系构建纳入生态文明体制改革方案中，显示了国家层面基于生态保护进行空间规划体系改革的决心。

生态文明建设的紧迫性是国家层面高度重视空间规划的重要原因。“我国多数自然资源的人均占有水平较低，水土能矿等重要资源的空间分布同人口空间分布契合程度较差，而不合理的空间开发活动更加剧了要素资源配置扭曲，导致更加严峻的后果，随着资源环境承载能力逼近上限，相关问题愈加突出”。不仅如此，“随着资源环境约束不断突出，我国人地矛盾日益紧张，加快生态文明建设被提升到前所未有的战略高度，提高资源综合利用效率、切实保护生态环境、合理划定生产生活生态空间、促进国土用途的科学管理成为必然要求”。

而现阶段空间规划与生态文明建设目标极不适应，空间规划各类矛盾的爆发更加剧了生态环境的紧迫性。“在国家、省级层面，由于空间尺度大，各类规划的矛盾尚不明显，到了市级层面，面对同一个具体的空间进行规划实施，各类矛盾集中爆发。地方层面的空间规划冲突导致土地资源浪费、生态环境破坏等问题。造成这些问题的主要原因，表面上看是由于地方政府没有协调好各类规划，根源则是因为顶层设计——空间规划体系的构建不合理”。

生态文明建设当然是空间规划的重要目标，但不是唯一目标。“未来城镇发展应实现‘量的增长’和‘质的提升’并举，应该在明确生态环境底线的前提下，兼顾发展与保护，兼顾近期与长远的城镇化”。国家自然资源部的设立体现了我国兼顾保护与发展的行政思考。新设立的国家自然资源部除了具有原国土资源部的职责，还把国家发展和改革委员会的组织编制主体功能区规划职责、住房和城乡建设部的城乡规划管理职责等整合起来，“主要职责是对自然资源开发利用和保护进行监管，建立空间规划体系并监督实施”。

（二）构筑博弈平台，兼顾资源的保护、开发与配置

现行财政制度以及围绕资源保护与开发的中央和地方政府之间的博弈，会持

续影响空间规划的编制和中国特色的空间规划体系建立的全过程，最终会更加聚焦自然资源的使用效率，并以此作为资源分配和区位配置的依据。因此，构建各方博弈的平台是空间规划兼顾资源的保护、开发与配置的必然选择。但是，在哪个层面构建博弈平台，学界尚存在不同看法。

（1）以总体规划为基础建立完善的空间规划体系，实现顶层保护与地方发展的博弈。尹强认为，“城市总体规划强调在一个信息平台的基础上，协同资源保护（执行来自顶层的保护需求）和城乡建设（反映地方发展的需求）两类行政部门，通过各自的规划诉求，进行空间资源安排的多次博弈。从技术理性上看，在确定清晰的自然资源资产产权的基础上，可以通过多次博弈的规划过程，实现空间上保护与发展间的均衡。按照科斯定理设定的条件实现资源配置的帕累托最优，避免自上而下计划式安排导致的盲目性。从行政理性上看，通过多次博弈的制度设计，可以实现资源保护与城乡建设两个部门间的制衡”。

（2）以省级空间规划统筹顶层目标和县市需求。许景权等人提出，“形成国家、省、市县三级上下关联的垂直型空间规划体系，省级空间规划要依据国家空间规划来编制，它是落实国家空间战略与目标任务、统筹省级宏观管理和市县微观管控需求的规划平台，具有承上启下的作用”。

新的空间规划体系应该包括：①自上而下的国家、大区、省空间规划，职责在于“分指标”；②依托上级空间规划编制的市县域城乡规划，职责在于“定指标”；③地方政府自主审批的城市规划，职责则在于“定坐标”。显然，要建立一个有效的空间规划体系，必须要做好顶层设计。首先不能简单沿用原国土资源部一味强调“资源保护”，而忽视资源开发与配置的做法；其次也不能放任地方政府一味强调“资源开发”；最后还要强化“资源配置”的内容，强调资源使用效率。

（三）构筑统一而又有弹性的空间规划体系

总结改革开放40年的发展，可得到两个重要经验：一是发动地方、鼓励人民群众创造财富，经济就会发展；二是放任地方开发、过于强调消费拉动经济发展，自然资源就难以支撑。发展经济不可能不开发资源，但是如何让“好钢用在刀刃上”，国土空间规划改革应该要在提升资源开发效率这个问题上有所突破。

目前，中央财政主要依靠地方上缴的工商税收和央企利润。2016年，在全国31个省级行政区和5个计划单列市（深圳、大连、青岛、厦门和宁波）中，能够给中央财政带来财政盈余的只有广东、上海、北京、浙江、江苏及福建6个省级行政区和深圳1个计划单列市。根据“二八原则”，显然这些对中央财政贡献大、经济效率高的地区应该获得更多的资源投入。

20 世纪 80 年代初，我国开始反思改革开放以前片面强调均衡发展、忽视经济效率的得失，开始把效益原则和效率目标放在区域经济布局与实施区域发展政策上。我国幅员辽阔，总体上形成了东、中、西三大经济地带，这些地区客观上存在着经济技术梯度，对此国家开始实施沿海地区优先开放战略，让有条件的高梯度地区引进和掌握先进技术，率先发展，然后逐步向处于二级、三级梯度的地区推移，以期随着经济的发展、推移速度的加快，逐步达到缩小区域差距、实现国家经济布局和发展相对均衡的目的，也正因为如此，国家又制订了“中部崛起”和“西部大开发”战略。然而，现实中高梯度地区存在落后地区，低梯度地区也有相对发达地区，人为限定按梯度推进，有可能把不同梯度地区发展的区位凝固化。此外，梯度转移往往是高梯度地区的成熟技术甚至衰退技术或产品向低梯度地区的扩展，这种经济技术或产品的梯度转移，可能会引起低梯度陷阱和落后的增长。那么，是否西部地区应该通过承担更多资源保护的责任，以换取更多的财政转移呢?

如果继续依赖地方政府来推动经济发展，资源的投入势必要听取地方发展的诉求。一方面，市、县地方政府为改善财政状况、增加税收，自下而上地推动资源开发利用；另一方面，中央政府、省政府负责资源保护的各个部委试图推动可持续发展战略，以自上而下地控制资源过度开发。

新的空间规划体系应该在国家、大区和省级层面体现出战略性与引导性，即在制定不同的政绩考核标准和财政政策的前提下，明确经济开发区域与生态保护区域等重大战略分区。从国土空间尺度看，国家层面的自然资源保护、开发与配置必然依据国家战略来确定，其中跨省域的开发大区（长江三角洲、京津冀、粤港澳）或保护大区（三江源、三北防护林）是国家空间战略制定的优先方向。省级层面自然应该有上承国家战略，下启市、县战略的省域战略，其中跨市、县行政区的开发大区或保护大区显然也应该是省域空间战略制定的优先方向。市、县域层面应该有全域性的部署与安排，以对接上层次自然资源保护、开发与配置规划，市、县级总体规划要在充分发动公众参与的前提下编制。

从管理的刚性和弹性来说，空间规划的规划编制过程应该是一个自上而下与自下而上双向统筹的过程——国家和省级空间规划不应该是市、县空间规划的拼合，市、县空间规划也不应该是上级空间规划的简单落位，即应制定国家和省级空间规划的“一个战略”与市、县级空间规划的“一张图”。否则，就会陷入海南省空间规划体系目前“一管就死”的困境。因此，在国家和省级层面不应该有超出耕地、生态保护线之外的刚性控制内容。“一方面通过控制线和指标保障强化上下位规划之间刚性内容的有效传递；另一方面协调地方利益和上位规划目标之间的不匹配，强调自下而上反映中微观规划管理中的问题。明确各级行政主体和实施主体的职责、权责、罚则。由此构建‘国家层面统筹监督、省级层面指导调控、市县层面实施反馈’的空间规划体系，既保障上级规划内容的刚性传导又保留下级空间发展的活力与弹性”。

四、空间规划立法：平衡发展与保护

经过40年来的分权改革，市、县政府面向发展的规划体系已经比较完善，但是长期缺乏的是国家层次、大区层次，以及省域和省内重要经济区的规划。以前各部委分散零星的部门规划没有形成一个彼此支持、互相补充的完整系统。由于没有大尺度的、统一的国家和省域规划，以致国家和省政府在审批地方的发展型规划时没有统一的标准，在中央与地方博弈中处处被动。

国土空间规划体系应该是对现有的、关于空间的国家和省域层面的规划的系统化，把这些规划协调起来形成国家、大区、省域和省内跨行政区系列的规划，并用于指导和审批市、县地方政府主导的城市规划（图3）。

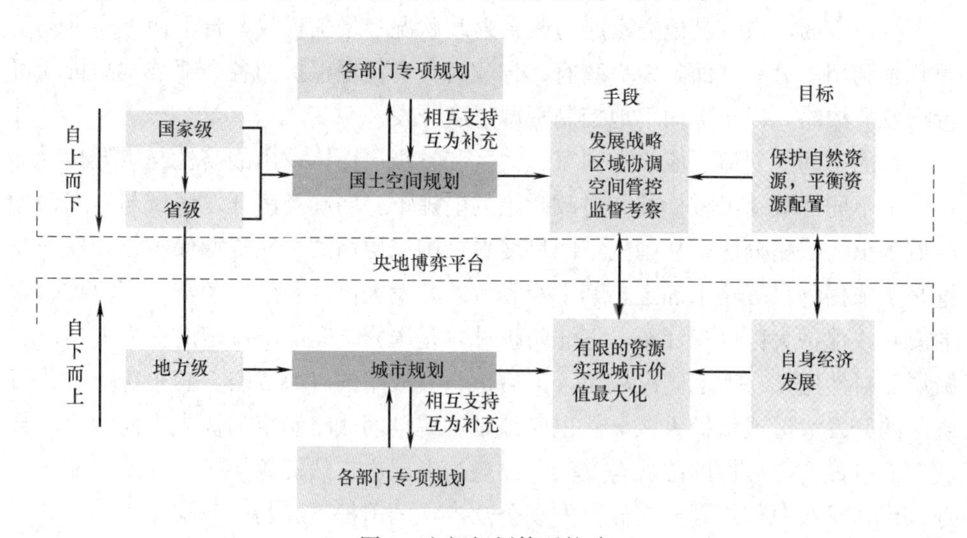

图3 空间规划体系构建

国家、省级层面的国土空间规划偏重于资源保护，根据资源开发效率和国家、省级战略平衡资源配置。依据国土空间规划进行中央与地方博弈，让中央和省级政府可以最大化国家和省域利益。如果中央还设立规划督查制度，其重点除了维护生态保护底线，还应该帮助地方政府建立有利于提高资源使用效率、维护社会公平和保护环境的体制机制。

地方层面的城市规划自然偏向资源开发，将有限的资源投入到最大化城市价值方面。如果能够通过地方人大（或者委员由人大遴选）设立城市规划委员会制度，让社会参与到规划实施监督中来，依法（制定地方立法）宣誓履职的规划委员会就可以依据上级审批的总体规划约束政府的行为，形成对城市自身可持续发展负责的规划制度。中央的规划督察应该重点监督规划委员会设立程序和履职的合法性，维护其相对独立和监督行政权力的地位。

判断国土空间规划及其体系的建立是否科学，只有一个依据，即必须遵循区域、城乡和学科的发展规律，服务于国家发展战略，在发展和保护之间保持刚性与弹性的平衡。可能最优的路径就是统筹自上而下的国土空间规划、完善自下而上的地方城市规划，形成两个彼此补充、互相嵌套的规划体系。

在依法行政的当下，在法律和技术规范体系尚未调整的背景下，在行政机构调整的过渡期，我国的改革不可能破坏多年来探索形成的行之有效的管理体系。只能在维持原法规体系下，通过吸纳主体功能区“三生空间”平衡理论、城市规划“三大效益”平衡理论以及国土规划用途管制的思想，通过高明的顶层设计、整体流程设计，在原来的系统下孕育出新的体系——国土空间规划法。

（撰稿人：袁奇峰，华南理工大学建筑学院教授、博士生导师，并任职于亚热带建筑科学国家重点实验室；谭诗敏，华南理工大学建筑学院硕士研究生；李刚，通讯作者，华南理工大学建筑学院博士研究生；贾姗，华南理工大学建筑学院硕士研究生）

注：摘自《规划师》，2018（07）：11-17，参考文献见原文。

区域空间规划的方法和实践初探

——从“三生空间”到“三区三线”

导语：近年来，我国城镇化进程快速推进，同时国家机构部委改革启动，成立区域空间的管理部门——国家自然资源部，实现空间上“多规合一”，对整体区域城乡空间进行整合性的空间管控迫在眉睫。在梳理总结空间规划转型的背景和要求基础上，分析空间规划涉及的“三生空间”和“三区三线”等不同概念的内涵和适用性，总结了以“三区三线”为主导的空间规划方法及实践，并结合洱海流域、汉中市和平顶山市等空间规划案例，探索区域空间规划的规划方法和实践。

随着全面深化改革的推进和国务院机构改革的施行，组建国家自然资源部，统筹建立空间规划体系并监督实施，空间规划成为各界关注的焦点，探索建立空间规划体系成为各界高度关注的议题。其实在国务院机构改革方案公布之前，各部门和各地对空间规划已经有了相关的积极尝试。从 2014 年开始，为了落实中央城镇化工作会议精神，国家发展和改革委员会、国土资源部、环境保护部、住房和城乡建设部四部委在全国开展市县“多规合一”试点，国家发展和改革委员会与环境保护部在浙江开化联合试点、国土资源部在山东桓台县试点，住房和城乡建设部在厦门试点（孙安军 2018），在此基础上，2017 年 1 月，中办和国办印发《省域空间规划试点方案》，提出科学划定“三区三线”空间格局，同时也提出在全市域范围内划定生态控制线和城市开发边界。但在具体实践过程中，出现了对各类空间概念理解不同、标准不一、管控要求有差异等问题，迫切需要结合规划编制实践对现有的相关概念和实践应用进行梳理和评价，探索出一套较为科学、合理、可操作、可实施的空间规划技术方法。

一、区域规划从传统城镇体系规划向“多规合一”的空间规划转型

经过 30 多年的发展，我国城镇体系规划在理论和实践上都逐渐走向成熟，成为我国区域规划层面的法定规划。城镇体系规划在方法和理论上都已经定型，“一化三结构”（城镇化水平、等级结构、职能结构、空间结构）的主导规划内容

得到明确。但从实际实施层面看，传统的城镇体系规划表现出约束力不强、实施性不足，缺乏对全域空间的覆盖，只管城、忽视乡，难以有效协调城乡发展（易斌，等，2013）。空间规划的提出实际是对传统城镇体系规划的重要修正。

（一）“多规合一”实践探索纷纷展开，仍难以有效解决空间体系混乱所带来的深刻矛盾

实际工作中，随着多个部门对国土空间规划的探索，逐步形成以国土部门的土地利用总体规划、发改部门的主体功能区规划、住建部门的城乡总体规划、环保部门的环境保护总体规划等为主导，其他规划互为补充的格局。然而各类规划目标不一致、内容矛盾、管控空间重叠，出现了管不住、没人管及标准不统一的问题。近年来，一些城市积极开展了“多规合一”工作。2014 年 9 月，国家发展和改革委员会牵头四部委联合发文，开展 28 个试点城市的“多规合一”探索。近年来，一些地方虽然编制了“多规合一”规划，然而在管理过程中，“多规合一”规划的法定地位不明确，与总体规划的关系也没有完全理顺。后来根据实践的需要，云南、甘肃等地很多地方把“多规合一”纳入城市总体规划进行统筹，虽然解决了“多规合一”的法定地位问题，但是由于分管部门无法统筹，“多规合一”的实施效果还是被打了折扣。

综合来看，这些实践探索的本质是把“多规合一”视为一项技术协调工作，只能在短期内缓解规划之间的矛盾，但源于空间规划体系混乱而带来的深刻矛盾未能得到解决（谢英挺，2015）。多规冲突的实质是基于土地发展权的空间配置博弈，当部门“放权”成本较高时，“不合作”是满足单一部门理性要求的选择；只有通过上级政府介入干预，多规从分歧走向合作才会成为可能（林坚，等，2015）。在当前机构改革调整的背景下，从冲突走向合作，从部门间的规划到统一的空间规划将成为规划部门的必然选择。

（二）针对以“多规合一”为基础的空间规划的几点共识

在国务院机构改革和自然资源部成立背景下，构建空间规划体系，形成空间治理合力，成为各界关注的焦点，形成几点共识：①环境保护优先，“先布棋盘，再落棋子”，统一编制空间规划。应以保护管控为基础、综合发展为引领，构建空间规划编制体系，形成空间治理合力（祁帆，等，2017）；②多尺度、综合性、垂直型空间规划体系，形成“一本规划”“一张蓝图”全覆盖的国土空间格局。现有的空间规划体系庞杂且不健全，部门规划之间缺乏衔接与协调（沈迟，等，2015）。空间规划应具有多尺度、综合性的特征和相应的规划体系（王向东，等，2012）。在规划编制的实践过程中，许景权（2017）提出应该探索垂直型空间规划体系。按照国家“构建全国统一、相互衔接、分级管理”的空间规划体系的顶层设计要求，建议我国采用国家、省、市县三级上下关联、以各级空间规划为核心的垂直型空间规划体系（许景权，等，2017）；③统一空间规划的管理方式，要形成自上而下与自下而上有机结合、上下联动的规划编制管理方式，也要形成近远结合、计划与市场手段相结合的空间规划管理方式；④加快空间规划编制改革、推进规划体制机制改革及推动相关法律法规的立、改、废是当前构建我国空间规划体系的重要任务（许景权，等，2017）。整合空间规划职能，对相关部门进行撤并整合，明确整合后各相关部门的规划权力边界，消除此前各部门规划管理职能交叉重叠的弊端。加快研究制定《空间规划法》及相关法规规章，修改或部分废止《城乡规划法》《土地管理法》《环境保护法》《森林法》等相关法律法规，逐步完善地方行政法规、部门规章及相关审批、监督法规，保障空间规划法规的有效执行。

二、空间规划相关概念的内涵辨析和适用性比较

空间规划为主导的区域规划已逐渐成为我国城乡规划工作的空间政策工具，建立国家空间规划体系的思路越来越清晰、要求越来越具体。在区域规划工作中，“三生空间”“三区三线”概念开始得到频繁应用，并构成区域规划的重要内容。

（一）“三生空间”和“三区三线”的概念界定

空间规划首先涉及的一个概念就是“三生空间”，是指“生产空间、生活空间和生态空间”的简称。生态空间是具有生态防护功能的可提供生态产品和生态服务的地域空间；生活空间是人们日常生活活动使用空间；生产空间是人民从事生产活动的特定功能区域。“三生空间”概念内涵相对通俗，容易理解。

“三区三线”是指城镇空间、生态空间和农业空间，分别对应城镇开发边界、生态保护红线、永久基本农田三条控制线。城镇空间是以城镇居民生产生活为主体功能的国土空间，主要承担城镇建设和发展城镇经济等功能的地域。包括城镇建成区，城镇规划建设区以及初具规模的开发园区。农业空间指的是以农业生产和农村居民生活为主体功能，承担农产品生产和农村生活功能的国土空间，包括永久基本农田、一般农田等农业生产用地，以及村庄等农村生活用地。生态空间是指具有自然属性、以提供生态服务或生态产品为主体功能的国土空间，包括森林、草原、湿地、河流、湖泊、滩涂等各类生态要素。

(二)“三生空间”和“三区三线”的实践适用性比较

“三生空间”是我国新时期国土空间开发优化的重要风向标，自此，重视绿水青山为主导的生态空间、以人为本的生活空间，开始成为城乡建设工作的重中之重。从实践应用来看，现阶段成果主要集中于地区“三生空间”评价，从而提出国土空间格局优化建议。例如李秋颖等（2016）以“三生空间”利用质量为考核指标，以协调建设“人口—土地—产业”用地机制为导向，从产业用地结构等方面提出优化建设用地格局的对策。李伟松等（2016）以行政村为单元，基于三生空间适宜性评价划分土地整治类型，指导优化镇域农村居民点的空间格局。吴艳娟等（2016）以宁波市为例，采用GIS技术定量评估了宁波市国土空间开发建设适宜性，梳理市域“三生空间”所占比重，并对“三生空间”进行评级，分别提出管控引导建议。现阶段对于“三生空间”的实践应用主要集中于现状评价或建设适宜性评价等规划前期阶段（刘继来，等，2017；黄金川，等，2017），在后期实施中，则存在规划落实不到位，管理深度不明确的问题。在实际应用中，也确实发现“三生空间”存在一定问题。

其一，在空间边界划定具体操作上，“三生空间”会出现一定的交叉、重叠，难以准确界定。就城市内部来看，“三生空间”的生产空间和生活空间往往难以切割，特别是在倡导产城融合、城市功能适当混合的要求下，城市中的生产空间和生活空间更是难以准确划定界限。从城市外围的农村地区来看，对于城市而言，农田果林这类区域是城市的生态空间，但对于广大乡村来说，这些农田果林用地则是生产空间（扈万泰，等，2016），从而可能导致这类农田果林空间，同时对应生态空间和生产空间的情况，不易操作和实施管理。

其二，在不同地理尺度上，“三生空间”识别可能会出现不一致的现象，尤其是在宏观区域层面存在识别困难的问题。“三生空间”一般在中观的城市尺度和微观尺度基本可以识别，比如工业用地、物流仓储用地集中区域可以被归纳成为生产空间，居住用地及相应的公共服务配套设施用地可以被认定为生活空间。但在宏观的区域尺度来看，很难对一个城镇进行准确的生产和生活空间的划分。又比如在广大的乡村地区，村庄和农田往往紧密结合，而且村庄往往分散、细碎，在宏观尺度的区域空间图纸上，很难清晰判别每个村庄的边界，导致乡村地区的生活空间、生产空间无法落位。

“三区三线”是在“三生空间”基础上，对国土空间、主体功能区规划的更深一步优化，在实践方面更具优势。首先，合理承接国家对国土空间格局优化的核心要求，“三区”即城镇、农业、生态三类空间与主体功能区规划提出的城市化、农业和生态安全三大战略格局直接对应，为三大战略格局优化在国土空间管控上提供了完整的落地对接出口。其次，在规划实践操作上，更易于上下级地区对接落实，“三区”空间相对完整连续，易于划定清晰完整且不重合的边界，实施覆盖全域的空间统筹管理。再次，“三区”内部划定的三条刚性控制线，管理对象通常直接与地方职能部门对应，更易于明晰全责并推广实施，例如生态保护红线与环保、林业、水务等部门直接相关，永久基本农田保护线与国土部门直接相关，城镇开发边界则与城乡规划职能部门直接相关，在十三届全国人大一次会议公布的机构改革中，新组建的自然资源部机构各项规划职能有条件直接与“三区三线”管理对接，意味着“三区三线”实践深化势在必行。此外，“三区”类型与国际经验和通用实践也是相对一致的，发达国家通常先划定城市建设地区、农业农村发展地区和绿色开敞生态空间等综合功能区，再细化用地安排[1]。

综上分析，可以看出，由于“三生空间”概念更加聚焦城乡空间内部的核心功能本身，在实施落地、上下级实施统筹等方面都存在一定操作难度。“三区三线”更加侧重基于主体功能的用途管制，更易于实施落地和统筹协调，已经成为省级空间规划试点和城市总体规划编制试点的核心要求，具有更加广泛的实践空间和经验借鉴意义。

三、“三区三线”为主导的空间规划方法及实践概览

（一）省级空间规划试点

2016年12月，中办、国办印发《省级空间规划试点方案》（厅字〔2016〕51号），提出了总体要求、主要任务、配套措施和工作要求，明确我国将在海南、宁夏试点基础上，综合考虑地方现有工作基础和相关条件，将吉林、浙江、福建、江西、河南、广西、贵州7个省份纳入省级空间规划试点范围。

1. 海南省的实践：自下而上和自上而下相结合，体制机制改革保障

海南省第一个开展省域空间规划，规划把土地、城乡规划、环境、林业、海洋等空间规划内容全部综合，采取自下而上和自上而下相结合的工作方式，先由各个区县编制市县总体规划，反馈到省一级，编制《海南省总体规划》，上下反馈，几轮反复协调，最终确定省域空间的“三区三线”，同时要求市县的开发建设空间布局，要在全省的“开发边界”约束下进行（胡耀文，尹强，2016）。

2. 宁夏的实践：空间发展战略先导，“三区三线”管控，法规条例保障

宁夏在进行空间规划试点时，首先，进行空间发展战略的谋划，这是一个更

[1] 国家发展和改革委员会有关负责人就《省级空间规划试点方案》答记者问，财经界（学术版），2017（2），46。

全面的顶层设计，考虑全自治区怎样发展，通过空间发展战略，再确定空间规划大的底盘，建立管控体系。其次，进行了规划编制、体制创新、信息平台搭建、项目审批改革、法规建设等方面试点，形成了一本规划、一张蓝图，建立了空间规划编制实施监督的制度规范等，初步形成一个以空间治理、空间优化为主要内容的全自治区的空间体系。

（二）改革试点城市空间规划实践

1. 上海：三区四线，三类空间有交叉，促进空间复合利用

上海市新一轮总体规划形成以“三大空间、四条红线”为基本框架的空间分区管制体系，统筹各类规划的空间要求，强化土地用途管制和空间管制。统筹优化市域生态、农业和城镇“三大空间”，促进空间复合利用，建立生态保护红线、永久基本农田保护红线、城市开发边界和文化保护控制线“四线”管控体系，在“三线”基础上增加了文化保护控制线。上海的三类空间划分并不是简单的“1＋1＋1＝3”，而是互相有交叉和融合。生态空间划分为四类进行差异化管控，其中第三类生态空间包括永久基本农田，与农业空间有交叉；第四类生态空间包括城市开发边界内结构性生态空间，与城镇空间有交叉。

2. 厦门：“两区三线”，陆海统筹，城乡融合，分级管控

厦门市将全域划分为“两区”，为了强调开发边界的刚性管控作用，采用生态控制线和城镇开发边界“两线合一”的划定模式，将城镇开发边界以内的区域划入城镇集中建设区，对应“三区”中的城镇空间，将城镇开发边界以外区域统一划入生态控制区，对应“三区”中的生态空间和农业空间；对生态控制区内各类用地，明确各管理责任主体和管理范围边界，理清部门权责，用地管理与控制遵守各部门相关法律法规，涉及管理重叠的部分，按照最严格的规定进行管理。

（三）“三区三线”划定的思路与方法小结

各个城市的情况千差万别，海南、宁夏两省区和上海、厦门等城市对空间规划的理解略有不同，现有的三类空间划定也呈现出各自不同的特点。总体来看思路和技术方法有如下几个共同特点。

1. 开展国土空间适宜性评价

需要开展资源环境承载力分析，通过土地、水、生态等资源环境承载能力分析，确定国土空间开发的最大规模和适宜规模；同时通过地形地势分析，确定可利用的土地资源。开展生态功能重要性评价、生态敏感脆弱区评价，通过水源涵养重要性评价、生物多样性重要性评价、土壤保持重要性评价和植被覆盖率指数、生态敏感性分析、生态脆弱区分析，确定国土空间开发的适宜性分级。

2. 先底后图的方式

重点是生态优先，保护永久基本农田不受侵占。先划定生态红线和基本农田保护红线，再以此为约束，划定城市开发边界。城市开发边界的划定需要以法律规章为依据，坚持先底后图，生态优先理念，使得区域的自然资源处于安全的保护框架内。厦门的“两区三线”就体现了这种“先底后图”的技术思路。

3. 自上而下与自下而上相结合

采取自上而下（上级向市县下达的管控指标和要求，基本农田指标、生态保护红线指标、规划建设用地指标）和自下而上（考虑地方资源环境承载能力和发展需求，分解落实指标要求）相结合的方式，按照严保护、宁多勿少的原则科学划定生态空间，兼顾城镇布局和功能优化的弹性需要，从严划定城镇开发边界，有效管控城镇空间。云南省域空间规划对生态红线做了严格的划定，下级地市空间规划对省域空间规划确定的生态保护红线不得减少，按照只增不减的原则确定，最大程度保障生态空间的安全。

四、三个不同目标诉求的空间规划实践案例再探讨

（一）建立“三区三线”分类分级全域空间控制线体系和管控架构

笔者结合近期洱海流域、汉中市和平顶山市等空间规划的项目实践，初步探索了一套区域空间规划的思路和方法，主要就是根据不同区域开发建设不同的管控及强度要求，落实“三区”空间布局，以生态红线、永久基本农田保护和城镇开发边界为重点，建立覆盖全域的“3＋N＋3”空间控制线体系（图 1）。前一个“3”指的是三类空间，即生态空间、农业空间和城镇空间，其中绿线为全域生态空间控制线，褐线为全域农业空间控制线，橙线为全域城镇空间控制线，分别对应三类空间。三类空间不相互交叉重叠，实现全域覆盖。“N”指的是根据各地具体情况，划定 N 条空间控制线分属三类空间，可以根据不同地域实际需要和要求确定，并适当增减，一般包括全域地表水体保护和控制线（蓝线）、全域地质灾害防治控制线（黑线）、全域历史文化保护控制线（紫线）等。后一个“3”对应“三线”，分别包含在三类空间内，分别是指永久基本农田保护线（棕线）、生态红线（深蓝绿线）、城镇开发边界（黄线），实施刚性控制。

全域空间＝生态空间（绿线）＋农业空间（褐线）＋城镇空间（橙线），相互不交叉，全覆盖整个区域，“N 线”以及其中要求刚性保护的“3 线”（生态保护红线、永久基本农田保护线和城镇开发边界），共同构成了“N＋3”控制线体系。

洱海流域、汉中市和平顶山市的空间规划编制，基本按照上述通用的“3＋

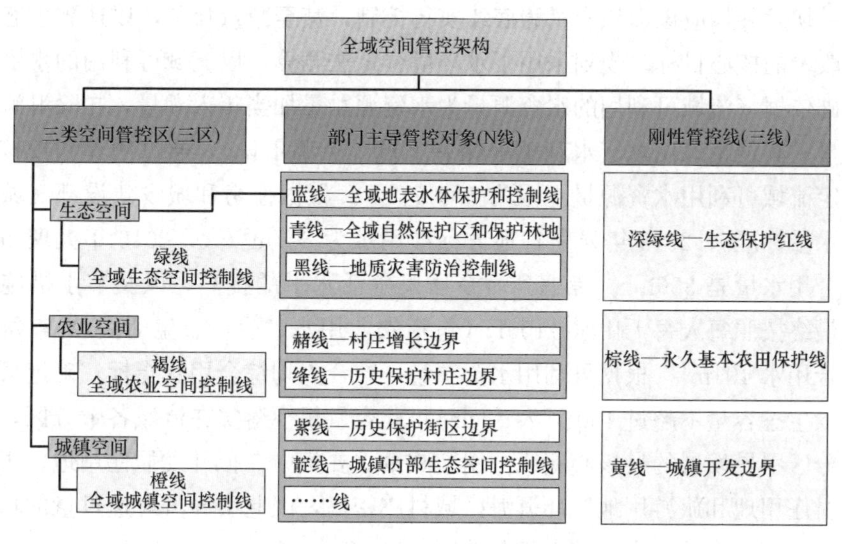

图1　空间规划控制线体系和管控架构

N+3”空间管控体系，同时结合不同地域特点和不同的目标诉求，体现了因地制宜、问题导向的规划要求。

（二）生态优先目标导向下的空间规划——洱海流域空间规划

1. 目标诉求：洱海流域生态保护为核心，探索流域空间的科学发展

2015年，习近平总书记考察大理时，提出“一定要把洱海保护好”，“立此存照，过几年再来，希望水更干净清澈”，指示地方需加大力度改善洱海水质与流域生态环境。洱海流域空间规划便是以中央指示为核心目标前提下进行编制的。

洱海是云南九大高原湖泊之一，是云南省第二大淡水湖泊，流域为云南乃至全国核心生态区域。从现状来看，洱海流域正面临保护与发展权衡的巨大压力。沿湖周边开发建设需求不断膨胀，在旅游发展、城镇开发的推动下，流域内部呈现大规模用地和人口的扩张（包括旅游人口），特别是沿湖村镇呈现出井喷式发展，民宿连片、人口密集，同时现有的污染收集处理能力还处于较低水平，上游水源地及主要入湖河流水质状况不佳。这些问题共同导致了洱海流域生态保护形势严峻，洱海水质时有波动。洱海流域空间规划目标诉求中，以空间规划为抓手，洱海流域实现“持续保持二类水质，流域生态环境整体向好”的生态治理目标是十分明确的。

2. 测容量，定规模：明确“总盘子”，以水定人、以水定城、以水定产

规划首先确定在水质目标约束条件以及综合资源环境承载力下的合理生态容

量，一切发展均应该以该容量为底线实行控制，甚至减量疏解，以达到生态环境优化改善的核心目标。规划采用了水环境容量法测算，以流域可利用的水资源量为基础依据（流域可利用的水资源量为水资源总量加当年入湖量，扣除洱海生态需水量、其他生态用水、水利工程保有水量、引调水量），通过测算和校核，最终确定流域可利用水资源量上限为5.2亿m^3。根据住房和城乡建设部《城市综合用水量标准》，2015年云南省地方标准用水为317m^3/人，2016年大理州的人均综合用水量是356m^3。考虑到城乡居民生活水平的提高，以及节水措施的实施，最终按照每人每天用水1100L（包括农业用水、生产、生活用水），每年人均综合用水401m^3。根据可利用水资源量，结合人均综合用水指标，确定洱海流域远景生态容量不超过130万人；同时将此容量规模落实在流域各个分区，以此作为分区引导发展的最核心底线。用地减量主要集中在拟开发居住用地、工业用地、村庄用地和旅游用地。环洱海区域村庄密集，因此引导洱海边过量的村庄用地合理有序退出是其中的重点任务（图2）。

3. 洱海流域“三区三线”划定

洱海流域空间规划是在生态容量控制与拟建设用地规模严控压缩的前提下，按照洱海流域生态优先核心原则，明晰流域三类空间比重，远期将洱海流域生态、农业、城镇空间比重控制在77∶17∶6，生态空间占据绝对主导地位（图3）。

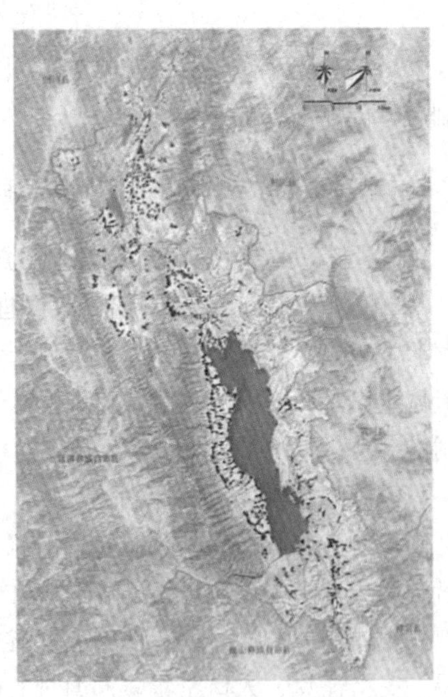
图2 洱海流域现状村庄用地分布

流域生态空间以“完善减排，强化增容，综合提质”为洱海流域生态环境保护的总体策略。“减排”指在重点区域新增湿地防线，提升入湖水质，减少入湖污染物；“增容”指优先保障洱海及流域主要湖泊、河流在较高水位运行，系统开展主要入湖河道综合整治与修复；“提质”指针对自然保护区、山体植被、生态环境敏感脆弱区实施更加严格的保护与系统修复，确定防治修复试点，注重原生植被、石漠化区域等系统修复，提升生态环境质量和稳定性。规划确定流域生态空间总面积为2251.6km^2，其中实施严格刚性保护的生态红线为1658km^2。流域农业空间积极推进农村人口城镇化，用地只减不增，完善基本公共服务体系与基础设施建设。永久基本农田划定与国土部门土地利用规划充分对接。流域农业空间为499.6km^2，其中，永久基本农田267km^2。流域城镇

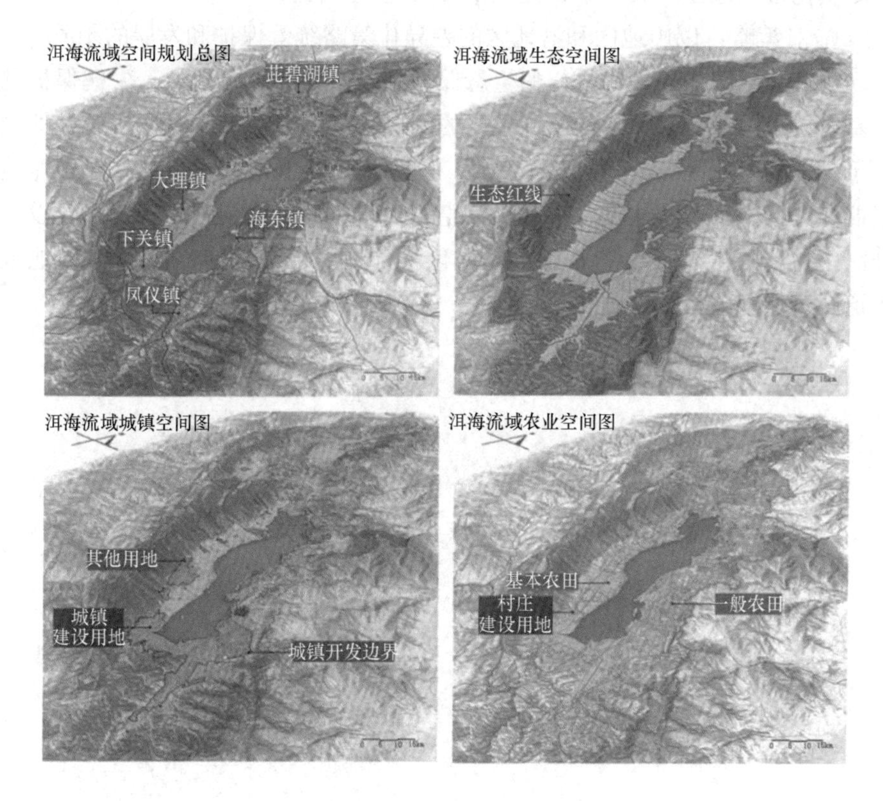

图 3　洱海流域三类空间规划图

空间以明确城镇开发边界、落实产业提质和非核心功能疏解为主导。以保持洱海Ⅱ类水质和流域可持续发展为先决条件，倡导产业绿色化发展，以旅游业为引擎，带动生态、休闲农业发展，形成一二三产业融合发展的新型产业体系。流域城镇空间为 176.6km²，其中城镇开发边界 160km²。

（三）以盆地区发展与汉江秦岭保护相互统筹为重点的汉中市域空间规划

1. 目标诉求：空间上统筹保护和发展是核心问题

汉中市域总面积 2.7 万 km²，北倚秦岭、南屏大巴山，被誉为“地球上同纬度生态最好的地方”。汉中境内有汉江、嘉陵江等 567 条河流，是国家南水北调中线工程的水源地，“一江清水送京津”成为汉中的重大历史使命。汉中市是川陕革命老区和国家秦巴山连片特困地区之一，汉中市 11 个县区中有 8 个国家扶贫开发重点贫困县。因此，汉中市域空间规划要着重处理好环境保护与发展协调统筹的问题。一方面须以“一江清水送京津”为前提，立足资源环境承载能力刚性约束，坚持青山绿水的优良环境。另一方面，要妥善解决地区的发展问题，以新型城镇化带动地区发展，早日完成脱贫攻坚重要任务。

2. 应对策略：以山地区和盆地区的差异化策略统筹保护和发展的矛盾

汉中市域空间格局中，核心的生态保护区（如秦岭原始森林、朱鹮保护基地等）基本位于山地区。而目前汉中主要的人口、重点产业以及发展比较好的城镇则位于汉中的盆地区。为适应这个特点，规划提出了盆地区重点强化汉中盆地城镇集群和大汉中都市圈建设，推动汉江生态、产业、文化旅游复合走廊建设，在保证汉中盆地区生态环境的基础上，强化汉中辐射带动功能（图 4）。山地区立足川道区自然地理特点，强化生态保护，明确生态的刚性控制要求。

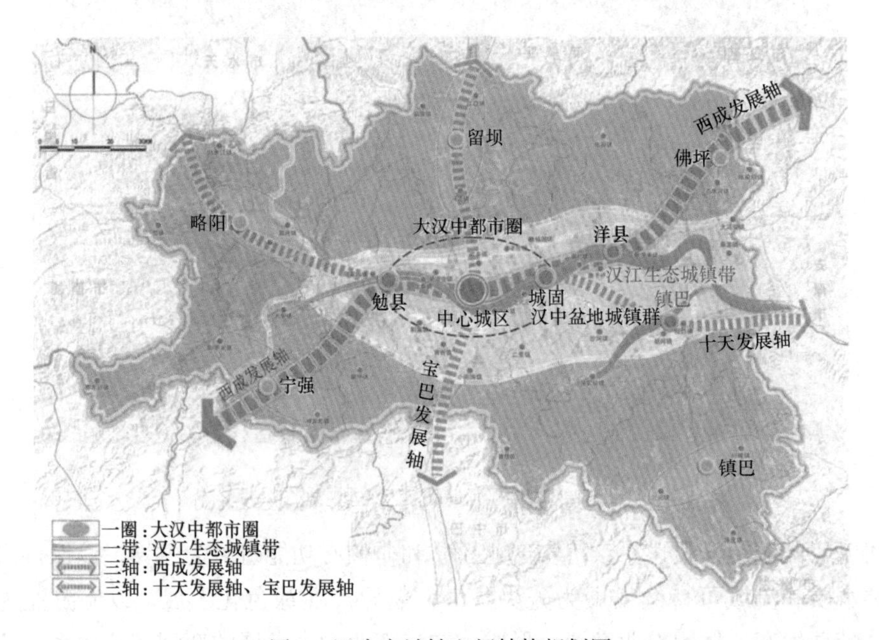

图 4　汉中市城镇空间结构规划图

规划将城镇开发边界分为三种类型，山地区立足生态保护，以控制规模型、疏解限制型为主，以城镇开发边界来约束城镇增长，盆地区则充分考虑发展潜力，以适度扩展型为主。

3. 汉中市域空间“三区三线”划定

坚持先底后图，生态优先，推进市域空间分级划定和开发管控，规划确定三类空间的比重为 82∶16∶2。针对汉中市生态空间具体情况，在山水林田湖多要素叠合分析的基础上，构建多层次、成网络、功能复合的生态空间体系（图 5）。以秦岭生态区、巴山生态区和嘉陵江生态区“三大生态区”形成市域生态基底，明确秦岭国家公园、天坑群国家公园具体范围和管控要求。明确汉江、嘉陵江、牧马河—泾洋河等 10 条宽度 1000m 以上的贯通性生态走廊，增加公园、绿道等休闲空间，构建市域生态骨架。以大型郊野公园、城市外环绿带等“生态斑块”和“近郊绿环”锚固市域生态格局。汉中市域生态空间总面积 22353.1km²，其中生态保护红线 14985.5km²。在农业空间方面，针对汉中现状特点和问题，推进坡耕地退耕还林还草和地质灾害易发区村庄搬迁整治，农业空间总面积 4465km²，其中基本农田总面积 2704.6km²。城镇空间方面，在生态底线和基本农田保护的基础上，综合考虑各个县城发展潜力，落实差异化的空间政策导向，划定山地区和盆地区的城镇开发边界。城镇空间总面积 428km²（图 6）。

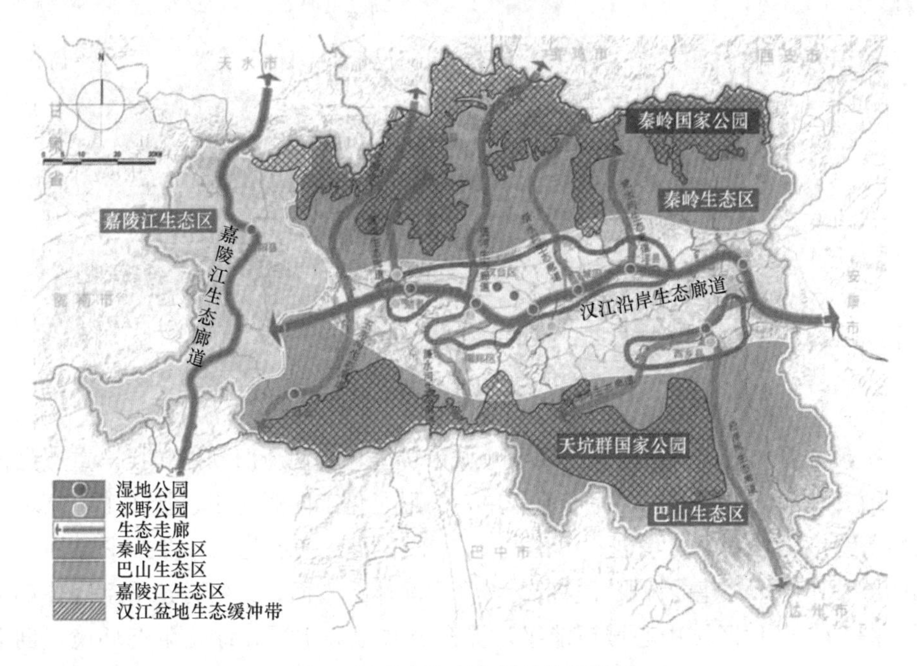

图 5　汉中市生态空间结构规划图

（四）资源城市转型和生态修复为目标诉求的平顶山市域空间规划

1. 目标诉求：从工矿城市向新时期示范城市转型，实现新旧动能转换

平顶山是河南省典型的煤炭工矿型城市，长期以资源型工业为主导，目前受煤价下跌等外部环境影响，经济总量下滑、区域地位有所下降，处在发展转型的关键期。河南省第十次党代会报告提出，平顶山等资源型城市要突出转型发展。一方面，资源型产业是支撑平顶山中心城区建设的原生动力，同时造成平顶山城镇化动力单一，城镇化发展不充分；另一方面，平顶山的特色生态本底在河南省内不可多得，自然资源蕴含的旅游潜力未得到充分发挥，同时，市域内的核心生态资源保护尚不全面，对废旧矿井等生态脆弱地区的生态修复关注不足。

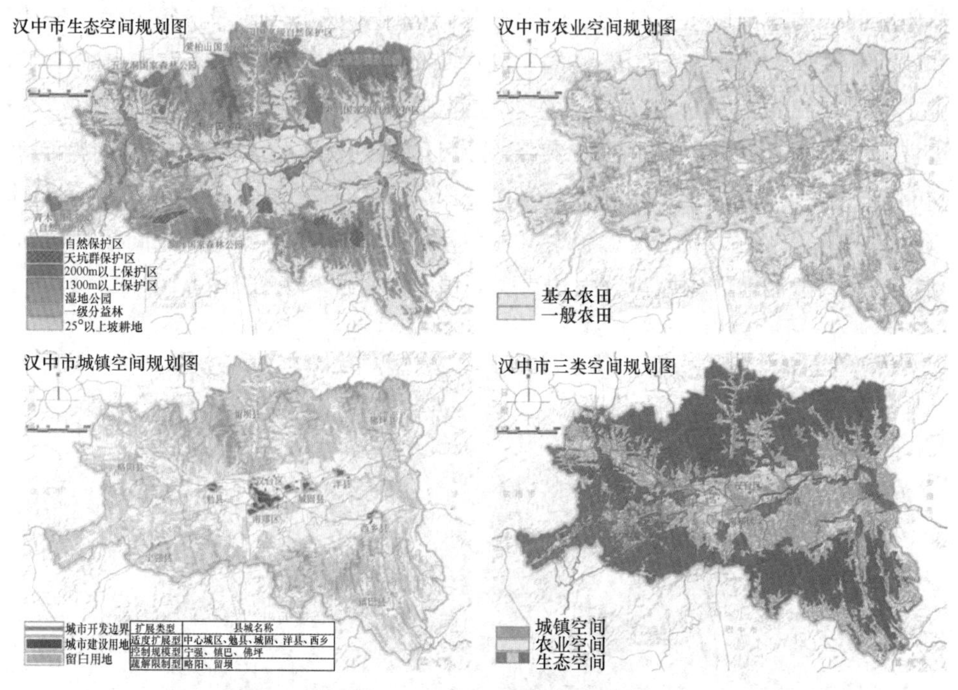

图 6　汉中市三类空间规划图

平顶山要从工矿城市向新时期示范城市转型，实现新旧动能转换，重点是依托产业升级和旅游提质。尼龙产业从单一的尼龙化工向煤化工、盐化工、高端新材料等深度融合发展，争创“中国制造 2025”国家级示范区。发挥平煤神马集团的统领作用，共建能源服务总部。城乡空间体系方面，集中打造平宝叶鲁都市圈（图 7）。强化区域中心城市能级，提升公共服务水平，绿化生态环境，创造

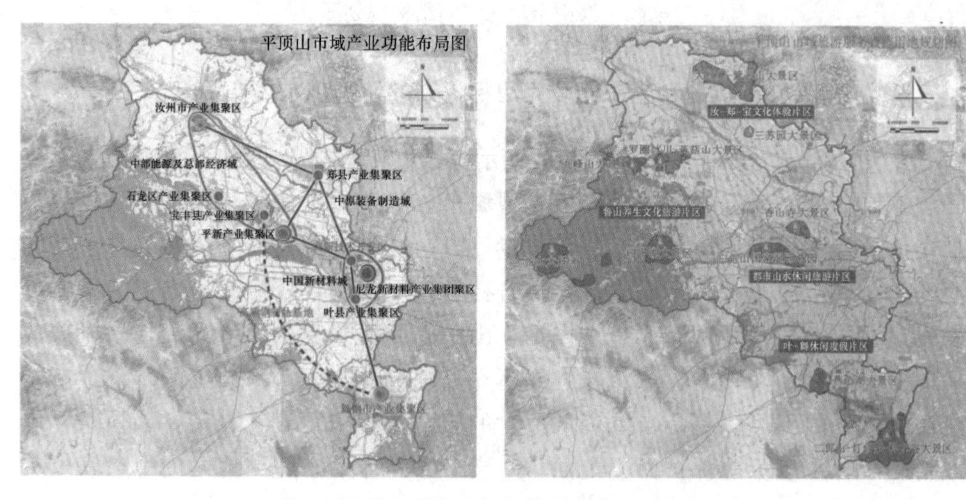

图 7　平顶山产业功能与旅游服务用地规划

有吸引力的就业、居住环境（图 8）。

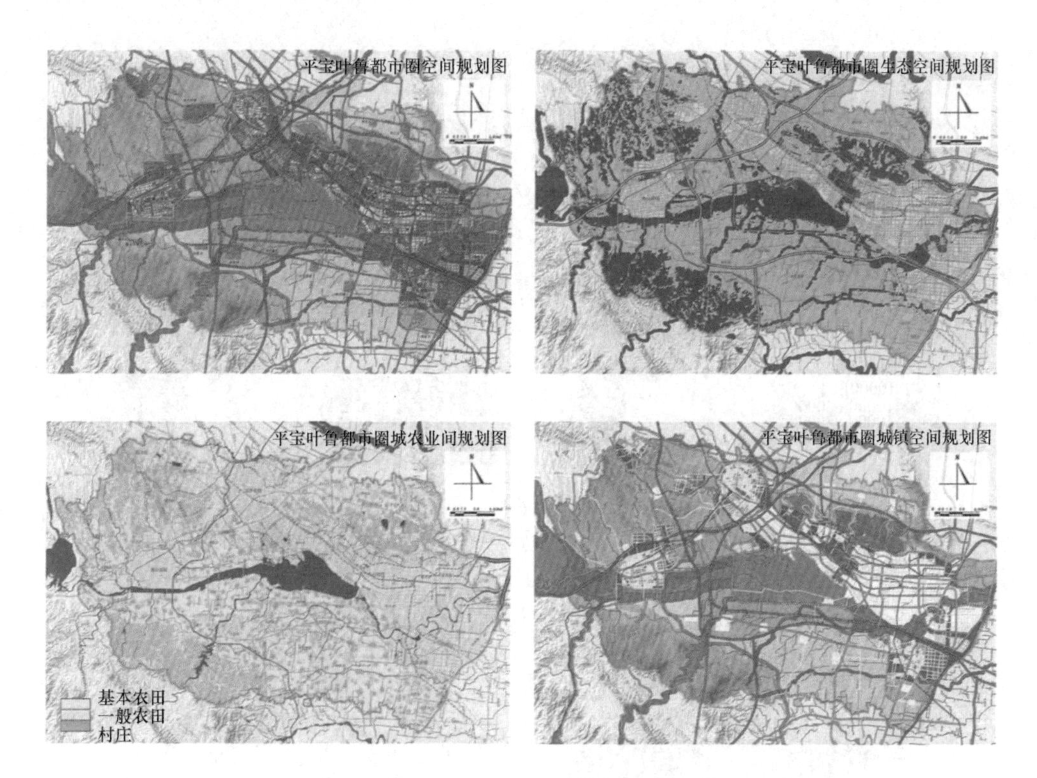

图 8　平宝叶鲁核心区三类空间规划

2. 以扎实的空间资源评价为城市空间统筹提供依托

考虑平顶山实际情况特征，分别从适宜性和约束性两大方面对空间开发做出综合评价，对未来发展空间进行划定。适宜性指标主要从常规因子出发，包括地形地势、经济、人口、特色资源角度；约束性指标选择则是结合平顶山地区特征，从可利用水资源、生态敏感性分析、自然灾害影响区和地质灾害影响区方面进行评价。其中就平顶山自身发展特点而言，自然灾害影响区主要指洪涝灾害影响区范围确定，地质灾害影响主要考虑由于长期采煤而带来的地质塌陷等灾害问题，对建设开发加以限制（图 9）。

3. 平顶山市域“三区三线”划定

在厘清生态保护红线并明确生态空间管控边界基础上，结合适宜性评价和约束性评价条件分析，明晰三类空间划定，确定平顶山市生态、农业、城镇三类空间的比重为 49∶39∶12（图 10）。

生态空间方面，首先明确了需要实施刚性保护的生态核心资源，以此为基础，生态保护红线增补主要包括三方面，即增补山体植被保护区、增补河流湖库

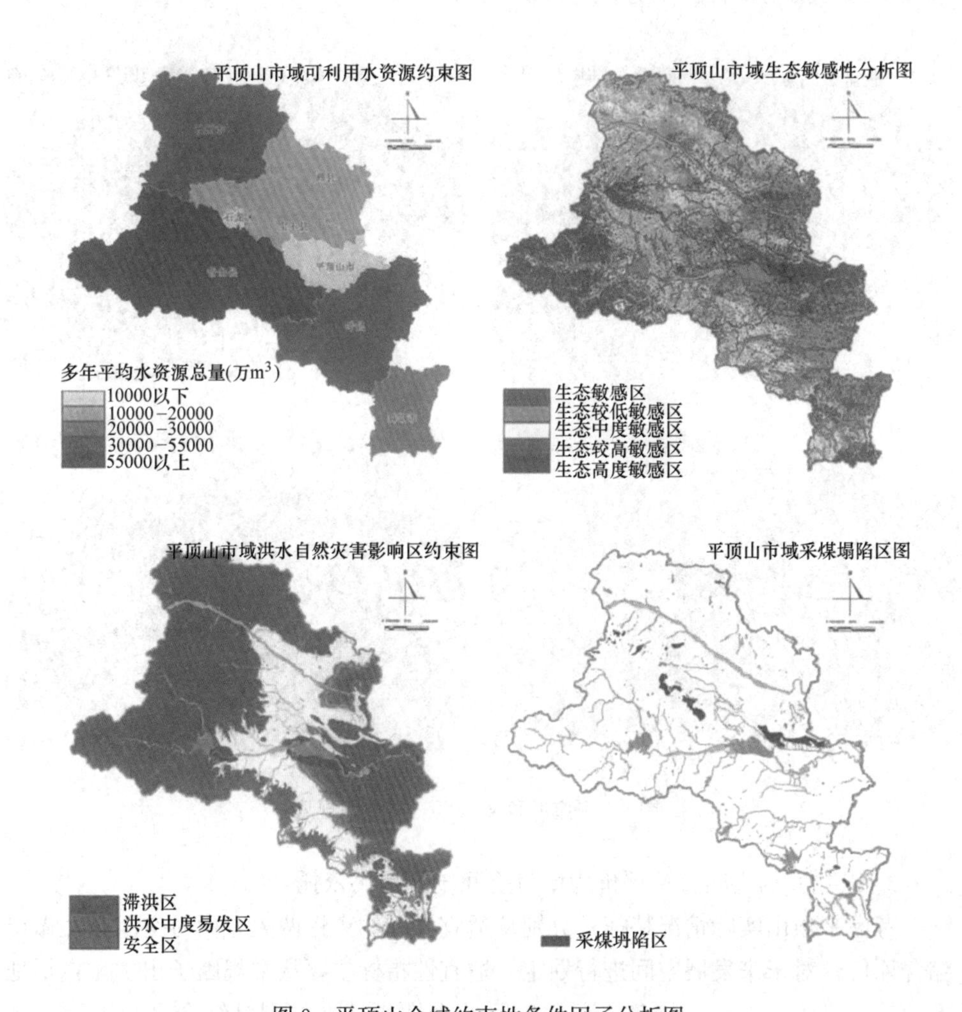

图 9　平顶山全域约束性条件因子分析图

及一级保护区和增补采煤塌陷区保护范围，重点针对森林、水体与地质灾害区域实施严格控制与保护（图 11）。平顶山生态空间总面积 3870km²，其中生态保护红线 2434km²。在城镇空间方面，设立“白地”发展概念，即对用地规模提出区间引导，高低区间值差值即对应白地规模。设立“白地”概念是为了应对重大项目、重大基础设施等方面影响所带来的规模不确定性，并充分作为用地战略预留和准备。平顶山城镇空间总面积 964km²，其中城镇开发边界 690km²，占全域总面积 8.8%。平顶山市域的农业空间划定与平顶山土地利用规划充分对接，明确永久基本农田边界与面积，平顶山农业空间总面积 3049km²，其中永久基本农田 2723km²。

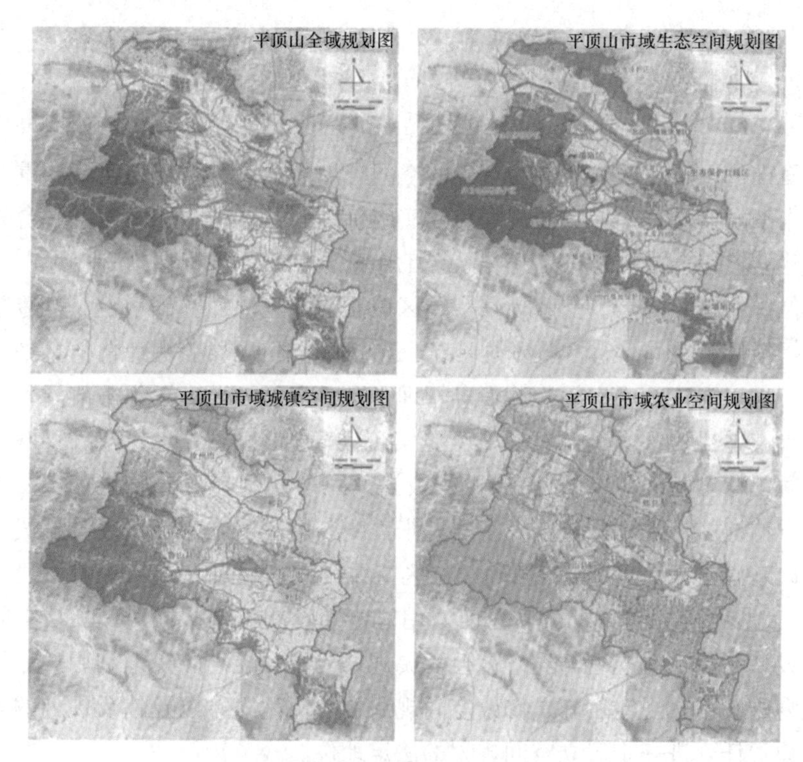

图 10　平顶山三类空间规划图

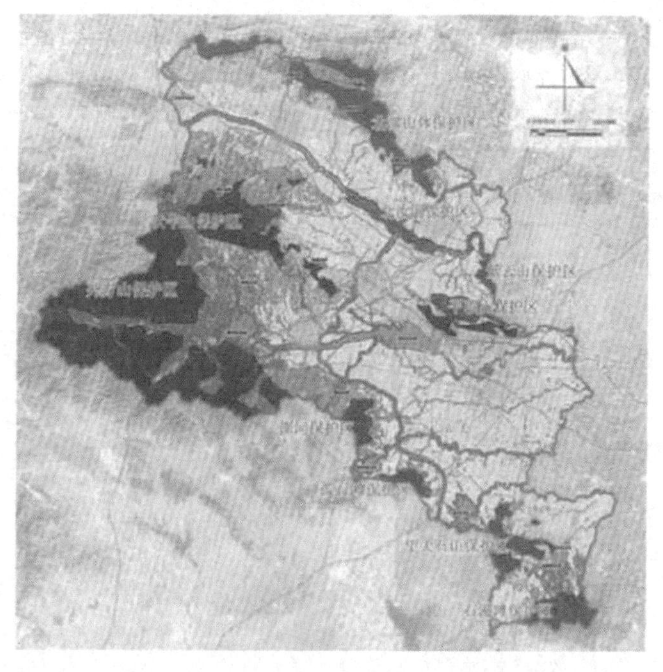

图 11　平顶山市域生态保护红线图

五、结语

全面推进以“三区三线”为基础的空间规划是我国区域规划实践的重要里程碑，在未来发展过程中，重视规划后续实施管理同样关键，探索信息平台和管理机制，建立覆盖全域的管理信息化系统工作十分重要，是确保规划落地、空间资源控制保护的重要内容。空间规划实践区域需要建立规划基础平台，打造基础数据、目标指标、空间坐标、技术规范统一衔接的空间规划监测评估信息平台，从上至下，对接上位地区空间管控信息管理平台；从下至上，汇集各部门各类空间规划成果及项目信息，进而对规划实施实现动态监测、跟踪空间规划目标指标。针对空间规划确定的“一张蓝图”，积极探索三类空间任务分解与落实要求，建议结合下位地区行政区划边界，将“一张蓝图”内容以“一图一表”形式分解到下位行政基础单元，“一图”明确“三区三线”空间格局和市域战略格局分解落实，“一表”明确关键指标分解落实，用以定期开展评估。同时，加快空间规划法制建设，明确空间规划与经济社会发展规划、城乡规划、土地利用规划等各级各类规划的关系，规定实施、修改空间规划的法定程序，以及违反规划的处罚措施和法律责任，进一步确立空间规划的法定地位。

（撰稿人：王颖，上海同济城市规划设计研究院城乡空间规划研究院副院长，教授级高级规划师；刘学良，上海同济城市规划设计研究院，所长助理，主任规划师；魏旭红，上海同济城市规划设计研究院，主创规划师；郁海文，上海同济城市规划设计研究院，副所长，高级工程师）

注：摘自《城市规划学刊》，2018（04）：65-74，参考文献见原文。

城市总体规划阶段生态专项规划思路与方法

导语：文章面对城市中人与自然的矛盾，针对当前城市总体规划中对生态考量的不足，总结有关生态规划的理论、方法、技术标准及实践，充分融合规划学与生态学的基本思想，剖析城市规划方法与城市生态服务间的相互作用关系，提出面向人与自然和谐共生的城市总体规划阶段生态专项规划，并理清其规划思路、目标、方法与内容，构建城市生态专项规划的总体技术框架。首先，理清用规划来调节、提升城市生态系统服务的思路框架，提出优化格局、调节过程和提升功能三大调节机制；其次，确定促进人与自然和谐共生的规划总目标；再次，构建“SAPPE”生态规划“五步法”；最后，确定生态专项规划的主要内容，包括生态战略与目标、适宜的城市规模、合理的用地比例、协调的城市结构与布局、充分的生态空间和创新的规划管理等。

一、引言——为什么研究城市总体规划阶段生态专项规划

城市是人类文明进步的产物，不仅可以带来人口集聚、生活便利和经济高效，还应该是人与自然和谐共生的人类聚居区。然而，当前城市发展的实践却造成了大量侵占生态用地、吞噬生态空间和破坏生态环境的问题，导致生态服务功能退化、人居环境恶化，各种“城市病”频发，城市已成为当前人与自然矛盾最突出、最严峻的地方。党的十九大提出新时代中国特色社会主义思想，强调经济建设、政治建设、文化建设、社会建设和生态文明建设“五位一体”的总体布局，“创新、协调、绿色、开放、共享”五大发展理念，以及“人与自然是生命共同体……提供更多优质生态产品以满足人民日益增长的优美生态环境需要”等理念要求，明确把坚持人与自然和谐共生作为国家发展的基本方略。

面对当前大规模、高速度的城镇化进程，面对日趋严重的各种“城市病”与生态环境问题，面对生态文明建设、绿色发展、“绿水青山就是金山银山”的理念要求，我国需走出一条既要发展又不破坏生态、保护环境、人与自然和谐共生的城镇化道路。作为全面指导城市发展与建设的城市总体规划（以下简称“总规”）首当其冲，但目前总规中对于城市生态的考量仍存在不足，包括规划思想上的增长优先、生态置后，规划制度上的定位不清、融合不足，规划

内容模糊宽泛且忽视生态服务功能内涵，规划指标庞杂，规划实施与管理可操作性不强、执行不力等，因此总规亟待切实加强对生态维度的考量与应对策略。

本文将聚焦总规阶段，针对其对生态考量的缺失或不足，总结国内外已有的城市生态规划理论、方法、生态规划技术导则和标准，以及城市生态建设实践，在当前总规改革的大背景下，提出面向人与自然和谐共生的总规阶段生态专项规划思路、目标、方法与内容，构建城市生态专项规划的总体技术框架。

二、背景——相关生态规划理论、方法与实践总结

对于国内外相关生态规划理论或思考，先后有多位学者做了回顾与梳理，关于生态导向下的规划方法，先后也有多位学者从不同角度做了大量探讨。例如，在国外早期有“城市公园行动”“田园城市”“有机疏散”等生态规划思想的萌芽，中期有麦克哈格因子叠加法、生态城市十原则等方法的探索与应用。在国内主要有马世骏、王如松提出的复合生态系统理论，黄光宇提出的生态城市规划复合系统原则，王如松提出的共轭生态规划与泛目标生态规划，俞孔坚提出的“反规划”等理念（表 1）。近年来，我国陆续出现了包括中新天津生态城规划、广州市生态专项规划和三亚市“生态修复城市修补”总体规划等具有代表性的生态规划实践（表 2），住房和城乡建设部、生态环境部也出台了一系列有关生态规划的技术标准（表 3）。可见，生态规划理论正从单一自然生态系统的考虑向城市复合生态系统的综合考量发展，规划技术从简单的适应性分析等技术向遥感、GIS、复杂模型和计算机模拟等更高级技术发展，规划方法更加多样（其中先底后图法相对占据主流），规划内容也向综合、完整的巨系统发展。但总的来说，有关生态规划的定位、任务仍不清晰；规划方法缺乏对规划方案的“规划后评价”；规划内容范围不明确，有的规划仅关注城市绿地的布局与建设，有的规划主要针对环境治理，也有的规划则显得过于复杂，城市布局、建筑、产业、能源、环保及社会文化事业等无所不包，规划系统性较强但针对性不足；规划指标体系庞大、操作性不强等。就学科背景来看，仍是“规划派”“生态派”“环保派”各说各话，各学科间甚至各主管部门间缺乏一座有效的“桥梁”，生态学的有关理论与方法未能充分融入规划中去，规划与生态的关系仍较模糊。基于当前研究，笔者认为城市生态系统服务是连接规划学与生态学的有效“桥梁”，而这方面的研究也正是目前最缺乏的，因此提出了基于城市生态系统服务的生态专项规划思路与方法。

国内外主要生态规划理论或方法总结 **表 1**

时间阶段	代表性生态规划理论或方法	提出者/组织	主要内容
早期（1950 年以前）	城市公园行动 田园城市	F. L. Olmsted Ebenezer Howard	将自然引入城市，在城市中多建自然公园城市应与乡村结合、城市周围留足永久性绿地供农牧产业发展
	进化中的城市	Patrick Geddes	应以自然的潜力和约束力来制定与自然协调的规划方案，建立了“调查—分析—规划”的规划程序
	有机疏散	Biel Saarinen	控制城市规模，在大城市周边建卫星城
中期（1950～2000 年）	适应性分析与因子叠加法	lan McHarg	根据用地适宜性分析确定土地利用方式，避免自然灾害
	景观规划六步骤	Carl Steinitz	分为表述、过程、评价、变化、影响和决策 6 个模型，前 3 个阶段侧重分析问题，后 3 个阶段侧重解决问题
	生态城市五原则	MAB 计划	生态保护战略、生态基础设施、居民生活标准、文化历史保护、将自然融入城市
	复合生态系统理论	马世骏、王如松	在生态学原则的指导下，追求社会—经济—自然复合生态系统综合效益最大化
	生态城市十原则	R. Register	土地混合使用、就近出行、修复自然、混合居住、提倡回收及公众意识等
	生态城市规划方法	黄光宇	提出复合系统原则，强调空间规划、生态规划与社会经济规划的结合
近期（2000 年以来）	共轭生态规划、泛目标生态规划	王如松	协调人与自然、资源与环境、生产与生活、外拓与内生之间共轭关系的复合生态系统规划
	“反规划”	俞孔坚	基于生态安全格局分析，倡导生态基础设施先行，先划定不可建设区域，先底后图

近年来国内主要生态规划实践总结 **表 2**

生态规划实践	规划理论/方法	规划内容	规划指标
中新天津生态城规划（2008 年）	先底后图，从公共政策、平面布局和控制导则三个层面突出生态主导	绿色产业、绿色建筑、绿色交通、新型能源、生态修复、社会事业	“经济蓬勃、环境友好、资源节约、社会和谐”4 个分目标，26 个指标
广州市生态专项规划（2012 年）	城市生态系统格局—过程—功能理论	在市域层面划定生态管理分区，包括生态功能保育区、生态协调发展区和生态调控改善区，划定生态控制线	“生物多样性、能源利用、热环境改善、雨洪调控、面源污染控制与垃圾污染控制”6 个生态支撑体系，30 个指标

续表

生态规划实践	规划理论/方法	规划内容	规划指标
三亚市“生态修复城市修补”总体规划（2016年）	针对现状问题开展生态修复与城市修补	修复“山海相连、绿廊贯穿”的整体生态格局，突出海岸线修复、河岸线修复和山体修复三个重点	“综合环境、山体修复、水体修复、棕地修复、绿地修复”5类指标

当前国内主要生态规划技术标准总结 **表3**

有关生态规划技术标准或导则	规划方法/程序	主要内容	规划指标
《生态城市规划技术导则》（住房和城乡建设部2016年）	基础调研—规划目标—生态规划	绿色空间、绿色设施、绿色人文与规划实施四部分	绿色空间、人文、绿色3大类，共40个指标，包括小地块比例、混合用地、人均公园绿地面积及单位GDP能耗等12个重点指标
《生态修复城市修补技术导则》（报批稿）（住房和城乡建设部2017年）	现状调查—问题评估—生态修复规划	城市山体、水体、绿地系统与棕地修复	综合环境、山体修复、水体修复、棕地修复和绿地修复5类，16个指标，包括热岛效应强度、空气质量优良天数比例及植被覆盖指数等核心指标
《绿色生态城区评价标准》（住房和城乡建设部2017年）、《绿色生态城区专项规划技术导则》（住房和城乡建设部2015年）	现状诊断—确定目标—协同规划—实施管理	土地利用与空间布局、绿色交通、能源、水、固体废弃物、生态系统与生物多样性、绿色建筑7个分系统	7个分系统，共76个指标，分别有混合用地比例、绿色交通出行比例、可再生能源比例和年径流总量控制率等重点指标
《生态县、生态市建设规划编制大纲（试行）》（国家环境保护总局2004年）、《生态县、生态市、生态省建设指标（修订稿）》（国家环境保护总局2007年）、《国家生态市、生态县（市、区）技术资料审核规范》（环境保护部2012年）	—	生态产业、自然资源与生态环境、生态人居、生态文化、能力保障五大体系	经济发展、生态环境保护和社会进步3大类，22个指标，包括单位GDP能耗、森林覆盖率、空气环境质量、人均公共绿地面积和公众对环境满意度等重点指标

三、总规阶段生态专项规划思路

（一）规划定义与任务

总规阶段生态专项规划以社会—经济—自然复合生态系统理论为指导，以促进人与自然和谐共生为根本目标，以提升城市生态服务功能为主要途径，研究城市生态格局、过程与功能的相互关系，理清规划要素与生态要素之间的作用原理，采取创新的规划方法与管理措施，通过总规的城市定位、空间布局和要素配置等来调节城市空间布局与土地利用格局，提出生态规划方案并补充有关生态控制内容、指标及政策建议的专项规划，是总规的有机组成部分，规划成果与结论充分融入总规，并对其他专项规划提供参考与支撑。

总规阶段生态专项规划的主要任务，一是从城市生态系统服务功能优化的角度对总规的主要内容提出建议，包括确定与生态资源环境相匹配的城市规模，以及适宜、协调的各类用地比例与布局方案等；二是协调其他专项规划，如增加绿地的生态服务功能，增补生态交通、生态基础设施等；三是补充有关生态专项控制内容与政策建议，如生物多样性保护、新能源使用等，制定提高绿色建筑比例、鼓励立体绿化、增加公共交通供给和鼓励垃圾分类收集等激励机制的生态规划管理与政策建议（图 1）。

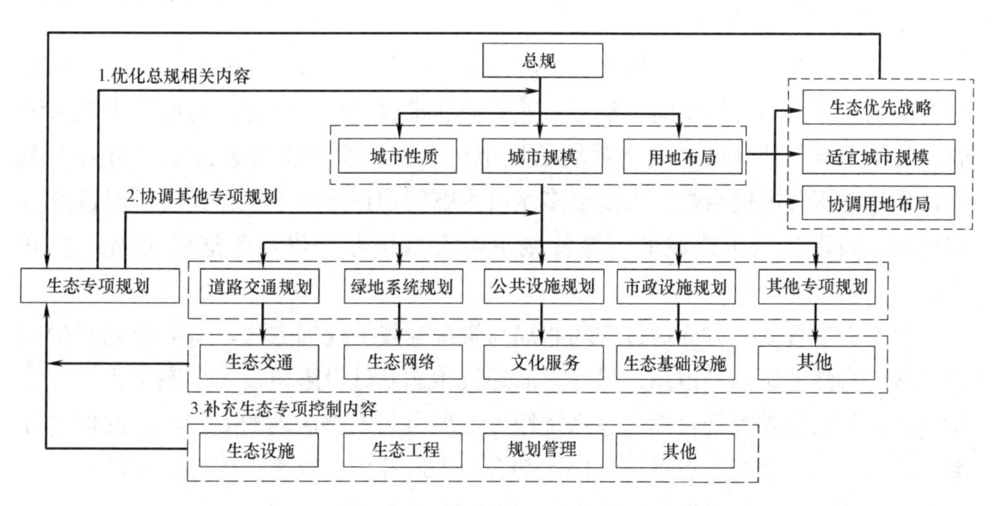

图 1　总规阶段生态专项规划定位与主要任务

（二）规划目标

生态专项规划的总目标是促进人与自然和谐共生、改善城市人居环境、提升生态服务功能，促进社会—经济—自然复合生态系统的协调耦合、多赢发展，具体包括保障生态安全、缓解生态问题、提升生态功能、促进生态代谢和提高资源效率五个分目标（图 2）。

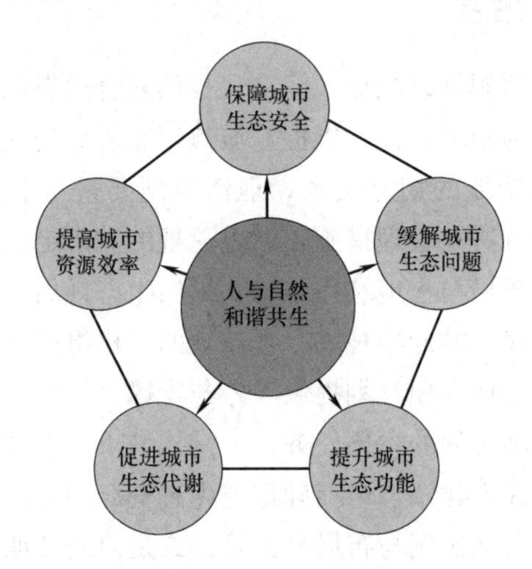

图 2　生态专项规划目标示意

（三）规划思路

1. 人与自然协调共生

城市是社会—经济—自然复合生态系统，社会、经济构成的人工系统影响着自然系统，如占用自然空间、消耗自然资源和排放污染废物等，是城市生态系统服务的需求端与消耗端；自然系统的城市生态系统服务支持着社会经济人工系统，是生态服务的供给端。当前诸多城市生态问题正是由于社会经济发展过度占用自然、破坏自然所造成的，导致城市生态系统服务供给不能满足城市发展需求。

生态专项规划一方面通过空间布局与资源配置等规划方法，从需求端减少城市发展对自然的影响与占用；另一方面通过生态基础设施建设、生态工程等生态学方法，从供给端提升自然生态系统服务对城市与人类活动的支持，以此促进社会—经济—自然复合生态系统的协调耦合与人居环境的改善。因此，本文将生态专项规划称为“人与自然共生生态规划”（图 3）。

2. 用规划来调节、提升城市生态服务

生态系统服务是指生态系统对人类生产、生活提供的条件与支撑，分为产品提供、调节服务、文化服务和支撑四大类。城市生态系统服务是指为维持城市的生产、消费、流通、还原和调控功能所需要的有形或无形的自然产品与环境公

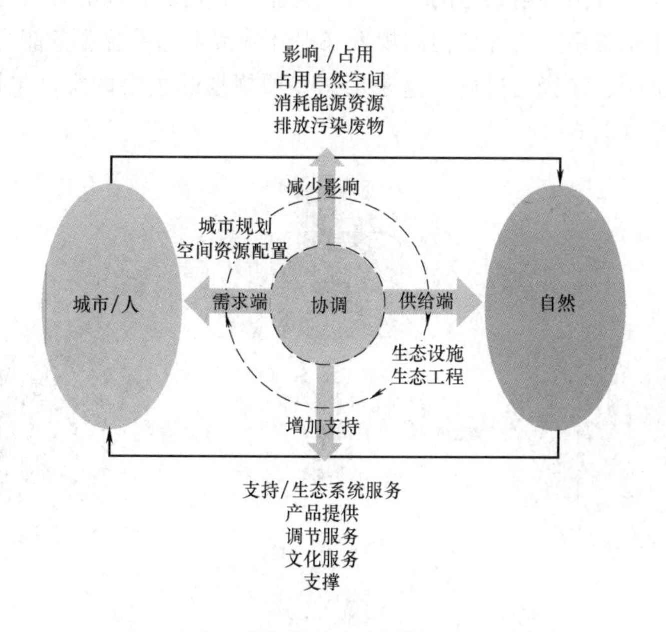

图 3 “人与自然共生生态规划”内涵示意

益，它是城市生态支持系统的一种产出和功效。本文梳理出空气环境净化、水源涵养、休闲游憩与自然体验等主要城市生态系统服务类型，分别对应水安全/水环境、土地、空气/气候、生物物种、文化游憩及能源资源六大类城市生态要素（图 4）。

城市生态系统服务

城市生态系统服务	
产品供给	淡水资源 土地资源 观赏与环境用植物
调节服务	气候调节 空气环境净化 洪水调蓄 水源涵养 水土保持 水环境净化 废弃物处理
文化服务	休闲游憩 景观美学价值 自然体验 文化多样性
支撑	固碳 释氧 土壤形成 生物多样性 水循环

城市生态要素	城市生态服务目标
水安全/水环境	涵养水源、保障水资源 改善水质、水环境 调蓄洪水、降低暴雨径流、增加雨水渗透 促进水循环、节约水资源
土地	保障土地资源 增强土壤活力
空气/气侯	改善空气质量 减缓热岛效应 增加氧气释放
生物物种	提升生物多样性 提升本地植物种比例、减少维护
文化游憩	增强景观美学价值与文化多样性 增加休闲游憩与自然体验
能源资源	增加固碳 促进废弃物再利用 提高能源利用效率、节约能源

图 4　城市生态系统服务及目标梳理关系

为实现人与自然和谐共生的总目标，生态专项规划需理清总规与城市生态系统服务间的作用关系，研究如何用规划来提升城市生态系统服务能力，探明城市生态调控的机制、途径与措施。这是生态专项规划的主要内容，包括规划方法、内容与指标等（图 5）。

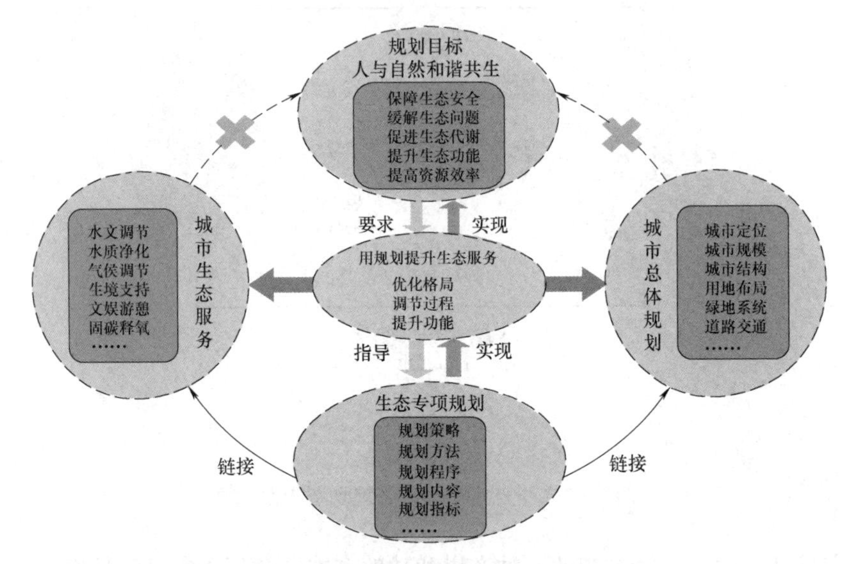

图 5　总规阶段生态专项规划思路框架

四、总规阶段生态专项规划方法

（一）生态调控机制

规划提出优化格局、调节过程和提升功能三大城市生态调控机制（图 6），是规划调节、提升城市生态系统服务的原理所在。

1. 优化格局

城市格局是指构成城市生态系统的土地利用情况、比例及空间分布关系。优化格局应以提升城市生态服务功能为目标，通过总规优化城市总体布局和土地利用格局，如采取组团化、紧凑的城市布局，以及均匀分布的生态空间、连接成网的生态廊道和密路网等，鼓励土地混合使用，增强城市的气候调节、水文调节和生物多样性保护等生态功能。

2. 调节过程

生态系统过程是指构成生态系统的生物与生物，以及不同非生物因素之间物质、能量、信息的交换与流动。城市主要生态过程包括降雨径流、固碳释氧、物质循环、物种分布与迁移等自然生态过程，以及交通、人口和文化传播等社会生

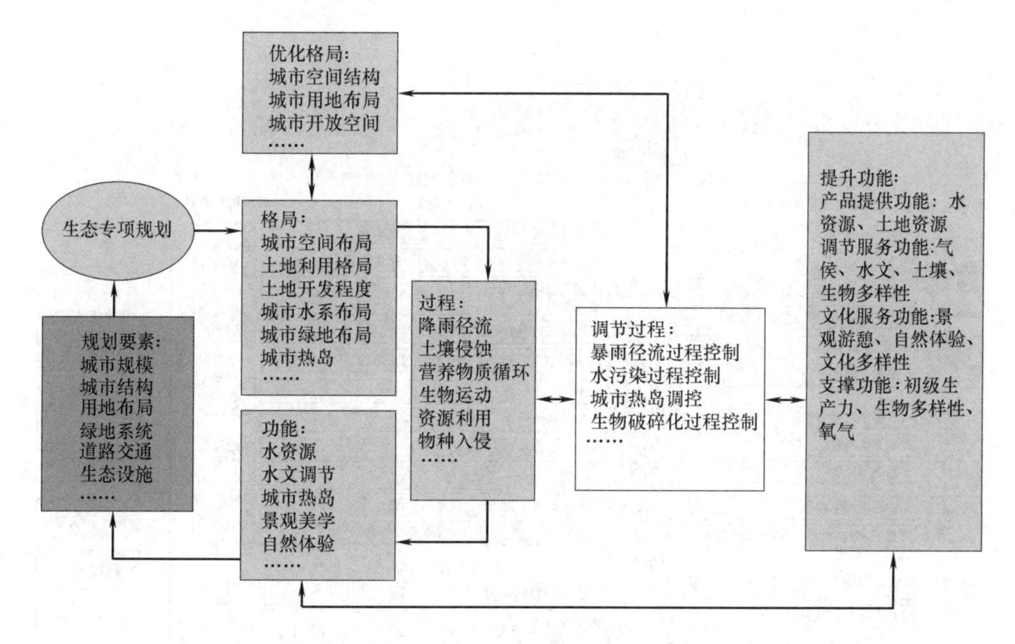

图 6　城市“优化格局—调节过程—提升功能”生态调控机制示意

态过程。总规可以通过增加可透水地表、保护培育湿地、增加本地植物种、增加生态空间和生态基础设施等措施来降低生态负荷、增强自然生态过程，提高城市生态功能和资源利用效率。

3. 提升功能

城市生态功能包括水质净化、空气环境净化和减缓热岛效应等。总规可以结合上述优化格局、调节过程等机制，通过增加生态用地、控制污染排放和提高资源利用效率等措施，共同提升城市生态功能，改善人居环境。

（二）规划对策

在城市生态调控机制的基础上，规划剖析了城市生态要素与规划要素之间的关系，探讨如何通过空间规划方法与规划管理策略来提升城市生态功能，明确了城市规划对策与生态服务功能间的相互作用关系，即什么样的规划对策能改善哪些生态服务功能。其中，城市生态要素包括水安全、土地、空气、生物、文化和能源六大要素，对应涵养水源、改善空气质量、减缓热岛效应、增加氧气释放和增加固碳等城市生态系统服务目标。城市规划要素分为空间要素与管理要素，空间要素包括城市规模、用地比例、用地布局、道路交通和开敞空间五大要素，空间规划对策包括研究城市适宜规模等十一项；管理要素包括城市建设、交通出行和能源资源三大要素，管理对策则包括增加绿色建筑比例等六项（图 7）。

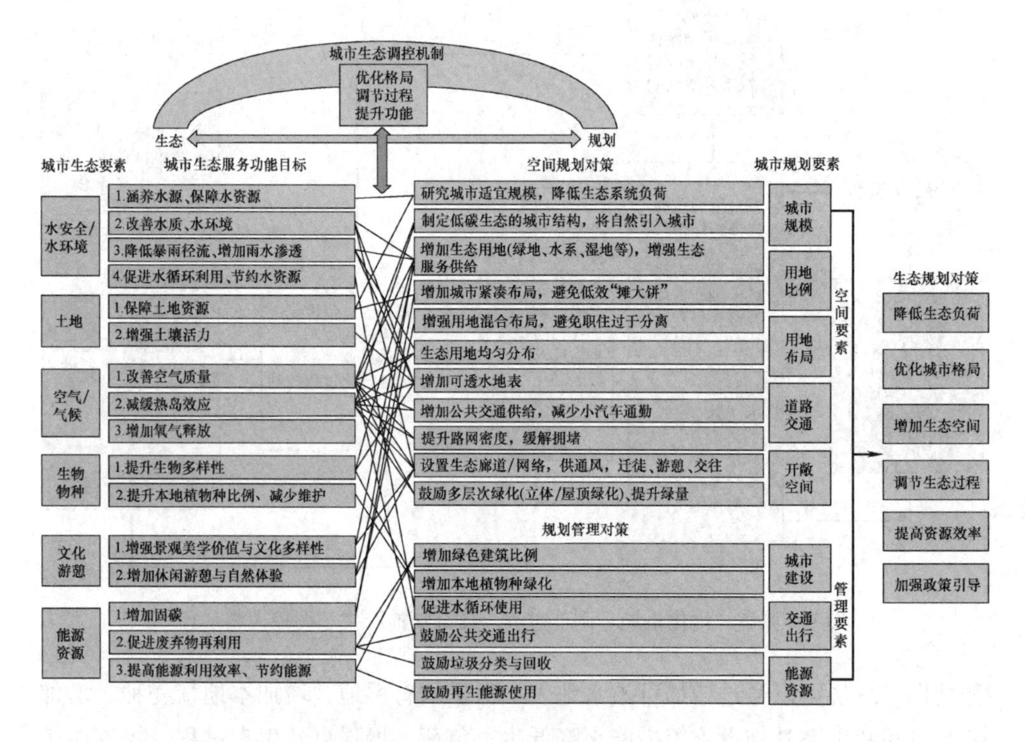

图 7　城市生态要素（生态服务功能）与城市规划要素（规划对策与方法）关系分析

规划对策与规划管理对策总结为降低生态负荷、优化城市格局、增加生态空间、调节生态过程、提高资源效率和加强政策引导六类。

（三）规划方法

规划建立了“SAPPE”生态规划五步法，包括生态调查（Eco-Survey）—生态评价（Eco-Assessment）—生态预测（Eco-Predication）—生态规划（Eco-Planning）—规划模拟与评估（Planning Scenario & Evaluation），特别强调对规划方案的生态效益进行模拟与评估，从而反馈给规划方案并优化、修正和调整方案，形成一个完整的闭环，目的在于解决目前普遍缺乏规划评估、“规划编完就完了”的现实问题。

（四）规划框架

基于“SAPPE”生态规划五步法，规划构建了从生态调查、生态评价、生态预测、生态规划到规划评估，进而反馈给生态评价的总规阶段生态专项规划的总体技术框架（图 8）。

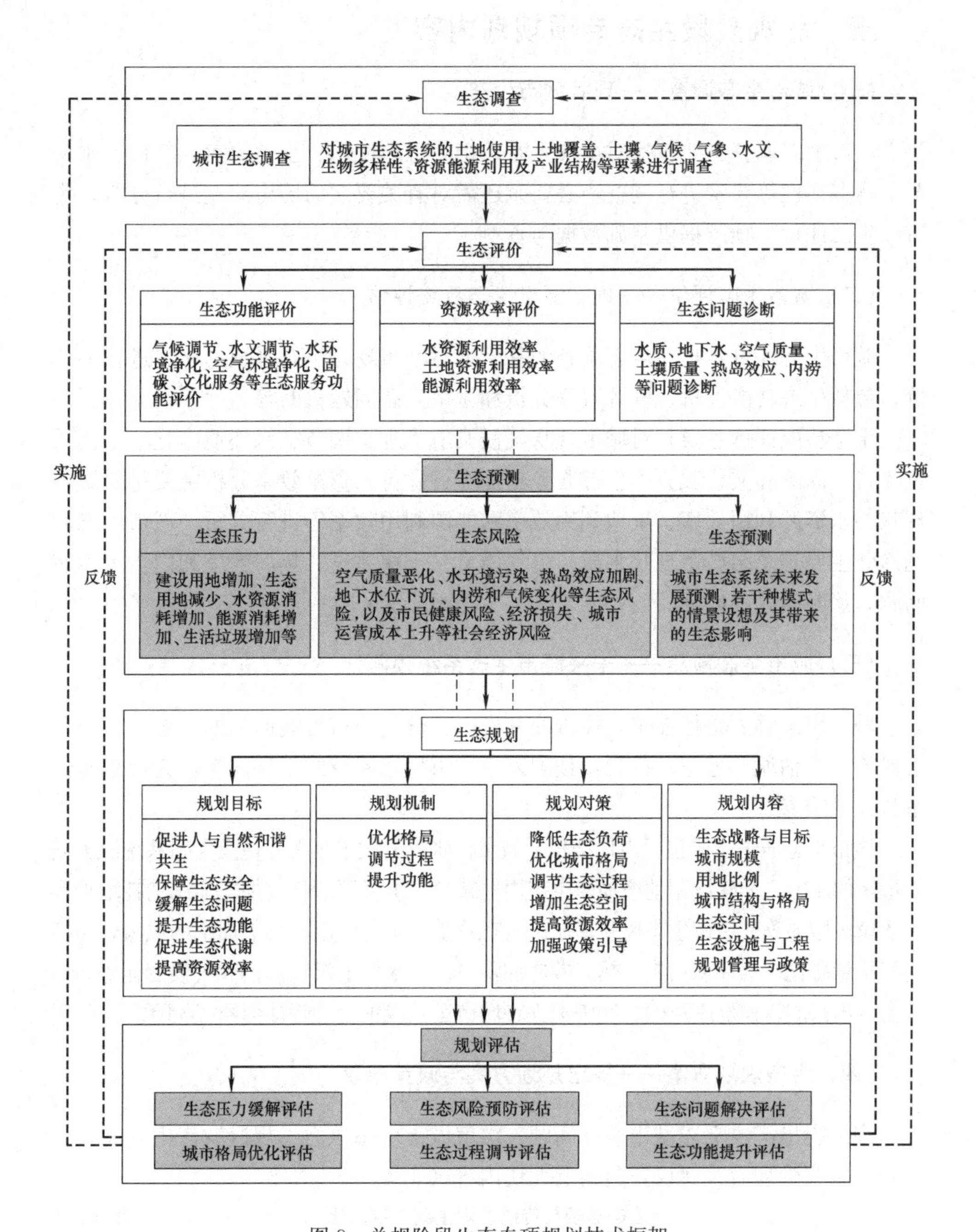

图 8　总规阶段生态专项规划技术框架

五、总规阶段生态专项规划内容

（一）城市生态调查——现状城市生态

城市生态调查主要包括对城市生态系统的土地使用、土地覆盖、气候、水文及生物多样性等要素进行调查，必要时还需对有关要素的历史演变进行分析，为后续生态评价、预测提供基础数据与资料。

（二）城市生态评价——现状城市生态系统评估

城市生态评价是指在生态调查的基础上对城市现状生态系统的质量进行的评价，包括生态功能评价、资源效率分析和城市生态问题诊断等。

生态功能评价主要是对城市现状气候调节、水文调节、水环境净化、空气质量改善、固碳和文化服务等生态服务功能进行评价；资源效率分析主要是对城市现状的水资源利用效率、土地利用效率和能源利用效率等进行分析；城市生态问题诊断主要是总结城市现状水质、空气质量、土壤质量、热岛效应和内涝等生态问题，诊断问题的成因。

（三）城市生态预测——未来城市生态系统预测

城市生态预测是指在生态评价的基础上，分析城市可能面临的生态压力与生态风险，评估城市生态承载力，预测未来城市生态系统的发展态势，为规划提供情景设计或参照。

城市生态压力主要包括人口增长、城市扩张等给城市生态环境及生态系统服务功能带来的压力，如建设用地增加、生态用地减少、水资源消耗增加、能源消耗增加和生活垃圾增加等。城市生态风险是城市生态系统在压力作用下可能面临的风险，包括空气质量恶化、水环境污染、热岛效应加剧、地下水位下沉、内涝和气候变化等，以及衍生出来的市民健康风险、经济损失和城市运营成本上升等社会经济风险。

（四）生态规划方案——提出规划方案与政策建议

规划提出解决上述城市生态问题、缓解城市生态压力、规避城市生态风险的规划方案与管理政策建议，包括七大块内容（表4）。

生态总规与传统总规主要内容对比 **表4**

内容	传统总规	生态总规
指导思想	扩张导向，“以人为本”，以供定需	协调导向，“以自然为本”，人与自然和谐，以需定供

续表

内容		传统总规	生态总规
规划原则		高效利用土地、分配资源,注重经济效益	合理使用土地、公平分配资源,注重社会、经济、自然系统均衡
规划程序		调查—现状分析—规模预测—规划	生态调查—生态评估—生态预测—生态规划—规划评价(反馈)
规划内容	城市定位	追求高大上	契合城市特性、强调宜居健康城市
	城市规模	盲目求大,生态不可承载	规模适宜、生态可承载
	城市结构	美学、土地经济效益、经验主义等	将自然引入城市、生态化
	用地比例	优先满足生产与生活需求	生产、生活、生态“三生”协调
	用地布局	明确的功能分区	用地紧凑、混合
	道路系统	汽车主导交通	小街区、密路网、公共交通主导
	绿地系统	片面追求绿地面积	绿地均匀、提升生态功能
	公共设施	测算规模、空间选址	强调公共设施质量与文化服务
	市政设施	以供定需、无上限保障,人工化的市政管道	以需定供、有限保障,生态基础设施(人工湿地、海绵城市、自然水系沟渠等)

1. 生态战略与目标

规划确立生态优先、绿色协调、“以自然为本”的生态战略，提出城市生态系统服务的总体战略定位与目标要求，确保市民都能享受到良好的生态服务，确定主要城市生态系统服务目标指标。

2. 城市规模

规划确定与生态承载力相匹配的生态负荷—城市规模，避免盲目求大、城市“超载”，保证城市有充足的生态环境与资源承载，且需给城市未来发展留足空间。

3. 用地比例

规划确定适宜的各类用地比例，统筹和协调安排生态、生活、生产“三生空间”，探讨用地比例最优状态，在促进城市土地高效利用的同时提升城市综合生态系统服务功能。

4. 城市格局

规划采用生态化的城市结构与空间布局，构建“多中心、组团式”的空间格局，通过生态廊道或生态隔离带限定城市及组团的增长边界，防止城市无序蔓延；采取均衡的居住与就业分布，有效降低通勤需求，提高用地紧凑度、用地混合度、绿地可达性和路网密度等。

5. 生态空间

规划增加绿地、水系、湿地、生态廊道和开敞空间等生态空间，鼓励立体多层次绿化，增加城市绿量，增强城市生态系统服务供给。

6. 生态设施与工程

规划增加可透水地表、人工湿地和城市森林等生态设施，增设雨水收集、垃圾回收等生态工程，调节城市生态过程，促进城市生态代谢，加强资源能源循环使用。

7. 规划管理与政策建议

规划创新规划管理，鼓励生态化的土地使用，如立体绿化、实土绿化和用地混合等，制定开发指标或配套奖励政策；同时，探讨鼓励绿色建筑、公共交通、可再生能源、水资源循环利用等规划管理与政策引导等，力图用政策保障规划的实施。

（五）规划模拟与评估——对规划方案的生态效应进行评估

规划模拟与评估主要是对规划方案的城市生态系统服务功能变化进行模拟，评估规划方案解决了哪些生态问题、缓解了哪些生态风险及改善了哪些生态功能等，通过“规划后评估”进一步反馈、修正和优化方案。

六、结语

本文探讨了总规阶段生态专项规划的理论与技术框架，分析了规划要素与生态要素的作用关系，明确了规划定义、目标、任务、方法及内容等，下一步将根据案例城市的生态规划研究，在实践中去检验生态规划框架的适用性、可操作性，以优化和完善基于提升城市生态系统服务的生态专项规划理论与方法体系。

（撰稿人：郑善文，中国科学院生态环境研究中心城市与区域生态国家重点实验室、中国科学院大学博士研究生；何永，教授级高级工程师，北京市城市规划设计研究院研究室副主任；韩宝龙，博士，助理研究员，中国科学院生态环境研究中心城市与区域生态国家重点实验室；徐迪航，中国科学院生态环境研究中心城市与区域生态国家重点实验室、中国科学院大学博士研究生；欧阳志云，通讯作者，研究员，中国科学院生态环境研究中心主任，中国生态学会副理事长）

注：摘自《规划师》，2018（03）：52-58，参考文献见原文。

基于空间绩效的总规实施评估方法探索

导语：我国的城市总规实施评估机制已经建立多年，但在工作框架和技术方法上都还处于探索阶段。文章以江苏省常州市总规实施评估为例，从城市空间绩效评价的视角出发，建构了从空间绩效到实施绩效的评估技术逻辑，可为我国总规实施评估方法的进一步完善提供参考。

一、引言

规划实施评估机制的建立是我国城乡规划改革的重要成果，也是推动城乡规划从技术文件向公共政策转型的重要举措。一方面，经过多年的实践，总规实施评估已经成为我国城乡规划体系的重要组成部分，在检验提升总规的实施效果、技术合理性，加强总规编制的动态性、规范总规调整的工作流程等方面发挥了积极作用。根据马璇等人的调研统计，2014 年我国部分东部省份（由省政府审批总规的城市）的总规评估覆盖率已经达到了 100%，西部省区的总规评估覆盖率也达到了 46%。

另一方面，住房和城乡建设部于 2009 年颁布执行的《城市总规实施评估办法（暂行）》仅仅规定了评估工作的基本框架。这样的规定虽给予了总规实施评估工作充分的探索空间，但其法律约束力和引导性明显不足。很多城市把总规实施评估作为新一轮总规修编的前期工具，违背了开展实施评估的初衷；同时，不同城市所开展的总规实施评估工作在任务理解、内容框架和工作深度上都存在显著差异，缺乏在同一方法平台上的推进。赵民等人认为，我国现阶段的总规实施评估工作主要存在“机制缺失”和“方法随意”两大问题。廖茂羽等人总结了多年来我国总规实施评估工作的研究进展，认为我国的总规实施评估仍处于起步阶段，在评估理念、评估对象和评估技术等方面都需要进一步探索。

本文以 2016 年完成的江苏省常州市城市总规实施评估为例，通过对城市空间发展绩效的整体评价，审视城市总规实施对城市空间发展的影响，探讨总规实施评估的方法改进。

二、当前总规实施评估方法存在的主要问题

（1）实施评估的效果评价存在偏差。对总规实施效果的评估是总规实施评估工作的核心内容和逻辑基础，也是判断总规政策价值和实效作用的关键。从国内外总规实施评估的实践看，总规实施效果指规划实施一段时间后的实际情况与规划预期和规划目标的吻合程度。但必须指出，总规实施效果评估的是规划行为的落实情况，而不是规划行为的最终效果。总规实施效果等同于总规实现程度的基本前提是总规实现程度与城市发展成效相一致，即总规落实得越好则城市发展成效越突出。但这种一致性并不必然存在，在某些情况下，甚至可能出现规划实现度越高城市问题越严重的局面。

（2）实施评估的技术框架有待完善。公共政策评估的目的在于解构政策运作系统的深层结构，除了要考察政策方案自身的合理性，还要揭示政策运行机制和政策体系的有效性。当前我国总规实施评估的主流技术框架普遍围绕考察政策方案自身的合理性展开，而忽视了揭示政策运行机制和政策体系的有效性，因而很难对总规内容框架和政策体系的改革完善提出有效建议。

（3）实施评估的外部性视角和多元视角有待加强。总规实施具有外部性，因此应当将规划产生的其他影响作为规划实施效果的补充。当前总规实施评估工作大多以城市建设为视角来评价空间效果，很难全面审视总规对城市空间的影响，必须从经济、社会及生态等更多视角加以解读，才能科学判断规划技术的合理性。此外，虽然开展公众满意度调查已经成为总规实施评估的内容之一，但是目前实施评估工作普遍存在调查方式、调查对象及数据运用相对单一或流于形式等问题，难以体现出不同利益人群和不同空间主体的差异化诉求。

（4）实施评估的动态性体现不够。我国的经济发展和城镇化进程仍然处于中高速时期，随着城市发展阶段和城市规划体系的不断演进，城市发展的主要矛盾发生了深刻变化，判断总规好与不好的价值导向也发生了变化，逐步从“以业营城、促进城市高速成长”转向“以人为本、促进城市高质量发展”。对于编制于若干年前的现行总规而言，把规划最初所设定的发展目标和预期作为新阶段、新时期下评价总规的依据和标准，显然是不合时宜的。

三、基于城市空间绩效评价的总规实施评估方法

（一）将城市空间绩效作为总规实施效果的主要表现

城市总规是指导城市各种空间行为的总纲领，是从整体层面优化城市空间资

源配置的公共政策，可以认为城市总规实施的最终结果主要表现为对城市整体空间资源配置的改善和优化程度。

借鉴管理学的概念，可以使用城市空间绩效来定义城市整体空间资源配置的动态变化情况。城市空间绩效是指一段时期内，在城市总规的指导下，各种空间行为所产生的空间效用的综合反映。

（二）建立多视角的城市空间绩效评价体系

如何科学合理地定义城市空间绩效是评价总规实施效果的关键所在。彭坤焘等人从城市居民视角出发，认为城市空间绩效涉及供求的空间匹配程度、空间可达性、区位红利及空间边际替代性等方面；高妮娜从系统构成出发，认为城市空间绩效可以分解为城市空间结构绩效、经济绩效和社会绩效等方面；付磊等人分别从空间经济、土地利用、空间结构、人居环境和设施建设等角度探讨了城市空间绩效的不同方面。

以上述研究为基础，结合党的十八大以来国家提出的新理念和新要求，可从高效性、经济性和公平性三个方面对城市空间绩效进行评价（表 1）。其中，空间高效性与城市的空间经济、空间结构、空间可达性绩效高度相关；空间经济性与供求的空间匹配程度、居民生活和空间结构绩效相关；空间公平性与城市的社会、人居环境和空间结构绩效相关。

城市空间绩效评价的三方面内容 **表 1**

评价项目	评价目的	评价内容	代表性指标
高效性	衡量城市空间资源配置的效率和效益	城市空间资源的投入产出效率，城市的空间运行效率等	单位建设用地增加值、城市居民的通勤时间
经济性	衡量城市空间资源配置的供求匹配程度	在给定的资源投入条件下，空间产品供求是否平衡	可承受的居住成本、就业和公共服务规模
公平性	衡量城市空间资源配置的空间均衡程度	公共服务设施、公共绿地等公共资源的空间差异性	公共资源的居住用地覆盖率、居住人口覆盖率

（三）树立以“空间绩效—实施绩效”为主线的技术框架

以总规实现度为基础的评估技术框架，其核心逻辑是找到现行总规偏离城市发展现实或规划预设目标的原因和影响因素，并提出使总规更加符合当前城市需求和外部环境变化的技术调整及机制优化建议（图 1）。正如上面所指出的，这一评估技术框架往往将城市发展的现实结果等同于总规的实施绩效，强调了对总规作为空间方案的技术效用评估，忽视了总规作为公共政策的工具效用评估，很难获知总规对城市发展的实际影响。

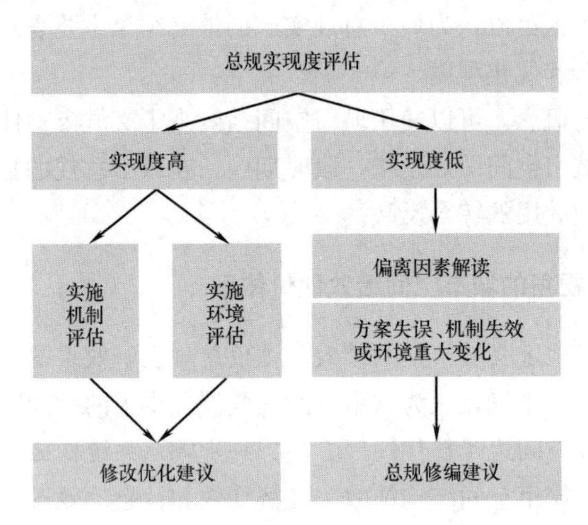

图 1　以总规实现度为基础的评估框架

以城市空间绩效评价为基础、以“空间绩效—实施绩效”为主线的技术框架则综合考虑了总规技术效用评估和工具效用评估两个方面的内容，通过把城市空间绩效作为评价总规实施行为的参照系，找到城市空间绩效变化与总规实施行为之间的关系，客观解析总规“编制—传递—实施”各环节对城市空间的影响，最终综合判断得出总规的实施绩效。在此基础上，提出改善总规实施绩效、提升城市空间绩效的建议，其中既包括对调整、修正总规技术方案和规划行为的建议，又包括对调整总规内容体系和政策设置的建议（图 2）。

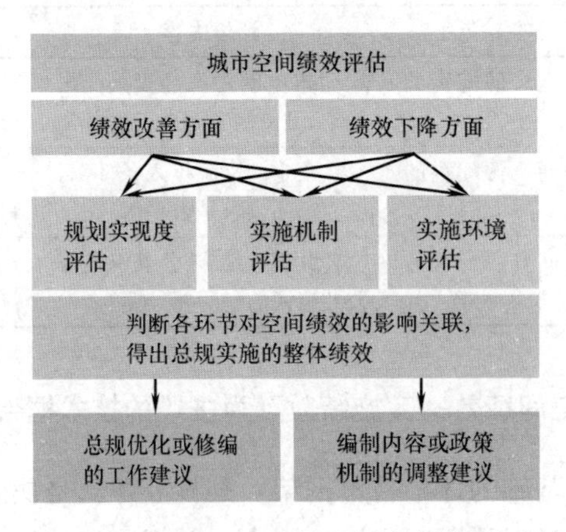

图 2　以“空间绩效—实施绩效”为主线的评估框架

（四）从客观和主观两个视角展开总规实施评估工作

党的十九大指出，我国社会主要矛盾已经转化为人民日益增长的美好生活需要和不平衡、不充分的发展之间的矛盾，可以说，人民美好生活需要的满足程度是新时期判断城市是否实现了健康发展的核心标准。

目前总规实施评估主要通过量化指标、空间对比等分析手段，判断总规实施对城市空间资源优化配置程度的客观影响，应该更多地采用社会调查、公众参与的方式，得到各类空间使用者对城市空间服务水平改善程度的主观评价。例如，在城市空间高效性的评价中，除了产出效率和运行效率等客观评价指标，还需要引入居民出行满意度等主观评价指标；在空间公平性的评价中，除了分析公共资源的空间覆盖率，还可以将居民满意度评价进一步细化到街道甚至更小的尺度，以识别空间覆盖与空间满意度的深层次关系。

四、常州市总规实施评估的工作实践

（一）整体工作框架

根据住房和城乡建设部、江苏省出台的相关文件要求，常州市建立了以城市空间绩效评估为视角的工作技术思路，形成了包括五大部分的评估工作框架。

（1）城市空间绩效评估。重点从空间高效性、经济性和公平性三个方面对总规实施以来常州市的城市空间绩效进行评估。

（2）规划实施过程评估。包括对规划预期的实现程度评估、对规划实施机制和实施环境的评估等，对现行总规的实现情况进行全面和客观的比对评析，总结总规实施以来各项传递和决策工作，了解规划实施过程中的环境影响要素和作用机制。

（3）规划实施绩效评估。通过对城市空间绩效和规划实施过程进行交叉分析，解读常州市城市空间绩效与规划技术方案、规划政策设计、规划实施机制和外部政策环境等不同环节之间的因果关联，审视现行总规在不同环节的有与无、得与失。

（4）趋势适应性评估。通过对国际、国家及区域层面的宏观背景以及城市自身发展阶段与条件的解读，判断现行总规面向未来新阶段的适应性。

（5）总规工作优化建议。一方面，从编制、实施等角度为今后常州市城市总规的优化提出建议；另一方面，针对常州市总规在内容设置、政策设计、技术手段和工作方法上的不足提供建议。

（二）技术路线与方法

在充分借鉴国内外规划实施评估技术方法的基础上，常州市结合实际条件，从对象、方法论和技术三个维度确定了评估工作的技术路线和方法。

1. 对象维度

公共政策评估强调对政策结果和政策过程的评估同样重要，因此本次评估工作将实施效果和实施过程作为重要的评估对象。

2. 方法论维度

本次评估工作在充分吸收西方规划评估四代理念方法的基础上，充分借鉴成本—收益分析、去最优化、自然反馈法及多元模型等多种方法，尽可能地采用综合视角、多元价值来全方位审视、评估常州市总规的实施情况。

3. 技术维度

本次评估工作注重定量与定性相结合，充分利用大数据等新技术方法。在定量评估技术方法上，制定评估指标体系，利用 GIS 工具开展大数据空间分析等；在定性评估技术方法上，使用包括政策分析、调查访谈、专家评议及问卷调查等一系列方法。

（三）主要评估结论

本次评估工作主要形成了两方面的评估结论，一是在城市空间绩效和实施过程评估基础上所形成的常州市总规实施绩效评估；二是对下一步常州市总规工作的优化调整建议。

1. 实施绩效评估

（1）建设用地过快投放的两面效应：空间高效性提升较慢，空间经济性表现突出。

常州市中心城区城市建设用地在 2014 年已经突破了 2020 年的规划规模，其中居住和工业用地的超量投放是造成用地规模突破的主要原因。但与此同时，城市人口增速明显放慢，2009～2014 年均增加 1.4 万，大大低于总规预期的年均增加 4.7 万，人均城市建设用地超过 140m^2。

从实施效果看，建设用地投放缺乏约束造成了用地利用相对粗放，常州市区地均建设用地增加值明显落后于沪苏锡等城市，而且提升速度也较为缓慢。但也必须看到，充足甚至超量的居住和工业用地供给使居民享受到了苏南地区最具性价比的居住条件，获得了较为充足的就业岗位：与宁镇苏锡等周边城市相比，常州市的人均住房面积最大，且房价收入比最低，其市区居民的人均可支配收入仅次于苏州市（2015 年）。对常州市城市居民的社会调查也充分印证了这一点，居民对于生活成本和生活居住环境的满意度最高，对经济增长和就业状况也较满意。

从实施过程看，规划实施期间总规不能够有效约束城市建设用地的投放，这从规划技术层面反映出，总规对用地布局的准确度不够，对城市增速放慢的预期不足，同时缺乏有效的用地规模约束手段；从机制层面反映出，总规与控规衔接中的刚性传递不足，导致用地规模放大和性质结构的严重偏离；在实施环境层面反映出，总规的实施受到城市政府土地财政和“以工业为纲”的政策导向制约。可以认为，由居住和工业用地超量供给带来的空间经济性改善，并非总规在实施过程中“被”调整偏离最初目标的主要目的。

（2）对城市空间结构引导不力，空间高效性下降，但出行效率仍相对领先。

现行常州市总规确定中心城区建设用地重点向南北拓展，跨越高速公路环建设南北两个副城，最终形成“一主两副多组团”的空间结构。从现有趋势看，常州市南北两翼建设用地的投放速度相对较快，但功能成长速度明显不足。从对新增企业的大数据空间分析看，城市综合服务功能主要在高速公路环以内向南北两侧延伸，两个副城尤其是南部副城的服务功能仍处于萌芽阶段，可以判断总规确定的空间结构在规划期内难以实现。从职住关系看，除了城西等少数组团，总规确定的多组团结构基本形成（图 3，图 4）。

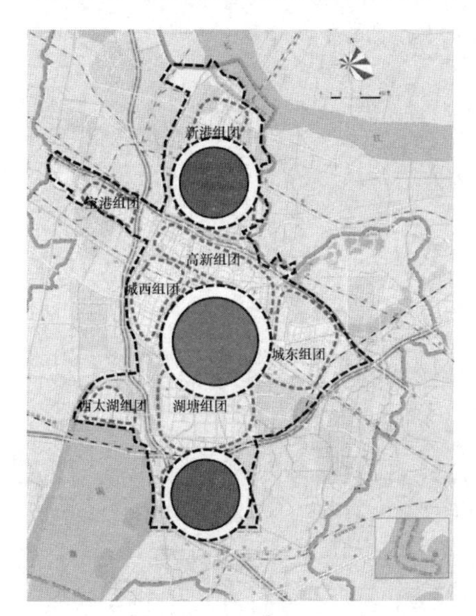

图 3　总规确定的城市空间结构

图 4　各组团现状建设用地规模实现度对比（2014 年）

从实施效果看，城市的空间拓展拉长了居民的出行距离和时间，2013 年常州市区机动车平均出行距离为 8.67km/次，较上年增长 3.5%，出行效率有所下降，但是在我国城市交通拥堵普遍加剧的大背景下，常州市的城市出行效率在大城市中仍然名列前茅（调查显示 2015 年 60%左右的居民可以在 20 分钟以内完成通勤）。对城市民的社会调查结果也与上述判断基本吻合，一方面常州市民认为拥堵、停车等交通问题已经成为最迫切需要解决的规划建设问题，另一方面高架路、公交建设等交通改善举措也获得了市民认可。

从实施过程看，在技术层面，面向高速成长的规划空间结构与近年来人口放缓、功能集聚的趋势产生了明显偏离，因此城市空间框架虽然拉开，但是外围副中心难以形成。虽然多组团式空间模式的灵活性仍然保证了职住的相对平衡和居民出行的相对高效（图 5），但是环形高架路加方格路网难以有效满足单中心、向心式的跨组团交通需求，造成核心区交通拥堵不断加剧、整体出行效率下降（图 6）。在实施机制层面，常州市控规对总规在南北方向建设副中心的总体意图进行了调整，将南北新区调整为专业功能组团，但这一结构性重大调整并未充分传递给其他各个专项规划，导致了空间资源投放与交通建设之间的匹配度不够，影响了城市的运行效率。在实施环境层面，多年来城市政府在城市发展方向和空间结构选择上不断变化，逐步从总规确定的南北拓展向东西均衡发展转变，直接影响了控规编制和重大项目选址。

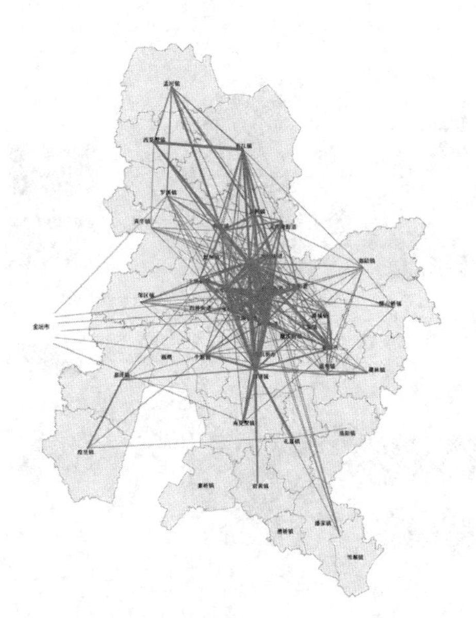

图 5　各组团职住关系分析

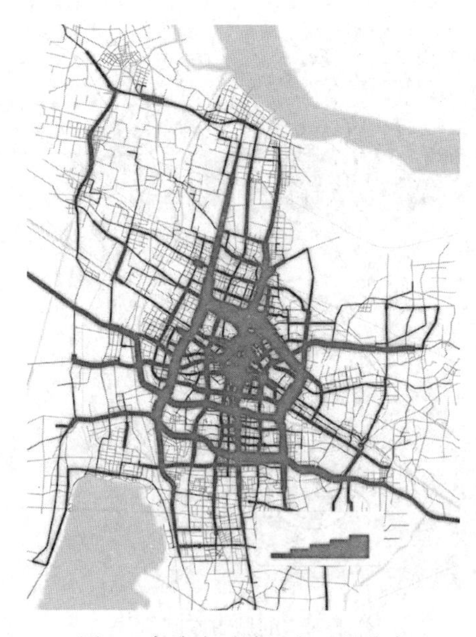

图 6　高峰小时路网交通量分布

（3）公共资源供给的不平衡与不充分并存，空间经济性和公平性亟待提升。

2014 年常州市的现状道路广场用地已经突破了 2020 年的规划规模，重大交通设施、快速路与主干路建设较快，但次支道路、停车场、公共交通和轨道交通的建设明显滞后；公共设施用地规模增长基本符合预期，但商业、行政及教育科研等用地供给超量，文化、体育及医疗等设施用地仍然低于国家标准；公共绿地总量规模有显著增长，人均水平基本达标，但是距离规划目标差距较大，只有专类公园达到了总规要求（图 7）。

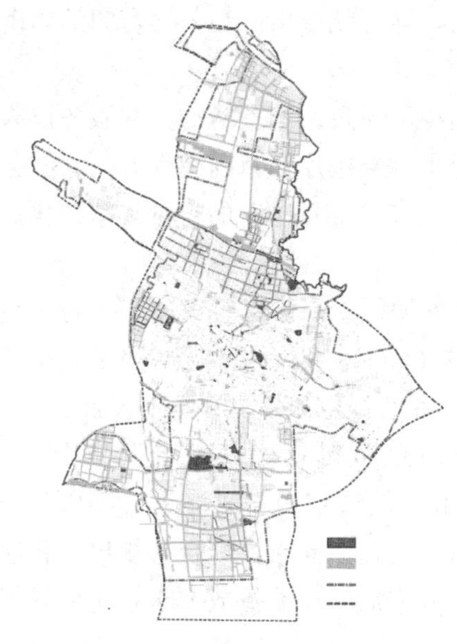

图 7　绿地建设实施情况

从实施效果看，公共服务的公众满意度不仅与空间经济性（即资源投放总量）有关，还与空间公平性（即投放结构和空间分布）有关，公众对交通、公共服务和绿地的满意度给出了与用地规模实现度完全相反的排序。在交通方面，居民的最大不满来自机动化交通需求无法得到充分满足，停车场匮乏成为居民反映的最突出问题，而居民对公交和慢行的需求并不突出；在公共服务方面，公众对商业设施的满意度较高，但对医疗、文化和社区服务的需求矛盾较为突出；在绿地方面，虽然人均绿地占有量不高，但是约有 64％的居民可以在 1000m 半径内到达 5000m^2 以上的公园绿地，居民需求矛盾相对不突出。

从实施过程看，交通的主要问题在于供给结构不合理，大量高等级道路的优先建设进一步刺激了机动化交通的发展，公交发展的动力不足，虽然公交站点覆盖率已经很高，但是居民选择公交出行的比例仍在持续下降。公共服务设施的问题在于文体卫教设施的供给量不足，且部分设施的布局过度集中，医疗卫生设施是人均指标最接近国家标准的设施，但却成为居民最不满意的设施，主要原因在于医疗资源的过度集中；文化、体育设施的规模缺口虽大，但场地数量多、分布均衡，更好地满足了居民需求。

分析原因，在规划技术层面，总规确定的交通出行模式与城市空间特征的结合不够，公共服务设施布局过于集中；在实施机制层面，总规对公益性设施的刚性要求传递不力，控规对公益性设施调整的裁量权过大，同时对公益性设施建设进度和优先级缺乏明确的控制要求；在实施环境层面，城市政府更倾向将生产性、市场性设施建设放在优先位置，对保障性、公益性设施的建设缺乏动力。

2. 主要政策建议

（1）人地协调，关注存量，促进城市增效提质。充分顺应城市人口集聚放缓的趋势，落实生态文明理念，合理控制城市建设规模，从大规模拓展转向增存并举，加强存量更新，提升空间的高效性，并注意优化供给结构，以避免居民生活成本的过快提高造成空间经济性的下降。

（2）组团发展，控制尺度，构筑职住均衡的多中心结构。进一步延续职住相对平衡的多组团空间结构，合理控制城市的空间尺度，重点在高速环路以内促进多中心体系的形成，在保持空间高效性的同时，通过就业岗位和公共资源的均衡化，进一步提升空间公平性。

（3）以人为本，均衡布局，全面提升城市生活质量。重点增加公共服务设施和公园绿地的供给规模，促进公平性布局，重点弥补医疗、基础教育等公共服务设施布局不均衡的短板，全面实现“300m见绿、500m见园”的目标，精细化提升常州市的空间公平性。

（4）调整结构，优化出行，促进交通与空间协同发展。以缓解向心出行为重点，建设与城市空间结构和空间形态相匹配的综合交通体系，提高公交和慢行交通的吸引力，突出重点公交走廊和换乘枢纽建设，结合绿道和公园绿地体系加快慢行系统建设，在提升整体空间出行效率的同时，改善面向低收入人群的空间公平性。

（5）加强总规—控规衔接，优化用地设施的供给结构和时序。借鉴街区控规、功能区控规等方式，加强总规向控规的管控传递。同时，配合总规出台相应的实施方案，细化对各类用地、设施供给比例和先后时序的投放要求，避免规划结构在实施过程中变形失衡。

五、结论与讨论

总规实施评估不应是就总规论总规的自我评价，而应能推动现行总规提升和完善，还要为完善总规的公共政策设计提供依据。根据常州市总规实施评估的探索，建议未来在技术方法上更加注重如下三个方面。

（1）注重自下而上的空间使用者视角

目前总规实施评估往往站在自上而下的视角，主要关注系统性、结构性的问题，但城市空间的主要使用者是城市居民和以企业为主的各类产业活动单元，总规实施的效果如何、城市的空间产品是否能满足居民的需求等问题最终应该由这些空间使用者来回答。

使用者的视角不同，往往会有大相径庭的判断，从自上而下的视角看，常州市城市建设用地规模的高速增长造成了用地利用效率的相对粗放，但从常州市居民的视角看，超量供应的居住和工业用地创造了适宜的生活居住成本与充足的就业岗位，这就需要总规在加强规模约束的同时，关注居住空间和就业空间的充分供给。未来的总规实施评估不仅应开展居民社会调查，充分解读、吸收居民的意见，还应当开展企业社会调查，引入更加全面的空间使用者视角。

（2）注重相对独立的外部性视角

近期试点开展的一些新版城市总规提出，应当使总规自身形成一套可监测、可评估、可督查的闭环体系。但必须看到，实施评估与规划监测和督查有本质的不同，监测和督查的对象是总规的实现度，而评估的对象则是总规的实施效果，实施评估应该具备立足城市的全局视角及紧随环境变化的动态视角。常州市总规实施评估对居民这一空间使用者视角的引入，正是原有总规框架所缺失的。总规实施评估必须在保持与总规内容高度衔接的基础上，形成相对独立的指标、标准和方法体系，才能避免陷入自我评价的窠臼。

（3）注重面向公共政策的空间治理视角

虽然城市总规早就提出了向公共政策转型的目标，但是现行总规在内容设置和政策设计上都无法适应我国城市空间治理现代化的需要。常州市总规条文中就存在不少无法验证政策有效性和因果关联性的技术内容，如城市性质、市域空间等内容都与空间政策手段严重脱节。未来的总规实施评估应当从空间治理的角度，进一步梳理总规各项内容的政策有效性，推动城市总规更好地契合城市的治理体系，最终实现向公共政策的全面转型。

（撰稿人：王新峰，硕士，高级规划师，中规院（北京）规划设计公司规划二所副所长；袁兆宇，硕士，规划师，中规院（北京）规划设计公司；李君，硕士，规划师，中规院（北京）规划设计公司；苏海威，硕士，高级规划师，中规院（北京）规划设计公司规划二所主任工程师）

注：摘自《规划师》，2018（06）：112—117，参考文献见原文。

城市总体规划持续调整的现象与对策研究

导语： 快速城镇化发展背景下，作为城市规划体系第一层面的城市总体规划经历着持续调规的现象。在当前国家进一步强调城市规划重要性的情况下，城市总体规划的权威性和严肃性应得到更切实的维护。本文以西部某工业城市为例，梳理了2002～2015年该市城市总体规划的调整过程，得出城市用地调整是总体规划调整的核心因素这一结论；并试图在全球化背景下分析总体规划持续调整过程中各级政府间的诉求关系；最后针对该现象提出弹性与集约化的总体规划变革对策：一是强化总体规划的战略性和宏观指导作用；二是增强总体规划对用地控制的弹性；三是细化总体规划调整的审批程序；四是提高项目准入门槛及土地使用效率；五是树立全球视野，加强各级政府间的沟通。

改革开放以来，中国进入30年的城镇化高速发展，在城市建设方面成绩斐然。快速的城镇化带来城市基础设施投资增加，城市人口迅速增长，城市规模不断扩大。在此背景下，作为我国城市规划体系第一层面的城市总体规划，出现了持续调规的现象。城市总体规划（以下简称"总规"）是城市管理部门引导和控制城市发展的重要工具，具有法律约束力，其目的是确定城市性质和发展目标，明确城市空间增长边界，合理控制城市建设用地和人口规模，指导各类用地布局。按照《城市规划编制办法》（2006）等相关法规要求，总规规划期限为20年，即应在20年内有效指导城市发展。但诸多案例表明，快速城镇化使得总规经历着持续调整的现象，有的10年一调整，有的5年一调整。持续的调整一定程度限制了总规对城市发展的指导作用，也会使其失去公信力和约束力。

2013年中央城镇化工作会议召开以来，一系列国家重大战略均已提出[1]，要强化城市规划的重要战略地位，保持城市规划的一致性，维护总体规划的严肃性和权威性。本文以此为出发点，以西部某工业城市为例，梳理其总规调整过程，并从各级政府的角度分析持续调规的原因，最后从总规控制内容、弹性用地性

[1] 2013年12月，中央城镇化工作会议提出要加强对城镇化的管理，城市规划要保持连续性。2015年12月，中央城市工作会议召开，这是时隔37年后，"城市工作"再次上升到中央层面进行专门研究部署。会议指出，城市规划在城市发展中起着战略引领和刚性控制的重要作用，规划经过批准后要严格执行。2017年2月，习近平总书记在视察北京时关于城市规划的重要讲话提到："城市规划在城市发展中起着重要引领作用"，"总体规划经法定程序批准后就具有法定效力，要坚决维护规划的严肃性和权威性"。

质、审批程序等方面对总规持续调整提出对策建议。

一、现象：持续调规的城市总体规划——西部某工业城市的案例

放眼全国，不仅大城市多次进行总规调整，诸多中小城市也经历着同样的状况。从2002年起，西部某工业城市（以下简称×市或该市）的城市总体规划经历了2002年编制、2007年局部修改、2012年局部修改、2013年修编和2015年局部修改5次编制工作。其中，2013年修编涉及城市性质、城市用地规模、城市人口规模、城市各分项指标等重大调整；2007年局部修改涉及城市用地与人口规模、城市分项用地指标的调整；而2012年、2015年2次局部修改只涉及城市分项用地指标调整（表1）。

×市历版城市总体规划核心指标修改情况　　表1

编制年份	总规名称	城市性质	城市用地规模	城市人口规模	城市各分项用地指标
2002年	《×市城市总体规划(2002—2020)》	是	是	是	是
2007年	《×市城市总体规划(2002—2020)》(2007年局部修改)	否	是	是	是
2012年	《×市城市总体规划(2002—2020)》(2012年局部修改)	否	否	否	是
2013年	《×市城乡总体规划(2013年编制)》	是	是	是	是
2015年	《×市城乡总体规划(2013年编制)》(2015年局部修改)	否	否	否	是

注：表中“否”代表与上版规划相比未进行调整；“是”代表与上版规划相比进行了调整。

（一）2007年、2012年×市总规局部修改的主要原因

《×市城市总体规划（2002—2020）》从实施以来到2007年，较好地指导了城乡建设发展，各项用地指标也按总规要求执行。但根据国家及省市产业发展的统一部署，3项国家级重大项目需落户该市，而2002年版总规划定的用地规模并不能满足城市发展需要，尤其是工业用地不足，同时产业项目的落地也需容纳新的就业人口。因此，通过用地和人口需求测算，2007年对上版总规进行了调整，其中用地规模总量增加9.71km^2，人口增加2.00万人。

到2011年，又有多项国家与省级重大项目落地，需要对用地进行调整。而本次项目落地的用地需求并未突破城市用地存量，不需要增加规模。因此，2012年仅对总规的用地性质和建设开发时序进行了调整，并未改变城市用地总量。

（二）2013 年×市总规修编的主要原因

2010 年该市部分行政区划进行调整，对城市发展方向和城市空间结构产生了重大影响。同时，城际铁路及相关站场、高速公路等一系列区域重大基础设施的建设，对于用地的需求也越发强烈。而伴随城市工业产业的扩张，对应的城市生活配套建设需求也随之激增。与之相对的是，到 2012 年底，该市现状用地完成规划目标值的 66.22%，其中工业和居住用地分别完成规划目标值的 81.36%和 92.44%（图 1），城市建设用地已不能满足城市发展的需要，城市发展受到限制。

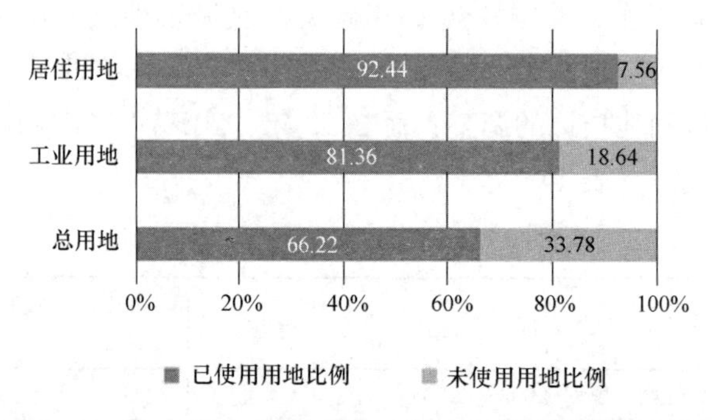

图 1　2012 年底×市现状用地完成情况

2002 版总规及此后调规并没有为此安排相应的空间响应体系，不利于城市产业发展和建设用地增长的可持续性。因此，2013 年该市对总体规划进行了修编。这一版规划对该市到 2025 年的城市性质、城市发展方向、城市用地规模、城市人口规模、城市分项用地指标均进行了重大调整。其中，城市建设用地规模总量增加了 24.50km²。

（三）2015 年×市总规局部修改的主要原因

《×市城乡总体规划（2013 年编制）》于 2014 年获上级人民政府审批，但在 2015 年便进行了一次修编。此次调规的起因仍是该市承接了 5 项国家及省级重大项目。尽管本次调规没有增加用地规模，仅调整了用地性质、地块位置以及不同用地的开发时序，但笔者预料在不久的将来该市还将面临调规，原因有以下两方面。

1. 城区用地现状增长速度快

至 2014 年底，该市现状用地规模为 54.14km²，完成规划目标值的 60.49%。此外，截至 2014 年底该市已建和拟建用地[1]为 70.90km²，已完成 2025 年规划目

[1] 拟建用地包括准现状用地、已签约项目用地、国家及省市级储备用地。

标值的 79.22%（图 2）。在年均增长 3.84km^2的情况下，预测该市建设用地将在 2019 年就达到规划目标值（图 3）。

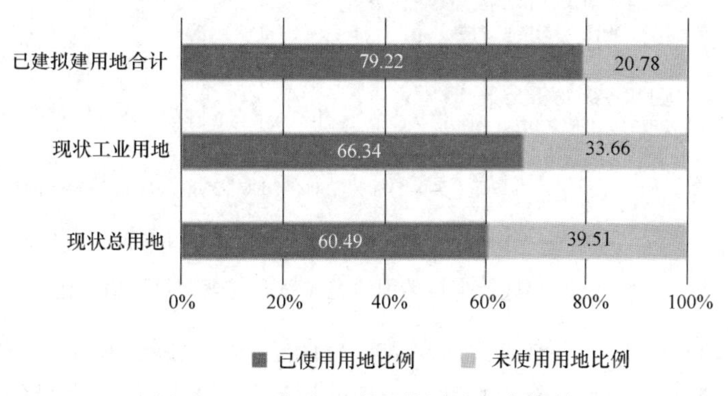

图 2　2014 年底×市现状用地完成情况

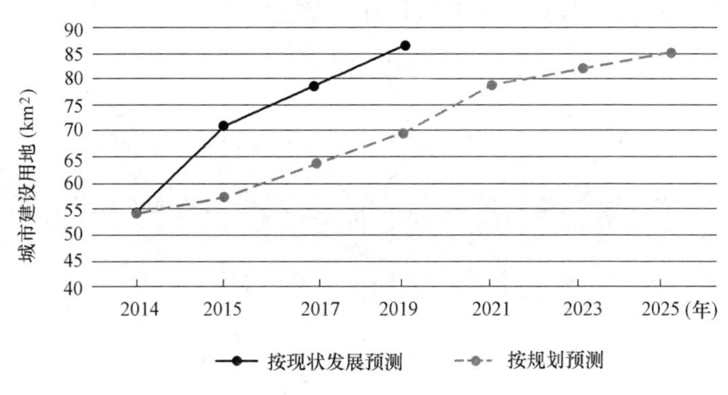

图 3　×市未来用地增长趋势预测

2. 功能性用地规模不足，发展空间有限

随着国家及省市相关产业发展战略的深入实施，该市逐渐成为传统产业转型升级和新兴工业发展的重要地区。该市承接了大量国家和省级重大项目，工业用地扩展速度迅猛，相应的配套功能用地需求量大增。工业规模的扩大导致从业人口的增加，城市生活配套用地需求随之增长。截至 2014 年底，上版规划实施仅 1 年，该市已建成居住用地达到 2025 年规划目标值的 66.78%，已建成工业用地达到规划目标值的 66.34%（图 4）。这表明，该市功能性用地已出现不足，发展空间受到限制。

（四）小结

综上所述，总规持续调整的影响因素，包括重要政策实施、重大项目落地、行政区划调整、重大基础设施建设、公共设施建设、人口流动等。但归根结底，所有因素指向的核心均为城市建设用地（图 5）。当上述一个因素改变时，城市

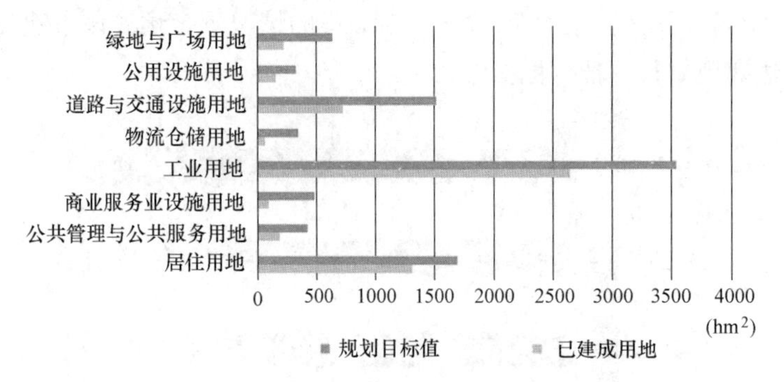

图 4　2014 年底×市各类用地完成情况与规划目标值对比

用地都可能面临改变，也就需要对总规进行调整。在实践工作中，持续的总规调整不仅给规划部门增加了管理难度，繁琐的评审程序也消耗了大量的时间及人力成本，同时也使得城市规划失去时效性和公信力。

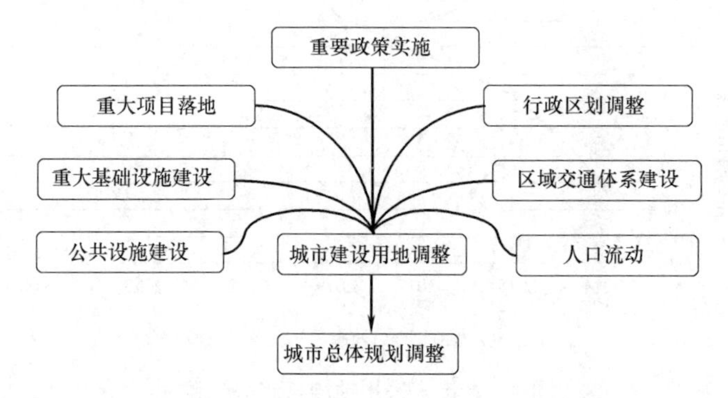

图 5　影响城市总体规划调整的主要因素

二、缘由[1]：各级政府不同诉求之间的关系

上述案例表明，城市总体规划在没有重大政策、重大项目介入的情况下，基本能有效指导城市发展，而当有重大项目或基础设施建设时，总规便有可能面临调整。其原因之一是在全球化背景下，地方政府与上级政府之间存在不同的诉求。城市总体规划是由地方政府主持编制，上级政府具有审批权力。地方在编制总规时重点从自身的角度关注城市发展，而中央政府与省级政府在经济全球化背景下需要大力推动科技创新，因此会不断地向地方分配项目，并由地方政府通过编制规划来获得创新发展所需用地，以推动国家经济发展，参与经济全球化分工（图 6）。

[1] 影响城市总体规划持续调整的缘由有诸多方面，包括国家战略、相关制度、城镇化发展程度、经济发展程度等，受篇幅限制，本文重点阐述总规持续调整过程中各级政府不同诉求间的关系。

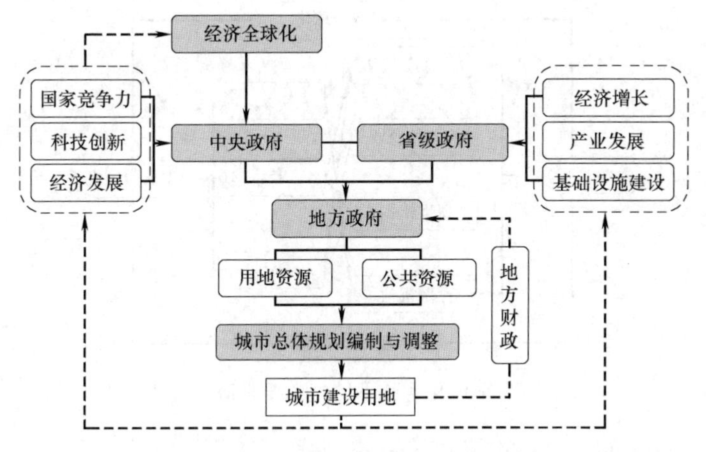

图 6　城市总体规划调整过程中各级政府间的诉求关系

（一）全球化背景下中央政府的创新发展要求

改革开放让中国参与到了全球化竞争中。作为发展中国家，中国在全球化背景下加入国际竞争还面对许多压力，诸如创新能力不足、制造业产品质量不高、核心科学技术与发达国家存在较大差距等。由此，中央政府提出了一系列关于科技创新的发展战略。“十三五规划发展建议”提出将创新发展放在“十三五”时期五大发展的首要位置[1]。只有不断推进科技创新，推进中国制造转向中国创造，才能进一步提升国家核心竞争力。

与此同时，全球化带来了生产要素的流动，这对发展中国家是一种机遇。通过国际投资和产业转移，发展中国家获得了生产要素的流入。生产要素流动最突出的表现即是技术、资金、项目从发达国家向发展中国家流动，发达国家先进的科技型、生产型企业将工厂、部分研发机构与结算中心搬迁至发展中国家。这一要素的流动为发展中国家带来了产业发展与转型升级的机会（图 7）。

中央政府在全球化的挑战与机遇双重作用下，需要进一步提升科技创新能力，促进产业转型升级来参与全球化竞争。作为顶层设计者，其任务是在全球化背景下制定国家的宏观政策和重大战略，鼓励创新产业发展，引入新技术、签订新项目，但项目的具体落实需要用地支撑。国家将项目分配给地方，由地方政府通过规划的法定程序来落实创新发展的用地资源。

---

[1] 党的十八届五中全会强调，实现“十三五”时期发展目标，必须树立并贯彻创新、协调、绿色、开放、共享的发展理念；全会提出，要坚持创新发展理念，把创新摆在国家发展全局的核心位置，推进理论创新、制度创新、科技创新、文化创新等各方面创新。

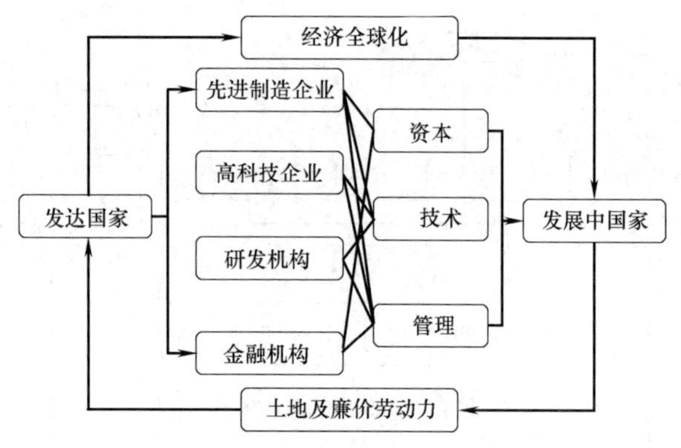

图 7 全球化背景下的生产要素流动过程

（二）省级政府提供公共产品的要求

省级政府是国家战略的具体执行者，其更为重要的职责，是根据省一级行政单位的具体状况、资源禀赋、区位条件，为地方制定更为具体的战略目标和发展策略，并通过区域重大基础设施与公共设施建设为地方提供公共产品和服务。改善与强化公共服务是新时期中国城镇化最明显的形态。通过建设基础设施与公共设施、提供公共产品与服务满足居民需求。

此外，在现行行政考核制度下，省级政府还面临诸多指标的考核，GDP 指标是其中之一[1]。为了促进地方经济增长，省级政府也会推动产业发展：一方面通过扶持地方传统优势产业，推动其转型升级，实现传统产业的再次发展；另一方面通过招商引资，吸纳新技术，刺激新的经济增长点，促进创新型产业发展。

但不论是提供基础设施与公共服务，或进一步促进产业发展，都需要城市建设用地这一物质载体。与中央政府一样，省级政府对于城市建设用地仅拥有监管和审批权，最终仍需要地方政府通过法定程序来获得建设用地。

（三）地方政府[2]自身发展需求

改革开放以来，以 1994 年财税制度改革为代表的诸多政策为地方政府施政提供了更大空间，尤其是在用地使用权方面给了地方政府一定的自主权力，城市各级规划的编制和实施也由地方政府组织管理。和省级政府一样，地方政府同样会通过产业转型升级促进地方经济发展，也同样会考虑为地方建设基础设施与公共设施。但与中央政府的国家战略视野和省级政府的区域统筹视角不同，地方政

---

❶ 近年来，不少学者呼吁淡化各省 GDP 排名作为政府考核的重要指标，但该指标对于一定区域范围内的经济发展评价仍有一定的参考价值。

❷ 本文所指的地方政府主要指市级、县级、区级政府。

府在制定总体规划时多是从自身的角度出发，重点考虑在一个规划周期内城市自身的发展，城市性质、城市用地和人口规模、城市用地布局、基础设施建设等均按照城市自身的发展特征和要求来制定。

然而，在全球化背景下，地方已不再是相对独立发展的单元，其经济、产业发展已融入全球一体化中。地方在编制总规时，若未考虑国家及省级政府在全球化背景下的诉求，为城市发展预留足够用地，或已划定的用地分类不能满足重大项目落地要求，地方政府就需要对总规进行调整。

三、对策：弹性与集约化的总规策略

近几年来，国家发布了一系列关于城市建设的重大战略决策[1]，提出要彻底改变粗放型管理方式，坚持集约发展，盘活存量，增强规划的严肃性和权威性，进一步强化城市规划的重要作用。集约、弹性、绿色、可持续成为现阶段城市规划工作的主题词。面对总规持续调整的问题，笔者认为，一方面城市规划自身需进行变革，即进一步强化总规的战略性和宏观指导作用，增强总规对用地控制的弹性；另一方面，从政府管理的角度，需进一步细化总规调整审批程序，提高项目准入门槛及土地使用效率，同时，各级政府应加强沟通、树立全球视野，以实现城市总体规划的连续性（图 8）。

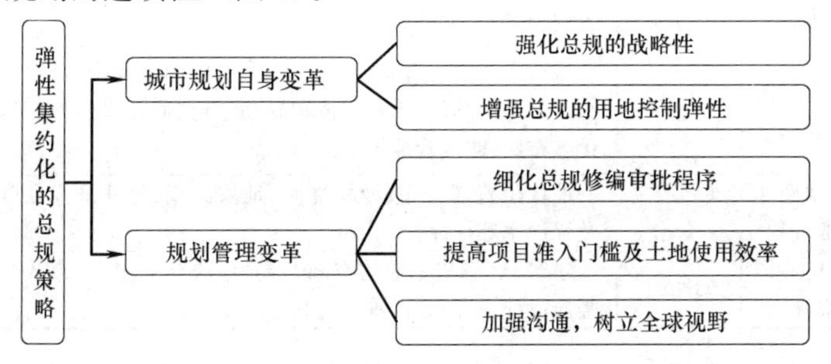

图 8　弹性集约化的城市总体规划变革策略框架

[1] 包括国家新型城镇化发展战略的提出、2015 年中央城市工作会议的召开、2016 年 2 月《关于进一步加强城市规划建设管理工作的若干意见》的颁布、2017 年 2 月习近平总书记视察北京时关于城市规划的重要讲话精神等。其中，《国家新型城镇化规划（2014—2020 年）》提出新型城镇化规划要以人的城镇化为核心，以综合承载能力为支撑，提升城市可持续发展水平；新型城镇化强调把生态文明理念全面融入城镇化进程，着力推进绿色发展、循环发展、低碳发展，节约集约利用土地等资源；与传统城镇化相比，新型城镇化应更加注重内涵和质量。2015 年中央城市工作会议明确提出，将安全放在城市管理和发展的首位；以城市管理和服务为重点，彻底改变粗放型管理方式，坚持集约发展，进一步盘活存量。2016 年 2 月颁布的《关于进一步加强城市规划建设管理工作的若干意见》提出要强化城市规划工作；依法制定城市规划，依法加强规划编制和审批管理；增强规划的前瞻性、严肃性和连续性，实现一张蓝图干到底。

（一）强化总规的战略性和宏观指导作用

城市总体规划作为我国城乡规划体系中第一层面的内容，笔者建议应强调其战略性和宏观指导作用，弱化对于城乡发展诸多细节的控制。在城市规划体系中，总规与详规的定位及其控制内容可以更加明确（表2）。其中，城镇体系规划着重控制市（县、区）域范围内的城镇体系发展构架，包括市（县、区）域城镇体系结构，生态资源保护范围和措施，城乡用地布局与人口规模，重大产业、交通廊道、基础设施布局等宏观战略性内容。城市总体规划着重控制城市规划区的骨架和总量，包括城市空间增长边界、生态与基本农田用地界限、城市性质、城市用地与人口总量、城市用地总体布局、城市交通体系、重大基础设施与公共设施布局、四线管控等城市发展的全局性内容；对于城市各类型用地的具体分布、各分项用地指标、开发强度、用地边界、用地指标等内容可以适当弱化，并交由控制性详细规划在规划控制单元的范围内具体控制。在总规成果方面，建议强化文本及图纸对于总量、界限、结构等相应内容的法律约束与控制，而对具体建设、空间布局等内容给予适度弹性空间，仅需明确对详细规划的控制要求（表3）。

各类规划建议强化控制的内容　　表2

规划阶段	规划层次	控制范围	建议强化的控制内容
总体规划阶段	城镇体系规划	市（县、区）域	市（县、区）域城镇体系结构，重大产业、交通廊道、基础设施布局、区域空间管制、生态资源保护范围和措施等
	城市总体规划	城市规划区	城市空间增长边界，生态与基本农田用地界限、城市性质、城市用地与人口总量，城市用地总体布局，城市交通体系、重大基础设施与公共设施布局、四线管控等
详细规划阶段	控制性详细规划	规划控制单元	地块位置与分布、地块性质、地块红线、地块开发强度，地块容积率及绿地率等指标
	修建性详细规划	地块单元	建筑、道路和绿地的空间布局，地块交通组织，市政管网布局，地块竖向设计，日照分析等

城市总体规划成果建议强化控制与弹性控制的内容　　表3

规划阶段	规划成果	建议强化控制的内容	建议弹性控制的内容
城镇体系规划	文本	城乡发展战略、城镇体系布局、重大产业发展及其空间布局、重大基础设施与公共设施用地控制、区域综合交通体系布局，城乡区域空间管制、综合防灾减灾规划、生态保护范围和措施	人口与城镇化、城乡建设用地布局，城镇建设用地布局，乡村建设指引，城乡统筹战略
	图纸	城镇体系布局图、城乡空间管制图、城乡交通体系规划图，城乡产业布局图、区域公共设施布局图、城乡综合管网规划图、城乡文物及风景资源规划图	城乡用地布局图，乡村建设指引图，近期建设规划图

续表

规划阶段	规划成果	建议强化控制的内容	建议弹性控制的内容
城市总体规划	文本	城市性质与职能、人口与建设用地规模、规划区范围、公共管理和公共服务设施、综合交通规划、城市市政公用设施布局规划、绿地与水域保护规划、历史文化保护规划、环境保护规划、综合防灾减灾规划	建设用地布局、居住用地布局、地下空间布局、城市风貌控制、旧城保护与更新、规划期发展重点、规划实施建议
	图纸	空间管制图、规划结构图、公共服务设施规划图、交通体系规划图、绿地系统规划图，各类基础设施规划图、综合防灾规划图、四线规划图、环境保护规划图	功能分区图、用地布局规划图、居住用地规划图、工业及仓储用地规划图、开发强度规划图、高度分区规划图、景观风貌规划图、近期建设规划图

（二）增强总规对用地控制的弹性

总规持续调整的一个重要因素是城市建设用地的调整。为此，在符合《城乡规划法》及《城市规划编制办法》等相关法规的前提下，笔者建议对总规赋予更大的弹性空间，尤其是对用地控制的弹性。

首先，建议在不突破用地总量的情况下，各类用地可直接在总规框架下进行置换（图 9）。即规划管理部门在实施总规时，保证用地总量不变以及绿地（G类）、公共管理与公共服务用地（A 类）不减少的前提下，面对实际需要可直接对等量面积的用地进行置换。其审批程序建议简化为以用地调整报告的方式向本

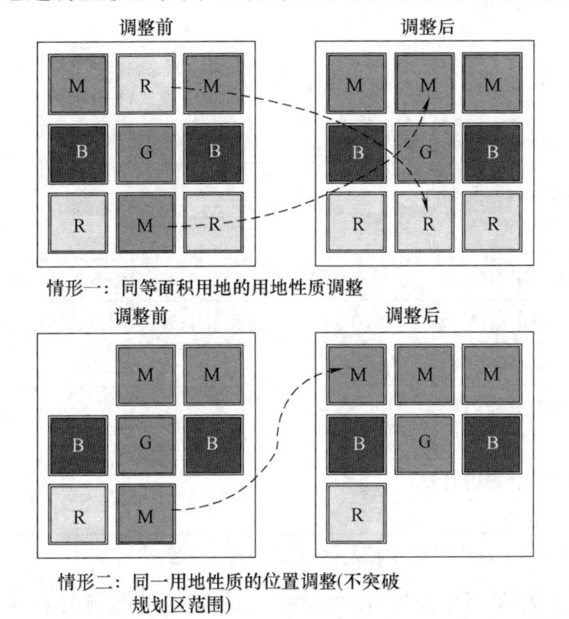

图 9　建议城市总体规划指导下可直接进行用地置换的两种情形

级人民政府或人大备案，而不再经过调规评审程序。

二是建议增加总规用地性质的兼容性。现阶段总规编制对此已有所考虑，但主要针对居住与商业、工业与仓储等相似用地性质的兼容。笔者建议，在不影响城市安全和生态环境的条件下，总规可在实施中进一步扩大用地性质兼容性（表4）。通过总规文本制定用地兼容性表或由地方出台用地兼容性规定来指导各类城市建设用地的兼容性使用，以实现城市建设用地的集约高效利用，减少因用地性质调整而引起的调规。武汉市已出台《武汉市规划用地兼容性管理规定》，按“部分兼容”“完全兼容”和“禁止兼容”三种情况进行规定，在执行中得到了规划管理部门及行业从业人员的认可。

主要几类城市建设用地的兼容性建议 **表4**

大类用地性质	中类用地性质	可兼容	有条件兼容	不得兼容
居住用地(R)	二类居住用地(R2)	A2、A33、A4、A6、B1、G	A1、A5、B2、B4、B9、S、U	M、W
公共管理与公共服务用地(A)	行政办公用地(A1)	A2、A4、G	B1、B2、B4、S、U	B3、M、W
	文化设施用地(A2)	A4 G	A1、A6、B1、B2、B3、B4、B9、S、U	M、W
	教育科研用地(A3)	A2、A4、G	A1、A5、A6、B1、B2、B4、B9、S、U	B3、M、W
	体育用地(A4)	A2、B3、G	A1、A5、B1、B4、B9、S、U	M、W
商业服务业设施用地(B)	商业用地(B1)	A1、A2、G	R2、A4、A5、A6、B2、B4、B9、S、U	M、W
	商务用地(B2)	A1、A2、G	R2、A4、A5、A6、B1、B4、B9、S、U	M、W
	娱乐康体用地(B3)	A2、A4、G	R2、A5、A6、B4、B9、S、U	M、W
	公用设施营业网点用地(B4)	B1、G	R2、A1、A5、A6、B9、S、U	M、W
工业用地(M)	一类工业用地(M1)	G	A1、B1、B4、W1、S、U	R、A2、A3、A4、B2、B3
	二类工业用地(M2)	M1、G	A1、B4、W1、W2、S、U	R、A2、A3、A4、B1、B2、B3
	三类工业用地(M3)	M1、M2、C	A1、B4、W1、W2、S、U	R、A2、A3、A4、B1、B2、B3
物流仓储用地(W)	一类物流仓储用地(W1)	G	A1、B1、B4、M1、S、U	R、A2、A3、A4、B2、B3
	二类物流仓储用地(W2)	W1、G	A1、B4、M1、M2、S、U	R、A2、A3、A4、B1、B2、B3

资料来源：笔者根据《武汉市规划用地兼容性管理规定》改绘。

三是建议在不突破城市空间增长边界、符合空间管制的要求下，预留城市发展储备用地。现阶段的总规编制对城市发展备用地有所考虑，但所划定的城市发展备用地多是对远景的展望，仍停留在图纸上，并不能直接使用该类用地。建议总规编制过程中划定一定比例的城市发展储备用地，在实际操作中，通过用地适宜性评价及用地性质可行性报告的论证，经本级政府或人大审批备案后，可将城市发展备用地转换为城市建设用地。

（三）细化总规修编的审批程序

依据现行《城市规划编制办法》，总规编制与调整工作由本级人民政府组织实施，上级人民政府或规划管理部门负责审批[1]。持续调整的总规一方面给规划管理部门增加了不少工作，另一方面，较长的审批过程也使得总规调整失去时效性，甚至出现刚一审批通过就面临新调整的情形。因此，笔者建议根据总规调整所涉及的具体内容，制定更为详细的总规审批程序（表5）。面对总规局部修改，在不突破城市空间增长边界、不涉及城市用地与人口规模及城市性质改变的情况下，其审批程序建议简化为由本级规划管理部门组织编制用地调整报告，并由其审批，报本级人民政府备案（图10）；涉及强制性条款调整的，报本级人民政府审批后报上级规划管理部门备案；而面对城市用地及人口规模、城市空间增长边界调整等重大修改的，其审批程序维持不变。

城市总体规划审批程序调整的建议 表5

类型	涉及修改的内容	原审批单位	建议的审批单位
总体规划局部修改	城市用地调整（总量不变）	由本级人民政府组织编制，报上级规划管理部门或人民政府审批	由本级规划管理部门组织编制并审批，报本级人民政府备案
	城市用地调整（总量不变），强制性条款调整	由本级人民政府组织编制，报上级规划管理部门或人民政府审批	由本级规划管理部门组织自制，本级人民政府审批并报上级规划管理部门备案
总体规划重大修改	城市用地、人口规模调整（总量改变），用地性质调整，强制性条款调整	由本级人民政府组织编制，报上级人民政府审批	维持不变
总体规划修编	城市空间增长边界、用地规模、人口规模、城市性质等重大调整	由本级人民政府组织编制，报上级人民政府审批	维持不变

[1] 现行《城市规划编制办法》于2006年4月1日起实施，其中，第十一条提到：城市人民政府负责组织编制城市总体规划和城市分区规划；具体工作由城市人民政府建设主管部门（城乡规划主管部门）承担。第十三条提到：组织编制直辖市、省会城市、国务院指定市的城市总体规划的，应当报请国务院建设主管部门组织审查；组织编制其他市的城市总体规划的，应当报请省、自治区建设主管部门组织审查。第十七条提到：城市总体规划调整，应当按规定向规划审批机关提出调整报告，经认定后依照法律规定组织调整。

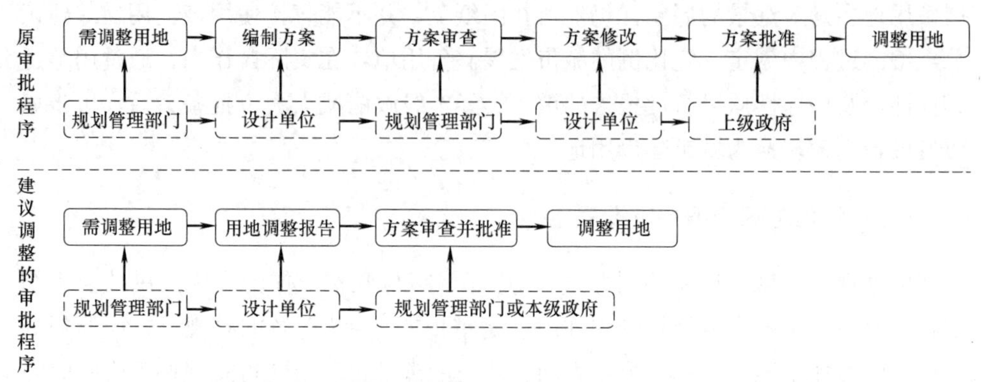

图 10　城市总体规划局部修改审批简化程序建议（用地总量不变的情况下）

（四）提高项目准入门槛及土地使用效率

新时代背景下的城镇化发展要求城乡建设“减量提质”，走集约、绿色、高效的路子。为有效缓解因城市用地紧缺、大量项目无法落地而引起的总规持续调整，地方政府在招商引资过程中，应适当提高项目准入门槛，利用有限的土地资源实现用地效率最大化。通过建立项目准入评价体系，对项目的用地投入产出比、科技创新贡献度、环境影响进行综合评价，对各项指标不符合相关要求或未达到国家平均水平的项目不予引进（图 11）。

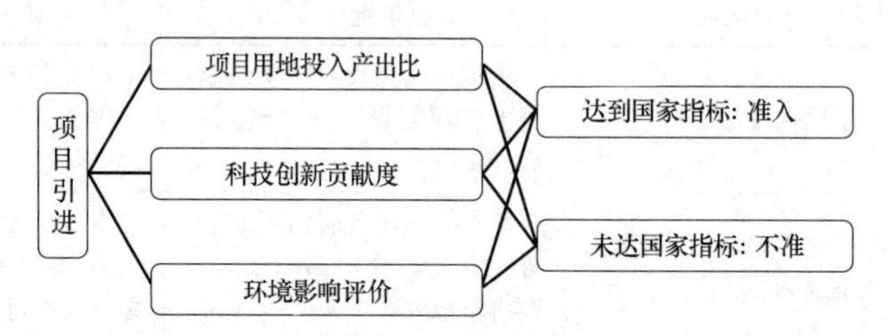

图 11　项目引进评价体系的建议

此外，在旧城更新过程中，对于存量用地可通过提高容积率、功能置换、基础设施提升等方式提高土地使用效率。对居住或商业用地，可对用地进行开发评定，进一步完善基础设施，区位较好的地块可适当提高用地开发容积率；对工业用地，可通过产业调整与置换，退出低端或产能低下的产业，发展高附加值及高新技术产业，以提高土地产出效率。

（五）树立全球视野，加强各级政府间的沟通

经济全球化促使地方发展完全融入全球竞争中。要参与全球竞争，并处于优势地位，就需要从意识上和经济上使自身完全融入全球化竞争。地方政府在编制

总规时，应当树立国际视野，充分预见未来 20 年甚至 50 年可能发生的重大变革及其对于城市发展所带来的影响，保证总规具有宏观战略性。

此外，各级政府间也应当加强沟通，对于重大项目、区域性交通设施、重大基础设施建设建立沟通机制，保证项目落地的相关信息能够及时反馈到各级政府，以便在总规制定中得到及时反映（图 12）。

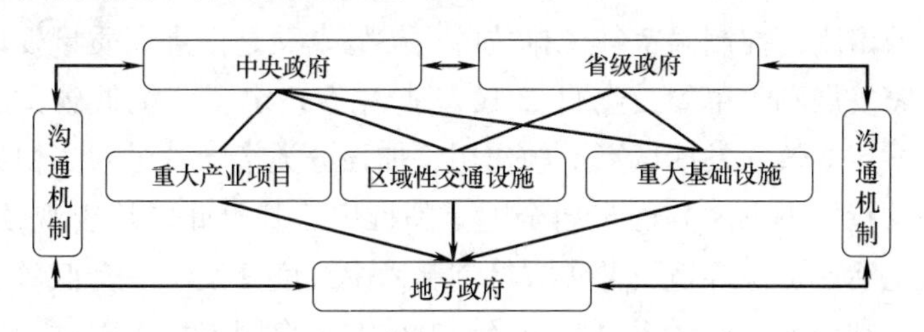

图 12　各级政府间沟通机制的建议

四、结语

城市总体规划作为我国规划体系中第一层级的内容，对于指导城市健康可持续发展具有重要作用。值此国家进一步强调城市规划重要性的大背景下，更应维护总规的权威性和严肃性。本文以西部某工业城市为例，梳理了该城市总体规划的调整过程，进而总结建设用地调整是影响城市持续调规的核心要素。针对持续调规问题，笔者从总规自身变革及规划管理两个层面提出了五个方面的解决对策。这些对策是笔者在规划实践工作中所作的一些思考和总结，仍有待进一步深化，希望能对推动总体规划的创新与变革有所助益，并为维护城市规划的权威性和可持续性提供借鉴和参考。

（撰稿人：赵万民，博士，重庆大学建筑城规学院教授、博士生导师，中国城市规划学会副理事长；孙爱庐，重庆大学建筑城规学院博士研究生）

注：摘自《城市规划》，2018（07）：43-51，参考文献见原文。

中国低碳试点城市成效评估

导语：城市既是控制温室气体排放的主战场，又是促进高质量发展的重要行动单元。国家发展和改革委员会自 2010 年起先后确定了三批低碳试点城市，为了定量评估试点成效、发挥试点引领作用、加强分类指导，必须尽快构建统一的低碳城市评价指标体系，并逐步向全国范围推广。基于此，从宏观领域、能源、产业、低碳生活、资源环境、低碳政策创新六个维度开发了一套低碳城市建设评价指标体系。利用该指标体系对 2010 年和 2015 年全国三批低碳试点城市（地级市）进行了多维度评估，得出低碳试点工作取得积极成效的结论，并发现低碳城市演进的规律和存在局部不平衡、低碳政策效果未完全发挥等问题，提出了以“低碳＋”和“＋低碳”战略为指导、以系统工程思维规划布局、完善“以评促建”“评建结合”的制度、发挥低碳建设与区域发展的协同效应、把握标准化趋势，争取国际话语权等政策建议。

《巴黎协定》生效后，城市作为实现新的减缓和适应气候变化目标的重要空间和责任主体，通过构建引领城市绿色低碳转型的战略目标体系，可以重塑气候治理新格局下城市绿色低碳的生产生活方式和消费模式。

国家发展和改革委员会自 2010 年起先后开展了三批低碳省区（市）试点工作，经过几年探索，试点工作是否取得积极成效，在哪些方面促进了全国范围的低碳发展等问题受到外界高度关注。而尽快构建统一的低碳城市建设评价指标体系，能够更好地总结试点经验、发挥试点引领作用。中国社会科学院城市发展与环境研究所在国家发展和改革委员会气候司的领导下，开发了一套全新的低碳城市建设评价指标体系。利用该指标体系对我国三批低碳试点城市七年多的试点效果进行多维度定量评估，总结了不同类型试点的成功经验，反馈了低碳发展比较优势和发展短板，规范了低碳城市建设评价体系，为城市发展战略探讨和规划的制定提供科学指导。

一、低碳城市建设评价指标体系研究综述

国内外对低碳城市评价的研究主要在四个方面。从评价对象上看，国外围绕低碳城市评价的指标体系较少，基本围绕“＋低碳”战略进行，注重与经济、社

会、环境的协同。国内围绕低碳进行的研究逐渐增多，主要从单一指标过渡到综合评估。碳效率与低碳竞争力是当下研究的热点，但对于碳效率来说，普遍存在的问题是选取的效率指标较难严谨反映低碳效率水平，而低碳竞争力更多集中于对比分析空间低碳差异，市域层面的低碳竞争力仍未涉及。

从评价空间尺度上看，涵盖了全球层面的多国家、多地区评估；国家层面的省级、地市级评估；行业层面的园区、单体行业评估。单体行业的指标体系建设相对成熟，但国家层面、全球层面的相关指标由于复杂性、动态变化性等问题，大规模评价的指标体系鲜有出现。

从评价方法上看，一是采用主观方法，如德尔菲、层次分析；二是客观方法，如因子分析、熵值法、Topsis 法、主成分分析、BP 神经网络法等；三是组合评价法，用多个单一评价法对主体评价，之后进行事前、事后一致性检验，获得最优组合模型。实际上，把相关性不强的评价组合放在一起没有实际意义，重方法轻评估。

从评价功能上看，以科研为主的第三方评价是目前最多的一类评价体系，但具有权威性的较少。以考核为目的的政策性评估逐渐出现，如《生态文明建设目标评价考核办法》，绿色发展指数等。地方政府因地制宜也出台了自评估标准，但具有明显地域特征，不适用于全国范围。

总的来说，国内外指标体系均存在一定的不足，一是缺乏相关理论支撑，科学性和系统性较差。二是指标选取具有盲目性，有的指标覆盖面广，但低碳相关性弱；有的低碳内涵性强，但不易获取数据。三是不利于分类指导，很多指标具有明显区域特征，不能推广使用。四是用户不明确，以学术为目的的指标体系经常集中于方法测算，较为复杂，而以地方考核为目的的指标体系科学性值得验证。基于此，本文从四个方面进行了改进，一是采用“低碳＋”和“＋低碳”模式对低碳内涵进行扩展，加强整个社会的低碳导向性。二是明确了指标体系用户，即提供国家发展和改革委员会、地方政府和第三方使用。三是方法创新性，根据每一个指标特点，选取不同的“标杆值”。四是对城市类型进行了划分，突出了分类指导。指标体系构建过程中多次征求政府主管部门、行业专家、地方工作人员的意见，经过十余次修改最终完成，并编制了应用指南，凸显了操作性。

二、低碳城市评价指标体系的构建

（一）指标体系构建原则及功能

指标体系构建需要遵循五方面原则：一是低碳相关性，选择以低碳为主体、协调性的指标；二是内涵差异性，从总量、强度、结构等不同层面选择可量化、适用面广的指标；三是自身特色性，指标既可以与国际接轨又具本土特色；四是政策导向性，低碳城市的发展必须审视低碳经济内涵和发展趋势。五是区域差异性，指标需考虑不同地区资源禀赋、经济社会发展特征。

指标体系的功能主要有三个：提供国家发展和改革委员会考核评估；让地方政府自评估；提供第三方机构从科研角度进行比较研究。

（二）指标选取与权重

指标选取以宏观层面的国家自主贡献目标、国家应对气候变化目标、IPCC 报告提出的重点减排领域为主要依据，并考虑发展阶段、基础设施的锁定效应，绿色交通、绿色制造等促进低碳转型的领域。经多轮专家讨论，最终选取宏观及能源、产业、低碳生活、资源环境、低碳政策与创新六个维度作为评价的重要领域。

各指标选取“标杆值”方法，包括达峰与否、绝对脱钩/相对脱钩、国家/省级规划目标、全国平均水平、“领跑者”水平等进行对标，具体指标及方法见表 1。

低碳城市建设评估指标体系及评分基准　　表 1

重要领域	指标层	单位	评价基准
宏观领域	碳排放总量	万 t	现状及努力程度
	人均碳排放量	tCO_2/人	与全国平均值的比较
	单位 GDP 碳排放	tCO_2/万元	与各类型标杆城市比较
能源低碳	煤炭占一次能源消耗比量	%	与上一级行政区控制目标值比较
	非化石能源占一次能源消耗比量	%	与上一级行政区规划目标值比较
产业低碳	规模以上工业增加值能耗下降率	%	与同类型城市平均水平比较
	战略性新兴产业增加值占 GDP 比重	%	与国家规划目标值比较
低碳生活	万人公共汽(电)车拥有量	辆/万人	按照城市常住人口规模，与各类型城市平均水平比较
	城镇居民人均住房建筑面积	m^2	与全国平均值的比较
	人均生活垃圾日产生量	kg/人	与全国平均值的比较
资源环境	$PM_{2.5}$浓度	$\mu g/m^3$	与国家《环境空气质量标准》二级标准的平均浓度值比较
	森林覆盖率	%	按照城市年平均降水量分级，与各类型城市平均水平比较
低碳政策与创新	低碳管理	—	定性指标定量化
	节能减排和应对气候变化资金占财政支出比重	%	与标杆城市比较
	其余创新活动	—	定性指标定量化

注：森林覆盖率指以行政区域为单位森林面积与土地总面积百分比。森林面积包括郁闭度 0.2 以上乔木林地面积和竹林地面积、灌木林地面积、农田林网以及村旁、路旁、水旁、宅旁林木覆盖面积。

资料来源：作者自行整理。

权重从科学、实用、易操作的角度选取了层次分析和专家咨询相结合的方法。首先构建层次结构模型，由专家赋予权重，其次检验判断矩阵一致性，结合30份专家打分结果，初步得出权重的计算结果；最后用实际数据多次反推权重的合理性，经过课题组成员、专家及决策者讨论获得最终权重。每个指标的赋值在0～1之间，最后根据各指标权重计算最终的总目标层指数，百分制换算为城市低碳建设指标指数，取值区间为［0，100］。

（三）基于指标体系的城市分类

城市分类方法众多，每种划分方式与研究目的紧密相连。本研究的城市划分以低碳城市发展为核心、工业化进程为依据、综合考虑了城市的生态环境及城镇化率水平，划分标准见表2。

城市分类方法 **表2**

城市类型	划分方法
服务型城市	第三产业占GDP比重大于55％
工业型城市	第二产业占GDP比重大于50％，且以制造业为主
综合型城市	二产三产占比相当，第二产业占GDP比重小于50％且第三产业占GDP比重小于55％，制造业比重逐渐下降
生态优先型城市	第一产业占GDP比重较大、城镇化水平不高、生态环境较好

注：本研究的城市分类仅限于低碳城市评价使用，不代表适合用于任何目的研究工作。
资料来源：作者自行整理。

三、评价对象选取及数据来源

（一）评价对象选取

评价对象主要从三批低碳试点城市中选取。考虑的选取因素有两方面：一是覆盖性，所选城市需要代表不同城市的经济发展水平、资源禀赋等特征，而国家发展和改革委员会在选取低碳试点城市时，已考虑上述因素。二是可比性，试点城市既有国际性都市，又有县级市，为了在可比较维度上进行，本文剔除了四个直辖市及区县城市，保留70个地级市进行比较。

（二）数据来源

秉承数据采集过程公开、准确及一致性原则，尽可能采用公开的基础数据，包括：统计年鉴、财政收支情况、城市自评估报告和政府官网数据。

需要说明的是，因数据量大，个别数据采用了缺省值替代的方法。另外，由于部分城市不公开或没有能源平衡表，碳排放相关数据根据能源结构推算，虽然存在一定误差，但属于系统性误差，不影响对结果和趋势的判断。

四、低碳试点城市评价结果

（一）宏观维度评估

对70个低碳试点城市进行综合评估得到，2010年试点城市的总分集中于60～86分之间，其中80～89分的11个，70～79分的44个，60～69分的15个，特别是西北、内蒙古、山西、河北、河南、山东等部分地区，分数相对较低。2015年综合总分集中于70～93分之间，其中90分以上的1个，为深圳，80～89分的50个，70～79分的19个。全国以80～89分区间段为主，一些资源型城市分数也提升到70分以上，说明低碳试点的低碳水平有了整体提高，但昌吉和淮安两个城市的分数反而出现了下降（表3，表4）。

2010年70个低碳试点城市综合评分整体排名情况　　表3

城市	总分	城市	总分	城市	总分	城市	总分
深圳	85.99	柳州	77.94	吉林	75.69	朝阳	68.10
桂林	84.36	南昌	77.88	宁波	75.43	合肥	67.87
南平	81.83	中山	77.87	安康	75.37	乌海	67.72
昆明	81.61	广州	77.64	大连	74.96	烟台	67.64
成都	81.34	延安	77.64	常州	74.96	乌鲁木齐	67.10
广元	81.34	遵义	77.20	青岛	74.88	济源	66.36
杭州	80.69	兰州	77.16	镇江	74.78	济南	66.20
三亚	80.28	黄山	77.03	沈阳	74.47	伊宁	66.16
厦门	80.13	郴州	77.01	贵阳	74.43	金昌	65.89
景德镇	80.11	昌吉	77.00	六安	74.29	晋城	62.63
温州	80.00	金华	77.00	宣城	73.99		
赣州	79.83	株洲	76.94	武汉	72.93		
抚州	79.57	湘潭	76.65	嘉兴	71.87		
西宁	79.48	呼伦贝尔	76.63	潍坊	70.81		
玉溪	79.31	衡州	76.15	池州	70.77		
大兴安岭	79.19	三明	76.07	银川	69.68		
淮安	78.83	苏州	75.92	淮北	69.66		
秦皇岛	78.53	南京	75.89	和田	68.51		
吉安	78.24	保定	75.78	吴忠	68.37		
长沙	78.16	拉萨	75.78	石家庄	68.35		

资料来源：作者自行整理。

2015 年 70 个低碳试点城市综合评分整体排名情况 表 4

城市	总分	城市	总分	城市	总分	城市	总分
深圳	92.96	武汉	83.82	安康	81.91	淮安	78.65
桂林	88.87	池州	83.77	烟台	81.54	乌鲁木齐	77.93
昆明	87.95	淮北	83.76	嘉兴	81.52	拉萨	77.43
广元	86.92	南京	83.65	吴忠	81.08	石家庄	77.31
大兴安岭	86.72	苏州	83.63	大连	81.06	晋城	77.24
秦皇岛	86.66	青岛	83.61	湘潭	81.01	昌吉	76.37
中山	86.04	杭州	83.51	三明	80.86	济源	75.93
黄山	85.83	郴州	83.48	镇江	80.81	乌海	74.73
厦门	85.30	六安	83.37	玉溪	80.72	和田	74.21
吉安	85.16	成都	83.16	济南	80.68	金昌	71.72
南平	85.00	沈阳	83.12	呼伦贝尔	80.51		
赣州	84.72	宣城	83.11	兰州	80.15		
抚州	84.71	金华	83.10	银川	79.98		
长沙	84.62	株洲	83.09	宁波	79.95		
三亚	84.25	常州	83.01	贵阳	79.91		
南昌	84.23	吉林	83.01	伊宁	79.88		
遵义	84.05	西宁	82.91	延安	79.59		
广州	83.89	保定	82.89	潍坊	79.46		
温州	83.87	朝阳	82.83	衢州	79.45		
合肥	83.84	景德镇	81.95	柳州	78.87		

资料来源：作者自行整理。

政策效果的发挥应该反馈在定量指标的低碳贡献度中。因此，本文剔除政策创新部分的分数，从客观层面评估了城市的低碳水平。评估发现，深圳在两种评估方式下，排名均处于首位，说明低碳化水平在全国处于领先位置，且政策已经发挥出应有效应。镇江、苏州、厦门等城市在两种评估方法下，分数变动较大，侧面说明可能由于时滞性，这些城市的低碳政策还未完全发挥作用（表 5）。

相对 2010 年，2015 年两种评分方法下分数变动较大的城市 表 5

排名	城市	综合总分升高率	城市	客观分升高率
1	镇江	8.06%	镇江	5.97%
2	苏州	10.15%	苏州	8.11%
3	厦门	6.46%	厦门	4.56%
4	青岛	11.66%	青岛	9.81%
5	秦皇岛	10.35%	秦皇岛	8.55%

续表

排名	城市	综合总分升高率	城市	客观分升高率
6	广元	6.86%	广元	5.08%
7	吉林	9.67%	吉林	7.90%
8	南平	3.87%	南平	2.14%
9	贵阳	7.40%	贵阳	5.68%
10	桂林	5.34%	桂林	2.64%

资料来源：作者自行整理。

（二）三批低碳试点城市分批次评估

三批低碳城市并未按照时间顺序呈现出第一批试点的低碳综合总分＞第二批＞第三批的情况；相反，从综合总分升高率来看是第三批＞第二批＞第一批。

第一批试点城市整体表现出宏观领域的低碳分数升高最快，说明试点工作促进了碳排放总量、单位 GDP 碳排放及人均 CO_2 排放量的减少，效果最为明显。但是产业、能源、低碳资金投入、创新效果分数较低，说明虽然作为第一批试点城市，但低碳发展动力不足❶。

第二批经济社会发展较好的试点城市，如青岛、镇江、宁波、苏州等的低碳政策创新较多，拉动了整体分数，但延安、金昌等中小型工业城市的低碳政策创新需要加强。同时，第二批试点在宏观领域的分数增加并不显著，侧面说明低碳政策效果未完全显现，且在资源环境方面的低碳水平需要加强。

第三批试点以中小城市为主，其在产业及能源领域的分数升高最快，直接拉动了低碳综合指数的提高。研究还发现，第三批试点城市的资金投入占比较大，而研究期内，第三批试点城市并未成立，说明一部分地方政府已意识到低碳转型的重要性，采取了改革措施“倒逼”低碳发展。但是由于政策的时滞性，碳排放下降相对前两批试点来说最慢（图 1，图 2）。

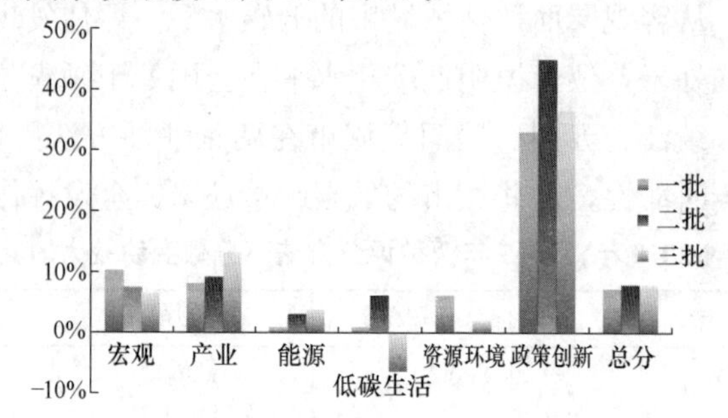

图 1　三批低碳试点城市各领域及低碳综合总分升高率

❶ 此处为第一批试点的平均情况，深圳作为第一批试点，其各方面低碳表现突出。

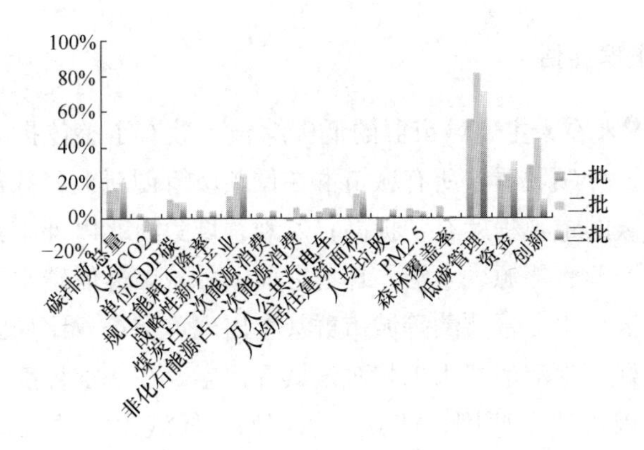

图 2　三批低碳试点城市各指标分数升高率

(三) 按地理位置评估

从地理位置❶的分布来看，东、中、西部城市的低碳化水平有差距（图 3)，东部地区在产业和政策创新中的低碳水平高于其他地区；中部地区在能源、资源环境方面的低碳水平效果较好，宏观领域表现出的碳减少水平最快；西部地区的低碳化生活较好，但能源低碳化水平不高，这也与西部地区的实际发展水平相关。综合来看，中部地区的低碳综合指数增长率为 8.67%，低碳化潜力最大，未来加大中部地区能源结构调整及产业结构调整，可以最大限度地减少碳排放。

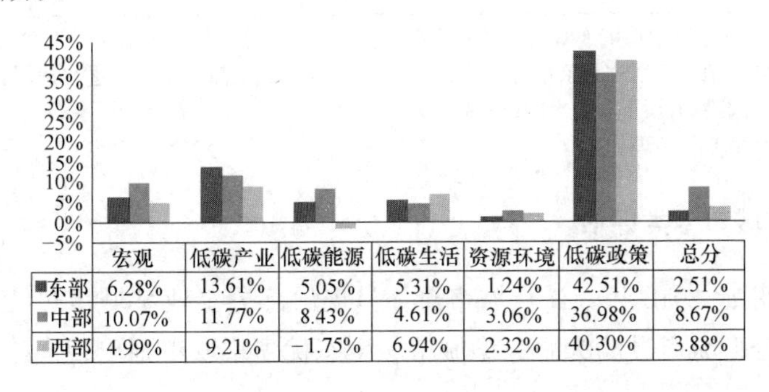

	宏观	低碳产业	低碳能源	低碳生活	资源环境	低碳政策	总分
东部	6.28%	13.61%	5.05%	5.31%	1.24%	42.51%	2.51%
中部	10.07%	11.77%	8.43%	4.61%	3.06%	36.98%	8.67%
西部	4.99%	9.21%	−1.75%	6.94%	2.32%	40.30%	3.88%

图 3　东、中、西部低碳试点城市各领域低碳程度的增长率

---

❶ 按照国家“十三五”规划区域发展的总体战略布局，东部地区包括：辽宁、河北、山东、江苏、浙江、福建、广东、广西、海南各省所包含的试点城市；中部地区包括：山西、内蒙古、黑龙江、吉林、安徽、江西、河南、湖北、湖南各省所包含的试点城市；西部地区包括：陕西、甘肃、青海、宁夏、新疆、四川、云南、贵州、西藏各省所包含的试点城市。

（四）按城市群评估

按照城市群[1]来看，主要城市群的低碳综合指数有了整体提升，特别是长三角地区增幅最大。分领域看，所有城市群在低碳政策创新上分数都显著增加，说明整个社会对低碳的重视程度有了提高；宏观领域除河北以外，其余城市群也呈现上升趋势；在产业、能源、生活、环境方面，各城市群低碳水平有增有减或保持不变，西北、云贵川、晋陕蒙等城市群甚至出现负增长。比如云贵川地区由于生态环境本底较好、生活消费水平相对偏低等因素，在一定程度上提升了低碳综合水平，但也正因为这个原因，使其生态环保、低碳生活的意识没有其他地方强，因此在自身对比过程中分数不变（表 6）。

主要城市群低碳综合指数升高率排名情况 **表 6**

排名	综合总分	宏观	低碳产业	低碳能源	低碳生活	资源环境	低碳政策创新
1	**长三角**	**珠三角**	**东北**	**长三角**	**河北**	*东北*	**云贵川**
2	*东北*	*中原*	**河北**	*中原*	**珠三角**	中原	**河北**
3	*河北*	*长三角*	**晋陕蒙**	*河北*	**晋陕蒙**	西北	**东北**
4	*中原*	*东北*	**中原**	*东北*	*长三角*	长三角	**海峡西岸**
5	*珠三角*	*西北*	*西北*	*晋陕蒙*	*西北*	珠三角	**西北**
6	*晋陕蒙*	*云贵川*	*云贵川*	海峡西岸	中原	云贵川	**晋陕蒙**
7	*西北*	*晋陕蒙*	*长三角*	珠三角	云贵川	海峡西岸	**长三角**
8	*云贵川*	*海峡西岸*	海峡西岸	西北	海峡西岸	河北	**中原**
9	*海峡西岸*	河北	珠三角	云贵川	东北	晋陕蒙	**珠三角**

注：黑体表示相对于 2010 年低碳综合指数升高较快，进步明显；斜体表示相对于 2010 年低碳综合指数有所提高，进步一般；下划线表示相对于 2010 年低碳综合指数提高幅度小，进步偏弱；其余表示相对于 2010 年低碳综合指数有所下降，出现退步。

资料来源：作者自行整理。

（五）按城市分类评估

2015 年相比 2010 年，试点城市总体呈现出部分工业型城市过渡为综合型城市、部分综合型城市过渡为服务型城市、生态优先型城市则出现向工业型过渡或

[1] 以我国国土空间开发的“两横三纵”发展格局为依据，对城市群进行划分，东北：大兴安岭、吉林市、沈阳、大连、朝阳；河北：石家庄、秦皇岛、保定；晋陕蒙：晋城、延安、安康、呼伦贝尔、乌海；西北：乌鲁木齐、昌吉、和田、伊宁、兰州、金昌、银川、吴忠、西宁；中原：济源、武汉、长沙、株洲、湘潭、郴州、合肥、淮北、六安、池州、宣城、黄山、南昌、景德镇、赣州、吉安、抚州；云贵川：昆明、玉溪、贵阳、遵义、成都、广元；长三角：南京、常州、苏州、镇江、杭州、宁波、嘉兴、金华、合肥、池州、宣城；珠三角：广州、深圳、中山；海峡西岸：厦门、三明、南平、温州、衢州、赣州、抚州。

直接跨越为综合型、服务型城市的趋势（图 4）。

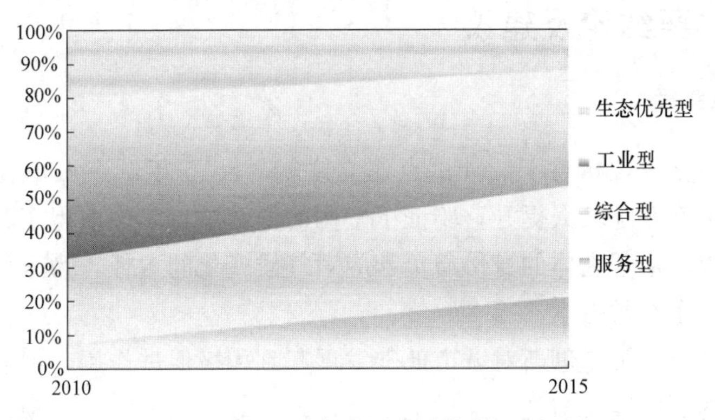

图 4　城市类型变动情况

城市类型变动后，综合总分及主要领域平均分增长率变动情况如图 5 所示。2015 年相对 2010 年，除资源环境领域的分数出现负增长外，其他相关领域得分都出现了正增长。在四个类型城市中，综合总分及客观总分均表现出工业型城市>服务型城市>综合型城市>生态优先型城市的特点，说明节能减碳工作潜力最大的是工业型城市，其次是综合型城市；服务型城市在产业方面远超其余类型城市；生态优先型城市未体现出突出优势（图 6）。

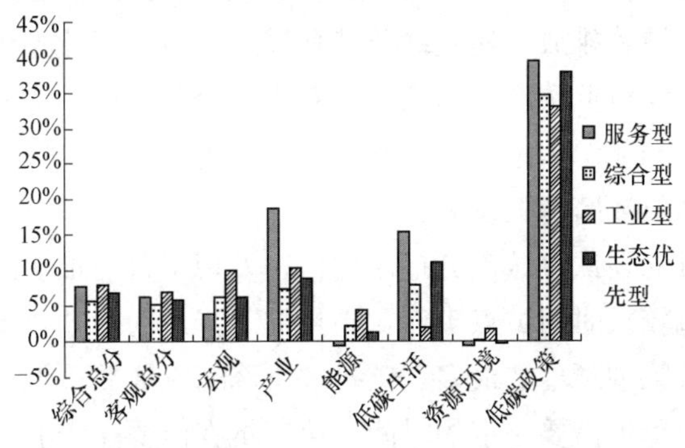

图 5　城市类型变动后总分及主要领域平均分变动情况

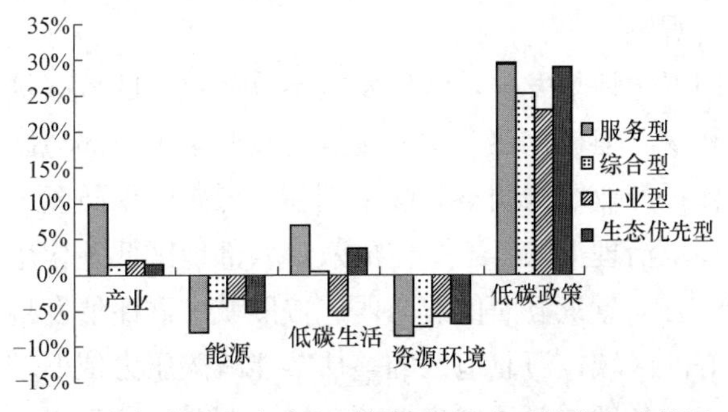

图 6　城市类型变动后主要领域的低碳贡献率变动情况

五、主要结论及建议

（一）主要结论

第一，评估发现相对于低碳试点建立之初，2015 年试点城市在整体和分领域的低碳水平都有了较大提升，验证了中国的低碳试点工作取得了积极成效，证明了城市可以以治理主体的身份肩负起应对气候变化的责任，为全球气候治理模式的转型提供了有益探索。

第二，低碳政策与创新对城市低碳发展起到积极促进作用，但表现形式有所不同。深圳的低碳政策与创新最早也最多，政策效果已经完全显现；部分人为感观环境质量较好的城市，低碳政策与创新也较多，但排名靠近中后位，说明这些地方的低碳宣传工作较好，由于时滞性，低碳政策效果未完全显现；中小型城市的低碳政策与创新较少，需要加强。

第三，发现了不同类型城市演化规律，即部分工业型城市过渡为综合型城市、部分综合型城市过渡为服务型城市、生态优先型城市则出现朝工业型过渡或直接跨越为综合型、服务型城市。在这种演进规律下，需要坚持生态优先、绿色发展，对城市进行分类指导和政策的组合设计。对于服务型城市，重点控制交通、建筑和生活领域碳排放，建立绿色消费模式；对于工业型城市，着力推进产业转型升级，培育绿色低碳经济增长点；对于综合型城市，应实施总量和强度双控，合理布局产业和能源体系；对于生态优先型城市，应把握好生态资源禀赋，实现自身的保值增值或跨越式发展。

第四，对三批低碳试点城市分批次评估，发现了每一批次的低碳成效与存在问题。第一批经过较长时间试点工作，碳排放下降最为明显，但低碳动力开始不足；第二批低碳政策创新增加最多，碳排放下降初见成效，但不够显著，侧面说明低碳政策的效果呈现需要一定的时间。第三批在能源、产业及资金投入上的分数上升最快，但相对于前两批试点城市来说，试点时间短，碳排放刚有初步下降，最终效果有待观察。

第五，从空间视角评估发现，低碳发展不是简单的区域碳排放水平降低，区域治理模式开始转变，但也存在一定的挑战。按照东中西部地区的低碳水平对比发现，东部地区依托产业结构调整和政策创新，低碳效果凸显；中部地区在能源结构调整、生态环境治理上取得了一定成效；西部地区低碳化生活较好，但产业结构和制度创新、公众意识方面依然薄弱。按照城市群评估发现，长三角地区是低碳综合水平最好的区域；河北地区的整体节能减碳压力依旧较大。在能源、生活、资源环境方面，各城市群的表现参差不齐，西北、云贵川、晋陕蒙等城市群甚至出现负增长。

（二）低碳城市发展建议

第一，以“低碳＋”和“＋低碳”战略为指导，助力新常态下低碳转型发展。“低碳＋”和“＋低碳”战略体现了一种发展特征和新路径，即把低碳发展理念与重点领域、创新要素相结合，以低碳激发城市绿色发展的内生动力，助推新型城镇化建设，形成低碳化的生产生活方式、空间布局、治理体系，最终实现绿色低碳可持续发展。

第二，以系统工程思维布局，践行绿水青山就是金山银山理念。从规划、建设、治理的系统工程思维层面，抓住低碳发展的核心要素，动态分析低碳城市发展和形成的深层规律。从顶层设计入手，明确发展目标、制定行之有效的行动计划，注重城市政策工具的配套使用和适用技术的推广，以绿色低碳转型助推生态文明建设。

第三，完善低碳城市建设评价考核制度，制定详细的低碳发展技术路线图。坚持“以评促建”“评建结合”的原则，尽快确立统一的低碳城市建设评价指标体系，并逐步向全国范围内推广，以考核评估、自评估、第三方评估相结合的方式，分析不同类型城市减排的症结；借助大数据、信息化工具和智能管理，建立健全碳排放统计核算制度；制定分阶段、分部门的达峰路径，避免低碳政策设计与政策效果之间的过分偏差。

第四，以标准化为抓手，争取更多绿色低碳的国际话语权。各级政府要充分认识和把握国际标准化趋势，建立完善标准化体制机制，发挥“标准化＋”的效益；积极参与、组织国际标准化活动，推广我国低碳城市试点成功经验，争取更多的绿色低碳国际话语权，真正成为全球低碳建设的重要参与者、贡献者、引领者。

（撰稿人：陈楠，中国社会科学院博士后；庄贵阳，中国社会科学院城市发展与环境研究）

注：摘自《城市发展研究》，2018（10）：88-94，参考文献见原文。

中外绿色生态城区评价标准比较研究

导语：在转变发展方式以应对环境问题成为全球共识，建设环境友好、资源节约的生态城市的大背景下，以国家绿色建筑规模化发展策略为切入点，从绿色建筑走向绿色生态城区成为国际趋势。本文通过对绿色生态城区的概念及类型进行全面梳理，并对中外绿色生态城区评价体系进行系统分析，对评价标准的评价内容、评价方法、相应特点和优化策略的对比研究，以梳理总结中外绿色生态城区发展的实践与理论，并进一步指引我国绿色生态城市建设的方向。

一、引言

随着资源危机、环境恶化、全球变暖等问题与可持续发展的矛盾日益凸显，转变发展方式以应对生态环境问题成为全球共识，建设环境友好、资源节约的生态城市，实现从工业文明到生态文明的跨越发展成为全世界共同努力方向。生态城市是基于生态学原则建立的自然和谐、经济高效和社会文明的复合系统，更是具有自身人文特色的自然和人工协调、人与人之间和谐的理想人居环境。当前，国内外众多城市均将生态城市作为其城市发展的战略目标，编制了具有地域特色的建设规划，掀起了生态城市建设的浪潮。

绿色生态城区的建设对于加快转变我国经济发展模式，实现节能减排目标、改善民生、深入贯彻落实科学发展观都具有重要的现实意义。随着国家如《关于加快推动我国绿色建筑发展的实施意见》（财建〔2012〕167号）、《绿色建筑行动方案》（国发〔2013〕1号）、《关于加快推进生态文明建设的意见》等相关政策的相继发布，我国绿色生态城区的建设逐步进入快速发展轨道。

二、绿色生态城区的概念及类型：生态文明和可持续发展的重要载体

国际上生态城市（Eco-City）最早出现在1971年联合国教科文组织（UNNSCO）“人与生物圈（MBA）”计划中，该计划提出生态城市是基于生态学原理建立起来的社会、经济、自然协调发展的新型社会关系。中国的生态城镇建设始于1986年江西宜春提出的生态城市建设目标。随着绿色生态城市规划建设

理念的不断深入，中国已有越来越多的城市开始尝试这方面的规划建设实践。针对绿色生态城市定义不清、名称多样化等问题，学界仍处在讨论过程之中。马世俊、王如松认为生态城市是有效运用具有生态特征的技术手段和文化模式，实现人工—自然生态复合系统良性运转、人与自然、人与社会可持续和谐发展的城市；沈清基等提出低碳城市是以低碳经济为发展模式和发展方向、市民以低碳生活为理念和行为特征、政府公务管理层以低碳社会为建设标本，城市在经济健康发展前提下，保持能源消耗和 CO_2 排放处于低水平的城市；仇保兴将低碳与生态概念结合，定义低碳生态城市是将低碳目标与生态理念相融合，实现“人—城市—自然环境”和谐共生的复合人居系统。它是生态城市实现过程中的一个阶段，是以减少碳排放为主要切入点的生态城市类型。将国内外相关的以绿色、生态、低碳和可持续等概念定义的城市类型对比如表 1 所示。

绿色生态城市相关概念对比 **表 1**

城市类型	概念	提出者
健康城市	由健康的人群、健康的环境和健康的社会有机结合发展的一个整体	世界卫生组织(WHO)
绿色城市	绿色城市是生物材料和文化资源以最和谐的关系相联系的凝聚体，生机勃勃，自养自立，生态平衡	麦由尔(R. Mayur)
田园城市	田园城市是为健康、生活以及产业而设计的城市，它的规模能足以提供丰富的社会生活但不应超过这一程度；四周要有永久性农业地带围绕，城市的土地归公众所有，由一委员会受托掌管	霍华德
山水城市	城市建设与自然结合，将自然山水融入城市，重视民族历史传统和文化脉络，体现中国传统特色的城市环境和文化观	钱学森
园林城市	强调城市的绿化数量、自然环境质量、基础设施水平和相应的城市管理水平	住房和城乡建设部
环保模范城市	强调经济发展水平高、环境质量良好、资源合理利用，生态良性循环、基础设施健全，生活舒适便捷	国家环境保护总局
生态园林城市	利用环境生态学原理，规划、建设和管理城市，进一步完善城市绿地系统，有效防治和减少大气污染、水污染、土壤污染、噪声污染和各种废弃物，实施清洁生产、绿色交通、绿色建筑，促进城市中人与自然的和谐，使环境更加清洁、安全、优美、舒适	住房和城乡建设部
国家森林城市	指城市生态系统以森林植被为主体，城市生态建设实现城乡一体化发展	国家林业局
低碳城市	指在经济高速发展的前提下，城市保持能源消耗和二氧化碳排放处于低水平。要求城市经济以低碳经济为发展模式及方向、城市生活以低碳生活为理念和行为特征，城市管治以低碳社会为建设标本和蓝图	联合国自然基金会
低碳生态城市	将低碳目标与生态理念相融合，实现“人—城市—自然环境”和谐共生的复合人居系统。它是生态城市实现过程中的一个阶段，是以减少碳排放为主要切入点的生态城市类型	仇保兴

续表

城市类型	概　念	提出者
可持续发展城市	可持续发展被定义为满足现代人需要而又不损害子孙后代满足他们需要的能力的发展方式。可持续城市强调城市增长过程同时取得环境、社会、经济诸因素的平衡	世界环境与发展委员会
韧性城市	韧性城市是城市中的个人、社区、机构、企业和系统具有在各种慢性压力和急性冲击之下续存、适应和不断发展的能力的城市	倡导地区可持续发展国际理事会(ICLEI)

不难看出，绿色生态城市本质上和上述城市概念一样，倡导可持续发展的价值观，并以复合生态系统为理论体系支撑，以资源节约、环境友好、经济发展、社会和谐为主要特征，是自然、人与社会有机融合、整体协调、共同发展的共生结构，是建设生态文明和可持续发展的空间载体。实施绿色生态城市发展战略，就是面向资源环境约束条件下的中国城镇化所面临的现实矛盾与未来挑战，通过明确城市发展的资源消耗和环境影响等目标要求，按照绿色生态城市的理念确定新型城市发展模式。

在我国，“绿色生态城市”概念的运用范围非常广泛，在各级政府目标及示范类的称号中屡见不鲜。其中“绿色生态城区”作为绿色生态城市的有机组成部分，侧重于城市区域的绿色生态规划建设理念的推广，也是现阶段推重绿色生态城市建设的重要抓手。

三、中外绿色生态城区建设实践概述：目标管控，模式借鉴

（一）国内绿色生态城区实践概况：系统性指标体系管控

2012年4月，财政部与住房和城乡建设部联合下发的“167号文”提出鼓励城市新区按照绿色、生态、低碳理念进行规划设计，发展绿色生态城区。2012年11月，有八个新城区成为我国首批绿色生态城区，入选的八个城区均按照绿色、生态、低碳理念进行了规划设计，并建立了相应的指标体系（表2）。在上述政策及资金激励下，各地积极展开绿色生态城区及绿色建筑规模化建设实践。到目前为止，全国已有上百个名目繁多、种类不同、大小各异的绿色生态城区项目。

（二）国外绿色生态城区实践概况：弹性目标体系引领

不同于国内生态城市或城区的系统指标体系，国外城区建设之初一般不强调

量化的指标体系进行管控，多为灵活的、具有引导性、非强制的定性目标来引领，见表3。

首批国内8个绿色生态城区指标体系情况　表2

名称	指标个数	一级指标主要内容	指标特性	
			控制项	引导项
中新天津生态城	26	生态环境健康、社会和谐进步、经济蓬勃高效、区域协调融合	22	4
唐山湾生态城	141	城市功能、建筑与建筑业、交通和运输、能源、废物(城市生活垃圾)、水、景观和公共空间	—	—
无锡太湖新城	62	城市功能、绿色交通、能源与资源、生态环境、绿色建筑、社会和谐	—	—
深圳光明新区	30	生态环境优化健康、经济发展高效有序、社会和谐民生改善	—	—
长沙梅溪湖新城	27	城区规划、建筑规划、能源规划、水资源规划、生态环境规划、交通规划、固体废弃物规划、绿色人文规划	20	28
重庆悦来绿色生态城	32	—		
贵阳中天未来方舟生态城	29	总控、绿建、能源、绿色交通、水资源、生态景观、固废	22	10
昆明呈贡新区	40	经济持续、资源节约、环境友好、社会和谐		

国内外典型生态城案例指标体系对比　表3

英国萨顿市贝丁顿	瑞典哈默比湖生态城	天津中新国际生态城	唐山湾国际生态城
·没有控制指标，只有监控指标 ·以零能源为主导 ·持续监控研究平台	·非控制指标，只有目标管理指标 ·在土地利用、能源、水、垃圾、交通运输、建筑材料、以人为本的城市设计方面都有定性的战略考虑	·宏观总体规划指标 ·参考国内外案例法规 ·初期制定时未进行实施层面指标体系分解	·包含控制性和指导性指标，从宏观到微观 ·141个指标，操作较为复杂 ·指标能否有效执行存在困难

国外在城区或社区绿色生态建设方面的先驱主要有以“零能耗”为设定目标的英国贝丁顿零能耗社区，项目实施中有多重监控方式确保资源能源及碳排放的达标水平，是国际上最早提出零能耗目标的社区之一。瑞典的哈默比湖新城作为新型城区在各个领域践行绿色生态原则，其能源资源综合管理系统包括垃圾的气力回收系统长期以来处于世界领先水平，为国际很多地方输出“哈默比模型”的样板。国内包括唐山湾生态城、无锡太湖新城核心区、天津中新生态城、北京未

来科学城，纷纷借鉴了瑞典模式。

四、国际绿色生态城区评价标准的主要研究成果

国外的绿色生态城区评价体系已取得一定成就，美国、英国和日本形成了较为成熟的体系，分别为 LEED ND（for Neighborhood Development Rating System）、BREEAM Communities、CASBEE UD（Urban Development），而德国、澳大利亚、荷兰等也相继颁布执行了各自的评价标准，例如德国的 DGNB UD（Urban Districts）、澳大利亚的 GSC Communities、荷兰的 GPR STEDENBOUW。各国的评价指标侧重略有不同，但均根据地区特点形成了不同的框架和指标。

（一）LEED ND：性能评价指标，可操作性强，市场化程度高

LEED for Neighborhood Development Rating System 是 2009 年由美国绿色建筑委员会（USGBC：The US Green Building Council）、新城市主义协会（Congress for the New Urbanism）和自然资源保护协会（Natural Resources Defense Council）联合制定发布的可持续城区、住区的评估标准。该标准的评价体系包含了精明选址和联结、社区模式和设计、绿色基础设施和建筑、革新和设计过程、区域优选项五项内容，整合了精明增长、新城市主义和绿色建筑的发展理念。LEED ND 采用分级打分制，由必须达标的基础项和打分制的得分项组成，其中得分项包括 100 分基础分和 6 分革新和设计过程、4 分区域优选项组成。满分 110 分。

LEED ND 是性能性评价体系，强调社区在整体、综合性能方面达到绿色要求。LEED ND 的优点在于在科学性、实用性和可操作性三个方面取得了良好的平衡，是可操作性最强的评价体系，市场占有率高；LEED ND 评价体系超越单体建筑上升到社区整体规划层面，通过评价社区与城市环境的关联性加强社区微环境的开放性；LEED ND 为多学科交叉，评价体系包含社会学、生态学、规划学等相关学科内容，综合考察环境、人文、基础设施等各方面的协调发展。LEED ND 还可与其他 LEED 评价体系、行业标准及产品手册配套使用，商业性强，评价指标简明。

其缺点在于不能评价项目的全面均衡发展水平。出于认证的易操作性需求，LEED ND 评价体系将各个得分点割裂开，不是所有的得分点都需要满足，相互之间可以补充，比如某社区交通中的路网密度未达到要求，但可以通过在水资源利用中得分弥补，通过认证。这样为地方根据自己的资金、技术和地区条件设计

自己的LEED ND体系提供了一定的灵活性，体现出极强的市场化运作模式，但在一定程度上违背了可持续发展争取面面俱到的原则，可能在一定程度上导致短板更弱、长板更强的发展方向。此外，LEED ND为统一标准，缺乏因地制宜的分析框架。如某些条款是对过程的要求和控制，但在具体的分析中，技术应用的可行性和实际效果可能会被弱化。例如可再生能源利用等条款的指标阈值与得分是固定的，没有体现因地制宜的原则。此外，由于该标准最早的出发点是面向美国本土的土地开发、社区营造和建筑技术特点，许多评价指标都来自美国自身现行法规和技术规范，故在美国之外的其他国家具体实践中出现不适应性。

（二）BREEAM COMMUNITIES：措施评价为主，综合权重，灵活性强

2009年英国建筑研究所颁布了面向社区的BREEAM Communities。该评价标准意在促进政府、相关行业及群众对可持续发展的认知，希望通过标准评价提出创新性解决方案。主要评价指标内容包括九个方面：气候与能源、资源、交通、生态、商业、社区、场所塑造、建筑和创新。指标数量为52个，必选指标19个，城市层面21个，社区层面22个，建筑层面8个，创新设计1个。评分等级共为六级：25%，未通过；25%，通过；40%，好；55%，很好；70%，优秀；85%，杰出。

该评价体系中每项指标均对英国的9个区域设置了不同的权重表，指标阈值可以良好地反映区域的地理和经济特点。通过社区进行BREEAM Communities评价，规划设计可以获得全面、细致的控制要求。尤其是在经济性评价方面，注重区域内居民对房价的可负担性，提高了区域职住平衡的可行性。评价体系完善，有利于实践。

BREEAM Communities评价标准对地理区域进行了差别化的权重赋值，增加了评价体系的灵活性，但也为操作带来了一定程度的复杂性。与LEED ND不同，BREEAM Communities评价体系没有大量量化数据，更多体现在步骤和措施。它的要求比较模糊，在一定程度上带来技术堆砌的问题：如在建筑节能项中，对围护结构进行优化设计是一个必需的步骤，而这样做的投入—产出比是否合理，具体的节能率是否可观均不是条款的要求范围，容易造成本末倒置。

（三）CASBEE UD：二维评价体系，方法严密，市场占有率低

CASBEE UD是由日本“可持续建筑协会”（The Japan Sustainable Building Consortium，JSBC）2006年创立，针对城区开发的综合环境性能评价标准。CASBEE UD中环境效率评价封闭体系是城区边界和建筑最高点之前的假想空间。该体系从两个角度来评价建筑或城区的环境性能，分别为城区环境质量和性

能（Q=quality）和城区外部环境负荷（L=load），是唯一的二维评价体系。内容包括自然环境评价、区域内服务功能、对社区的贡献，而负荷评价分为：环境对于微气候、外观和景观的影响，基础设置，环境管理。

CASBEE UD的评价方法最为严密，将环境负荷和环境品质合在一起评价，可以避免实现低碳社会可能造成对社会经济活动的不利影响。但该评价方法可操作性较差，评价结果不以单一的分数决定，这一特点也导致了其市场占有率较低；此外，由于评价对象封闭系统的界定，导致建筑或城区自身能耗的得分一般较低；即使建筑设计优化或城区规划优化可能对外部城市环境有益，但是会引导设计人员对假象边界更多考虑封闭系统外的影响因素；评价体系未针对不同城市规模、产业结构设置相应的指标阈值亦会带来公平性问题；此外，该评价体系对城区将来状态的预测，承载各种政策效果的实现的可能性还有待研究。

（四）DGNB：全面量化，技术先进，可操作性不强

DGNB可持续建筑评估体系是由德国可持续建筑委员会与德国政府共同开发编制，创立于2007年，代表德国最高水平的权威性可持续建筑评估体系。该体系旨在解决第一代绿色建筑评估体系存在的片面强调单项技术、忽视建筑的经济问题，以及忽视建筑的综合使用性能等普遍问题，是以世界先进绿色生态理念与德国高水平技术体系为基础，包含生态环境、建筑经济、建筑功能和社会文化等多方面因素的世界第二代绿色生态评估体系。

DGNB其面向绿色生态城区的子标准DGNB UD是从绿色建筑标准衍生而来，范围主要包括生态质量、经济质量、社会质量、技术质量、过程质量5大方面共46项指标，对每项指标都建立了科学严谨的计算和评估方式。项目根据评估达标度分为金、银、铜三个等级，达标50%以上为铜级、65%以上为银级、80%以上为金级。

DGNB评价标准充分运用了数据库和计算机技术，DGNB可持续城区评估体系关注城区生态环境、经济质量和综合性能的评价，而不止于单向技术措施的有无，从而保证了城区项目可以达到绿色生态总体目标。DGNB体系还展示了不同技术体系应用的相关利弊关系，有利于对城区项目建设的整体性、综合性评价。成果的评估罗盘图直观地反映了城区在各领域内按各标准评分的达标情况。

DGNB标准所评估的领域更综合全面，评估流程覆盖绿色建筑和绿色城区的全产业链，评估方法全面量化、计算方式高度严谨、技术手段最为先进，然而也导致了对基础数据和技术手段要求极高，对不适合量化评估的内容难以纳入体系，可操作性相对较差的问题。

各国主要绿色生态城区评价标准对比详见表4。

国际主要绿色生态城区评价标准对比 **表 4**

美国 LEED ND	英国 BREEAM Communities	日本 CASBEE UD	德国 DGNB UD
强调实效，条款中多是对具体指标的规定，达到了要求的量值即可得到相应的分数	侧重于过程，鼓励使用某项技术和采取某些技术措施	从建筑性能和环境负荷两方面进行综合评价	关注建筑物性能的评价，包含了建筑全寿命周期成本的计算
LEED-ND 总计 110 分，在满足前提条件的基础上，达到 40 分可通过认证，以铂金、金、银和通过认证四个等级作为标签	在满足强制性条件的基础上，将每一项的得到的分数计重加权得到一个新的分数再进行加和，计重加权的系数根据环境和地理位置由 BRE 明确给出。通过认证的项目按照杰出、优秀、很好、好和通过五个等级划分	GASBEE for Urban Development 以“建筑环境效率（BEE＝Q/L）”作为其主要评级指标，并明确划定建筑物环境效率综合评价的边界。建筑物环境质量与性能（Q）和建筑物的外部环境负荷（L）	包括生态质量、经济质量、社会质量、技术质量、过程质量、场地质量 6 大方面共 61 项指标，对每项指标都建立了科学严谨的计算和评估方式。项目根据评估达标度分为金、银、铜三个等级
制定机构：美国绿色建筑委员会、美国新城市主义协会以及保护自然资源委员会合作制定 2007（试）2009（正式）	制定机构：英国建筑研究所 2009（正式）	制定机构：日本可持续建筑协会 2011（正式）	制定机构：德国可持续建筑协会 2009
打分体系 必选项和得分项	打分体系 权重赋值	二维体系 权重赋值	罗盘图 权重赋值
5 个方面	9 个方面	6 个方面	5 个方面
□**精明选址和社区联通** 明智选址、减少汽车依赖 □**社区布局和设计形式** 步行街区、紧凑发展 互联开放、混合邻里 减少停车、交通设施及管理 公共空间、娱乐设施 参观性和通用性、社区拓展 □**绿色基础设施和绿色建筑** 技术利用、既有建筑利用、历史保护 □**创新及设计方法** □**区域发展权**	□**气候与能源** □**资源** □**交通运输** □**生态与生物多样性** □**商业与经济** 区域优势商业 就地就业、增加就业 经济活力（新型商业）、吸引投资 □**社区设计** □**场所塑造** □**建筑** □**创新**	**L（Load）环境负荷指标** □**L1—温室气体排放量** □**L2—环境负担的降低和 CO_2 吸收** □**L3—抑制 CO_2 排放的努力** Q（Quality）城市自身综合品质 □**Q1—环境** □**Q2—经济** □**Q3—社会** 城市环境效率：BEE＝Q/L	□**生态质量** 对全球和当地环境影响 资源需求和废物利用 □**经济质量** 生命全周期费用、性能 □**技术质量** 基础设施、技术、交通 □**社会文化和功能质量** 社会质量、健康舒适 功能性、设计质量 □**过程质量** 公众参与、进展与施工
63 项指标	52 项指标	34（Q5＋L29）项指标	46 项指标

五、国内绿色生态城区评价标准的主要研究成果

我国绿色生态城区评价体系虽较国外评价体系建立较晚，但无论是体系框架还是指标内容均逐渐成熟。因我国幅员辽阔，城市特点不尽相同，国家评价体系突出适应性、综合评价规划设计和建设运行两个阶段。同时，各地也相应颁布了地方标准，结合地方城市地理与经济特点，突出了指标特点，提高了关键指标的评价基准。

（一）住房和城乡建设部基本考核标准：六大方面设置门槛条件

住房城乡建设部在2011年提出新建绿色生态城区的六大门槛条件，包括拒绝高耗能、高排放的工业项目、紧凑混合的用地模式、绿色交通、可再生能源利用、非传统水源利用、生物多样性保护等。在此基础上，住房和城乡建设部从土地利用、资源利用、绿色建筑、生物多样性、园林绿化、绿色交通6个方面对新建低碳试点生态城提出了19项具体的量化指标，成为指导及评价各类绿色生态城区的一般标准。

（二）住房和城乡建设部《绿色生态城区评价标准》：分阶段评价，普适性强

《绿色生态城区评价标准》于2016年通过国家审批，是目前我国各地开展绿色生态城区规划、建设、评选工作的权威性指导文件。主要包含土地利用、生态环境、绿色建筑、资源与碳排放、绿色交通、信息化管理、产业与经济、人文技术创新等9大领域。其中技术创新为统一设置的加分项，旨在鼓励绿色生态城区的技术创新和提高。

该标准指标具有以下三项特点：体系及内容具备高普适度，对各类示范区有较好的适应性。设计阶段和运营阶段均可使用，指标即可反应设计阶段的问题，亦可反馈建设后的实际情况；通过设置技术创新章节，鼓励示范区在先进技术、管理制度等方面创新。

（三）住房和城乡建设部《城市生态建设环境绩效评估导则（试行）》：后评估阶段的结果导向

2015年12月，住房和城乡建设部办公厅发布了《关于印发城市生态建设环境绩效评估导则（试行）》，导则中评估指标体系由土地利用、水资源保护、局地气象和大气质量、生物多样性四大主要环境影响评估方向组成，保护综合径流系数、水质评价污染指数、通风潜力指数、维管束植物种数等29个推荐性评估指

标。使用者可根据城市新建区、旧城改建区、棕地更新区、生态限建区四个城区类型选择相应的指标进行评价。

不同于其他规划设计阶段的评价工作，该导则主要适用于绿色生态城区的环境绩效考核后评估工作，将城市建设工作对环境的影响转化为易于识别的环境状况指标，便于直观了解环境保护的成效。同时注重评估方法的可操作性、评估指标的可计算性。注重环境评价结果与公众感知保持一致，协调政府、科研机构与公众环境认知。指标内容以及阈值的设定立足于城市生态建设的全生命周期。

国内主要绿色生态城区评价标准对比详见表5。

国内主要绿色生态城区评价标准对比 **表5**

住房和城乡建设部考核标准	生态城市评价指标体系	《绿色生态城区评价标准》
6个方面19项指标 01 土地利用　02 资源利用 03 绿色建筑　04 生物多样性 05 园林绿化　06 绿色交通 • 是住房和城乡建设部对新建低碳生态试点城的基本考核标准，即基本入门条件 • 由原住房和城乡建设部副部长仇保兴在2011年提出新建绿色生态城区的六大门槛条件深化而成 • 在资源节约和循环利用与绿色交通方面有较高的标准	**5大目标层、28个专题层、63个具体指标项** 01 资源集约　02 环境友好 03 经济持续　04 社会和谐 05 创新引领 • 根据问卷征询与实地案例城市研究，经过多轮讨论形成的低碳生态城市指标体系 • 全面深入的反应低碳生态城市的综合特征，具有战略性、引领示范作用	**内容包括9大1领域，评价分规划设计和实施运管两个阶段** 01 土地利用　02 生态环境 03 绿色建筑　04 资源与碳排放 05 绿色交通　06 信息化管理 07 产业与经济　08 人文 09 技术创新 • 首部绿色生态城区国家标准 • 评价分为规划设计评价、实施运管评价两个阶段。既保证了规划阶段的目标导向，又在城区主要基础设施投入使用后对实施效果进行评估，反馈规划阶段的具体目标

六、国内外绿色生态城区评价标准研究成果的对比分析

总的来说，国外绿色生态城区评价体系多样，以打分体系、权重赋值为主。同时建立时间较早，技术体系相对成熟。虽然各国国情不同，但是指标内容与各国城市街区发展方向一致，其理念及思路具备借鉴价值。

我国现有的评价体系则主要衍生于各部委的规划管理指标，在实施中要求纳入法定规划，落实到用地布局、交通模式、产业发展和设施建设的各个方面。这些指标具有建设要求的特征，是从投入视角对建设执行情况进行评价，如绿化率、地下容积率、人均住房建筑面积、可再生能源使用比例。这类指标体系在指

导生态城建设中发挥了重要的作用，但也在实际操作中显现出一些问题。

（1）采用统一的一套指标评价，无法体现不同项目的本底差异。我国幅员辽阔，各种城区尺度不一，阶段各异，只是强调绝对值的横向比较，无论国家还是地方的评价体系均未能引导项目针对自身生态本底情况进行适宜性生态提升的实际生态效果的自身纵向对比。

（2）未能区分目标类与措施类指标的不通过落实途径与衡量方式。措施类指标突出规划建设管理方面的技术要求的评价，目标类指标强调对于实际绿色生态领域达到的量化要求。评价体系中建议目标类（非传统水源利用率）、技术措施类（如绿化灌溉采用微喷灌技术）和环境评价类指标（水质等级）相互混杂。

（3）评估方法以核查规划管理文件为主，不利于核查和评估项目实际落实情况。城区项目建设时间较长，建设过程中的变化无从考核，不利于监督和引导后续建设。

（4）评价内容与公众对于环境的感知存在差异。获得较高评价得分的项目并未得到与人们的实际感知相一致的效果等。

七、对相关研究的评述和展望

城市是一个由环境—社会—经济构成的复杂巨系统，涉及资源、能源、生态、政治、经济、文化、环境、规划、工程等诸多专业领域，涉及政府、企业、个人等各种主体，需要从法律、法规、政策、技术、管理、投融资等各个层面推进。当前绿色生态城市建设正处于一个从理论到实践的探索过程，迫切需要有明确发展目标和规范的评价标准来引导绿色生态城市及城区规划、建设、管理的各个环节，但我国当前仍未建立完整的目标体系、技术体系、政策体系和可借鉴的实践示范工程。因此，后续研究可以从以下几个角度尝试探索：

（1）基于全面的现状调研、案例分析、既有工作整理，研究提出符合中国实际的绿色生态城区发展理论和实践体系框架，为我国全面推进绿色建筑和生态城市规划建设提供有益的技术支撑。

（2）提供一个可以考核和测评的评价体系，使得城市管理和决策部门找出问题和差距，调整发展方向，安排行动计划和建设项目。

（3）提供一套可以进行实施和管理的标准和要求，综合体现绿色生态城区建设和发展的先进性和科学性，指导具体建设实践，体现可持续发展的结果导向，为逐步建立资源节约、环境友好、经济持续、社会和谐的世界级生态城市提供指引。

（4）结合各地区实际气候及地理特色，综合考虑城区不同发展阶段，兼顾新建和既有改造，区分主导功能类型和城市相对位置关系等提出不同的目标及技术策略。

（5）评价标准从绿色建筑、绿色生态城区向城市更大范围延伸。美国 LEED 评价标准正在制定针对城市的 LEED City 体系，国家绿色城市指标已经发布，住房和城乡建设部也出台了生态城市规划技术导则，可以结合上述工作基础，从更宏观、综合、系统的城市角度探索绿色生态城市的评价标准，对国家生态文明建设予以响应。

（撰稿人：杜海龙，山东建筑大学建筑城规学院博士研究生，高级工程师；李迅，中国城市规划设计研究院；李冰，中国生态城市研究院有限公司）

注：摘自《城市发展研究》，2018（06）：16-20，参考文献见原文。

海绵城市视角下城市水系规划编制方法的探索

导语：健康的水系是承载水系统多重功能的重要载体，是城市中重要的绿色基础设施。由于城市水系承担着生物栖息地、饮用水供给、行洪蓄洪、排水防涝、水质净化、景观游憩、航运等多重功能，如何落实生态文明建设理念，在水系及滨水空间规划中统筹协调多功能，实现水系可持续保护与利用是当前水系规划面临的重要课题。本文以《城市水系规划规范》GB 50513—2009（2016年版）的修订为契机，结合规划编制案例，从生态优先、多功能统筹、空间协调等方面，探索将海绵城市理念落实到水系规划编制中的方法。

一、全国城市水系规划编制情况

《城市水系规划规范》GB 50513—2009（以下简称《规范》）实施以来，全国多个城市开展了水系规划编制工作，《规范》对各地开展水系规划编制起到了积极的指导作用，特别是在划定自然水系保护界限方面为各城市提供了技术支撑。分析全国20余个大城市水系规划的编制情况（表1），可以看出以下特征：

全国大城市水系规划编制情况统计（部分）　　表1

城市	水系规划名称	组织单位	编制时间	主要规划内容
上海	《上海市景观水系规划》	市水务局 市规划局	2005	在满足防汛排涝、引清调水、内河航运等基本功能的基础上、系统协调“水、岸、绿、船、桥、房”等控制要素、突出滨水景观、休闲旅游等功能的重点水系、构建“一纵、一横、四环、五廊、六湖”的景观水系布局
广州	《广州市中心城区河涌水系规划》	市水务局	2004	确定水系布局，提出河涌功能划分、水质目标以及部分水景观构想
南京	《南京市水系规划》	市水利局	2008	水系现状、河道等级划分和功能定位、水系布局调整、河道管理
无锡	《无锡市区水系规划》	市水利局	2007	河网水系布局、河道功能划分及定位、河道断面要素及防护绿带范围确定、健全河道管理机构
南宁	《南宁“中国水城”建设规划》	市规划局	2010	水系架构、补水工程规划、水面规划、景观与旅游规划
海口	《海口市水系综合规划》	市水务局	2006	水资源现状、水资源配置、水环境治理、生态环境及水景观建设

续表

城市	水系规划名称	组织单位	编制时间	主要规划内容
武汉	《武汉市水系规划》	市规划局	2014	水系现状、功能定位、水系布局、水质目标确定、湖泊蓝线规划
南通	《南通市城市水系规划》	市水利局	2010	水系现状及问题分析、水系布局及水面规划、水量、水质控制及措施、水景观、文化、水系管理、工程实施计划
佛山	《佛山市城市水系规划》	市规划局	2008	水体功能规划，岸线分配和利用、滨水区规划控制，水系改造、水系保护、水源、防洪排涝、水运及路桥工程等基础工程规划
天津	《天津市水系规划》	市水务局	2009	在水系功能划分的基础上，把天津水系按照与之密切相关的“防洪、排水、供水、水环境、水生态、水文化”等六大体系进行分类规划
石家庄	《石家庄环城水系规划》	市园林局	2010	水系改造、防洪排涝、生态景观、休闲娱乐
沈阳	《沈阳市城市水系环境综合规划》	市规划局	2004	水系布局，水资源及环境规划、景观规划
哈尔滨	《哈尔滨松北区生态水系规划》	松北区	2010	水生态现状及评价、水系结构布局、防洪排灌体系构建、水生态环境规划，滨水景观规划
郑州	《郑州市生态水系规划》	市水利局	2007	水系现状及评价、综合利用和形态保护、水资源利用、防洪排涝规划、水质保护规划、滨水景观规划、保障体系规划、分期实施意见
呼和浩特	《呼和浩特市环城水系规划》	市规划局	2009	以城市防洪为主兼顾城市水系景观的绿化、美化
泰州	《泰州市城市水系规划》	市水利局	2013	水系布局，河道水量、水质控制、水景观、文化、水系管理

从区域看，编制水系规划的城市主要分布于沿海、中部等水资源相对丰富、水系较为发达的地区，属于《规范》中水域面积率要求较高的第一、二区。

从组织机构看，编制水系规划的组织单位以水利（务）局、规划局为主，规划成果内容结构、侧重点与规划组织单位的职能特征相关。水利（务）局组织的水系规划侧重于水系水量、水质控制，关注供水、排水、防洪、排涝等涉水工程规划。规划局组织的水系规划侧重于水系及滨水空间控制。

从编制内容看，规划中关于水系布局及功能定位、水景观、水文化等内容较为丰富，建设性规划占到了较大比例，但包含岸线及滨水空间控制、涉水工程协调等内容的规划不足50%，包含水量控制和水系管理的规划占比仅为1/3。

现行规划由于条块分割、缺乏统筹等多种原因，往往呈现重工程轻生态、重项目策划轻空间管控、重单一功能轻系统协调等特点，在落实生态文明建设理念、以问题为导向系统解决城市水问题等方面较弱，且较少考虑在同一空间统筹系统功能，造成水空间功能的低效利用，甚至对城市的水生态安全带来一定的影响。

二、海绵城市视角下的城市水系规划要点

海绵城市的目标是让城市“弹性适应”环境变化与自然灾害。将海绵城市的理念融入水系规划中，重点应强调水系的自然性、系统性、整体性、协调性，按照“水基底识别、水功能统筹、水空间保障”的模式开展水系规划（图 1），保护、修复及利用水系，充分发挥水系作为城市多功能绿色基础设施的作用，系统解决城市水问题，更好地保护水生态环境。

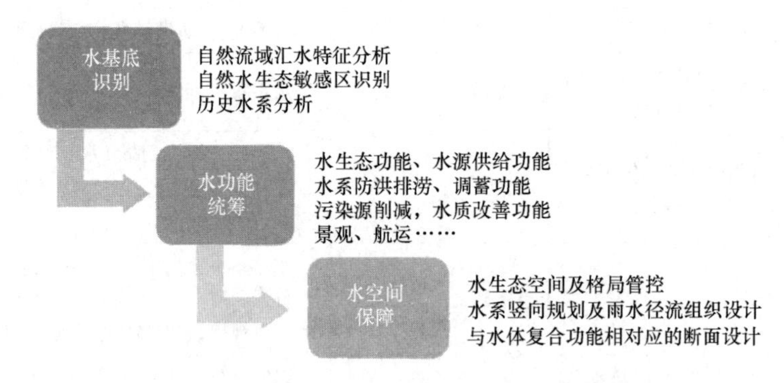

图 1　海绵城市视角下的城市水系规划模式

（一）保护水生态空间

水生态空间是水系生态功能保障基线的重要组成部分，是保障水系的自然性、多样性、连续性、完整性、系统性，形成良性水循环的空间载体，是水系健康的基础。

1. 水生态空间格局识别

城市水系规划应以水系现状和历史演变状况为基础，通过水生态敏感性及生态格局分析、城市发展需求分析，综合考虑流域、区域水资源水环境承载能力等因素，梳理水系格局，完善城市水系布局。

水生态敏感空间的识别是构建水系布局的基础。应通过水生态敏感性分析，识别珍稀及濒危野生水生动植物分布区、水源地、水源涵养区、汇水通道、坑塘洼地、湿地等水生态敏感区域，构建蓝绿交织的生态网络。

历史水系是城市形成和发展过程中最关键的资源和环境载体。历史上，城市

中的水系发挥着防洪排涝、涵养水源、防御和运输等作用。对于当代城市，历史水系不仅是宝贵的生态资源，更是城市记忆、城市文化基因及城市特色的重要载体，在条件允许的情况下应尽量保留及恢复。

2. 水生态空间管控

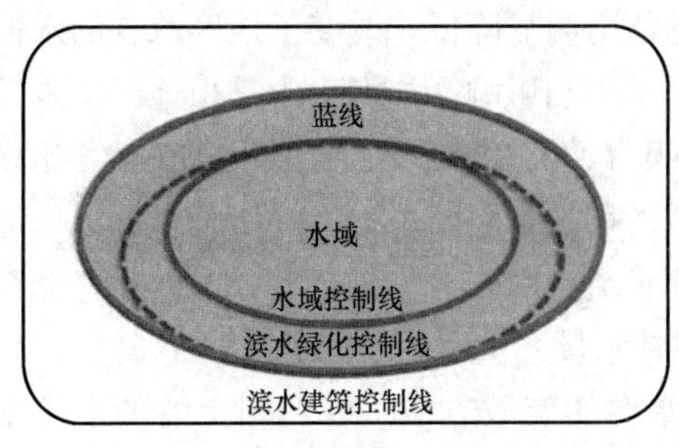

图 2　蓝线划定示意

城市蓝线是水生态空间管控的有效手段。水系及滨水区组成的空间，在水生态修复、水污染控制及水安全保障等方面共同发挥着重要作用。因此，蓝线保护和控制的空间边界应由水域控制线和陆域控制线两部分组成。其中，河流堤防内的范围为水域控制线，滨水区内对于城市水生态修复、水污染控制及水安全保障有重要影响和作用的空间范围为陆域控制线（图 2）。

（二）修复水生态功能

目前城市建设中存在填埋、侵占水域空间，渠化、硬化水系岸线等行为，对水体自然形态及水生态系统造成极大破坏，水生态功能亟需修复。在生态保护与修复中，应以自然修复为主，并与人工修复相结合，避免为实现单一功能，过度强化人工措施，造成不生态、伪生态甚至造成生态系统的不可逆破坏。

1. 水量及水体流动性修复

河湖生态基流是河湖生物栖息地环境和水生生物健康的重要保障。目前通过闸坝拦蓄等方式提升景观效果的现象比较常见，导致下游生态流量减少，自然流动性下降。应通过疏拓、贯通，增加下泄流量，拆除功能不强的闸坝等方式，恢复河湖水体的流动性和自然性。

2. 水生态空间修复

城市河道渠化使水体丧失了自净能力和生境营造的功能。水系修复应在保障水安全的前提下，因地制宜地对渠化河道进行生态修复，通过重塑健康自然弯曲生态河岸线、增加河道断面面积等手法，使得河流在给定范围内冲淤变化，形成自然河流形态，恢复自然浅滩、漫滩，营造多样的生物生存环境。

如海口市大同沟旱天低水位运行后，腾出了恢复生态功能的空间。通过化直为曲的手法，重塑健康自然弯曲河岸线，构建浅滩、青蛙塘、岛屿等自然演替空间，提供生物多样性的生存空间。营造滨水慢行空间，沿河布局滨水步道，连通城市其他绿道形成环形滨水绿廊，并构建亲水平台和栈道，满足人们亲水需求。

利用旱天低水位运行腾挪出的断面空间，实现了城市密集区狭小空间的河道生态空间修复、多功能统筹的目标。

（三）涵养水资源

城市建设硬化面积增多，下垫面渗透能力明显降低，改变了地区原有的水循环特征，对水系源头汇水和水源涵养带来了不利影响。如海口市羊山地区，未开发前是火山熔岩湿地地区，土壤下渗性很好，涵养水源功能强。城市开发建设后，由于高速公路的建设和周边硬化区域的增加，阻断了地上地下汇水通道，缩小了原始的自然汇水分区，导致沙坡水库汇流量由未开发前的3000m^3/年降低至1500m^3/年，进而导致下游美舍河的生态补水量严重不足。

小流域治理是改善生态条件、涵养水源的有效方法。在河川上游的水源地区，开展水源涵养林的种植和保护，对于调节径流，防止水、旱灾害具有重要意义。但是值得注意的是，水保种植虽然具有水源涵养的作用，但同时又消耗水资源，应因地制宜地根据当地的水资源特征选择适宜的种植区域和植物种类。如新疆乌鲁木齐年蒸发量是年降雨量的8倍，荒山绿化行为一方面在调节气候、改善景观环境等方面发挥着作用，另一方面又消耗着大量的水资源。对于水资源量有限的干旱地区，应按“宜林则林、宜荒则荒”原则，在水系源头易汇水区及易于人接近的区域补植乡土耐旱植物，避免水源涵养的效率低下甚至无效。

（四）保障水安全

城市水体是城市排水系统中重要的蓄排空间，应通过合理的水系布局和断面设计，充分利用坑塘水系和耐淹缓冲区对雨水的蓄排能力，实现水体的雨洪安全保障功能。

1. 水系识别

季节性河流或洼地往往由于旱季时河道水量小或干涸而被忽视，在城市规划建设中原有的汇水通道被填埋，导致内涝发生。在城市用地规划布局时，应通过GIS分析、地形图及现状图分析，识别汇水通道、坑塘洼地、湿地、分水岭等水生态敏感区域，并结合海绵空间格局构建，预留水系、湿地、洼地等防涝用地空间。如济宁市根据流域汇水分析、历史水系分析进行水系布局，对汇水面积大于2km^2的水系予以保留，恢复河流故道、冲沟、坑塘等水体，良好地保障了城市排水防涝安全。

2. 竖向设计

滨水绿化控制线范围内的区域可作为雨水的短时蓄滞空间。滨河道路与绿带，在满足安全的前提下，可通过合理的竖向设计，形成坡向水体的超标径流行泄通道。竖向设计时，应以汇水分区为基础，保护分水岭及场地坡向。应保护汇水通道，并根据现状场地高程、规划建设情况、水系汇流范围等，确定水系的竖向高程，使得雨水径流可通过道路、绿地表面汇集到水系或蓄水排涝空间，以减少内涝灾害的产生。

3. 断面优化

城市水体行洪排涝的断面及日常的运行水位对蓄排功能影响较大。在水系规划中，应按照设计年限控制河道的断面尺寸，同时尽可能地预留可淹没的蓄水空间和行泄通道，用以满足超标降雨状态下的雨洪管理要求，让超标降雨下的内涝区位于可控的水系、坑塘等耐淹区域范围内，减小灾害性损失。海口市大同沟由于断面尺寸过小，且受潮水顶托影响，改造前流域内涝频发。但由于两侧为密集的城市老城区，河道无可拓展空间，通过降低常水状态的运行水位，将原 1.5m 的运行水位降低至 0.4m，可以腾挪出 5 万 m^3 的蓄水空间。在强降雨和高潮位峰峰相遇的情况下，通过蓄排结合的方式，以空间赢时间，有效缓解片区内涝问题。

（五）提升水环境

水系及其两侧滨水空间是承载多种功能的绿色基础设施载体，对以源头减排、过程控制、系统治理为主的污染物控制体系，起到了最后一道防线的作用，可有效控制合流制溢流污染以及初期雨水污染。

合流制排水系统的溢流污水，一般可采用调蓄后就地处理或送至污水厂处理等方式，处理达标后利用或排放。合流制系统调蓄设施可充分利用滨河绿地空间，就地处理时可结合滨河空间用地条件选择人工湿地等处理措施，以降低建设费用，取得良好的社会、经济和环境效益。比如海口市东西湖水环境治理工程，通过钢坝闸＋高效混凝沉淀设备＋人工潜流湿地的方式，充分利用滨水绿地空间建设灰色和绿色基础设施，有效地控制合流制溢流污染，就地处理就地回用，实现了改善水环境、优化水循环的目标。

滨水区内绿化空间可结合硬化区域及分流制雨水口位置布局渗滞、净化的海绵设施，对初期雨水径流污染起到良好的削减作用。如海口市美舍河，沿滨河道路设置植草沟，对滨河硬化空间内的初期雨水径流污染进行就地分散处理。雨水口周边设置植被缓冲设施，对雨水管网中的污染物进行自然净化。

河道内的内河湿地也是重要的水环境提升空间，在污染物易于沉积及外源污染入口位置，通过种植沉水、挺水植物形成内河湿地，增加水体、土壤、微生物、植物的接触面积，增强边际效应，让自然做功，逐步提升河流自净能力。

三、城市水系规划协调性分析

（一）功能协调

水系是城市生态系统中需要保护的重要要素，承担着生物栖息地、饮用水供给、行洪蓄洪、排水防涝、水质净化、景观游憩、航运等功能，且诸多功能集中在水系及滨水的同一空间内。城市水系规划应遵循保护优先、复合利用、系统协调的原则，优先保护水生态空间，明确水系主体功能，合理安排其他功能，协调好水体保护与利用的关系。

1. 生态功能优先

具有生态功能的水生态保护区域，如珍稀及濒危野生水生动植物分布区、自然保护区、湿地、水体涨落带、深潭、浅滩等，是整个城市生态环境中最敏感和脆弱的部分，应优先保护，尽量不改变其生态水量、水深、盐度等水文水生态指标，严格控制该部分水体再承担其他功能。

2. 安全功能保障

在水体的诸多功能中，涉及安全的功能应优先保障，其主要包括饮用水安全、城市防洪安全、排水防涝安全等功能。对城市水源水体，应尽量减少其他功能，避免水体利用对水环境质量的影响。岸线利用应优先保证城市集中供水的取水工程需要，并应按照城市长远发展需要为远景规划的取水设施预留所需岸线。

3. 复合功能协调

水域、岸线和滨水陆域是“人—水—城”复合功能需求的空间载体，具有生态敏感性、资源共享性、审美性以及历史文化性等诸多特征。水系规划应将水域、岸线、滨水陆域作为一个整体进行空间、功能的协调，形成多元的、综合性的、跨学科协调统一的方案。

当同一水体需要安排多种功能时，需对这些功能进行调整或取舍，并通过技术、经济、社会和环境的综合分析进行协调。对于可通过其他途径提供需求的功能应退让无其他途径提供需求的功能，水质要求低的功能应退让水质要求高的功能，水深要求低的功能应退让水深要求高的功能。

（二）流域统筹

河湖管理保护是一项复杂的系统工程，长期以来许多城市的治水工作按照传统的分块、分级方式进行，这种模式忽略了河流的自然属性，不利于治理的系统性实施。2016 年 12 月，中共中央办公厅、国务院办公厅印发了《关于全面推行河长制的意见》，是解决我国复杂水问题、维护河湖健康生命的有效举措。水系规划应以流域为单元，打破行政边界和专业限制，统筹上下游、左右岸、岸上岸下，协同水资源保护、水域岸线管理、水污染防治、水环境治理、防洪安全、排水防涝等工作。

如海口市龙昆沟流域水环境综合治理项目中，充分按照海绵城市规划建设理念，坚持源头控制、水陆统筹、生态修复、系统治理。针对老城区污水厂满流、合流制溢流污染严重、城市内涝和水体黑臭问题突出等情况，充分利用地上、地下空间，将海绵设施建设、分散污水处理厂、水体及岸上生态修复、管网清污分流等灰绿基础设施结合起来，实现了流域长效提升水体环境质量、保障排水防涝安全的目标。

（三）涉水工程规划的协调关系

1. 涉水工程与城市水系的协调

城市给排水工程、再生水利用工程、防洪排涝工程等都与水系关系密切，应从系统角度进行协调衔接。城市建设和调度水库、闸坝等水利工程时，应优先保障下游地区的生态安全，并采取合理的补偿措施，如设置鱼道、水生态交换通道等，将水利工程建设的不利影响降低到最小。传统的排水方式更多地考虑雨洪快排，往往对河道裁弯取直、对两岸和河道进行水泥护衬，导致水系与周边生态环境分割及水生生物生存空间破坏。涉水工程应合理规划设计，减小对水系生态系统的影响。

2. 涉水工程设施之间的协调

涉水工程基于城市水系的复合功能，相互间存在诸多需要协调的内容。如宜昌为沿长江的带状城市，沿江组团间往往存在取排水口交错的现象。结合江河流域规划，应通过优先保护水源地生态环境，制定合理的城镇发展规模，协调沿江上下游城镇的取水口与排水口，强化污水处理工艺及提升再生水回用比例等综合措施，以保障涉水工程的协同推进。

四、结语

城市水系规划应贯彻落实生态文明建设理念和海绵城市建设要求，结合问题导向和目标导向，以流域为单元，在水系及其两侧滨水空间内统筹协调多种功能，充分发挥水系作为城市多功能绿色基础设施的作用，与城市灰色基础设施相协同，系统解决城市水问题，实现人与自然的和谐共生。

［本文荣获第二届（2017 年）全国青年工程规划师论文竞赛二等奖，一等奖空缺。］

（撰稿人：李婧，硕士，中国城市规划设计研究院西部分院市政所副所长，工程师）

注：摘自《城市规划》，2018（06）：100-104，参考文献见原文。

特大城市功能格局和集聚扩散研究：以北京为例

导语：功能格局（或者说就业区位）与集聚扩散一直是特大城市产业疏解的研究重点。文章基于大城市就业区位和功能集聚的一般规律，以及日本首都圈疏解的案例经验，利用北京市全国第二、第三次经济普查数据，研究了2008～2013年北京的就业区位和产业集聚扩散趋势。研究表明，特大城市周边的近郊区经历了较大幅度的产业结构变动，且不同产业体现出各异的集聚扩散规律：生产性服务业的空间不均衡性增强、生活性服务业的空间均质化、公共服务业的地区差异增大。在此基础上，文章对未来北京及周边地区的发展进行预判，指出中心城区周边地区未来可能出现的人口及设施压力。

随着城市规模日趋扩大，城市中心的土地稀缺、交通拥堵等问题使特大城市逐步进入功能疏解阶段，迁出附加值较低的制造业、零售批发等，为高端产业提供土地。有序疏解非首都功能是京津冀协同发展的关键环节，需要同时尊重产业转移的客观规律和发挥政府职能。本文即着眼于探索在大城市的产业疏解过程中，不同产业集聚与扩散的客观规律。

就业分布体现了城市生产活动区位和分工布局，是城市空间结构的重要体现，而各行业从业者的分布可反映出城市的功能分布与产业集聚状态。本文即从就业分布入手，尝试以日本首都圈1990～2010年的发展历程探索大城市产业疏解和功能分工的一般规律，并根据北京市全国第二、第三次经济普查数据的法人单位记录，考察北京的产业集聚与扩散规律，为产业疏解提供参考。

一、大城市就业区位与功能集聚的一般规律

自20世纪起，随着规模扩大，西方大城市及特大城市逐渐突破传统的“单中心格局”，进入郊区填充阶段和卫星城建设阶段，有机疏散城市功能，进而形成“多中心”的“星云状都市区”。进入21世纪以来，连绵的巨型城市区域兴起，大巴黎、大东京等地区规划纷纷采取多中心策略。与此同时，国内北京、上海人口突破两千万，开始向着多中心的方向演进。

同样，不同城市的产业分工也在不断演化。阿隆索的竞标—地租理论，建立了自CBD向外依次为商业、轻工业、制造业及物流的城市生产分工模式。交通

条件的改善和市区、郊区土地的地租差价，引发产业向外扩散，并逐步在外围形成新的次中心。哈里斯（Harris）和乌尔曼（Ulman）1945年提出的城市多中心结构即包含了外围商业区与郊区工业区次中心。在这两个模型中，轻工业位于CBD周围。而在当前功能疏解背景下，制造业、零售业等开始外迁，城市功能正经历新的布局调整，需要新的产业分布理论。

在产业外迁中，制造业往往最早开始外迁，零售业等紧跟其后，而FIRE行业（金融、保险、不动产）需要与其他企业机构面对面交流，因而最难外迁。除了不同行业外迁的速度差异，郊区产业园的新建也带动了城市各产业的差异化布局，形成不同的地方化经济。

二、他山之石：平成危机后日本首都圈地区功能变迁借鉴

不仅北京，世界其他特大城市也经历着城市功能布局的重构。20世纪80年代，采取“外需主导型”战略的日本面临不断的国际贸易摩擦。1985年，美、日等国签署《广场协定》，日元大幅升值，抑制出口；加之1990年5月后的紧缩性金融政策影响，股市开始大幅下跌，日本陷入长达十几年的“平成萧条”。而这期间，日本首都圈[1]逐步完成了城市产业转型和功能布局调整。对日本首都圈在此期间功能疏解与扩散的回顾，可为北京或京津冀未来的预判提供依据。

日本首都圈在此期间通过首都圈基本计划调整其产业空间分布。东京都一方面向周边城市疏解人口、产业，形成分散性的都市圈网络结构；另一方面则强化其国际金融职能和高级管理职能，避免其退出世界城市行列（表1）。

日本首都圈第三、第四、第五次规划内容　　表1

内容	第三次	第四次	第五次
时间	1976年11月	1986年6月	1999年
期限	1985年	2000年	2015年
规划背景	人口过度集中，“一极集中”的单极结构	全球化潮流，强化国际金融职能和高层次管理职能需求	泡沫经济破灭，首都圈中心空洞化
规划目标	控制大城市，振兴地方城市	推动形成多极分散型开发格局	提高区域竞争力，促进可持续发展
规划思路	①纠正对东京都心地区过分依赖的单一中心型结构；②充实周边地区的社会文化功能，以形成不依赖于东京都心的大都市外围地区	①形成以商务核心城市为中心的自立型都市圈和多核多圈层的区域结构；②促进以商务核心城市为中心的功能集聚，以强化地区间的联系，增强地区的自立性	①商务核心城市建设；②提高自立性；③加强与北关东、山犁地区的联系；④解决都心地区空洞化和低开发、未开发土地利用的问题

[1] 本文的日本首都圈指以东京都为核心的“一都七县”，即核心位置的东京都，中间圈层的神奈川县、玉县、千叶县，外圈层的群马县、木县、茨城县和山梨县。

续表

内容	第三次	第四次	第五次
区域空间结构转变	多核型区域、城市复合体	多核多圈层	分散型都市圈网络

资料来源：张良，吕斌. 日本首都圈规划的主要进程及其历史经验［J］. 城市发展研究，2009（12）：5-11.

在产业疏解和城市分工过程中，首都圈的发展历程体现出如下规律：

（1）大城市核心同周边地区在都市圈网络布局下的功能分工与协作。东京都与近郊三县形成多中心、网络化的结构，疏解了东京都的压力。在1990～2010年的调整过程中，东京都人口向周边三县疏散，自身完成产业升级、强化国际金融等功能；而周边三县因地价便宜，建造大量公寓，承担居住功能的地区分工，实现了区域间协同应对经济危机。在走出危机后，人口流失状态下的东京都迎来了人口回流，出现“都心回归”现象（图1）。

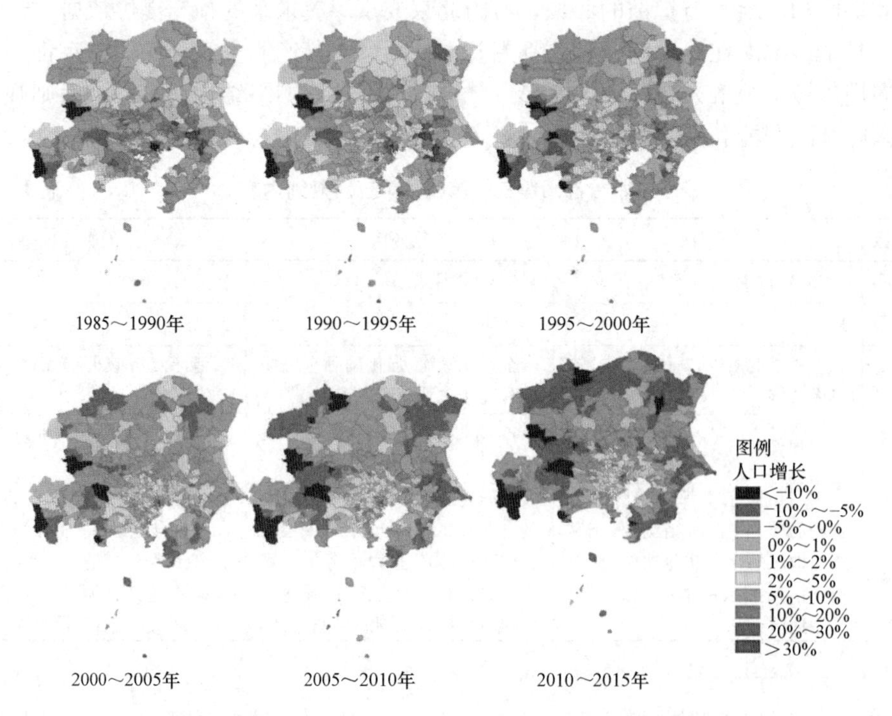

图1　1958～2015年日本首都圈的人口增长率变动图

（2）土地利用的调整发挥了重要作用。中层的三县土地地价低，大规模开发了公寓式住宅。人口迁走后的东京都土地则获得从居住用地转变为商业用地的机会，从而促进东京都的产业升级。

（3）产业结构调整过程中，大城市周边地区的变动最为剧烈。“一都七县”大多先经历制造业比例的下降，而后迎来服务业比例的大幅上升，两者并非同时进行。该趋势自核心东京都最早显现，而后向周边扩散；在中间圈层表现得最为剧烈，其制造业占比曾显现出两倍于东京都的下降速度（图2～图4）。

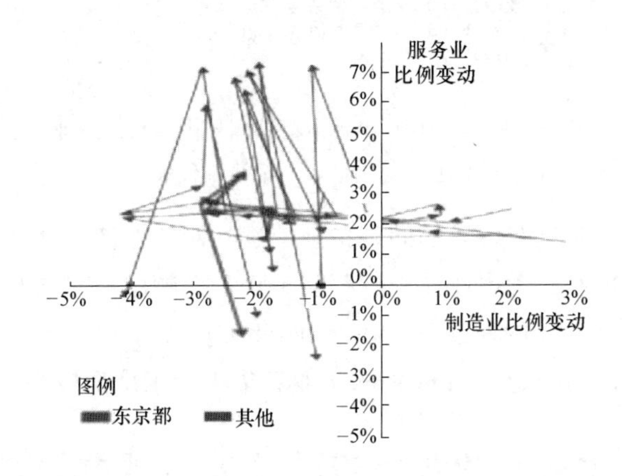

图2　1980～2010年东京都制造业、服务业从业者比重变化量（一个箭头代表5年变化量）

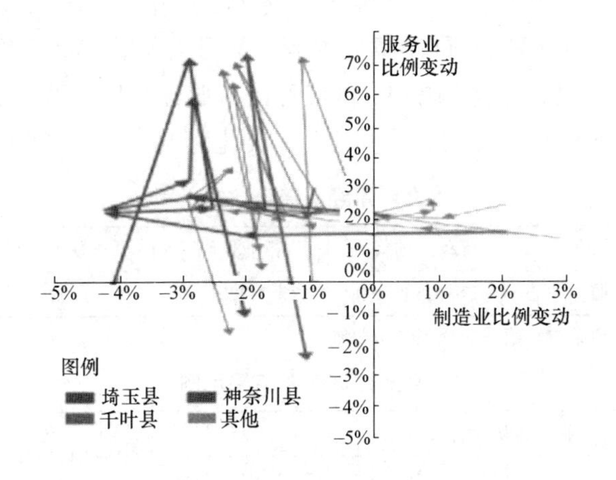

图3　1980～2010年日本首都圈中层三县制造业、服务业从业者比重变化量（一个箭头代表5年变化量）

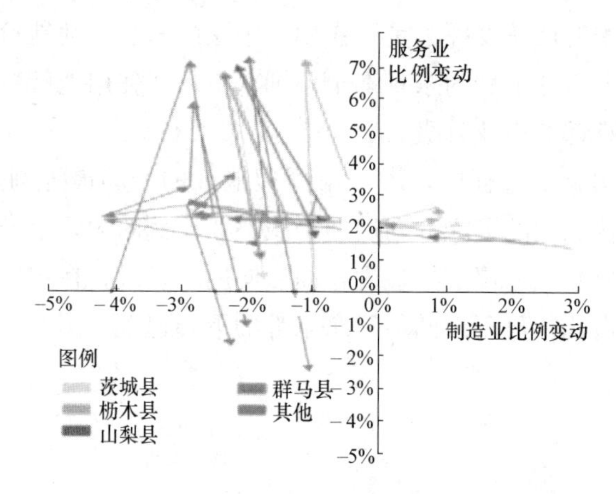

图 4 1980～2010 年日本首都圈外围四县制造业、服务业从业者比重变化量（一个箭头代表 5 年变化量）

（4）不同的产业具有各异的向外扩散速度。制造业持续地从东京都外迁至周边县市；批发零售业、餐饮业在中层三县聚集，兼顾服务对象与经营成本；运输通信业从业者经过 5 年的外迁后，在 2005 年回归东京都，形成新的经济发展动力；金融保险业最为稳定，约 60％的从业者集中于东京都核心，几乎不外迁。

三、实证分析：2008～2013 年北京城市功能格局和集聚扩散分析

（一）研究数据

本研究所用数据为北京第二次经济普查（2008 年）和第三次经济普查（2013 年）数据，包含企业名称、所在居委会代码、行业分类代码和岗位数量等（表 2）。本研究根据企业登记的行业代码和《国民经济行业分类与代码》GB/T 4754—2002 等在居委会的层级汇总（表 3）、空间落位，转化为 1km/500m 的计算网格。

本文所用经济普查数据示例 **表 2**

详细名称	行政区划代码	行业代码	期末从业人数	资产总计
北京市左家庄＊＊服务中心	110105005048	8290	125	1890

资料来源：北京市第二、第三次全国经济普查。

企业数据汇总结果示例 **表 3**

行业大类从业者数量							居委会代码	总计
A	B	……	O	P	Q	R		
0	0	……	305	602	350	21	110105005048	9455

资料来源：北京市第二、第三次全国经济普查。

（二）研究方法

本研究采用局部莫兰指数（Anselin Local Moran′s I，简称“LISA”）❶ 识别高密度的就业中心，并对其进行数理统计，考察北京就业分布与产业布局的变动。LISA 方法通过比较待考察单元的就业密度与其周边的就业密度，判定其是否明显超过周边密度（显著性小于 0.05）。若其明显超过周边，则为就业中心；反之，显著性不满足 0.05 的阈值，则排除其为就业次中心的可能性。具体的计算过程如下：

对于各个网格的就业数量将其处理为 Local Moran′s I 的统计量 I_i：

$$I_i = \frac{X_i - \overline{X}}{S^2} \sum_{j=1, i\neq j}^{n} W_{i,j}(X_j - \overline{X}) \tag{1}$$

其中，S^2 为方差，$\overline{X}$ 为平均值，$W_{i,j}$ 为空间关系权重。之后计算 Z 得分（统计量关于标准差的倍数）与 P 值：

$$Z_{I_i} = \frac{I_i - E[I_i]}{\sqrt{V[I_i]}}$$

$$P = 2 \cdot (\Phi(|Z_{I_i}|) - 1) \tag{2}$$

其中，$E[I_i]$ 为 I_i 的期望值，$V[I_i]$ 为 I_i 的方差，ZI_i 为 I_i 的 Z 得分，Φ 为标准正态分布函数，计算得到的 P 值度量该 Z 得分随机产生的概率。

在 P 值小于 0.05 的格网中，根据其与周边的格网值的关系可分为 HH、HL、LH、LL 四种类型，选取 HH 和 HL 类型的格网集聚区域即为所寻找的就业中心❷。

（三）北京就业格局与变迁的总体空间特征

在全市域，北京呈现单中心格局，反磁力中心的建设尚需时日。北京 2004 版总规中，将通州、顺义和亦庄新城作为中心城人口、产业疏解和产业集聚的主要地区。从数据检验结果看，高密度就业区自中心城区沿着地铁线从五环向外扩散至六环；亦庄新城已具有了一定规模，而昌平、顺义及远郊新城的发展不及城市近郊区，尚未形成规模化的次中心（图 5）。从功能专门化角度看：①制造业

---

❶ 该方法由美国 Luc Anselin 教授提出，其原名称为 Local Indicators of Spatial Association（简写为 LISA）。由于其实际为全局莫兰指数（Global Moran′s I）在局部区域的分解，故后人又称之为安瑟伦局部莫兰指数（Anselin Local Moran′s I）。

❷ 资料来源：Anselin L. Local Indicators of Spatial Association—LISA ［J］. Geographical Analysis, 1995（2）：93-115.

就业中心在四环内规模缩小，分布碎片化，在东部发展带上的亦庄、通州、顺义则呈现扩张态势（图 6）；制造业中心距市中心（天安门）的平均距离从 23.9km（2008 年）增长至 25.3km（2013 年），远郊区开始承担更多的外迁工业。②服务业方面，2008～2013 年，北京第三产业从业人员从 615.6 万增长至 894.7 万人，其就业中心集中于五环内区域，并进入五、六环填充阶段；郊区新城亦形成了若干中心。经统计，就业中心从 582 个 1km 网格（2008 年）增至 625 个（2013 年），五环周边的近郊区是产业功能扩散的主要贡献者（图 7）。下文即对六环内及新城的第三产业空间的扩散与聚集进行重点分析。

为了反映北京第三产业变迁的特征，本文将第三产业分为生产性服务业、生

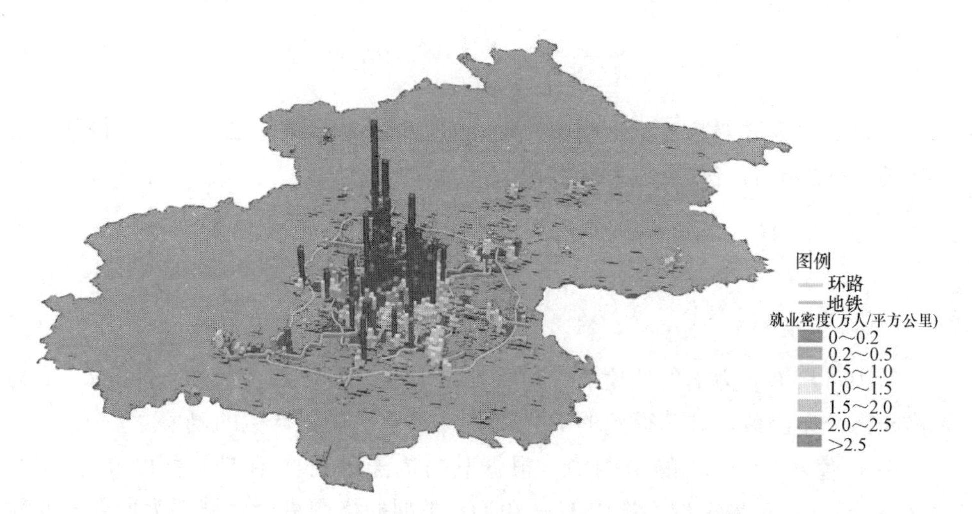

图 5　北京市域就业密度分布三维表现图

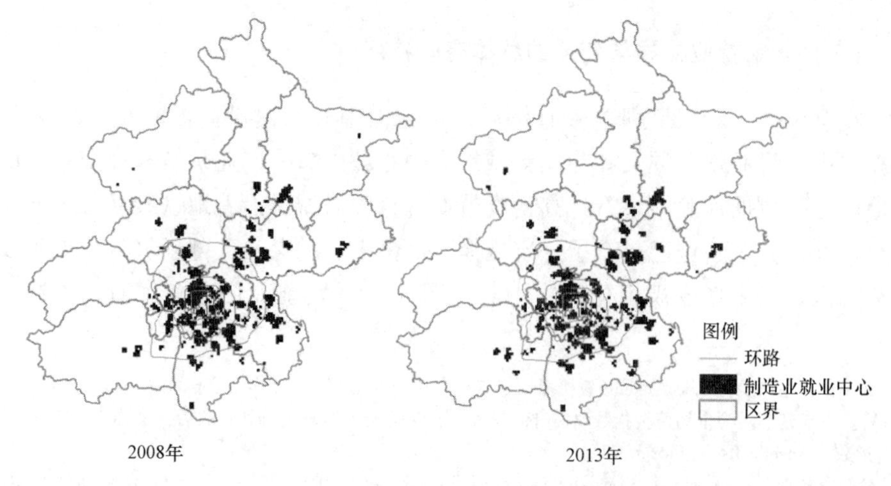

图 6　北京制造业就业中心分布图

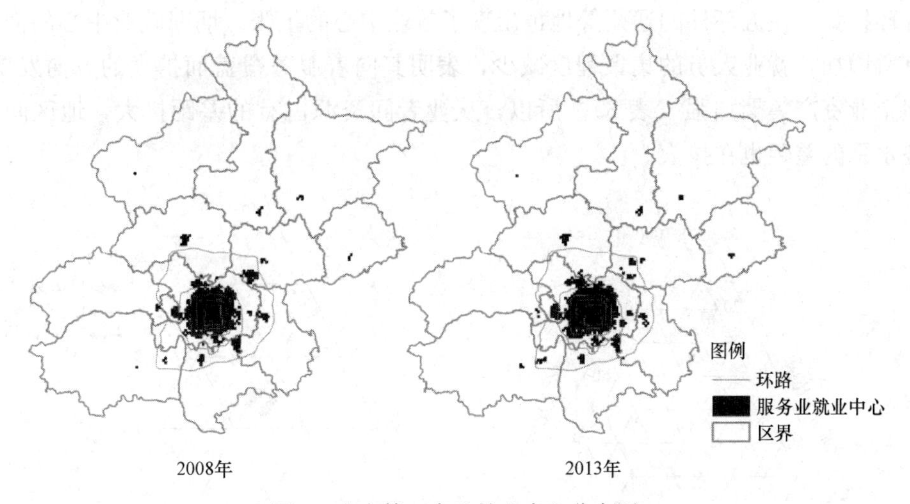

图 7　北京第三产业就业中心分布图

活性服务业和公共服务业[1]，并分 3 个圈层考察服务业结构的变动：距市中心 13km 以内的市区（即五环内）、13～25km 圈层的近郊区（五环、六环之间）、25km 以外的远郊区（六环外）（图 8）。结果显示，3 个圈层 5 年间公共服务业比例普遍下降。在就业扩张集中的近郊区经历了大幅变动，生产性服务业比例上升，这与经济危机后亦庄经济技术开发区等的大量政府投资、外企进驻等都有密切联系。相比之下，距市中心 13km 以内的圈层变动则较为温和。为深入研究，本文选取 3 类产业代表进行分析，分别为信息传输、计算机服务和软件业（生产性服务业代表），居民服务业和一般服务业（生活性服务业代表），教育产业（公共服务业代表）。①高端服务业有一定的集聚趋势。以信息传输、计算机服务和软件业为例，2013 年其空间分布主要集中于三环、四环西北，小部分位于东三环。2008～2013 年 5 年间，其大多围绕旧有中心扩张或沿地铁线蔓延。从产业集聚程度看，就业分布呈现空间扩散趋势，但更多的企业资产集中于更少的地区。这表明地区间的差距在拉大，体现出生产性服务业空间不均衡的特征（表 4）。②生活性服务业扩散显著。2008～2013 年，典型行业——居民服务业和一般服务业在 5 年间从四环向五环扩张，体现出强烈的空间扩散趋势。而且，就业中心"斑块"减小，表明规模化的就业中心在逐渐消解。集中于就业中心的资产比例减少（表 5）。这体现出生活性服务业向着空间均质化方向演化的特性。③公共服务业（教育业）集聚与扩散明显。2008～2013 年，教育产业自四环向

---

[1] 分类依据为《生产性服务业分类》（国统字〔2015〕41 号）、《生活性服务业统计分类标准（试行）》（京统发〔2016〕71 号）、《北京市公共服务业统计分类（试行）》（京统发〔2016〕79 号）中的行业代码记录。

五环扩张，在五环外的通州等地也出现了就业中心的扩张。期间就业中心的面积有所增加，就业人员的集聚程度减少，表明其向着服务覆盖面扩大的方向发展，但企业资产集聚加强（表6）。所以，从业者间资源占有的差距扩大，地区间服务水平的差距也在拉大。

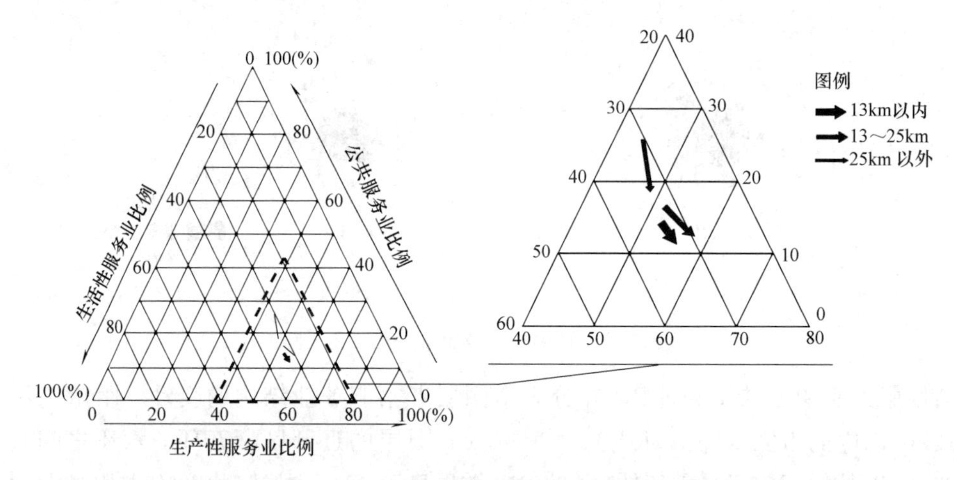

图8 2008～2013年北京各圈层服务业比例的重心移动轨迹

北京都市区信息传输、计算机服务和软件业就业中心面积、就业与企业资产统计

表4

年份	面积（km²）	面积占比（%）	就业占比/面积占比	就业占比（%）	资产占比（%）	资产占比/面积占比
2008年	123.0	3.9	21.0	81.8	86.5	22.2
2013年	125.5	4.0	20.0	80.0	93.7	23.4

资料来源：北京市第二、第三次全国经济普查。

北京都市区居民服务和一般服务业就业中心面积、就业与企业资产统计　表5

年份	面积（km²）	面积占比（%）	就业占比/面积占比	就业占比（%）	资产占比（%）	资产占比/面积占比
2008年	191.0	6.0	10.1	60.8	50.6	8.4
2013年	211.5	6.7	9.2	61.9	31.2	4.7

资料来源：北京市第二、第三次全国经济普查。

北京都市区教育产业就业中心面积、就业与企业资产统计　表6

年份	面积（km²）	面积占比（%）	就业占比/面积占比	就业占比（%）	资产占比（%）	资产占比/面积占比
2008年	170.00	5.4	11.2	60.7	45.1	8.4
2013年	178.25	5.6	10.2	57.3	50.4	9.0

资料来源：北京市第二、第三次全国经济普查。

概括而言，北京绝大多数的城市职能仍分布于五环以内，中心城区与周边新城的分工协作的形成尚需时日。在地租差异及疏解政策等的影响下，不同产业体现出各自的扩散特征。对第二产业而言，市区残存的制造业趋向碎片化、分散化，外迁的目的地多为六环外地区，而非沿五环边界向外蔓延。在第三产业中，生产性服务业趋向于空间不均衡，资产利润倾斜于少数的资源洼地，其极化效应可不断强化已具雏形的产业中心，故可以产业园区形式向外疏解引导；生活性服务业向空间均质化趋势演进，零售、餐饮等行业分布追随人口分布，其疏解应伴随居住人口的向外转移进行。对于公共服务业，其从业者空间扩散和资产空间集中造成地区间服务水平差距扩大，故应当对疏解目的地加大投资建设，以吸引人口、产业流入。不同产业空间扩张速度的差异，如生产性服务业和公共服务业的差异，将可能造成某些大城市外围地区短时期的服务配套落后、产业比例失衡，减缓疏解进程。

四、结论与讨论：关于大北京未来功能发展的判断和思考

本文对日本首都圈 1990～2010 年的发展历程及北京 2008～2013 年的就业区位和功能集聚扩散进行测度研究，定量讨论了制造业外迁，以及不同产业的集聚扩散趋势，对北京及京津冀未来的发展有如下参考启示：

（1）从日本首都圈及大伦敦地区、大巴黎地区看，首都地区的人口及功能集聚是一长期趋势。从这一点看，北京的人口和功能集聚的压力也必将长期存在。对于这种趋势，除非特殊情况，否则单纯以堵或者强制迁走的方式也仅仅是权宜之计，需要充分遵循大城市功能和就业集聚扩散的基本规律，把握不同时期功能专门化的重点和差异，制定出顺应发展的产业和空间政策。在当前经济危机之际，大北京、大上海等地区无论是从经济、社会还是从环境等方面，其弹性应对的能力都较一般城市要高得多，投资回报率更加显著，单位 GDP 增长使其接受城乡剩余劳动力的能力更强，创造的就业岗位更加显著。同时，随着全球化、信息化等的推进，金融业、创意创新功能、文化媒体等高等级服务业也将更进一步集中在北京等大城市的核心地区，带来新的城市阶层和空间形态。

（2）特大城市中心城区周边或将成为未来最大变动地区。在大城市的产业疏解过程中，大城市周边地区一方面接收来自中心城区的人口和产业扩散，另一方面自外省市迁入的人口倾向于在低价的城市边缘地带居住，造成人口的快速集聚。日本首都圈的中层三县在 1990～1995 年期间出现了若干人口增长 20%以上的町村，同样，北京的大兴、昌平等也可能迎来快速的人口集聚。在这些地区历经剧烈的产业机构变动时期，如何规划建设相应的住房与设施，将成为未来城市

研究的潜在关注点。此外，需要合理安排产业疏解时序，确保目的地的产业比例均衡。不同产业在大城市疏解和区域协同过程中体现出不同的向外扩张速度，从而出现部分地区生活性服务业、公共服务业不足，居民生活水平明显落后于迁出地的情况。为此，需要进行规划干预，向公共服务设施规划倾斜，缩小地区间差异，为新城的人才、产业迁入做好准备。

（撰稿人：杨烁，硕士，清华大学建筑学院助理研究员；于涛方，博士，清华大学建筑与城市研究所、建筑学院城市规划系副教授、博士生导师）

注：摘自《规划师》，2018（01）：05-10，参考文献见原文。

基于经营模式的差异性更新策略研究

——以广州高第街历史街区为例

导语： 老城传统批发市场的更新不是迁与不迁之间非此即彼的问题。通过对高第街批发市场具体经营模式进行研究，得出高第街分期分步的差异性小规模渐进式更新策略。高第街的产业成因提示未来更新应顺应在各类因素影响下的发展态势，高第街批发市场的经营模式体现出批发业与制造业相渗透和商流物流分离的趋势，从宏观到微观的空间组织反映了经营性移民的聚集现象、商流物流的街区内分布、街道的时空利用方式以及功能对空间的适应性，这为高第街历史街区保护与更新的近中远期策略制定提供了依据。

随着城市的发展，老城传统批发市场与街区遗产保护和民生之间的冲突愈发突出，批发市场的调整改造成为近年来社会关注的热点。批发市场的改造过程会影响到区域产业、市场自身、就业人员以及当地居民等各个方面，不恰当的调整方式将有可能产生一系列的社会经济问题。以往对老城批发市场大多采取整体搬迁的方式，但大规模综合式改造是否适用于所有批发市场是值得讨论的问题。本文所研究的高第街案例即给出了另一种思路，让人们有机会看到，批发市场的调整改造不是迁与不迁之间非此即彼的问题。本文通过对高第街批发市场经营模式的剖析，得出其产业更新过程各阶段的对策，以达到产业与遗产保护之间、产业与民生之间的合理平衡。

一、问题的引出

高第街位于广州老城传统轴线与珠江交汇处，包含在广州传统中轴线历史文化街区南段的子历史文化街区和广州市北京路文化核心区的范围内（图 1）。

高第街的历史区位和历史功能价值突出。宋代以降，得益于玉带濠内联六脉水渠、外通珠江航道的便利交通条件，高第街一带逐渐成为广州城商业繁华之地。明清时期，高第街进可达内城核心区，退可接水陆运输中转地，“素称繁盛”（图 2），并出现了广州近代著名的许氏家族。民国时期，高第街成为经营鞋帽服饰、文房四宝、医药食品和客栈的商业中心，街区内的素波巷、水母湾一带成为近代革命活动聚集的场所。中华人民共和国成立后，高第街商业依然人气十足，

图1　高第街区位

从多样化国营单位聚集地发展成为个体户集贸批发市场。绵延千年的商贸文化也给予高第街地区丰富的文化遗产。高第街的街巷格局和肌理体现了广州传统的城市肌理（图3），传统建筑、街屋、骑楼、集合住宅、民国洋楼和现代住宅等丰富的建筑类型[1]深刻地反映了广州古城从清末到民国的时代变迁，街巷名称、老字号等重要的非物质遗产价值同样突出。在今天的广州地区，很难再找到第二个可与高第街媲美的所在，可以说，高第街是广州地区千年商都的唯一载体，是广州商业文明的代表，其空间肌理是广州千年商贸文化的唯一见证。

然而，高第街现有的批发市场业态存在着诸多问题。宏观层面上，通信技术和交通的发展、电子商务以及大型超市等新兴业态的出现使得高第街一类的传统市场功能弱化，大企业纵向一体化也挤占了市场的发展空间。具体到批发市场自身，则存在着基础设施配套不完善导致住改仓现象威胁民生安全，市场建设水平低使得私搭乱建影响历史街区风貌，本地人口流失带来社会结构失衡及管理难度

[1] 按《广州市历史建筑维护修缮利用规划指引（试行）》进行分类，资料来源于广州市第三次全国文物普查数据及广州市历史建筑第一批推荐名单。

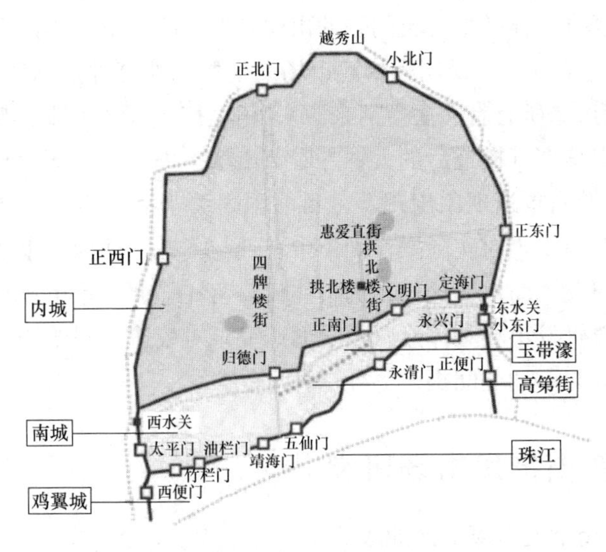

图 2　清代广州城池示意

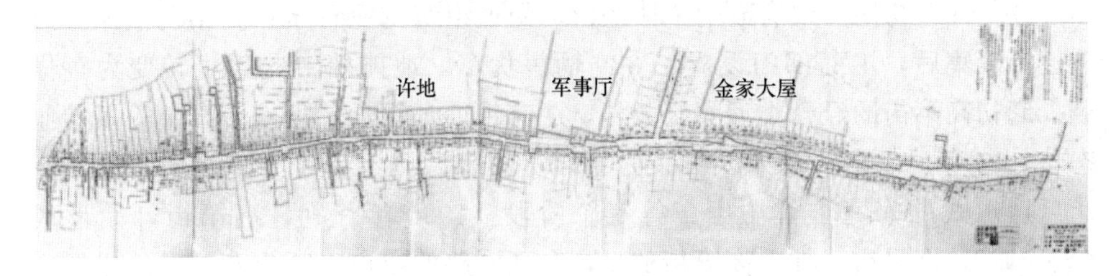

图 3　1928 年高第街路面改造测绘示意

的增加，以及物流服务原始造成老城交通压力和内部交通混乱等问题。高第街批发市场与其作为历史街区的突出价值之间产生了严重的冲突，批发市场的调整改造势在必行。

对于批发市场的改造，在国内外已有诸多先例和研究。20 世纪 50～70 年代，在欧美大城市产业结构不断升级带动旧城产业更新的背景下，多个传统市场进行了更新改造。巴黎中央菜市场的更新将建筑和业态整体清除，过分强调组织城市的功能需要，为今后的城市发展带来了种种问题。伦敦科芬花园则认识到小规模渐进式更新有利于提升社会总体福利，以保持历史经营特色的手工业商铺和风味小吃逐步替代农贸市场功能。波士顿昆西市场虽然对食品批发市场进行整体搬迁，但以“节庆市集”的构思保留了小型商业的经营模式，对原有市场历史建筑进行再利用。近年来，国内批发市场的更新也逐渐增多。在更新方式上，基本都采用整体搬迁的方式，如 2011 年的武汉汉正街；2013 年成都外迁批发市场采用市场为主、政府为辅的方式，但推进缓慢；2014 年，北京动物园服装批发市场的更新则以“转移、调整、升级、撤并”为指导，采用外迁和高端化相结合的方式。市场外迁过程伴随着各类问题的出现，如影响上下游生产和服务、相关利益主体矛盾激化（2009 年昆明螺蛳湾市场发生群体性事件）、影响当地民众生活（汉正街搬迁后房屋所有者失去生活来源）、相关行业人员失业、政府搬迁成本巨大、新商圈难以培育（搬迁后的大钟寺农贸市场失去人气、新“动批”红门服装城生意惨淡）、游商重返现象出现等。目前国内关于批发市场改造的研究多为对改造方向的宏观建议，对实际操作则集中在迁与不迁、迁到哪里或多个批发市场的搬迁顺序的研究，而对搬迁过程的关注仅停留在强调注重市场规律上。高第街的案例将通过对批发市场具体经营模式的研究，对改造过程给予特别关注，在批发市场改造的迁与不迁之间提供另外一种可能。

二、高第街批发市场研究

（一）高第街批发市场的产业成因

改革开放初期，政府鼓励个体经营，街道组织待业青年在高第街摆摊。商业逐渐聚集后，工商部门设立了 329 辆售货车，地摊档由此逐步转变为车仔档。起初高第街的经营类型除服装外，还有钟表、饮食、理发、日杂等多种业态，1984 年后逐渐转变为以服装为主，货物来源则经历了香港、中百站、前店后厂形式的家庭小作坊生产等三个阶段。1990 年代初，高第街开始形成“天光墟”，即早市，加上高第街的日市和西湖路的夜市，呼应互补，组成了广州当时的著名商圈。1986～1997 年是高第街的兴盛期，市场扩大到两侧十余条横街以及两个室内市场，固定档口数量超过 2000 个。1999 年，高第街发生一起严重火灾，为了消防安全，区政府下达文件正式撤销高第街市场。高第街的车仔档全部取消，只剩下 300 多个商铺继续经营，童装主要迁入中山八路，皮革迁入梓元岗，服装则主要迁入流花地区的市场，高第街店铺背后的生产作坊也逐渐被仓库所取代。

据高第街 217 号店主回忆，2000 年前后，随着市场选择，内衣逐渐成为高第街主要的经营品种。2002 年，地铁海珠广场站通车，便利的交通为高第街批发业注入了新的活力。据一位店主介绍，1998～2015 年，三十几平方米的档口租金从 9000 元涨到了 40000 元。今天的高第街共 278 档，街上大部分店面主营内衣，靠近起义路的部分商铺主营皮具，另有经营睡衣、袜子、泳装和童装等类别的店面散落其中。

高第街的商业是广州千年商贸文化不曾间断的体现，如今的个体户批发经营是改革开放后市场经济的产物，而经营种类转为内衣则是市场选择的结果。此外，高第街历史上与前店后作坊相适应的狭长的房屋形制使高第街如今形成了前店后库的模式，适合批发业的经营和货物存储，而内衣、皮具等小型日用品因其体积较小，便于储存，也促进了高第街经营类型的专业化。

（二）高第街批发市场经营模式

作为货物流通的中间环节，高第街批发市场的经营模式主要包括与厂家之间的供货模式和与顾客之间的交易模式。

供货模式主要分为三种（图 4）。第一种最为简单直接，店铺与供货厂家建立长期合作关系，发出订单，厂家供货。但有店主也提到，越来越多的批发量较大的客户选择越过批发商，直接与厂家联系订货，以降低成本。企业纵向一体化现象正在挤占批发市场的发展空间。第二种供货模式的商铺多为前店后厂，生产、批发、运输、电商销售等各个环节均由家族内部成员分工合作，成为紧密联系的整体。第三种供货模式是更为规范的现代企业化供货模式。现代企业有着从品牌规划、设计研发、生产、销售到售后服务的完整的管理流程，旗下拥有众多

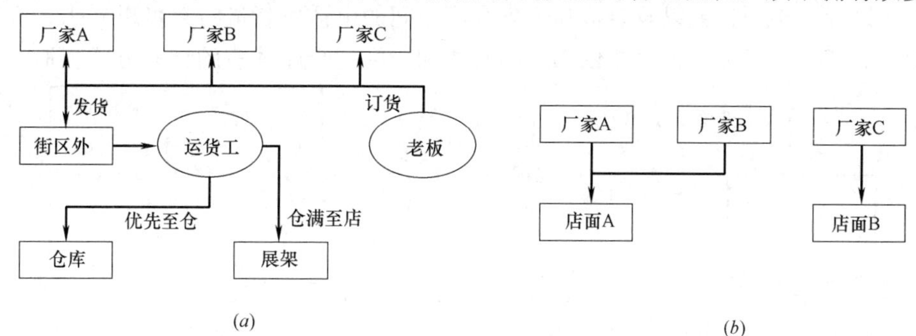

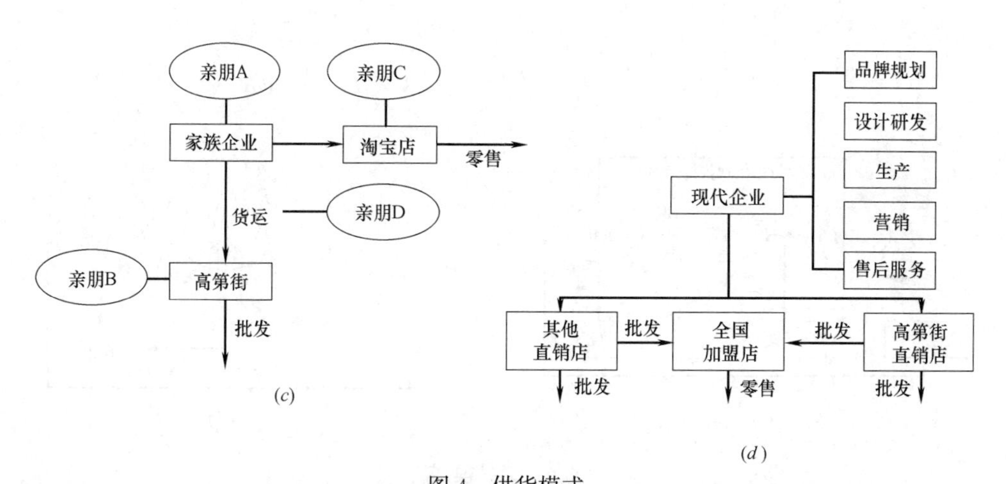

图 4　供货模式

（*a*）一般供货模式；（*b*）供货模式 1；（*c*）供货模式 2；（*d*）供货模式 3

的全国加盟零售店和直销批发店。高第街店铺作为直销店之一，承担着对外批发的业务，同时也为附近的加盟店提供货源。从供货模式可以看出，高第街已出现批发业与制造业相渗透的趋势，未来有可能与厂家进一步合作，增加厂家直接发货的比例，减少街区内的仓储需求。

交易模式主要有四种（图5）。第一种是最为传统的“三现”交易，即由顾客到现场选购，老板现金收银后，顾客可将现货直接提走或雇佣运货工协助运走。顾客无需现场验货，下单时对样品进行“封版”，待货物到货时与之比对，如有问题可找店家商洽。第二种则是与店铺建立了信任关系的熟客经常采用的方式——电话订货。顾客跟老板直接电话订货，货款一般通过转账方式支付给老板，从街区内仓库发货。据店铺“九同章”董事长介绍，此类交易模式占其总订单的30%左右，且有比重逐渐加大的趋势。第三种交易模式体现了批发业展贸化的趋势。货物存放在远郊仓库，顾客仍旧到店内选版，老板电话联系远郊仓库发货。收银时以现金为主，或全额付清，或结清定金，其余货款待收货后转账付清。第四种模式是电话订货和远郊仓库发货的结合，主要通过顾客和老板之间的电话订货、转账收银以及老板和远郊仓库之间的电话发货进行。可以看出，高第街已经产生了三种不再严格依赖上门看货和街区内仓库发货的交易方式。而“三

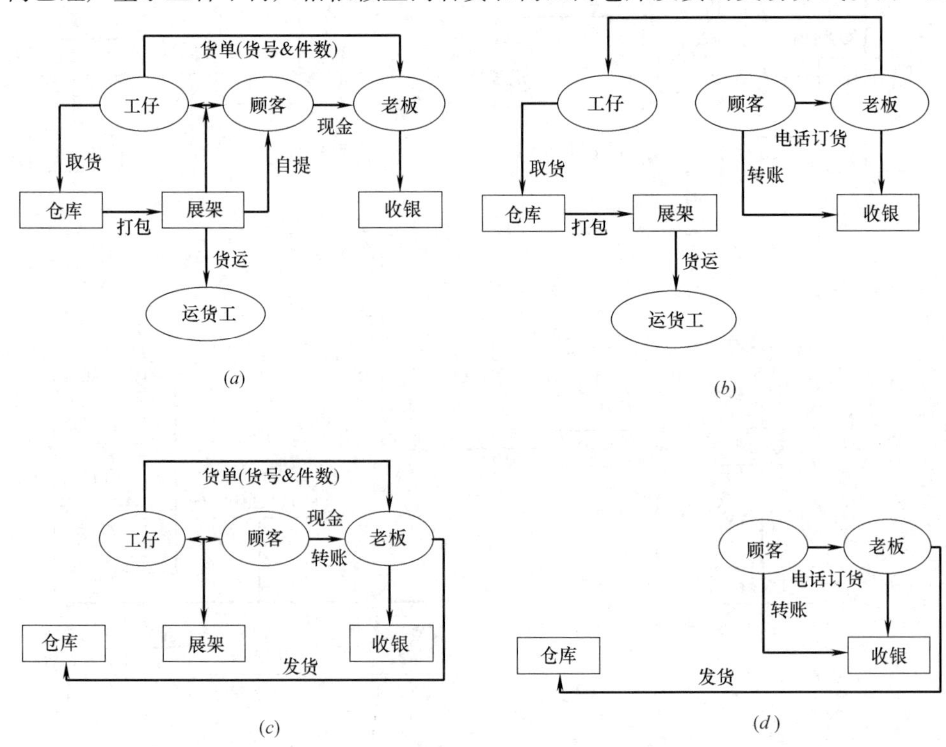

图5 交易模式

（a）交易模式1；（b）交易模式2；（c）交易模式3；（d）交易模式4

现”交易时的“封版”现象表明，现货的优势仅体现在方便快捷上，和保障货物质量没有直接关系。高第街商流物流分离的趋势已现端倪，高第街批发业的更新、仓储的搬离具有现实意义上的可行性。

此外，高第街也出现了一些新的现象和趋势。已有部分店铺开始涉及电子商务，同时许多店铺开始瞄准零售客群，呈现出批零一体化的趋势。高第街还出现了向设计、创意等方向发展的趋势，并有一些较有远见的店主为未来转型做准备。老字号“九同章”董事长表示，高第街如果能够改造成为文、商、旅一体化的区域，“九同章”可以重新发展特色西服，或者从事新型产业，自己已有相关的人才储备。

（三）高第街批发市场空间组织

空间组织涉及从宏观到微观的四个层面，包括宏观地理联系、街区尺度、街巷尺度和房屋尺度的空间组织。

高第街的宏观地理联系以广州市为中心，以广东省各县市为主要圈层，辐射至周边省份以及东南亚、非洲等国家（图 6）。供货的内衣厂家聚集在汕头一带，皮革厂家聚集在湛江一带，批发业的发展与周边制造业的产业集聚关系密切。高第街经营者的家乡分布充分体现了经营性移民的聚集现象，内衣批发商户基本全部是潮汕人，约占商户总数的 2/3。高第街的顾客来源以四乡客为主，商品少量销往国内其他省市，远销国外地区的比例约占一成。此外，批发市场的运货工多为湖南湖北人，常年在此谋生。高第街坚固团结的同乡体系一定程度上成为产业改造升级的阻力，但另一方面也可以从此切入，利用同乡之间消息的灵活传播和信任带动整个群体的行动。同时，高第街拥有新广州人落脚第一站的特殊身份，同乡聚集现象带来的社会经济聚合环境能够为有创业意向的年轻人提供技能和帮扶。批发市场的更新置换必将对这一体系带来负面影响，建议采取小规模渐进式的更新，给经营者以逐步适应的过程，同时考虑提供适宜的就业机会，为经营性移民提供一定的生存土壤。

街区尺度的空间组织主要体现在商流物流的组织上。狭窄的街巷使得货物流动几乎全部依靠人力，高第街主街和大部分支巷都作为货物运输的通道。高第街每天的运货量可达 1100m^3，产生手拉车交通量 370 次[1]，货物运输量巨大。进货时，由于街区内无处停车，运货车只能在各条街巷的入口处卸货，运货工用手拉车将货物优先运至仓库，仓库存满后运至沿街店铺楼上的存储空间。此时的货流

---

[1] 按常见手拉车长 2m，宽 1m，货物高 1.5m，即手拉车单次运输量约 3m^3，街区内仓库货物每季度更新一次估算。

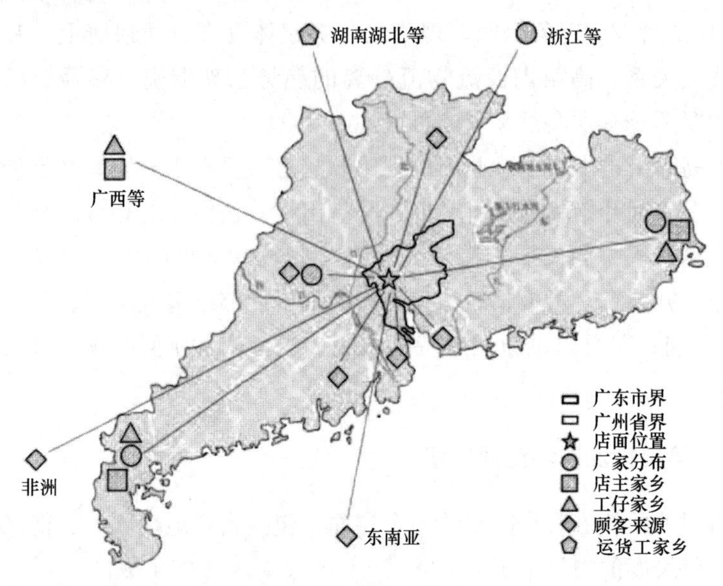

图 6　宏观地理联系

主要集中在街区的支巷，在高第街主街产生少量货流（图 7）。交易时，顾客的流线主要集中在高第街的主街上，工仔则需要去街区内的仓库取货，运至店内打包，流线主要集中在连接店铺和仓库之间的支巷中（图 8）。发货时，远程仓库发出的货物由货运公司直接运至目的地，避免了街区内部的物流干扰；而街区内部出货是高第街主要的发货方式，分为自提和快递货运两种，货流主要集中在仓库与店铺之间的支巷和高第街主街上（图 9）。对各种流线的分层分析，有利于

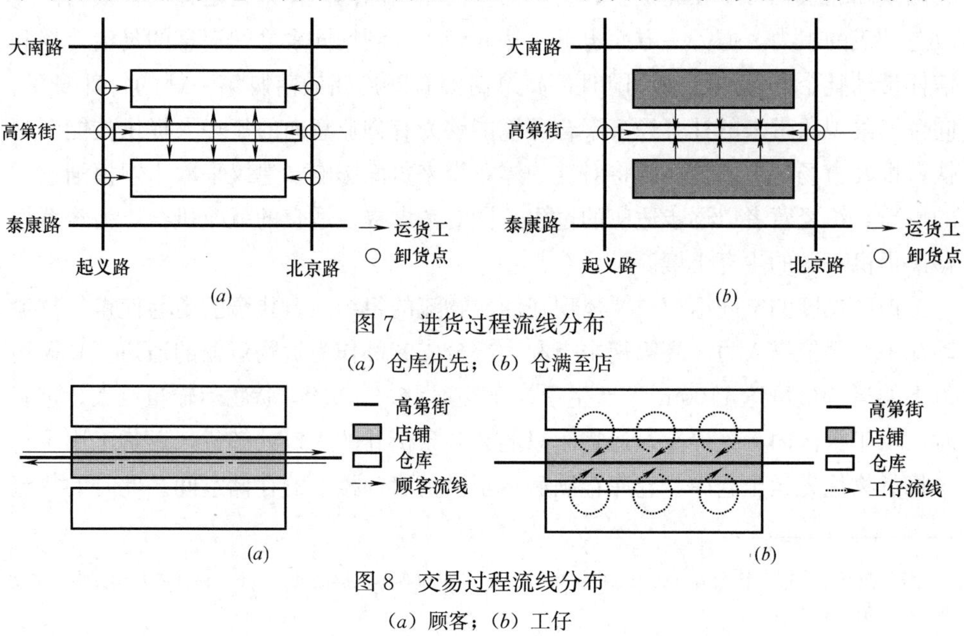

图 7　进货过程流线分布

（*a*）仓库优先；（*b*）仓满至店

图 8　交易过程流线分布

（*a*）顾客；（*b*）工仔

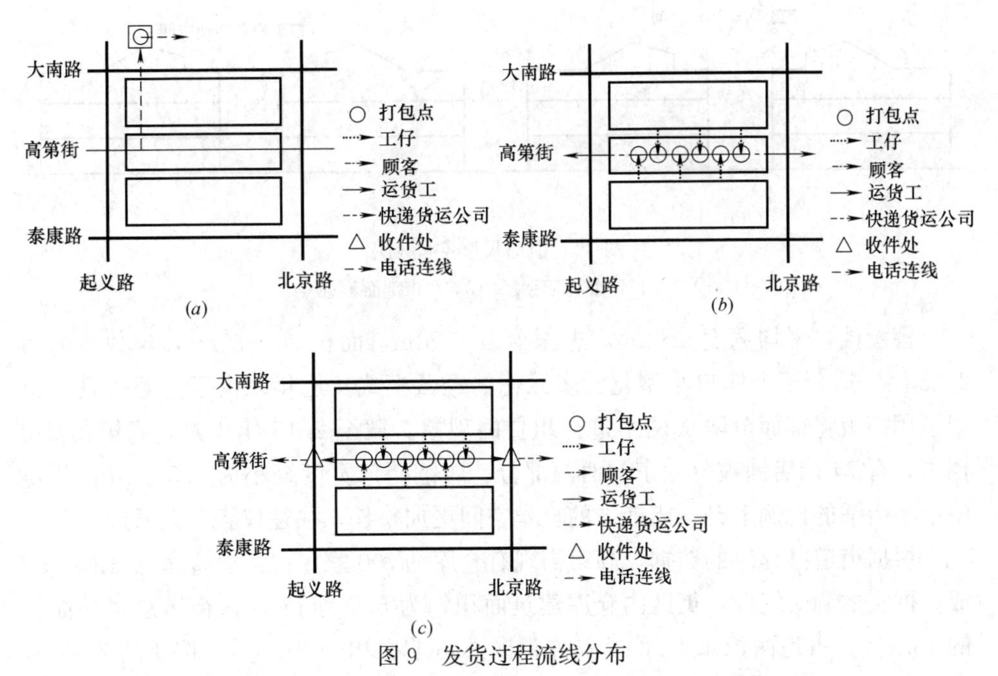

图9　发货过程流线分布

(a) 远程仓库出货；(b) 街区内部出货——自提；(c) 街区内部出货——快递货运

梳理不同位置仓储的搬离情况对街区内部流线的影响，为后文渐进式措施的制定提供依据。

街道尺度的空间组织研究包括空间和时间两个方面。在空间维度上，高第街主街全长585m，整体呈线状布局，街道宽度约为6～8m，平均宽度7m，保留了历史尺度与格局。两侧房屋高度约10～24m，街道宽度与房屋高度之比约为0.4～1，给人以狭窄且亲切的感觉。店面开间约3～4m，店铺面宽与街道宽度之比约为0.4，行人能很好地关注到沿街店铺内部的活动，有利于室内外空间的交流和商业活动的产生。在时间维度上，早市和日市使高第街主街得到充分的利用。早市一般从清晨6点经营到8点半，日市与之无缝对接，在早市撤摊的过程中，日市就准备开板营业了。此外，日市的商业活动限于首层的室内，街道空间主要用作交通空间❶；而早市利用日市店铺关门后留出的沿街1m进深空间及部分街道空间设摊（图10）。高第街未来应依旧以适合其街道尺度的小型商业为主，以固定店铺和适当的临时摊位相结合，在时间和空间维度上进行充分利用。

房屋尺度空间组织按功能可分为售卖和仓储两类，其中售卖集中在高第街主街两侧房屋的首层，仓储集中在支巷两侧房屋的低层及主街售卖的楼上。

❶　高第街市场规定不得占用街道空间摆放特价车等展卖货品，但实际上占道经营现象屡有出现。

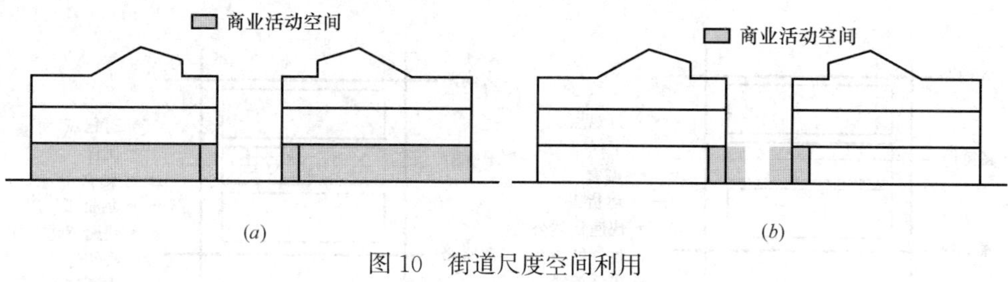

图10　街道尺度空间利用

(a) 日市剖面示意；(b) 早市剖面示意

售卖档口平均宽度3～4m，进深约10～20m，面积30～50m²，层数普遍为2～3层，适合于个体户小型化、多元化的经营模式。近年来由于生意不佳，出现了用挡板将铺面分隔成两半进行租赁的现象。截至2015年1月，高第街278档中，有74档店铺被分为东、西两部分，店铺档口宽度缩小为1.5～2m，使得中小型店铺的比例上升。店铺内的售卖空间更加狭长，往往仅容一人通过。

根据街道办提供的数据，高第街现有仓库约700家，占街道仓库总量的6～7成。据实地调研统计，街区内仓库建筑面积约为6.7万m²，占街区总建筑面积的13.4%；占地面积4.1万m²，占街区总占地面积的22.6%。按层高2m，货物堆积高度1.5m估算，街区内仓库储存量达10万m³，十分可观。其中，有73.0%位于街区内部支巷两侧的民居中，且一般使用低层空间，以方便货物的搬运。据实地调研统计，高第街内占用房屋单层的仓库建筑面积约为1.8万m²，占两层的约为1.7万m²，占三层的仅有0.4万m²。

在房屋尺度的空间组织中，售卖与仓储的位置分布体现了不同功能的空间适应性差异。因此，应合理安排未来新功能的选择与布置。

此外，经济利益驱动也是高第街房屋尺度空间组织现状的重要影响因素。调研得知，高第街主街店面租金约为150元/m²·月，街区内仓库的租金约30～40元/m²·月，首层相对更高，而居住的租金则低于仓储。在高第街进行产业更新时，应考虑店铺整体经营成本与收益的变化，采用商户易于接受的更新方式，同时不能忽视对房产所有者等其他相关利益主体的影响，合理减小更新阻力。

三、高第街批发市场更新建议

近年来，高第街商铺的经济效益已经大不如前。据高第街商会会长介绍，2014年估计有6成商铺是亏本经营，2015年的档口租金普遍下降了一成，个别档口甚至下降了5000元左右，这是改革开放以来租金的首次下降。调研中发现，整条街上有十几个店铺门口都张贴着招租信息。高第街217号店主也表示，近几年来，高第街的人流量越来越少，店铺经济效益逐渐下滑。此外，高第街税收贡献率低，据街道办反映，整条街一年仅10万～20万的税收，270余家店铺大部分达不到起征点。高第街批发市场已经处于改造升级的十字路口。

（一）近期：清除住改仓现象，保留主街售卖和仓储

由于高第街批发市场的活力仍在，短期内不能完全腾退，且批发业在一定程度上是千年商贸文化的延续，因而近期保留高第街主街的批发店铺。但同时，住改仓带来的严重社会、经济和环境问题亟待解决，因而近期将街区支巷两侧民居内的仓库全部搬离。高第街“三现”交易仍旧是其现阶段招揽生意的特色，所以近期内保留高第街主街店铺楼上的仓储空间，以满足基本的自携式提货需求。

由此，在经营模式上，鼓励高第街逐步由供货模式1的散厂供货向供货模式3的现代企业供货的方向转变，作为厂家的线下宣传和展卖点；采取供货模式2的由家族企业供货的店铺逐步提升厂家直接发货的比例，以减少街区内的存货需求。鼓励高第街店铺将交易模式1的“三现”交易逐步转变为交易模式3的现场看货、街区外仓库发货的方式，同时将交易模式2的电话订货、街区内仓库发货的情况全部变更为交易模式4的街区外仓库发货的模式。鼓励店铺接触电子商务，为中期高第街电子商务平台的建立打下基础。鼓励高第街店铺向零售业渗透，同时在店铺内增加创意设计类项目的体验和展示功能，在现有业态中去粗取精，寻找有价值的、符合高第街未来发展态势的类型进行保留和发展。

空间组织方面，在街区尺度上，住改仓现象清除后，仅存的仓储全部位于高第街主街，批发市场的人流货流将不再产生于街区内部。此外，应协调统筹街区周边地块的停车空间，严格规定临时停车卸货点和避开每日早晚高峰的停留时段，减少对街区周边正常交通的干扰。在街道尺度上，保留早市这一时间和空间上对高第街主街进行充分利用的经营方式，逐步置换高第街早市的业态种类，探索保持高第街全天候商业活力的合理构成。而在房屋尺度上，仓储腾退出的民居应加以修缮并进行功能还原，可对街区内重点建筑进行重点整治示范。

经济效益方面，对高第街店铺的经营者来说，虽然仓库外迁意味着仓库的管理成本的提升，但不再有街区内货物运输的人力需求。此外，可由政府购买街区内部分私人房产，为店铺工仔提供廉租房，进一步减少店铺的用人成本，以鼓励店铺配合高第街产业的升级置换。另外，可考虑对修缮房屋的商铺给予税收减免，促进高第街内建筑遗存的保护。对高第街住改仓房屋的所有者来说，街区内房屋质量风貌和街道环境的改善将吸引更多的租户前来居住，带来居住租金的上涨，未来经济收益将有可能高于原仓储的租金收益。

（二）中期：搬离街区内全部仓储，集中主街展卖，注入新功能

高第街主街上的店铺对房屋存在设置夹层、改变原有结构、私搭乱建等破坏性使用现象，且仓储的火灾隐患以及商流物流之间的干扰仍然存在，因而计划在中期将高第街主街的仓库全部清出。考虑到更新改造和市场选择可能对批发店铺产生优胜劣汰的影响，使部分店铺空置，故缩短批发市场的长度，集中展卖，以保留高第街批发的声誉和品牌，同时开始向高第街注入新的功能。

由此，在经营模式上，供货模式 2 的家族企业和供货模式 3 的现代企业供货成为高第街批发市场的基本供货模式，基本实现展贸化和商流物流的分离。同时着手建立高第街电子商务平台，开始植入符合街区定位的新业态，注重老字号的保护和展示，促进高第街经营模式的品质提升。

空间组织方面，在街区尺度上，高第街的货物交通量仅仅来自于展卖货品的更换需要，交通状况将进一步优化。在街道尺度上，甄选符合高第街空间尺度的商业类型，逐渐形成业态种类丰富的日市和充满商业活力的早市。在房屋尺度上，腾退出的高第街主街房屋在拆除夹层、恢复内部结构后，首层保持售卖功能，楼上可考虑用作经营人员的居住空间，或是与店铺商业活动相关的创意设计与互动体验空间；而街区内部特色街巷两侧的房屋可考虑作为咖啡餐饮、青年旅社和小型博物馆，对空间进行充分利用（图 11）。

图 11　房屋尺度未来空间利用

（*a*）主街房屋利用方式；（*b*）支巷房屋利用方式

经济效益方面，高第街批发类商铺将从高第街的整体提升中得到极大的正外部性收益。对高第街主街房屋的所有者来说，高第街更新将带来商铺租金水平的上涨，从而增加其经济收益。

（三）远期：批发业态全部置换，恢复千年商都载体的繁荣景象

高第街内衣批发市场由于自身业态较为低端，经济贡献度和社会认同度较低，影响力较小，与高第街未来整体的历史文化氛围不符，故在远期将全部置换。高第街批发业带来的各类问题将得到不同程度的解决，高第街将重现作为千

年商贸文化载体的繁荣景象。

（撰稿人：吴俊妲，硕士，北京市城市规划设计研究院；张杰，清华大学建筑学院教授，博士生导师，中国城市规划学会历史文化名城学术委员会副主任委员，中国城市规划学会理事）

注：摘自《城市规划》，2018（09）：79-87，参考文献见原文。

未来智慧城镇的空间设计设想

导语：交通与交流的新兴技术正在改变我们城镇的空间构成。本文从数字空间网络及城市运行绩效的角度，展望未来智慧城镇的空间设计，强调实体空间与虚拟空间的彼此互动，包容性与创新性的彼此互逐，控制性与灵活性的彼此互补。基于此，进一步讨论了未来智慧城镇的空间设计元素以及相关指标体系，以期推动更为智慧化的城镇发展。

一、引子：未来设想

在历史上，驱动城镇空间形态变化的力量除了社会经济之外，还有科技因素，特别是对交通和交流有重要影响的科技因素。例如，霍华德的“花园城镇”的出现是源于小汽车和轨道交通的出现。那么，在新兴信息技术发达的今天，未来城镇会出现哪些空间上的变化？

未来城镇形态与便携式社交媒体（portable social media）：便携式社交媒体改变了人们的交流方式。例如，当今的滴滴打车和未来的智能家具媒体引发了人们的行为方式的变革，那么未来的城镇形态又将如何变化？

未来城镇形态与智能飞行器：当今的无人快递飞行器和未来的智能飞行器将如何改变城镇的形态，是聚集，还是分散（如空中城镇）？如何改变国家就业、国家税收以及各国之间的地理距离？是否将形成“世界三维新城”（智能飞行器枢纽）？

未来建成环境形态与虚拟现实购物：Oculus 头盔提供了虚拟现实的购物体验，包括对服装的试穿体验或对室内装修的即时选择，可实现面对用户的个人化设计。这将对建筑和城镇形态有何影响？

智能基础设施的设计：水、电、气等基础设施智能化和便携化之后，如何整体性地、创意性地设计这些貌似无趣的基础设施？

脑神经控制设计：如何将大脑中心形象概念转化为电脑中的图像并形成设计方案，实现人机深度互动式设计？

工业制造 4.0 与外太空城镇设计：定制化的工业设计如何根据不同的外太空条件和不同客户的喜好快速建造城镇？

未来设计与公共参与融合的平台：通过智能化、便携式、互动式的平台，缩短设计师与客户之间的距离，缩短公众与城镇建设之间的距离，实现真正的群众设计，这又如何改变城镇整体形态？

这些问题中隐含了对城镇空间模式变化的设想。在天、地、人、机一体化的信息社会的今天，新一代信息技术或物联网技术无处不在且渗透性很强，将孕育出泛在的虚拟空间，使更多城镇获得了更多彼此分离的可能性，同时又通过新兴技术在虚拟空间彼此联系，从而形成更为匀质化的区域城镇空间格局（图 1）。在这种设想中，坚持以人为本，以万物互联、人机交互、天地一体、安全可信的网络空间为基础，以数字化、网络化、智能化为手段，深度运用大数据、物联网、人工智能、区块链等信息技术，以数据为核心驱动，实现城镇政务数据资源和社会数据资源的融合共享，将有效推进前沿信息技术与城镇规划建设、社会治理、经济发展、人民生活深度结合，形成生产、生活和生态空间的有机统一，人、机、物三元融合的“城镇智能生命体”（图 2）。

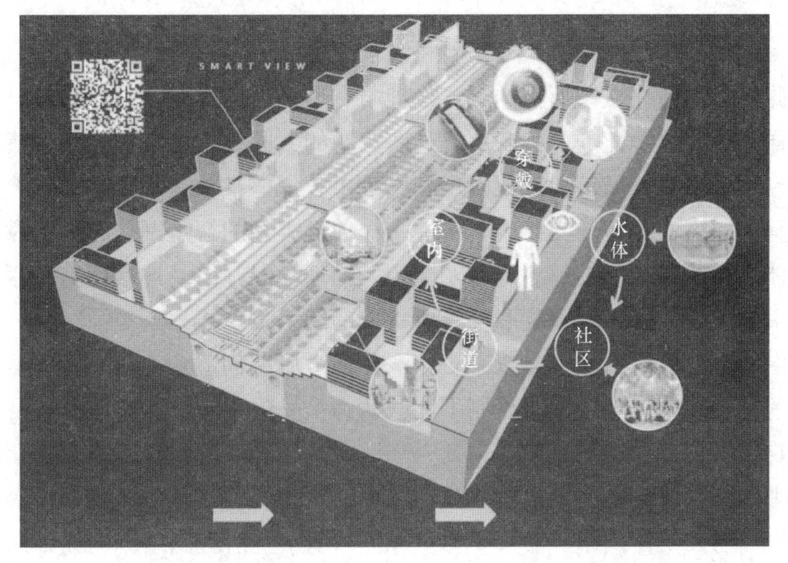

图 1　未来城市虚实交融界面体（图片来源：作者绘制）

二、智慧城镇的空间网络绩效

智慧设计使新兴城镇变得更为便捷、更为高效，在生活、工作、出行、生产及创新等方面来支持居民生活。设计不仅存在于可见的城镇——人们移动、交互的建筑及空间，而且存在于无形的城镇——支持城镇生活的隧道、管道、电缆和数字网络。此外，智慧设计可以改善城镇有形或无形的产品，也可以让资金往来和决策方式的流程更优化。

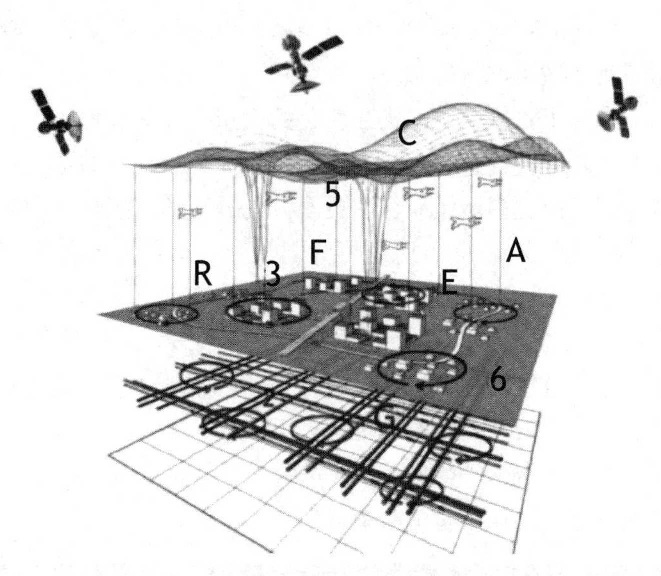

图 2　天地人机未来生命共同体（图片来源：作者绘制）

因此，创建新兴城镇所需的无形设计与有形设计同样重要，过程设计与产品设计同样值得关注。此外，串联所有这些问题的共同线索即实体城镇和虚拟网络的设计也不可忽略。城镇建设或发展，不是单独依靠某个建筑、空间或个人，而是依靠整体网络的实力的支持。其中有三种关键类型的智慧网络必须同时考虑。

实体网络：建筑、街道、广场及公园的物理空间，以及连接所有元素的网络空间（由电缆、数字光纤及物联网等所构成的网络）。

金融网络：可以为地方建设来贷款，并通过后期创造营业收入和税收，来支持城镇的持续经营。金融网络机制不能被认为是一成不变的，应因地而异，如同城镇的物理设计一样可被改变及创新。

治理网络：政府、公共机构和其他组织共同协商、管理未来城镇发展计划的决策系统。与“实体网络”和“金融网络”一样，“治理网络”的设计应具备创新性，且受制于局部变化以适应文化期望的发展。

新兴城镇智慧设计往往是多种因素共同作用的过程，要考虑建筑材料、施工技术、运输形式、建筑设计，甚至金融工具或参与规划的形式，以使新的物质实体的实现获得经济的支持。不过，上述思考仅仅是城市建设过程中的智慧手段或智慧方式。我们需要将关注点放在未来智慧城镇的未来发展效果上，这将对理解智慧城镇更有利。那么，未来的智慧城镇关注哪些内容值得我们思考？

我们可以设想出三种典型的智慧城镇效果：第一是健康型城市。无论在心灵上还是身体上，居民都希望自己所居住的城镇氛围良好。而孤独、早逝等情况被证明可直接影响城镇氛围。因此，未来的智慧城镇首先需要激励居民进行体力锻炼，从而激发社会活力。无论建筑多智能，开放空间多便捷，数字网络及运输系统多快速，体质虚弱的居民都无法感觉良好。第二是财富型城市。成功的城镇无论是在工业产出和就业方面，还是在文化生产力和丰富度方面均可产生巨大的财富。第三是幸福型城市。这类城市建设的核心在于社会凝聚力和地方意识，这种城市对于访客和长期“参与者”而言具有持久的吸引力。幸福感对经济、政治和社会生活的影响都不应被低估。

三、面向空间运行绩效的智慧城镇

随着大数据相关技术的兴起，数据与各类应用互相促进，数据采集、共享、开放、利用已成为智慧城镇建设中的重点考虑因素，各国也纷纷将数据聚享列为智慧城镇发展的第一核心要素。智慧城镇基于数据共享，可以围绕文化、教育、家庭、住房、交通与出游等一系列主题串联起的多个服务事项，形成一站式服务能力，大幅提升市民体验，简化城镇管理流程。数据开放被越来越多地应用到各个行业领域，形成政府、服务商、个体开放互动的新城镇生态，改变传统城镇治理服务模式。基于数据的机器学习、数据挖掘等技术能推动城镇“智能化”程度，提升政府决策效率与城镇运行效率。

智慧城镇设计战略的制定应由城镇本身的基本规划和设计原则来推动。遵循这些原则可以给投资者带来更大的信心：他们的投资更有可能符合政治期望；与其他投资者的投资更有可能兼容，可以互为补充而非竞争。

首先，设计应具备社会经济和环境层面的弹性，符合可持续性的，结合紧凑性、连接性和混合使用性的生态城镇设计原则。基于社会、经济和环境的积极影响，新兴城镇的战略目标应该是建立一个与20世纪现代城镇情况大不相同的城镇。现代城镇往往是被汽车主导占据的、社会隔离的、不断蔓延的城镇。相比之下，新兴城镇愿景应该是基于泛在感知、响应及决策，构建一个以人为本且互相连接的城镇。未来的智慧城镇中，应该利用人们自身的能量，通过出行模式与社会经济的相互作用来驱动城镇的社会、经济和环境的可持续性发展。因此，最重要的是智慧城镇设计战略适合采用物联网和人工智能等新兴技术，重点关注城镇的包容度和舒适度，以适应多样化和不断变化的居民日常生活。它应该着眼于创造新的或改进现有的公共空间、公共服务设施和基础设施，以使其不仅具有创新性和经济可行性，而且具有可达性和包容性。

其次，设计应基于实证的开放性和可理解性。为了投资者和城镇利益相关者（包括企业、机构和公民）的效益，智慧城镇空间设计战略的核心应该是采用综合城镇建模技术的“智能城镇”技术，来严格审查运营机制，并评估未来图景。

智慧城镇设计战略应由数据采集、数据分析、机器学习、预测建模、实时评估的方法来构建，从而加速制定高质量且可随时修改的设计方案。

再次，设计应重点关注城镇空间运营绩效，重点关注建设绩效、基础设施绩效，特别是居民行为的表现。对公共空间和建筑物本身持有相同的重视度，优先考虑基本的城镇问题：位置、布局、土地利用、交通、景观。同时，智慧城镇空间设计战略应考虑多重尺度的空间：宏观的城镇规模问题，中观的亚中心问题，微观的单独的街道、空间或建筑问题。

智慧城镇的空间运行绩效管理平台提供城镇开发的数字化连接及规划参与者在线交流的机会，激发人与人之间的物质流动和相互作用，以及规划、设计、工程和经济等多专业学科的结合。此外，还需要关注城镇文化性，尊重并有意识增强城镇历史认同感，促进城镇的社会和谐及经济发展；关注城镇的可投资性，通过绩效管理平台的支持来满足投资者的愿景需求。智慧城镇空间设计战略应建立在坚实的商业基础上，应参考全球成功的城镇商业的实证研究，也应与投资界透明的制作和呈现方式相对接。

最后，设计应提倡共同创造性和包容性。多方专业人士、政府工作人员、城镇利益的相关者和市民可借助虚拟协同平台，通过在线创意研讨会定制活动，实现线上线下互动；通过虚拟智能体系，使城镇战略与规划及空间设计层层迭代、实时反馈，弥合20世纪许多城镇发展的技能和专业的分离。基于共同创造、共同制作和共同发明的团队合作应该是智慧城镇空间设计战略的成功要素，可确保城镇战略契合并融入城镇进程。此外，智慧城镇空间设计战略还应纳入智慧设计评审流程，协助市场制定城镇战略建议书，并引入定期审查机制，实时更新数据。

总而言之，智慧城镇设计战略不应该是文本、图像和方案的简单组合，而应该是基于虚拟在线平台，由政府工作人员、当地居民、城镇规划师和设计师共同创建的跨学科和生活的计划。合作过程应确保有专业人士、政策制定者和公众之间的技能和知识的转移。

四、关键的智慧城镇的空间设计元素及指标

智慧城镇空间设计战略在控制性和灵活性二者的相互竞争中取得平衡，为重要街道和建筑出具基本建议，并制定电子标准指南来指导后期设计。这种方法既可控制城镇的关键特征，也为开发商和投资者提供灵活的发展模式。此外，灵活性可通过创建“电子标准模板”来进行控制，在各开发项目中“电子标准模板”设置的参数可以被修改及评估。

城镇的关键要素包括街道、街区和建筑地块：①街道，可引导城镇的交通流动，城镇的基础设施走廊和线性绿地空间可推动社会、经济和环境的可持续发展。因此，智慧城镇空间设计战略应为主要关系的“显性”网络建立一系列基本规则，如街道宽度、运输模式共享、景观特征。②街区，是位于街道网络内的地块，包括建成、未建成或部分建成的部分。智慧城镇空间设计战略应为街区制定一系列基本建议，如土地混合利用、整体建筑高度、整体容积率密度、整体开放空间面积。③建筑用地，当街区被细分为可开发土地的单个部分时，建筑用地被建立。智慧城镇空间设计战略应考虑以下基本方面，如土地利用、高度、普通的街道界面。基于上述基本的空间设计要素，空间设计原则最终转换为可度量的绩效、指标及空间布局等，包括如下内容。

（一）人的活动

社会经济方面。例如城镇社会和经济多样性的模式是什么？这些模式如何随着人口迁徙到达城镇或离开城镇而发生变化？测量指标：人口数、年龄、性别、民族、经济活跃人口、就业人口、失业人口/就业率、教育成就、工资等。

社会交流方面。例如目前与社区管理者和其他组织及个人磋商的方法是什么？测量指标：举行咨询会议的数量、社区参与人数、重复度、通过咨询活动提出的问题范围及强度。

建筑开发和使用情况方面。例如城镇哪些地区可以被普遍性开发和占用？测量指标：规划权限、施工开工率、建筑完成率、建筑装修率、建筑物入住率。

人的行为与交通模式方面。例如人们如何穿行于城镇中？是否采用私人汽车、步行，或骑自行车的出行模式？哪些路线更受欢迎？测量指标：乘客周转量、各种出行方式、行为模式、出行距离。

公共空间的使用情况方面。例如人们如何使用公园和公共空间？测量指标：空间使用密度，用户类型（年龄、性别、职业），活动类型。

（二）城镇形态

街道网模式。例如，与公共/私人车辆等匹配的街道网格局及前提是什么？测量指标：街道网络长度、街道网络层次（从空间网络分析）、街道网络几何（从空间网络分析）、街道网络密度（城镇空间足迹）、街道网络容量、街道网络类型、街道网络状况。

土地利用模式。例如，包括城镇中住宅、工作场所、教育、医疗保健和宗教建筑在内的逐层建筑和逐层土地使用的模式是什么？测量指标：建筑物的土地利用类型和面积、单个建筑物楼层的利用类型和面积、土地使用状况、露天场所、开放空间类型、开放空间状况。

服务基础设施状况。例如，城镇的能源、水、数据供应、废物清除基础设施的位置、连通性、容量和状况如何？测量指标：服务基础设施网络长度、服务基础设施网络容量（层次）、服务基础设施网络情况。

文化建筑环境情况。例如，整个城镇中文化意义重大的建筑资产是什么？测量指标：文化建筑的建设地点、设施数量、使用水平及条件。

遗产情况。例如，整个城镇中历史上非常重要的建筑物是什么？测量指标：重要历史建筑物数量、位置、使用水平及条件。

（三）资源

能源状况。例如，城镇能源发电和能源供应格局如何？测量指标：设施位置、设施能力、经营活动、设施条件。

数据。例如，城镇不同地区可用的数据是什么？测量指标：人口、环境、经济、社会、城镇形态等。

金融、房地产经济状况。例如，城镇的土地价值，物业销售价值和租金价值分别是多少？测量指标：区域生产总量、人均地区总产值、工业生产、固定资产投资、建筑工程价值（体积）。

食物状况。例如，整个城镇有多少当地食品生产和分销模式？测量指标：食物类型、食物产量、加工位置、加工能力、食品质量。

开采水、天然气/石油和矿等资源情况。例如，城镇内和周边地区的资源提取方式是什么？测量指标：开采类型、开采体积/速率。

（四）环境

空气质量。例如，空气质量在整个城镇的空间和时间上如何变化？测量指标：一氧化碳（CO）、二氧化氮（NO_2）、臭氧（O_3）、颗粒物（$PM_{2.5}$和PM_{10}）、二氧化硫（SO_2）、硫化氢（H_2S）。

气候状况。例如，整个城镇的降雨，阳光和风力的模式是什么？测量指标：降雨概况、阳光轮廓、风廓。

景观特征。例如，整个城镇的植物、动物、鸟类和昆虫物种的模式是什么？测量指标：生态系统概况。

土壤条件和质量。测量指标：土壤面积及深度、土壤条件和质量概况。

五、小结

在人工智能和物联网等新兴技术迅速发展的今天，实体城市与虚拟城市彼此交融，重新塑造城镇的使用和运转模式，将会使城镇的空间形态发生智慧性的转变。与此同时，数字化平台将逐步改变传统设计方法，以更灵活、合作共享、实时反应的方式，面向城镇运转的绩效评估，对空间体系进行实时优化。从而通过以科学为本和以人为本的共同创造过程，确保智慧城镇空间设计战略的长期可持续性和相关性。

（撰稿人：杨滔，中国城市规划设计研究院创新中心，副主任）

注：摘自《城市建筑》，2018：31-33，参考文献见原文。

雄安新区建设数字孪生城市的逻辑与创新

导语：雄安新区提出“坚持数字城市与现实城市同步规划、同步建设”，首创“数字孪生城市”概念。论述了其技术背景、构建逻辑和概念框架，提出数字孪生城市以城市复杂适应系统理论为认知基础，以数字孪生技术为实现手段，通过构建实体城市与数字城市相互映射、协同交互的复杂系统，能够将城市系统的“隐秩序”显性化，更好地尊重和顺应城市发展的自组织规律。它不是智慧城市的N.0版本，而是数字时代城市实践的全新探索（1.0版），是雄安新区探索面向未来的城市发展新模式的重要创新。

时代是思想之母。当前，全球已经有超过一半的人口生活在城市，城市正成为人类发展的焦点，甚至可以说城市生活的美好程度决定了人类社会的福祉。然而，城市病从工业革命之后便伴随着城市化进程，成为每个时代不得不竭力应对的顽疾。如果说工业化催生了现代城市，那么信息化则让城市跳脱出功能与空间一一对应的线性发展，使城市的复杂性与日俱增。正如1989年Manuel Castella在《信息化城市》中所指出，“在信息时代，传统的城市空间将逐渐被信息空间取代，信息通信技术造就的信息流动空间将社会文化规范形式和整个物理空间进行区分并重新组合，进而形成了一个新的‘二元化城市’”。科技赋予了时代新的基因，数字时代的城市走向何方是一个值得深究的问题。

实践是理论之源。2017年4月1日，雄安新区设立。“建设绿色智慧新城，建成国际一流、绿色、现代、智慧城市”在七大重点任务位列第一条。2018年2月22日，中央政治局常务委员会听取了雄安新区规划编制情况的汇报，进一步强调要“同步规划建设数字城市，努力打造智能新区”。2018年4月20日雄安新区规划纲要获批复，其中写到“坚持数字城市与现实城市同步规划、同步建设，适度超前布局智能基础设施，推动全域智能化应用服务实时可控，建立健全大数据资产管理体系，打造具有深度学习能力、全球领先的数字城市”，并在随后的官方解读中，提出了“数字孪生城市”的表述。作为一个全新的概念，数字孪生城市引发了许多讨论和疑问。

本文将就雄安新区提出建设“数字孪生城市”的逻辑与创新展开论述，指出数字孪生城市与现有智慧城市实践在城市认知上有着根本区别，它没有以往智慧城市实践中“赋予城市以智慧”的傲慢姿态，而是通过对物质城市及其经济社会特征作统一的数字化记录和呈现，实现对城市复杂适应系统特性的认识、提取和应用，发现和顺应城市自身具有的自适应、自组织智慧，使不可见的隐性秩序显性化（make the invisiable visible），以实现人工智能与人类智慧的综合集成，达到城市问题防患于未然、城市管理协同高效智能、城市发展动力持续强劲、城市安全韧性的实践效果。

一、数字孪生与数字孪生城市

（一）数字孪生概念及其技术特点

数字孪生（Digital Twin）是指构建与物理实体完全对应的数字化对象的技术、过程和方法。这一概念包括三个主要部分：物理空间的实体；虚拟空间的数字模型；物理实体和虚拟模型之间的数据和信息交互系统。

从起源来看，这一概念最初只有“孪生”（Twin）的意义。在二十世纪六七十年代美国宇航局的阿波罗计划中，建造了多艘相同的太空飞行器，就像“孪生体”。在飞行准备过程中，孪生体被广泛用于训练；在飞行任务期间，它被用来模拟地球模型上的备选方案，其中可用的飞行数据被用来尽可能精确地反映飞行条件，从而在危急情况下协助宇航员做出正确判断。这一方法后来也用于飞机制造业，通过飞机孪生体来优化和验证飞机系统的功能。随着仿真技术的发展，越来越多的物理部件被数字模型取代，并扩展至产品生命周期的各个阶段，直至形成与物理实体完全一致的虚拟数字模型，称为“数字孪生”。

在数字孪生概念正式提出之前，也已经有类似的提法。2003 年，密歇根大学的 Michael Grieves 教授在有关产品生命周期管理（Product Lifecycle Management，PLM）的课堂上提出了“与物理产品等价的虚拟数字化表达”的概念，当时使用的是“镜像空间模型”（2003～2005 年）和“信息镜像模型”（2006～2010 年）的名称。2012 年，在 NASA 发布的技术路线图（Technology Roadmap）中，使用了“数字孪生”的表述，并被概述为“一种综合多物理、多尺度模拟的载体或系统，以反映其对应实体的真实状态”。2016 年底，全球知名的 IT 研究与顾问咨询公司 Gartner 在其发布的《2017 年十大战略科技发展趋势》中指出“数以亿计的物件很快将以数字孪生来呈现”，使这一概念受到广泛关注，进入公众视野。

数字孪生源于仿真技术，但它不同于“仿真”，更为“写实”。它既不是传统的计算机辅助设计（CAD），因为计算机辅助设计完全局限于计算机模拟的环境中；也并非以传感器为基础的物联网解决方案，因为物联网仅可用于位置检测和整个组件的诊断，但无法对整个生命周期过程进行检测。数字孪生被认为是模

拟、仿真和优化技术的重要进展，是引领新一代仿真技术的前沿概念。（图1）

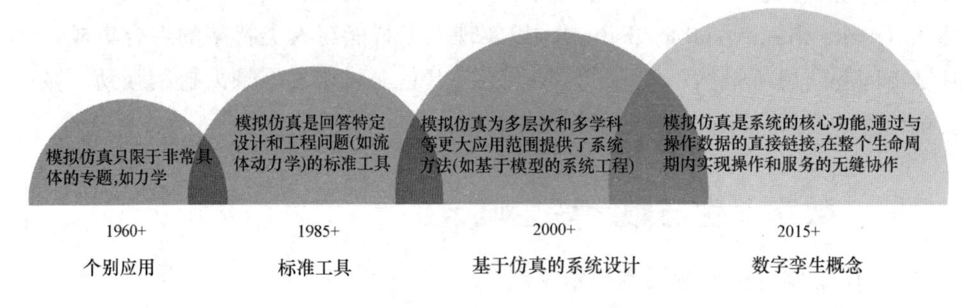

图1 模拟仿真技术发展历程示意

首先，数字孪生代表了完整的环境和过程状态。数字孪生是一个高度动态的系统，涵盖整个全生命周期，从设计、建设、直到运行和管理阶段，具有统一的数据源，避免了数据孤岛问题。由传感器感知或由执行系统生成的所有信息都存储在数字孪生体中，并随着物理实体系统的变化而实时更新，具有超写实性。

其次，数字孪生是“自主（Autonomous）”系统而不仅是“自动化（Automated）”系统。传统自动化系统执行固定的、精心设计的动作序列，而自主系统基于对环境的认识来理解任务，对自动异常和错误处理的情况做出反应，而无需对系统进行重新配置。由于数字孪生所存储的数据信息和所提供的数字模型将作为系统行动规划所需的前向模拟的一部分，这些模拟用于预测在给定情况下系统的行为结果，从而使系统对行动方案做出自主决策，具有更高的灵活性和适应性。

更重要的是，数字孪生可以将实时数据与数字模型紧密结合，使管理人员能够在实体系统正常运行的同时，在与实体系统对应一致的数字系统中预先对控制与管理带来的影响进行预演和验证，动态调整，及时纠偏。

（二）数字孪生城市的提出及内涵

数字孪生的应用价值在于实现了现实世界的物理系统与虚拟世界的数字系统之间的交互和反馈，通过数据收集、挖掘、存储和计算等技术确保在全生命周期内物理系统和数字系统之间的协同和适应。目前，智能制造是数字孪生的主要应用领域。通过数字孪生产品，能够设计制造流程、预测设备故障、提高运营效率以及改进产品开发，推进设计和制造的高效协同及准确执行。有学者进一步提出了数字孪生车间（Digital Twin Workshop，DTW）和“数字化工厂”的应用概念，将数字孪生技术的应用范围从产品扩大到车间及整个企业，旨在通过生产要素管理、生产活动计划、生产过程控制，甚至上下游供应商之间的全要素、全流程、全业务数据的集成、融合和迭代，实现更优的时间周期管理和协同生产效率。这些数字孪生的应用为提出“数字孪生城市”提供了宝贵的启示和借鉴。

城市是最复杂的人造系统，从技术上呈现其真实状态，并跟踪预测似乎是一件不可能的事情。生物学家 Lewontin 曾说道：“我对社会学家所处的位置相当同情。他们面对着最复杂和顽抗的有机体的最复杂和困难的现象，却不能像自然科学家那样具有操纵他们所研究的对象的自由”。数字孪生在城市层面的应用有望取得突破，它能够建立一个与城市物理实体几乎一样的“城市数字孪生体”，打通物理城市和数字城市之间的实时连接和动态反馈，通过对统一数据的分析来跟踪识别城市动态变化，使城市规划与管理更加契合城市发展规律。

雄安新区首次提出“数字孪生城市”，将其作为“建设数字城市，打造智能新区”的创新之举。中国信息通信研究院认为，数字孪生城市是数字孪生技术在城市层面的广泛应用，通过构建城市物理世界及网络虚拟空间一一对应、相互映射、协同交互的复杂系统，在网络空间再造一个与之匹配、对应的孪生城市，实现城市全要素数字化和虚拟化、城市状态实时化和可视化、城市管理决策协同化和智能化，形成物理维度上的实体世界和信息维度上的虚拟世界同生共存、虚实交融的城市发展新格局。本文认为，数字孪生城市是数字时代城市实践的 1.0 版本，并不是“智慧城市”的 N.0 版本。它的最大创新在于物理维度上的实体城市和信息维度上的数字城市同生共长、虚实交融，这也决定了数字孪生城市与现有智慧城市实践在底层逻辑上有着根本区别，也有着不同的技术方案和城市治理理念。

第一，数字孪生城市的最大创新是全过程“写实”，建立起统一和广泛的数据源。数字孪生城市与雄安新区的实体城市同步规划、同步建设，同生共长，它将人、机、物等各类城市主体，从一开始就接入数字化系统，并能够实时或定期动态更新，代表了完整的城市环境和过程状态。而现有智慧城市方案是在已有城市系统之上的技术补丁，“竖井式”方案在反映城市系统全貌和真实状态上存在先天缺陷。

第二，数字孪生城市与实体城市具有同步的生命周期和建设时序，能够不断更新。雄安新区从地上到地下，从生态环境到基础设施，从产业发展到公共服务都将随着建设时序在数字城市中同步构建，并随着城市发展而不断更新，始终与城市建设发展中的问题、需求和任务共同迭代，是一个不断进化的生态系统。相比之下，现有智慧城市实践限于城市的某一局部或某一阶段，零敲碎打的实施方式难以形成生态系统，无法沉淀有全景价值的数据，更无法形成城市发展取之不尽、用之不竭的数据资源。

第三，数字孪生城市是一个可计算的“城市实验室”，可以在与实体系统对应一致的情况中进行预测和验证。一方面，数字孪生城市通过归集的全主体、全要素和全过程数据，运用人工智能等不断进步的新技术识别和提取实体城市系统的特征和规律，将城市“隐秩序”显性化；另一方面，数字孪生城市通过数字城市系统的人工智能，结合实体城市中人的智慧，实现虚实交互，为科学合理的城市决策和管理提供支持。

二、数字孪生城市的构建逻辑与现实要求

（一）城市作为复杂适应系统的理论逻辑

无论技术如何发展并应用于城市，“城市是什么”都是一个最根本的问题。追溯现代城市规划思潮和实践，每一个时代都在努力找寻城市的“真相”，而对城市本质的不同认识决定了不同的城市实践方法。作为物理实体城市的“写实”，数字孪生城市的底层逻辑是对城市本质的正确认知。从城市的机械还原论到复杂系统论是数字孪生城市超越以往智慧城市方案的根本区别。

在较长的历史时期，还原论作为经典科学方法的内核影响了人们对城市的认知，1933 年达成的《雅典宪章》是一个集中体现。时至今日，绝大多数城市仍然是以雅典宪章所推崇的现代主义规划理念所建设的，产生了一系列城市问题。基于还原论的城市认知如同盲人摸象，虽然各学科领域都在不断对城市提出解释，但始终无法呈现城市全貌，把握城市的整体规律。自 20 世纪上半叶，系统科学兴起，作为一种与还原论相对的科学理念，为城市认知带来了一次重要洗礼。自 1961 年简·雅各布在《美国大城市的死与生》中把城市定义为“有序的复杂（Organized Complexity），一种最为复杂、最为旺盛的生命”开始，对城市复杂性的朴素认知经常反映在城市与生物体之间的经典类比上。随着系统科学的发展，城市模型深受青睐，被看作是检验规划设想的手段，甚至被视为能够预测城市未来的可靠方法。不过，著名的规划大师弗里德曼在晚年谨慎地认为，“城市建模本质上是还原论的，做研究很有用，对实践则意义稍逊，因为实践要面对现实中的城市，要求即时性”。尽管越来越多的研究揭示了城市是一个复杂系统，但始终没有很好地回答“城市的复杂性从何而来”这一问题，因而难以对城市实践产生直接有效的指导作用。

在中国，钱学森早在 1985 年就提出城市是一个复杂的巨系统，要用系统科学的方法对城市进行研究，影响了一批早期的规划学者，如吴良镛院士和周干峙院士。近年来，由于信息通信技术对城市生产生活方式产生了巨大的影响，线性、机械切分的城市管理方式受到极大挑战，城市是一个复杂系统的认识逐渐回

归。仇保兴参事指出，城市具有复杂自适应系统特征，城市规划学科发展过程中有一个易被忽视的问题就是对城市所固有的复杂性的研究。刘春成基于多年的城市发展和管理实践提出了以CAS理论为基础的城市系统论，为理解城市自下而上的生成机制和整体特性提供了重要的理论框架。

（二）超越智慧城市的局限性的必然要求

伴随信息通信技术的发展，城市发展与信息技术的结合始终是热点议题。学者们相继提出了“有线城市”（Dutton，1987）、“信息化城市”（Castella，1989）、“网络城市”（Graham & Marvin，1999）、“数字城市”（Ishida & Isbister，2000）、“智能城市”（Komninos，2002）、“智慧城市”（Hollands，2008）等术语，在商界、政府以及学术界引发了广泛关注，被认为是解决城市病问题的灵丹妙药和实现可持续发展的有效途径。然而，自IBM在2008年左右首倡“智慧城市（Smart City）”至今已有十年，与繁荣的技术工程市场相比，智慧城市项目并未取得其标榜的效果，引发越来越多的诟病。最为典型的批评是，智慧城市过于依赖企业技术方案，对技术以外的因素考虑甚少，停留在工具手段的信息化，没有抓住治理方式的核心转变，并忽略人的维度和用户体验。

中国已经成为世界上最大的智慧城市实践国。自2012年住房和城乡建设部发布《关于开展国家智慧城市试点工作的通知》以来，截至2016年，我国95%的副省级城市、76%的地级城市，总计超过500座城市明确提出了构建智慧城市的相关方案。尽管试点建设如火如荼，但具体实践普遍存在四类问题：缺乏统一设计，局限于业务模块；数据来源不一，城市信息碎片化；忽视需求应用，流于形象工程；以单向信息为主，智能化程度不高。严格意义上来说，当前智慧城市项目主要是对政府职能和工作流程的信息化改造，是现有条块分割、机械线性式城市管理系统上的技术补丁，而非革新方案。

2016年，中国在“十三五”规划中进一步提出建设新型智慧城市的新要求和新目标。从各方对“新型”的内涵解读来看，这是对上一阶段智慧城市实践中主要问题的纠偏。然而，“智慧城市不懂城市”是一个根本性问题，由此削弱了智慧城市在技术实践上的有效性。虽然信息技术是把握城市复杂性的有效手段，但已有智慧城市项目仍然没有跳出机械还原式的城市认知，带来数据孤立、条块林立、系统分隔的新问题，使城市系统间的协同难度和管理成本由于技术屏障而进一步增高，难以真正实现智慧发展。如上文所述，现有“智慧城市”实践缺乏正确的底层逻辑，因此即使技术不断升级的智慧城市N.0版本也难以消除其与城市的“排异”反应，只能限于阶段性的城市局部优化，无法代表未来城市的发展方向（图2）。

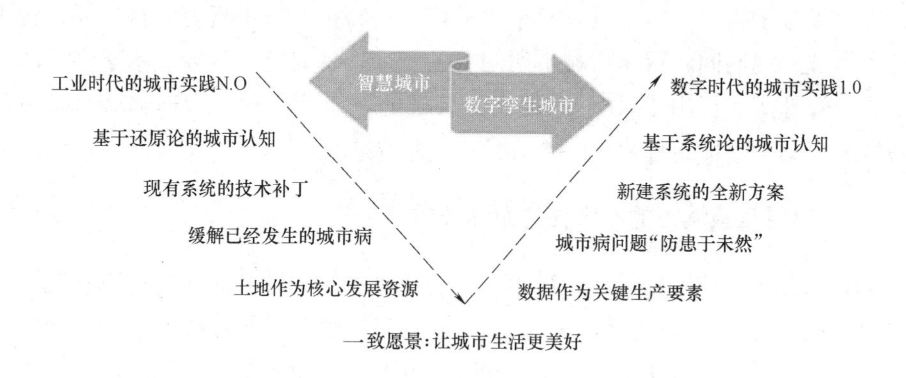

图2 数字孪生城市与智慧城市的区别

（三）雄安新区“破旧立新”的重要创举

雄安新区作为千年大计，国家大事，与当年的深圳特区和浦东新区一样，是顺历史发展大势而为，要积极响应时代的召唤。在数字技术取得惊人进步的时代，个人和国家的财富增长、繁荣发展和安全稳定越来越受到信息通信和智能技术的影响。我国对以人工智能技术为核心的第四次工业革命高度重视，期望能借此实现中国经济高质量发展，提高社会治理现代化水平，为全球贡献信息技术应用的中国方案。作为千年大计的雄安，几乎是“从零到一”地建设一座新城，具有起点优势，有必要、也有条件以“探路者”的姿态先试先行，将数字技术与城市建设发展紧密结合，以此吸纳和集聚创新要素资源，转变社会经济发展模式，创新城市治理方式，为数字时代的城市发展做出有益探索，提供宝贵经验。

破旧立新是“操作系统”的整体转换，雄安新区必须摒弃以规模数量论城市的固有理念，以高质量发展为基本要求，系统的架构新的发展模式，避免零敲碎打式的补丁方案。在数字时代，数字化的知识和信息成为关键生产要素。数字孪生城市建设覆盖从城市规划、设计、建设、运维的全生命周期，能够为雄安新区留下一笔宝贵的数据资产，并能提供全球独一无二的、最完整的城市数字应用场景，成为面向未来城市的创新试验场，从根本上改变依赖土地资源的城市发展模式。

三、基于城市系统论的数字孪生城市概念框架

数字孪生城市的建设需要契合城市作为复杂适应系统的真实状态。刘春成于2012年提出了基于CAS理论的城市系统论，将复杂适应系统的基本分析框架——“主体”和围绕“主体”的4个特性（聚集、要素流、非线性、多样性）

与3种机制（标识、积木块、内部模型）在城市语境中加以应用，为构建数字孪生城市的概念框架提供了理论依据（图3）。

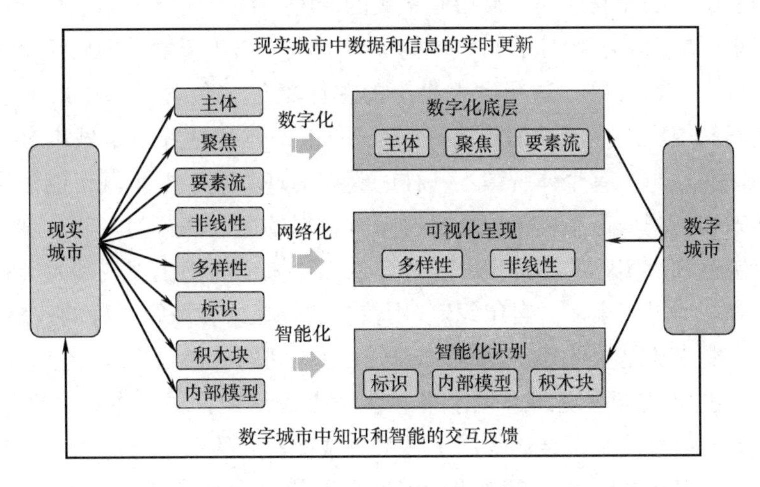

图3　基于城市系统论的数字孪生城市概念框架

（一）以主体、聚集和要素流的全面数字化为起点

数字孪生城市是以数据为核心驱动的，可以凭借统一的数据底层，实现城市政务数据资源和社会数据资源的融合、共享，形成人类生产、生活和生态数据的有机统一，构建人、机、物三元融合的数字化城市镜像。因此，全面数字化是数字孪生城市的基底，只有通过全方位、全流程和全系统的数据归集，城市的物化表现和人类智慧才能够更好地结合，这不仅仅是对局部了解的深化和细化，更重要的是提升了获得系统全面信息的能力，让更多的城市主体参与到城市管理中来。

第一，根据城市系统论，城市主体是城市系统的研究起点，包括城市中的人，以及城市中与人的活动紧密相关的物质载体。适应性（Adaptive）是城市主体的突出特征，体现在其能够感知外界信息刺激，通过学习来调整自己的行为。首先，城市源于人，为人、因人而改变，正是通过人的活动才在空间与时间之间建立了联系。其次，与城市人的活动紧密相关的物质载体，比如城市基础设施、地下综合管廊、城市建筑等，承载着城市活动和人类智慧，其“活性”体现在承载能力范围内的弹性，以及超出承载而引发的城市安全事故上。数字孪生城市通过建设全域数字化标识体系，有望使城市公用设施、交通设施、特种设备涉及的所有城市实体部件具有唯一化、数字化身份标识，并通过统一物联网感知和管理平台实现统一的管理控制和动态监测。

第二，“涌现”是系统主体的聚集特征，它不是简单的量变，而是生成新的、更高层次系统的质变。涌现的本质是由小生大，由简入繁，来自于适应性主体在多种规则支配下的相互作用。城市是聚集的产物，从个体自下而上发展而成：人与人的聚集形成家庭、团体、组织机构等新主体，这些新主体再层层聚集直至形成乡镇、城市、城市群。这些大大小小的主体聚集中包含了多层次的适应性互动，并在不同层次上形成“涌现”。因此，城市整体智慧并不是城市参与者个体智慧之和，而是与所有个体智慧不一样的宏观涌现。数字孪生城市能够利用信息技术去感知和预测城市系统无处不在、随时可现的适应性行为，使对城市的干预和影响更接近城市实际的“涌现”趋势，从而让城市的物化表现和人类智慧能够更好地结合，通过城市的“自组织”，用较小的外在干预取得更好的效果。

第三，要素流是主体互动的载体，它在主体间的传递渠道和传递速度决定了互动效果，进而决定系统的进化水平。在城市系统中，城市主体之间通过物质流、能量流、信息流和资金流等产生联系，城市发展的活力与这些“要素流”的强弱和质量直接相关。在当今时代，信息和通信成为黏合社会的“混凝土”，集体行动的开展越来越依赖于对信息的沟通与交换。以往人们更关注城市的物质实体资源，但现在数据成为不容忽视的重要资源之一。数字孪生城市要发挥作用正是要通过主体间数据流和信息流的畅通连接，不断改变城市互动结构来优化城市功能。

（二）可视化呈现城市非线性和多样性的真实状态

城市主体的适应性决定了城市发展具有非线性特征。简单来说，非线性意味着整体不等于部分之和。在城市系统中，影响因素千千万万，这些因素之间并非完全独立，而是相互纠缠，无法用切分和加总的方法来分析。虽然在较短的时期内，城市发展仍然呈现出可追寻的秩序，但在较长时期中结果却是难以预测的，因为非线性会不断放大初始位置的微小偏差，差之毫厘，谬以千里，并且是一个不可逆的过程。目前大多数城市管理思维仍然是线性的，对城市问题进行人为切分来求解，往往陷入“按下葫芦浮起瓢”的窘境。数字孪生城市不执着于一因一果的单向关系，将通过不同来源的数据汇集和交融来跟踪和监测城市的非线性发展，如实记录城市动态反馈过程，尽可能预见到政策干预对各个子系统的影响，包括可能出现的各种规避行为、时间延迟和信息损失等问题，充分顺应系统的自组织和自适应能力，适时地进行改变、纠正或扩大，把“学习”功能融入城市管理过程之中，最终达到增加城市系统整体福利的理想效果。

复杂系统也是多样性的统一，多样性是大城市的天性。城市的多样性是城市主体在适应环境的过程中持续生成的。在信息爆炸时代，普通人受益于知识和科技的发展而更容易表达自我，社会个体的多样性得到更大的释放，使城市的时间和空间更具多样性。在时间上，城市不断有新结构、功能或状态出现；空间上表现为在不同的城市空间，结构、功能或状态也不一样。这个过程无时无刻不在发生，从而保持城市系统的持续更新。因此，在数字孪生城市的实践中，城市治理将从避免传统城市管理中的一元化、一刀切问题，转向多元化、差异化、个体化、体验化的转变。“整齐划一”不是精细化，尊重多样性需求才是真正的精细化。

（三）动态识别城市主体的互动标识和内部模型

城市系统论认为“标识”是引导城市主体选择性互动的重要机制。“物以类聚、人以群分”，“类”与“群”就可以理解为一种“标识”。标识的意义在于提出了主体在环境中搜索和接收信息的具体实现方法。正是主体通过标识在系统中选择互动的对象，从而促进有选择的互动。标识的这种机制可以解释城市发展中天然存在的不均衡现象，“极化”和“辐射”背后的微观基础，也可以更好地理解互联网中的信息分发、数据画像的做法。数字孪生城市将会通过技术手段动态识别不同城市主体的需求特点，以有效地促进相互选择，引导城市中的“自组织”行为朝着健康有益的方向发展。

在城市系统中，对一个给定的城市主体，一旦指定了可能发生的刺激范围，以及估计到可能做出的反应集合，大致可以推理主体之间互动规则，也被称之为“内部模型”。尽管这也仅是一个概率性推算，但系统主体仍然可以在一定程度上对事物进行前瞻性的判断，并根据预判对互动行为做出适应性变化。人们在城市生活中往往从过去与其他主体及环境间互动经验中提炼、挑选可行的“内部模型”来指导自己对环境变化的适应行为。此外，内部模型有隐性与显性之分。隐性的内部模型是主体自生自发的自组织规则，显性的内部模型则是外在施加的制度和法律等规定。有效的显性规则必须以尊重自组织的隐性规则为前提。

与传统的政府发号施令，以“他组织”和“整齐划一”为主的模式相比，数字孪生城市以发现和尊重城市隐性规则为前提，对城市发展进行适度干预，避免人为的对城市系统造成不必要、不恰当的剧烈扰动。从古至今，一个城市可以由强大外力牵引而建立，但要靠“自组织”的力量不断发展壮大，因为自组织充分内化了利益相关者的自我需求、自身利益，意味着各方有一个可接受的集体共识，从而具有内生力量。随着公众数字素养的提高，数字孪生城市能够更好地尊重公众的参与感，加强个人自律，创造“他律”与“自律”相结合的社会环境，促进政府监管和公众自律的良性互动。

（四）城市系统“积木块”的灵活解构和智能耦合

系统论并不一概反对还原，但主张“还原到适可而止”。城市系统本没有边界，但根据研究目的的不同，可以形成不同的子系统“拆封”（拆开和封装）方式。系统积木块为解决城市系统不同层次、不同类别的问题划分提供了分析工具。在应用到分析时，其本质作用与“主体”是相同的。两者的区别是，主体是不可拆封的基本元素，而系统积木块是可拆封的子系统。由于以“适应性主体”为起点的四个特性和三种机制之间有着严谨的逻辑关系，贯穿一体，只挑选其中某些概念而抛开其他，无法整体而正确地认识城市这一复杂适应系统，因此，系统积木块的拆封需要遵循一个基本原则，即子系统之间应该有着共同的主体，并能共享上述关于系统特性和机制的基本概念。比如从指导城市管理实践的视角，将城市系统拆封为规划、基础设施、公共服务、产业四个基本子系统，分别对应为城市的智慧系统、物理支撑系统、平衡系统和动力系统。这种对城市系统的解构对于建立城市数字孪生体的借鉴意义主要在于，它更贴近城市发展管理实践工作，对如何与实体城市同步模块化的建设数字城市提供了有益的借鉴。

城市是由小到大、由简到繁，不断聚集形成的，不同的城市问题对应的模型尺度和系统层次不同。贵阳在大数据发展实践中曾提出“块数据”概念，即一定空间和区域内形成的涉及人、事、物等各类数据的综合，相当于将各类“条数据”解构、交叉、融合。实体城市系统由子系统耦合而成，那么数字城市相应的也由不同的“块数据”叠加而成。因此，数字孪生城市以城市作为整体对象，并不是建立一个单一城市整体模型，而是拥有一个模型集，模型之间具有耦合关系，其价值就在于通过对“块数据”的挖掘、分析、灵活组合，使不同来源的数据在城市系统内的汇集交融产生新的涌现，实现对城市事物规律的精准定位，甚至能够发现以往未能发现的新规律，为改善和优化城市系统提供有效的指引。

数字孪生城市的概念框架建设在城市系统论的基础之上，也是一个具有包容性的跨学科范式，有利于城市多学科领域的专业融合，并实现技术应用方案与城市系统特性的高度匹配，达到城市发展管理的“知行合一”。

四、研究展望

建设数字孪生城市是技术创新、行政改革、公众觉悟和民众参与等一系列问题相互交织、共同演进的复杂系统，不是“一次性设计”，也不是“交钥匙工程”，迭代过程中有许多不确定性的问题和风险。首先，技术很少能独自驱动伟大变革，需要组织调整、政策变革与技术创新的紧密结合与良性互动。数字孪生城市的创新实践要求城市治理逻辑从碎片化、条块化、割裂化转向以数据驱动的整体性治理、弹性治理和适应性治理。其次，要正视当前数字孪生技术的局限性，清晰地了解技术的边界，避免走向另一种技术极端。与数字孪生产品相比，在城市层面应用数字孪生的最大挑战在于城市本身的复杂系统特性更强，且受制于目前技术能实现的计算能力。最后，必须充分考虑涉及人的个体信息数据的获取渠道、隐私保护等与技术交织的法律、伦理和安全问题，避免将每个人当成一串数字标签而导致管得更全、更严、更死。要通过数字更好地认识、理解和尊重一个个鲜活的个体，支持人在城市中的全面发展。

展望未来，“人们往往高估未来两年的变化，而低估未来十年的变化”。科学技术的飞速发展不断刷新我们对未来的想象力，数字化标识、自动化感知、网络化连接、平台化服务、智能化应用等领域取得了显著的技术进步，为数字孪生城市的实践提供了可能。在雄安新区建设数字孪生城市的创新中，尊重城市发展规律将不是一句空洞的口号，而是一种切实的城市实践。

（撰稿人：周瑜，中国社会科学院研究生院政府政策与公共管理系博士研究生；刘春成，中国社会科学院研究生院，政府政策与公共管理系，博士生导师）

注：摘自《城市发展研究》，2018（10）：60-67，参考文献见原文。

社区参与的新模式

——以厦门曾厝垵共同缔造工作坊为例

导语：曾厝垵作为“中国最文艺的渔村”，近年来却遭遇诸多发展问题。在政府与公众无力突破发展瓶颈的情况下，其在“美好环境共同缔造”指引下，通过规划工作坊，实现多元主体协商共治下对曾厝垵持续发展的推进。本文从当前规划发展与曾厝垵建设问题入手，通过对中西方基于社会学视角审视规划建设的思考以及参与式规划理论与发展的回顾，结合曾厝垵规划工作坊的具体实践，阐明共同缔造工作坊作为社区参与新模式的研究意义与实践价值。

一、问题的提出

随着全球化浪潮带来的产业、资本、劳动力等社会经济要素在空间内的快速流动，城市化的空间越来越趋于多样化。城中村作为中国土地二元结构下的城市快速扩展的产物，一方面，其乡村惯有的熟人社会解体，人与人依靠空间互动而拥有的“黏性”逐渐消失，集体空间不断破碎化；另一方面，商业化的渗入使城中村的土地价值日益被提升，空间结构不断被重构。在此双重影响下，城中村成为城市发展过程中具有城乡混杂性的社区空间，如何改造城中村成为近十年来热门的话题。十八届三中全会后，城乡发展重心由单纯实现经济目标转变为实现人的幸福和全面发展，通过社区的参与式规划实现城中村的改造正在成为继大拆大建后城中村改造的新方式。

本文以厦门曾厝垵为例，对以参与式规划为主题的厦门“美好环境共同缔造工作坊”的理念和成效进行阐述。曾厝垵是厦门岛内的一个城中村，背山面海，与大小金门隔海相望，邻近厦门大学、鼓浪屿等著名景点。2000 年以前还保留了小渔村的生产生活模式，2004 年以后，受鼓浪屿旅游热影响，小型客栈、家庭旅馆及特色创意小店在社区聚集，进而被游客在互联网上广泛推荐，被称为“中国最文艺渔村”。在曾厝垵 0.5km^{2}的渔村范围内，2014 年国庆节最高日客流量达到 9 万人之多（图 1）。

尽管如此，曾厝垵和其他城中村一样，出现了大量的社会经济发展问题。强大的市场力量带来了利益纠纷与空间的竞争，大量诸如烧烤摊、大排档等获利快、付租能力强，但占据公共空间、破坏环境卫生的产业涌入。这些产业抬升房

图1 曾厝垵的文艺小店与文艺青年

屋租金，促发违章搭建，挤占文青生存空间，导致曾厝垵文艺氛围淡化，空间环境脏乱，游客评价变差，发展不可持续。面对这些难题，政府也略显无措。首先，政府对城中村发展的约束力与决策权有限；其次，政府有心推进规范管理，但常因具体措施涉及村民与商家的部分利益，而没有成效；再者，政府客观上无法提供因时而异、事无巨细的管理服务。单纯自下而上与自上而下推动曾厝垵发展都难以行得通。

2013年，厦门市委市政府提出《美丽厦门发展战略》，确定“三大发展战略、十大行动计划”，开展了“美好环境共同缔造”社区参与行动，依托全市人民共同缔造的力量，建设美丽厦门。在此背景下，以参与式规划为特点的曾厝垵共同缔造工作坊应运而生。本文从中西方规划结合社区参与式规划的理论和实践入手，对共同缔造工作坊具体行动进行总结，探讨我国城乡社区参与的新模式。

二、参与式规划与共同缔造工作坊

（一）规划结合社会

在“天人合一”的思想主张下，在中国五千年的城乡发展历史中，对美好环境的追求实质是对空间环境与“隐士”生活和市井生活理想结合方式的不断探索，以解决人与自然矛盾、实现人与自然的协调统一。人们回归自然的渴望，在自由与恬静的山水田园环境中找到绝佳的结合点，在陶渊明的提炼下，形成“土地平旷，屋舍俨然”“阡陌交通，鸡犬相闻”的理想人居环境的桃花源模式。《清明上河图》中商业气息浓重的汴梁城，造就了拥挤、喧闹、嘈杂的街市，也打造了富有生气和活力的街道与建筑。这种“十二市之环城，嚣然朝夕”的景象，与

《姑苏繁华图》中“居货山积、行人流水、列肆招牌、灿若云锦”的生产生活场景相互辉映。在“隐士”生活和市井生活的背后，蕴含着中国理想中的美好环境的内涵，即与人的社会活动密切融合的城乡空间，体现出空间的使用价值及其与社会关系间紧密的依存关系。

规划与社会的结合，一方面体现的是以空间为载体的和谐社会的建设过程，另一方面体现的是社会参与和社会关系的建设是使空间成为美好环境的内涵所在。

（二）参与式规划

参与式规划（participatory planning）最早起源于英国，亦被称为城市规划的公众参与过程，在过去六十多年从无到有，到今天发展得如火如荼。早在1947年，英国《城乡规划法》所创立的规划体制已允许社会公众发表他们的意见，要求地方规划部门公布所编制的规划，特别是面向受规划直接影响的邻里居民征求意见。最重要的是，通过这种途径，无论在中央政府还是地方部门，居民代表可表达并维护自身利益。20世纪60年代之后，在美国的许多城市出现了市民和政府在城市发展利益上的矛盾，公众对于参与到与其切身利益相关的公共事务中的呼声越来越高，“参与式规划”作为一种自下而上的缓和两者矛盾的手段而被提出来。1970年代后，通过对“为什么市民需要参与到规划当中?”“市民如果参与规划进程，他们应该具备多大的权力?”“市民在规划过程中的职责有哪些?”等的讨论，各界承认了公众参与的价值存在，认为其有助于减少规划方案实行中的外界阻力，兼顾各方的利益，提高规划的效率。2000年，欧洲城市可持续发展项目（URBACT）颁布的《参与宪章》（Participation Charter）中，提出城市规划中的公众参与，即居民和城市使用者要积极参与到城市规划的各项事务当中，包括：识别城市问题，发掘城市发展机遇，明确情境分析等，并在将来城市的土地、财政、日常生活等方面以及规划实施中起到决策的作用。

传统的城市规划模式多为专家、学者、商业地产公司和政府等多方集中讨论与制定决策，并最终在社区中实施规划方案。这种自上而下的模式往往忽略了生活在社区中的居民的真实需求，虽然在效率上具有明显的优势，但是显失公平。面对持有不同意见的利益群体，参与式规划的出现避免了潜在的单方决策失误，通过各利益相关方、特别是社区中的公众参与，展开广泛的合作，获得各方的咨询和反馈意见，以达到“对症下药”的规划效果，是一种自下而上的方式。

公众参与而形成的集体行为意识，在中国传统村落建设中起了重要的作用。著名的客家土楼的建设就需要一个家族的人齐心合力才可实现。如每年清明节之时，每家年轻的劳力都需要一起为整个土楼翻瓦。在农村水利工程建设方面，也尤能体现公众参与的重要作用，新建水利设施和维护水利设施往往都是全村集体商量、集体出工完成。

公众参与是当今多元主体共同参与的社会治理的基本要求。“有事好商量，众人的事情由众人商量，找到全社会意愿和要求的最大公约数”成为公众参与的原则。公众参与是群众充分表达意见、参与城市决策的重要途径，在此过程中，大多数人的意愿为人尊重，少数人的合理要求亦受重视，从而促进城市建设走上顺应民意、合乎实情的发展道路，使城市空间成为真正的市民空间。

（三）共同缔造工作坊

改革开放后，中国经历了快速的城市化过程，城乡规划发挥了最大的工具理性，成为推动GDP增长的手段，但规划也越来越重视物质空间的形态，出现“见物不见人”的各种形象工程，如充满了严肃“仪式感”的宽阔大广场，各种山寨的、缺乏地方认同感的西方建筑符号，还有“能看不能用”的大量绿化工程以及无比宽阔的大马路。很多建设大多体现的是规划师或者是领导对城市的想象，却远远脱离了市民真正的需求。当各地的“大妈”在傍晚“占领”各种空地或广场开始跳舞的时候，规划师被迫开始考虑什么是市民需要的规划。

美好环境共同缔造工作坊是以人居环境科学为基础，立足中国城乡发展实情，对参与式社区规划新模式的探索。其以社区为单位，以群众参与为核心，依托搭建政府、群众与规划师三方互动平台，在规划师等专业人士引导下，基于具体的社区建设问题，从空间环境改造与机制体制创新入手，引导多元主体共同参与规划调研、讨论、编制与实施多个环节的规划实践。共同缔造规划工作坊着力于开辟群众反馈诉求、参与规划的有效渠道，同时将社会/社区组织、传统团体与热心群众等民间力量纳入城乡建设与社会治理领域。在这一过程中，规划师角色由传统的“精英者”转变为多元利益的“协调者”，政府简政放权与职能转变得以明确与落实。与西方国家自下而上推动的参与式规划不同的是，共同缔造工作坊仍强调政府与社区各主体协商共治过程，是自上而下和自下而上过程的结合。

三、曾厝垵共同缔造工作坊

（一）共同缔造工作坊的组成

“谁参与”是工作坊的核心，决定了工作坊工作的内容和讨论的问题，利益相关者的参与可以使工作坊内部协商充分，达到形成发展共识的目标。曾厝垵面对发展的新问题与机遇，推进共同缔造规划工作坊实践。

曾厝垵规划工作坊由中山大学牵头，香港理工大学与厦门大学共同参与，组成融合专业规划设计技能、先进社区规划经验、本土规划建设力量的规划师团队，依托于思明区滨海街道、曾厝垵社区村委、曾厝垵民间组织“文创会”等发展主体，触发各主体更为广泛而深入的交流沟通，协商共治，明确共同的建设目标与方向，创新组织建设和制度建设，凝聚公众与政府等多元主体力量，推动“最文艺渔村”的可持续发展。

曾厝垵规划工作坊以问题为导向，以共识为目标，融合多元学科知识，以规划工作坊各项活动的开展，通过形成共识、设计公共空间、制度设计与社区规划师培训，探索曾厝垵新时期的发展路径，挖掘社区内人、社会与自然和谐共处的发展潜力。

（二）形成发展共识

参与式规划的核心目的，是推进关乎城市建设的各方主体形成发展共识，并同心协力使之付诸实施。共识的建立是激发与实现长期化、可持续的社区参与的关键。在建立共识的过程中，各主体对曾厝垵发展拥有平等的发言权，公众意见得到重视与肯定，参与热情倍受激发。同时，共识成为各主体对社区未来发展的共同愿景，将有效凝聚各方力量，并有助于各主体明确各自角色与职责，从而更好地参与到社区建设的各项活动中。

曾厝垵共同缔造工作坊通过多次实地调研过程中的随机访谈、座谈与问卷调查，广泛收集公众意见，鼓励公众参与。并且通过公众意见咨询会、方案公众征询会、最终方案汇报会等主要交流活动的开展，在共同确定规划主题、讨论修改规划方案、明确规划成果等基础上，促进政府、规划师、村民、商家、文艺青年等多元主体“面对面”的互动交流，使其对相互意见与想法有更多理解。规划师从中了解到各主体利益诉求有所不同：村民希望通过曾厝垵的进一步发展获取更高的租金收入，文艺青年希望能够以较低的租金留在曾厝垵，以保有村庄的文艺氛围，而政府则对村内商业与客栈经营的规范性与安全性更为重视。综合多方意见，规划师引导各主体相互协调，平衡利益关系，并以“面朝大海、春暖花开”的共同愿景为指引，使各主体针对具体发展问题与未来发展方向达成共识。基于此，形成曾厝垵基础设施增设、客栈规范经营、卫生安全管理等多项改善意见，确定跨环岛路人行天桥、社区历史文化博物馆等主要项目建设的统一意见。

（三）设计公共空间

公共空间，在增进相互情感，构筑社会关系等方面有重要意义。然而近年来，随着商业化发展，曾厝垵内本就缺乏的公共空间被进一步挤占，引发诸多纠纷。规划工作坊开展过程中，规划师以公共空间为抓手，明确曾厝垵作为厦门重要的闽南渔村文化体验、文艺产业集聚、客栈综合服务的功能定位，坚持历史文脉延续与文化创新相结合的设计理念，强化肌理、街巷与空间关系。并以发展现状为基础，结合功能定位与多方意见，进行功能区划。在此基础上，根据政府与公众的需求反馈，通过整合可利用的有限空间，结合空间改造评估，与多元主体共同商讨与设计曾厝垵入口节点、曾氏宗祠广场、基督教堂广场、渔村时光空间博物馆、跨环岛路人行天桥等公共空间的规划方案。

在讨论过程中，有商家指出，受环岛路分割的影响，大海作为曾厝垵吸引游客居住与游览的重要兴趣点的潜力未被挖掘，因而希望规划建设跨环岛路人行天桥，开辟曾厝垵与大海直接联系的通道，并确保往来行人安全。大家对此提议表示认同与支持，并对具体方案设计提出建议。结合相关讨论，规划师选定游客前往海滩的主要节点，即曾厝垵中山街口为起点，设计天桥方案。听取村民建议，规划师借助传统渔船构造的灵感，巧用渔船的外观造型，利用渔网、鱼骨等渔村元素，仿造鱼身弧度外形，设计兼有瞭望台功能的“渔桥”方案（图 2）。

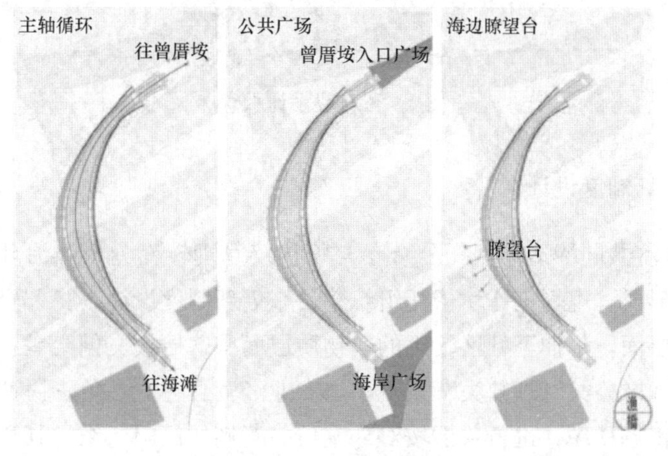

图 2　渔桥平面设计

曾氏宗祠作为曾厝垵内保存最为完好、装饰最为华美的闽南古厝，其门前广场长期被出售水果与小吃的摊贩占据，造成环境破坏与景观冲突，成为曾厝垵居民最期望改造的空间节点。在讨论中，有文艺青年提出，可结合曾氏宗祠的良好条件，将其门前广场打造为游客休憩与留念的公共空间。还有村民指出，为凸显曾厝垵的渔村文化，可考虑增加水塘等设计。结合多方意见，规划师使用符合本地古厝风格的建筑构件，融合休憩空间与水环境的建设，建设古厝风貌的留言墙，并于墙前安置以水池相隔的椅凳，创造动静结合、宜人舒适的公共空间（图

3、图 4）。原本被商业挤占的单一功能空间，变为承载丰富公共功能、环境美好舒适的场所，同时有效化解因摊贩经营带来的矛盾冲突，并为村内有心进行空间改造的个体与组织提供参考。

图 3　广场设计透视

图 4　留言墙设计示意

（四）创新制度设计

“美好环境共同缔造”依托公众参与将传统管理转变为社区治理，促成社区治理空间的形成。规划工作坊依托组织建设来创新制度设计，将公众参与从空间改造的物质层面，延伸至社区治理的非物质层面。曾厝垵文创会是在曾厝垵空间业态转变和社区公共管理缺失背景下，由商业经营者建立，负责协调业主与商家矛盾，稳定市场秩序，进行曾厝垵对外宣传与营销的民间组织，其奠定了曾厝垵的自治基础。

在此基础上，规划师以“自治为主，政府管理为辅”的共识为核心，解决或缓解曾厝垵发展问题。即以业主委员会与文创会等社区组织为基础，建设公共事务管理公司，通过服务外包、公众共管等方式，统筹管理曾厝垵环境卫生、游客服务、商家评星、治安保障等多项事务。街道则通过购买服务，支持公司运营与发展，并对其工作进行监督与评议。

同时，针对客栈管理、违章建筑管理与商家星级认定等受到广泛关注的事项，规划师与各政府职能部门、社区组织与公众代表共同商议，设计了客栈管理、违建管理与卫生管理等一系列社区制度，在进一步规范社区发展活动的同时，将多个主体融入同一个事务中，促进多主体的协商共治（表1）。

曾厝垵客栈管理制度框架　　表1

管理主体	承担职责
消防大队	承担客栈消防安全评估工作
区旅游园林局	指导曾厝垵文创会开展文创村客栈星级管理工作
厦门房屋安全鉴定所	接受客栈经营者对经营用房的申请并出具报告
区工商局	指导客栈登记与备案工作
街道办	协助各相关管理部门与公共事务管理公司进行客栈管理工作
公共事务管理公司	承担日常管理工作，协助各部门工作，引导建设客栈自管小组并对其发展提供指引

（五）培训社区规划师

在政府、规划师与公众的共同推进下，规划工作坊取得诸多成效。一批承载地方文化的公共空间已建设完成并投入使用。跨环岛路人行天桥“渔桥”于2015年初正式使用，成为游客与居民通往海滩的重要通道与景观廊道，也成为曾厝垵著名的地标建筑，并与入口改造空间融为一体，形成良好景观（图5）。利用青门古厝建设的渔村时光空间，也成为村民与游客共同体验曾厝垵文化的场所（图6）。当前，其由滨江街道办事处与曾厝垵文创会共同管理，成为政府与民间力量相互协作的空间载体。

图5　已建设完成并投入使用的“渔桥”

受规划工作坊对相关空间改造的启发，曾厝垵村民与商家自发推进周边空间的改造活动。以曾厝垵朵拉客栈吴姓老板为例，作为积极参与规划工作坊的商家代表，其尝试改造客栈门前的三角空地。在想法得到周边商家的一致认可与支持后，吴老板与设计公司合作，制定具体改造方案，进一步征求公众与规划师意

图 6　已建设完成的渔村时光空间

见，最终确定将荒置的三角用地改造为以渔船为原型的公共活动空间，并付诸实施（图 7）。

图 7　三角空地原状、设计方案与建设现状

在此基础上，规划工作坊以自愿报名与选拔推荐等方式，通过相关课程培训与活动组织，培育曾厝垵社区规划师。当前已建设完成社区规划师团队，由居民、商家、文艺青年以及社区内的台湾同胞担任社区规划师，发挥长期驻扎曾厝垵且具备规划基本技能的优势，推动曾厝垵的长期稳步发展。目前，社区规划师团队不仅针对社区标识系统提出多样方案，还实现对重要空间节点的改造。如将金门蔡府祖宅中的“金门大赞”改造为曾厝垵渔村文化馆，将村口独栋小楼改造为游客服务中心等，取得显著成效。

四、结语

美好环境共同缔造规划工作坊，是立足我国国情对社区参与模式及参与式规划的创新，也是对人居环境科学的有效实践。其成功地激发公众参与社区建设与治理的热情，通过规划活动使代表不同利益的群体在同一平台上达成发展共识，即“以过程之共识促成结果之共识”。其不仅协助政府完成单一的社区环境整治与发展规划，更重新凝聚社会力量，描绘共同愿景，增强多元主体的社区认同感与归属感。

在规划工作坊过程中，规划师将包含自然、人才、资本与文化等在内的社区资源，视为社区发展的有力支持，通过挖掘并整合发展要素，探索社区适宜的特色化发展道路。更为重要的是，秉承自上而下与自下而上相结合的宗旨，规划师充分发挥协调作用，以规划工作坊为载体，搭建了政府与公众、组织的互动桥梁，促成多方合作。

同时，从组织角度看，共同缔造工作坊形成一支有组织目标、有组织结构、有组织活动的社会力量。其由专业人士与非专业人士共同组成，创建了一个新型的社会组织模式，有效激发社会活力，形成基层规划力量，并推进当前国家倡导的城乡治理体系与治理能力现代化在社区层面的实施进程。

此外，从学科建设的角度来看，共同缔造规划工作坊通过对社会、建筑、规划与景观等多元学科的交叉融合，实现不同学科的良好互动，有效推进了城乡规划学科的兼容并蓄与持续发展。同时，围绕“真题真做”的规划项目，师生得以充分互动与协作，学生可从具体实践中体会老师针对具体问题的理解分析与解决方案提出的真实意涵，并大胆提出自己的想法，创立起规划学科的新教育模式。综上可见，共同缔造规划工作坊有着重要的学科意义与实践价值。

（撰稿人：李郇，中山大学城市化研究院院长，中山大学地理科学与规划学院城市与区域规划系教授、博士生导师；刘敏，中国城市规划设计研究院西部分院，规划师；黄耀福，广州中大城乡规划设计研究院有限公司，规划师。）

注：摘自《城市规划》，2018（09）：39-44，参考文献见原文。

以年轻社群为导向的传统社区微更新行动规划研究

导语：经济新常态下，我国城市建设逐渐转向增存并行的城市经营。社区作为城市治理的基本单元，是城市更新的重要载体。文章以传统产业衰落后的老旧社区为对象，剖析“产业导向”模式的传统社区更新的症结，通过厦门与台北社区营造实践的对比，提出“社群导向”的传统社区微更新的重要价值；以共同体的构建为目标，以年轻社群的聚集为引擎，通过中介者的参与式介入，拓展社群与社区网络，引导社区产业不断生长与发展，探索“社群导向”下传统社区共同缔造的创新模式与微更新的行动规划策略。

一、引言

随着我国城市化逐步由增量扩张的主导方式向做优增量与盘活存量同步结合的战略转变，城市发展逐渐向社区更新、小尺度渐进的方向转变。目前学界已有许多从空间、文化和产业等角度着手的社区微更新研究，如以社区公共空间的微更新为突破口，推动建成环境的物质条件提升和社区成员的情感融合，将居民的社区建设成为一个有场所认同感、有人文关怀的“大家庭”；将文化创意应用到社区文化建设中，通过地方文化、传统工艺产业文化的再生和应用，以生活美学创意带动社区产业转型；通过提升产业等措施，推动社区的全面改造，强化民众主动参与公共事务的意识，建立自主运作且永续经营的社区营造模式。基于文化、旅游、商业和创意等多元功能的视角，将一批老旧社区建设成为“百姓宜居区、文化展示区和都市旅游区”。

随着“退二进三”“退二优三”发展政策的推进，工业生产从中心城区逐步外迁，城市中心区的工业厂房、货运港口码头等逐渐被废弃，原有的依托工业生产所建立的社区网络逐步瓦解。在此背景下，产业衰落后的传统社区往往面临如下的困境：产业类型混杂低端，社区居民收入微薄；房屋产权错综复杂，社区更新严重迟滞；环境设施亟待改善，社区人文环境亟待保护。

2017年12月1日，住房和城乡建设部发布了15个城市的老旧社区改造试点，坚持以人民为中心，充分应用“共同缔造”理念，打造共建、共治、共享的社会治理格局。产业衰落后的传统社区往往居住、商业和产业功能混合，如厦门沙坡尾社区中的港、场、街、坊四大片区涵盖了环境空间、工业建筑、传统商业街和老旧生活社区等不同的功能空间（图 1），其“高值低价”的闲置空间（以工业厂房为主，也包括空置的公房、住宅等）为传统社区微更新提供了重要的低成本空间载体，同时复合的社区人群与空间环境、优良的区位条件等也为社区活力的再生提供了良好的社会基础。

图 1　沙坡尾社区的多元功能构成

本文以传统产业外迁后的老旧社区为研究对象，首先剖析“产业导向”模式下传统社区更新的症结，通过台北玖楼、南机拌饭与厦门沙坡尾等多个社区营造实践的对比，提出在“社群导向”下，以“共同体”的构建为目标，以年轻社群的活力聚集为引擎，通过中介者的参与式介入，不断拓展社群与社区网络；其次基于“以人为本”的理念引导社区产业不断生长与发展，促进中介者、社群与社区居民等多角色的互惠与相互转化；最后探索传统社区微更新的行动规划路径与策略，研究“共谋、共建、共管、共享”的传统社区有机更新的创新模式。

二、陷阱与突围

（一）陷阱：“产业导向”的传统社区更新

以往针对传统产业衰落后的老旧社区更新实践多以“产业导入带动社区发展”，通过对社区的历史、区位和现状条件的分析，确定引入的产业类别，以此作为传统社区更新的落脚点。在以往的探索中多是将文化创意产业与社区营造融合、基于社区深厚的文化底蕴打造具有文化展示、教育学习与观光休闲功能的文化特色创意社区等，为传统社区更新与产业的有效结合提供了很好的研究成果和实践经验。

但是，以“产业导向”为核心的传统社区更新往往具有“见产业不见人群”的逻辑硬伤，人群的交互作用及其对产业引入的媒介作用并未得到充分体现。产业是社区更新的最终成果与现象，而不是更新的落脚点与实际抓手。在社区更新之初，锁定产业类型，不利于社区未来产业的灵活选择与变迁，亦不利于社区与产业的融合发展，而且有“舍社区之本，逐产业之末”的风险，存在着巨大的陷阱。因此，传统社区更新应谨慎考虑是否选择“产业导向”的更新模式。

（二）突围：“社群导向”的传统社区更新

相较于以“产业导向”为核心的更新模式强调“以产业为本”不同，以社群为导向的更新模式则更强调“以人为本”，更加具有灵活性与实效性。从灵活性方面看，社区产业的引入是在社群交互作用下自主生长出来的，在此模式下，产业不再是预先判定的目标集合体，而是随着社群的变迁不断生长、变化的内生变量，产业是由社区的发展决定的，而不是产业决定社区的发展蓝图。从实效性方面看，“社群导向”的更新模式以目标社群作为突破口，牢牢吸引目标社群，使其持续推动整个更新过程，并基于社群与社区的交互作用和交往行为，激活失落空间、拉动商业需求、培育壮大产业。同时，社群的集聚是一个“报酬递增”的过程，只要跨过初期的门槛规模，社区所能吸引到的目标社群数量将以递增的加速度快速增长。社群数量的扩大，有利于建立更加完善的社会网络体系，为后续的社区活动设计、议题策划等开辟巨大的施展空间。

三、“社群导向”的传统社区微更新行动规划研究

（一）目标：共同体的构建

滕尼斯最早提出“共同体”概念，他认为共同体是基于传统的血缘、地缘和文化等自然形成的人类结合体。在对共同体概念的界定与辨析中，美国芝加哥学派的学者帕克认为“被接受的共同体本质特征包括：一是按区域组织起来的人口；二是这些人口不同程度地完全扎根于他们赖以生息的土地；三是社区中的每个人都生活在相互依赖的关系中”。在人类社会由传统迈向现代的过程中，传统产业逐步走向衰落，人们的生产、生活方式发生根本性变化，原本依附于传统产业所建立的社会网络走向破裂。因此，以“社群导向”为核心的传统社区更新，其根本目标是建设社区的共同体，通过目标社群的逐步引入，引导产业不断生长与发展，通过建立居民、社群和中介者等多角色之间的互助互惠网络，加强在地

居民与外来者对社区的认同感与责任感，实现传统社区更新的有机生长（图 2）。

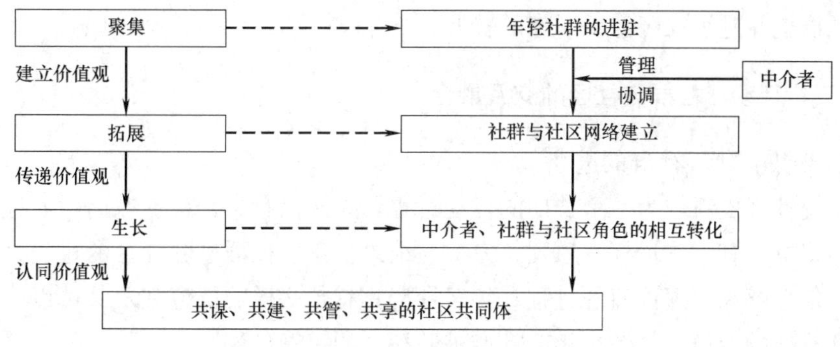

图 2　社区共同体构建过程

（二）引擎：年轻社群的选择

传统社区更新由在社区中发生的一系列活动、议题和事件组成。在“社群导向”更新模式下，其目标社群是指组织、加入且最终构成这些行动事件同时最先进驻社区进行搅动的特定人群。目标社群的确定是更新战略设想与愿景实现的重要前提，其选择是极其重要的“战略抉择”。任何传统社区的更新都需要在原本衰落的空间“肌体”中重新注入鲜活“血液”，年轻社群因其独有的朝气、社区交往活力以及对于公共事务的热情成为社区更新的目标社群。从灵活性看，年轻社群丰富的想象力与创造力让社区的未来发展具有不确定性与新鲜感，而正是这种不确定性与新鲜感为社区自由生长提供了机会；从实效性看，年轻社群的集聚递增效应突出，同时也是各类媒介争先追逐的对象，他们具备的巨大能量使其成为传统社区更新启动的“发动机”。

厦门沙坡尾传统社区致力于吸引年轻社群，并以此为目标导向建设沙坡尾艺术西区。其运营团队以活跃在网络社区上的都市青年和年轻家庭为主要受众，积极引入符合年轻人群喜好的业态，补充年轻人喜欢的内容，提出“为城市生活提供年轻态度”的运营理念。沙坡尾运营团队利用其掌握的片区内物业资源，对入驻业态进行引导，以符合年轻社群的性格为考核目标，使沙坡尾成为年轻社群活动、消费与交往的创意场域，并将年轻社群的交互能量渗透进社区，以议题、事件和活动的形式促进年轻社群与社区的交互融合。台北的玖楼[1]针对无法负担高昂房价的年轻人，以传统社区旧公寓作为空间载体，打造共享公寓，让年轻人住进富有生命力的空间，形成社区中生机勃勃的共生聚落，改变一般大众对于台北

---

[1] 玖楼团队的平均年龄约为 26 岁，致力于推动台北共生公寓发展，从“异乡人”的角度出发，为在外打拼的游子营造有温度的生活体验；通过整理改造台北的闲置公寓，挑选偏好参与社群活动的室友，提供优美环境和各式各样的活动，打造台北共生文化。

传统社区的想象。玖楼通过这种共居文化与价值观撑起年轻人的期待和彷徨，而年轻社群也促进了社区意识形态的转变。

（三）行动：社群与社区的交互融合

1. 聚集：年轻社群的进驻

传统社区更新作为一个长期的行动过程，必然拥有某种价值取向，而这个价值取向将决定其工作目标、原则、方式与结果。年轻社群进驻社区的过程是与社区建立信任感和发挥价值的过程。年轻社群具有什么样的价值观及其可以为社区提供什么样的价值，是甄选年轻社群进驻社区的关键条件。

传统产业衰落后的老旧社区存在大量空置的工业建筑，工业建筑一般结构坚固、体量庞大、内部空间空旷灵活，易于分割与重组，具有改造再利用的独享优势。此外，工业建筑产权相对简单，其再利用的低成本也为年轻社群进驻社区提供了空间介质。厦门沙坡尾作为典型的传统产业衰落后的老旧社区，在更新初期，以空置厂房的盘活为契机，在空置的冷冻厂冻库的特别空间（10cm 厚的钢门、良好的隔音效果、宽敞的内部空间）中引入 Live House 音乐社群，把热爱音乐的年轻人聚集起来，诞生了厦门第一家专业的音乐演出现场——“Real Live”。Real Live 的开幕，在厦门年轻社群当中引起了很大的反响，大量热爱音乐的年轻人开始聚集在沙坡尾，从而凝聚了沙坡尾第一批固定的目标社群。多次造访台北松山文创园区[1]的国际创意城市先驱查尔斯·兰德利（Charles Landry）曾说“松烟老厂房美极了，不过，走进园区却感受不到创意与生命力”。他指出，松山文创园区需要创造人才聚集的环境，通过良好的规划吸引年轻创业者，让年轻人进驻老建筑，让创意青年推动城市基底的改变；同时，可连接具有强烈的议题性与组织工作能力的创意社群网络，以议题、活动等互动形式为周边社区的居民提供一个可以放松舒压、体验慢生活的好场所。

2. 拓展：社群与社区网络的建立

年轻社群具有积极获取资源的自主优势，但单一社群所构成的社会网络在年轻社群高流动性的影响下具有极大的不稳定性。传统社区更新的拓展阶段需要第三方角色——中介者[2]来连接多元社群与社区，协调年轻社群与社区的交互作

---

[1] 松山文创园区原为松山烟草工场，2011 年正式对外开放，藉由“软实力创新”“社群网络链接”“品牌价值经营”“人才养成”，以构建“台北市原创基地”为目标，培养原创人才及原创力。

[2] 中介者指除政府、居民以外的所有力量，可包含社区委员会、专业设计团队（建筑师、景观建筑师、环保人士、都市计划人员）、运营团队、社区规划师、企业和基金会等。中介者在社群与社区之间扮演良好的平台角色，与社区、社群一同持续接受讯息，适当调整改变，通过双向的链接，不断扩张累积的能量。

用，以年轻人的朝气与活力带动传统社区的转型与复兴。不同的年轻社群有不同的性格与在地养分，中介者参与介入的过程需要以年轻社群的推动力为引擎，以议题、事件和活动等方式逐步向社区渗透，通过生活与现场的共存、年轻社群的持续推动力，为社区提供更优质的服务，建立其与在地社群、社区之间的互动关系，增加社群多样性，建立社区与社群的互动网络，形成“共谋、共建、共管、共享”的社区共同体。

沙坡尾艺术西区的音乐社群对社区的正向刺激让沙坡尾运营团队更加确认“社群导向”的更新理念，以音乐社群的号召力为引擎，艺术西区形成了与社区紧密相关的多元社群网络：面向年轻家庭和都市白领的艺术工作室，每周固定举办公益教学活动；面向“90后”群体的滑板场，亦成为在地儿童的游乐场所；面向各类人群的沙坡尾市集，抓住了厦门本地的年轻原创资源，使创意市集有了社区的温度(图3)。同时，沙坡尾艺术西区不再是潮流的小圈子，周边的居民也开始自发使用空间、参加活动，在这一过程中社区居民积累了公共生活的参与经验。

图3　沙坡尾市集

开展社区议题的目的在于以年轻社群进入社区为契机，引导在地居民挖掘社区特性，寻找共同体的搭建与运作方式。南机拌饭[1]位于台北万华地区，是由年轻人发起，通过与“芒草心”“人生百味”“梦想城乡”等年轻社群合作，建立、经营社区共享经济实验基地。其以社区厨房、互助修理站和在地市集等常态性活动为主线，藉由展售书籍、举办交流会和发展旧物共享平台等，提出社区议题，创造居民之间以及居民与社群之间的沟通机会。台北的玖楼则通过空间的共享，推动“青银共居”计划的实施，让刚刚毕业无法承担昂贵房价的年轻人住进在地

[1] 南机拌饭位于台北万华南机场老社区的地下室，聚集一群人进行交流合作，主要开展以下活动：经营社群基地与协力社区发展，开办社区厨房与在地市集；对旧物与剩食进行再生，分享劳动与理念。

老人家的闲置房屋，通过年轻社群与在地银发族群的共居共生、友善互动，打造了一个不同世代在同一个地方分享彼此的社区网络，在高龄化的社会趋势下，以共同看护的方式，建立年轻社群与在地老年人群的共居共生网络。

当社区与社群的多元网络关系建立之后，社群、居民对社区的认同感与责任感的建立使社区具备了“自生长”的能力，诸多事件、话题和关系在社区内自然发生。这一阶段，中介者基于社区共同的价值观对社区、社群的行动进行引导，使社区在生长过程中进行自我的淘汰和选择。

3. 生长：中介者、社群与社区居民等多角色的相互转化

中介者、社群的构成是持续更新的，其中最具生命力的更新是与社区角色之间的相互转化，主要有以下三种模式。

（1）中介者、社群向社区居民的角色转化。中介者、社群在推动社区微更新的同时，留在社区生活、工作，成为社区的一份子，以在地的身份持续推动社区有机更新。沙坡尾年轻社群通过众筹等多种方式进驻传统社区内的沿街店铺，成为社区生活的一份子，以复合业态的形式把社区居民感兴趣的事物叠加到一起，为社区提供有趣的服务，通过实际的空间利用与在地居民的生活共存，向社区源源不断地注入新的能量（图 4）。

图 4　沙坡尾社区创意小店

（2）社区居民向中介者转化。在传统社区微更新的过程中，原住居民的社区意识和积极性逐渐增强，成为赋权人，继续促进社区居民间的交互作用，通过在地的互助共生凝结社区网络。南机拌饭在建立居民互助网络的同时，通过多方发展，使部分原住居民从最初单纯参与工作坊，变成固定到场服务，成为中介者的重要部分。未来南机拌饭将以共同经营的方式分配社员的劳动，社员将成为未来发展规划的决策者。

（3）年轻社群向中介者转化。年轻社群通过培养和挖掘追随者，去观察、鼓励他们来帮助社区做事。原本的单一社群变成了以年轻社群为核心的多中心社群网络，更加多元的议题、事件和活动在社区发生，增加了居民、社群的交互机会，为构建更具生命力的社区共同体提供介质（图 5）。

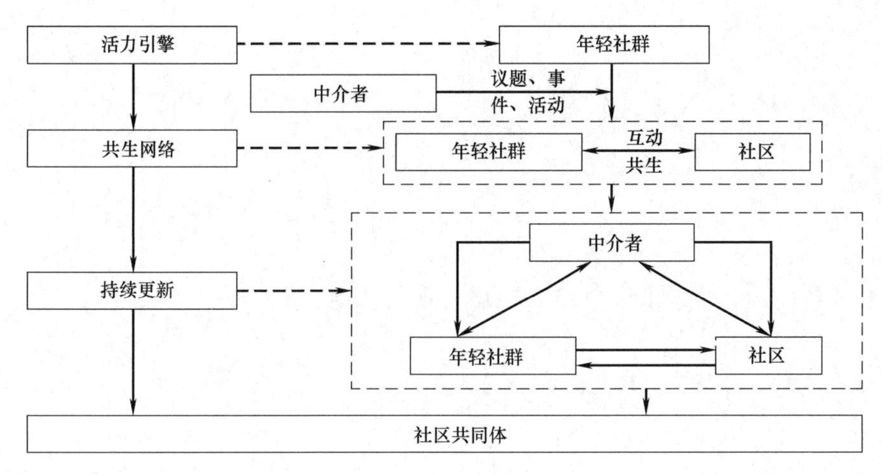

图 5 “社群导向”下传统社区微更新的行动主体间的关系

四、结语

“产业导向”下的传统社区更新模式因其“见产业而不见人群”的固有缺陷，不仅不利于社区未来产业的灵活选择与变迁，还使其实践的失败风险增高。相较而言，“社群导向”下的传统社区更新模式在灵活性与实效性两个方面都更胜一筹。从灵活性方面看，社区未来的产业引入是为吸引目标人群所服务的，或者说，是在这些人群的相互作用下自发生长出来的。从实效性方面看，“社群导向”更新模式可以实现人群的快速集聚，为后续的活动设计、事件策划等开辟巨大的施展空间，从而大大降低社区更新的失败几率。

“社群导向”下的传统社区微更新，以年轻社群为突破口，通过社群、中介者的参与式介入，引导社区产业不断地生长与发展，通过活动、议题和事件等构建社区交互网络，促进社群、中介者与社区居民等多角色的相互转化，保持社群、社区活力，从而构建社区共同体，探索“共谋、共建、共管、共享”的传统社区微更新的创新模式。

（“厦门传统社区更新行动规划研究——以沙坡尾为例”获得 2013 年度全国优秀城乡规划设计一等奖，项目组主要成员包括黄晶涛、左进、张娜、苏薇等。）

（撰稿人：左进，天津大学建筑学院副教授、城乡历史保护与发展研究所副所长；孟蕾，天津大学建筑学院硕士研究生；李晨，助理规划师，天津市城市规划设计研究院；邱爽，厦门大学经济学院博士研究生）

注：摘自《规划师》，2018（02）：37-41，参考文献见原文。

管理篇

城镇开发边界与国家空间治理

——划定城镇开发边界的思想基础

导语：党和国家机构改革实施之后，国家空间治理进入新的历史阶段。城镇开发边界是与城镇乡村建设发展具有最紧密互动关系的一条控制线，它不只涉及资源环境节约和保护问题，而且涉及对城镇和乡村建设发展规律的认识问题。这项即将在全国推开的规划政策手段应具有全面而科学的理论基础。基于此，重新梳理和思考有关城镇开发边界的相关理论问题，包括四个部分：第一部分综述过去几年城镇开发边界的实践和研究；第二部分指出城镇开发边界作为一项政策工具，其作用定位从早期单纯地控制城市蔓延、保护耕地，转向兼有控制城市扩张、促进城市转型发展、塑造美丽国土空间的综合作用；在第三部分，认为“美丽国土空间”包含了自然、安全、高效、公平、舒适、艺术六个方面的意义，这是制定城镇开发边界政策的认识基础；第四部分提出，划定城镇开发边界，需要综合分析城镇发展可持续性的总体状况、国土空间开发适宜性、城市性质和综合功能、城镇发展合理的空间需求、城镇空间特色、城镇发展不确定性和实施管理机制七方面因素，使城镇开发边界成为更加综合完备的规划政策手段，切实发挥对美丽国土空间的形成具有的控制、引导和塑造作用。

党和国家机构改革实施之后，我国的国家空间治理进入到一个新的历史阶段。党的十九大报告提出“完成生态保护红线、永久基本农田、城镇开发边界三条控制线划定工作”，其中城镇开发边界是与城镇乡村建设发展具有最紧密互动关系的一条控制线，它不仅涉及对资源环境的节约和保护问题，而且涉及对城镇和乡村建设发展规律的认识问题，因为城镇开发边界所控制和引导的毕竟是一个具有高度复杂性和不确定性的对象。我们有必要重新审视城镇开发边界应有的内在含义，为这项政策的设计提供一些可参考的工作思路和技术方法。本文的研究包括四个部分：一是梳理近年来有关城镇开发边界的理论研究和实践成果；二是分析城镇开发边界政策意图和作用定位的演变；三是尝试对“美丽国土空间”的内涵做出解释，廓清城镇开发边界划定应有的视界，为划定城镇开发边界提供理论认识基础；四是初步提出科学划定城镇开发边界需综合研究的七种因素。

一、划定城镇开发边界的实践与学术讨论综述

2013 年中央城镇化工作会议明确要求：“尽快把每个城市特别是特大城市城

镇开发边界划定”。2014年7月，住房和城乡建设部、国土资源部共同选择了北京等14个大城市进行划定城镇开发边界试点。四川、陕西、安徽等省份也在这个时期发布了地方性的城镇开发边界划定技术规定。通过一个阶段的实践，规划界对城镇开发边界的内涵和划定方法建立了一定认识。

学术研究紧密围绕着这个热点迅速展开。回顾过去几年的研究可以看出，研究重点从早期的国外实践和概念介绍，转向与实际工作高度结合的“城镇开发边界划定技术方法”的研究上。在中国知网上检索到的2014年以来以“开发边界”为题目的期刊文献超过70篇，其中研究开发边界划定方法的占到了近70%。第一类是结合城镇开发边界划定试点工作进行整体总结与思考（林坚，等，2017；殷会良，李枫，等，2017），试点城市中的杭州、沈阳、厦门、武汉、上海等城市也专门总结发表了各自的技术方法（张勤，等，2016；刘忆瑶，2017；刘治国，等，2016；何京，2015）；第二类侧重于介绍划定过程中如何采用新兴技术方法，例如，以生态安全格局评价、耕地质量评价、绿色基础设施构建、韧性城市建设等作为划定底线性要素的参考与依据（周锐，等，2014；陈诚，2016；晁恒，2016；马淇蔚，2017），以约束性CA模型、空间增长模拟等作为城市增长预测基础的方法介绍（陈伟强，等，2017；曹靖，等，2016）；第三类是侧重讨论“多规合一”手段下的城镇开发边界划定方法（程永辉，等，2015；姚南，等，2015）。

在上一轮的讨论中，我们认为，划定城镇开发边界不是一个单纯的技术性工作，而是国家空间治理手段的一部分，国家空间治理的制度安排深受我国工业化和城镇化历史过程的影响，是在经济社会发展、城乡建设、专业理论和技术进步的基础上长期发展、不断借鉴、逐步完善的结果，所以，国家空间治理体系的构建不应另起炉灶、重复建设，而应通过既有规划工具的协同配合来发挥空间管制的作用（张兵，林永新，等，2014）。

从划定城镇开发边界的实践及学术探讨中可以看到，虽然各个城市对于城镇开发边界的内涵认知、模式设计、划定方法、实施管理等方面理解都有所差异（林坚，等，2017），但大量的案例都是围绕“如何控制城市扩张”来展开研究的——即采用在规划城市建设用地的“小圈”之外套一个城镇开发边界的“大圈”的方法，来达到对“扩张的控制”。具体划定方法，观察下来大体有两类：第一类是逆向扣除法，即叠加基本农田、生态红线及其他需要保护的各种空间管控要素，汇总出不能建设的底线空间，底线空间之外就是可供开发的范围和边界。采取这种方式的常常是市域较小且现状开发强度很高的城市，例如厦门，把各个部门管理下的控制线采取“多规合一”手段，合并出“最大公约数”，划定“生态控制线”，并且与城镇开发边界二线合一；第二类是正向需求法，一般把不可触碰的空间扣除后，在剩余出的适宜建设的空间中划定可供城市开发建设的空间。具体方法上，有一些城市是汇总各部门的用地需求，再扣除其中需要限制开发的空间，在适宜开发的空间中界定出一定范围作为城镇开发的边界（何为，2015）；另有一些城市以城乡规划和土地利用规划两规衔接为基础，将土地利用规划中的扩展边界即允许建设区加上有条件建设区作为具有一定规划期限的城镇开发边界，以规划建设用地规模的1.2倍左右（也有一说是不超过规划期内增量建设用地规模的20%）来控制量，由此划定出城镇开发边界；还有一些城市采用数字化支持系统进行空间增长情境模拟。

在实际中，有些城市为了“对冲”城镇开发边界带来的“限制”，直接划定了一个明显过大、甚至规模失当的大圈。我们所遇到的案例中，某城市在最初提供的城镇开发边界划定草案时，大圈围合建设用地面积竟是规划用地规模的8倍之多（最后的结果所幸回归“理性”）。这种划定的方法表明，如果靠放大规划用地规模的“倍数”来框定总量，划定城镇开发边界固然显得简便，但是能否实现所谓的“有效管控”是比较可疑的。给小孩套上了一件“巨人”的衣服，虽然没有捉襟见肘的难堪，但是这种“正确”有什么意义呢？“倍数”迟早会成为中央和地方博弈的焦点。

对此，我们需要回到原点来思考：在优化国土空间格局、建设美丽国土空间的宏大目标下，用上述思路划定的城镇开发边界能否真正发挥出控制与引导的作用？划定城镇开发边界的手段同政策的目标是否相符？

二、城镇开发边界的政策意图和作用

回答上述问题，首先要对城镇开发边界的政策意图再做认真分析。过去十多年间，“城镇开发边界”的政策意图实际上经历了一个变化过程，这里我们姑且把它分成三个阶段。

第一阶段。研究划定“城市增长边界”的要求，最早出现在建设部2005年颁布的《城市规划编制办法》中。背景是2000年后城市建设用地的快速扩张，引发社会关注。如何既有效抑制城市蔓延，同时又满足城市抓住历史机遇、扩大开放、推动经济增长的现实需要，是当时提出这个要求的主要考虑。在中国城市能否通过划定“城市增长边界”来控制无度的扩张，那时并没有管理实践的经验，所以政策表述上是要求在城市总体规划编制过程中开展相关的研究。后来几年城市总体规划实践中并未就城市增长边界的划定方法形成系统的规程。这是第一阶段的大致情况。

第二阶段。2013年中央城镇化工作会议上有关“尽快把每个城市特别是特大城市城镇开发边界划定”的要求，是在2012年党的十八大报告中首次提出了“生态文明建设”和统筹推进“五位一体”总体布局的背景下提出的。在试点的基础上，中央城市工作会议后的“中发〔2016〕6号文件”中，明确了划定“城市开发边界”的意图在于“加强空间开发管制”，“根据资源禀赋和环境承载能力，引导调控城市规模，优化城市空间布局和形态功能，确定城市建设约束性指标”。整体上体现的是“严控增量”的思路。

现在“城镇开发边界”政策进入第三阶段。2017年党的十九大报告在“富强民主文明和谐”的国家奋斗目标中，增加了“美丽”一词，提出“完成生态保护红线、永久基本农田、城镇开发边界三条控制线划定工作”，是“加大生态系统保护力度”“加快生态文明体制改革，建设美丽中国”的重要举措之一。在过去“严控增量、盘活存量、优化结构的思路”基础上，如何体现中办、国办印发的《省级空间规划试点方案》（中办、国办，2016）中“健全国土空间用途管制制度，优化空间组织和结构布局，提高发展质量和资源利用效率，形成可持续发展的美丽国土空间”的要求，成为认识“城镇开发边界”作用的新的聚焦点。

可以看到，虽然城镇开发边界这一政策工具的最初设计起源于解决城市蔓延等现实问题，但在我国发展的新时期，城镇开发边界的划定是国家空间治理体系建设的新措施，政策意图已经超出最初的设定，从早期单纯地控制城市蔓延、保护耕地，转向兼有控制城市扩张、促进城市转型发展、主动塑造美丽国土空间的综合作用。

三、探索“美丽国土空间”的含义

何谓“美丽国土空间”？国土是国家主权管辖的地域空间，包括陆域、海域、近地空域（胡序威，2009）。国土空间是三维的资源。当我们使用“空间”这个称谓时，可以包括“土地”；而使用“土地”概念时，不足以覆盖“空间”的内涵与外延。管理国土空间，使国土空间的优化达到“美丽”的状态，就需要首先回答美在何处？当这个表述从国家政策文件进入到规划实践层面时，有必要予以认真落实和严格界定。“美丽”可以视为一种国土空间建设的境界和状态，也可当作一种营建国土空间的理念，至少包括自然、安全、高效、公平、舒适、艺术六方面的内在意义。

（一）自然

美丽国土空间首先是自然的。尊重自然、顺应自然、保护自然，使人与自然相和谐，犹如“鱼相忘于水，兽相忘于林”一般的适宜状态。顺应自然“并不是向一个没有人类历史的纯粹‘自然状态’的倒退”（Michael Hough，2012）而是在对人与自然相互依赖性的高度重视基础上，逐步恢复和重建起生态功能自我支持的多样化的自然环境。这是包括城市在内各种生态恢复的关键。对于自然，我们有必要把握两点，一是我们人是自然的一部分，我们的生产生活是自然的一部分，“我们决不像征服者统治异族人那样支配自然界，决不像站在自然界之外的人似的去支配自然”（马克思，恩格斯，2009），在自然界和人类社会之间不能人为地设立不可逾越的障碍；二是“自然”不是一个固定的多层次关系组成的静态世界，不是一个稳定的实体，而是一种“流动的、丰富多彩的差异性展示”，处于不断变化的状态中。因此，优化国土空间，使其更加自然，看似要解决人与自然关系的不协调，但根本上是要解决好人与人关系不协调的问题。

城乡建设要以自然为美，要因循自然的力量，构建山水林田湖草与城乡和谐共生的格局，从整体上形成新的“自然的”秩序。改革开放以来，城市建成区面积从 1981 年的 7483km^2扩大到 2014 年底的 41652km^2，占 960 万 km^2陆地国土面积的比重从 0.08％增加到 0.43％，即使把建制镇建设用地面积都算上，也不超过陆地国土面积的 1％（中国土地勘测规划院，2015）。这个时期不断加剧的自然环境问题，以及区域不平衡、城乡发展差距等问题，原因不在于表面上城镇建设用地面积的比重增加了，而是在于城镇空间承载的经济社会活动的理念和方式出了问题，发展模式不绿色，使自然环境的演化偏离了自身可以恢复和延续的健康轨道。促进形成山水林田湖草与城乡之间和谐共生的格局，不只是要管理好物质空间环境的格局，更是要以新的绿色的经济发展的理念、方式和格局来代替旧的，归根结底，是要“从人类的自我破坏力中拯救人类历史，并使其与更稳定的自然历史形成一致”（Donald Worster，2007）。

（二）安全

美丽国土空间应该是安全的。国家的空间治理，应在“总体国家安全观”的指导下，体现“以人民安全为宗旨，以政治安全为根本，以经济安全为基础，以军事、文化、社会安全为保障，以促进国际安全为依托”，统筹好局部利益与国家安全的关系、经济效益与生态环境的关系、眼前利益与长远发展的关系。国土空间规划与安全相关，要着重处理好经济安全问题（其中包括粮食安全）和生态安全问题，树立底线思维，防止类似“将喜马拉雅山炸开一个大缺口为西部地区引入印度洋暖湿气流”的荒谬行为发生，在区域和城市的发展中将开发利用活动对森林湖泊、河流山地等地形地貌和生态系统的改变，控制在自然可承受的限度内。

（三）高效

美丽国土空间的利用应当是高效的。以最小的自然资源消耗取得最大的效益，是促进经济繁荣和可持续发展重要取向。在经过长期依靠自然要素投入换取经济增长之后，自然资本的制约成为我国乃至世界社会经济发展面临的最大制约，要实现高质量发展，需要的是生态可持续的经济创新、社会创新和治理创新（诸大建，2008）。

同时要认识到，节约资源和保护环境只是建设美丽国土的一个方面。无论开发利用还是保护，国土空间作为一种资源，其配置的效率是需要着重考虑的问题。要认识到，国土空间的高效利用是一个多尺度、综合性的概念。在国家、区域、地方、片区、地块等不同空间单元上的“系统经营”才能获取最大收益。我国改革开放初期推动沿海借助开放之利率先发展，利用西南地区水利资源丰富的地区建设能源基地，以城市群为主体形态来组织我国城镇化的空间布局等，都是追求国家和区域层面国土空间高效率配置的体现。全国尺度上的综合交通体系起着极为重要的支撑和引导作用。在地方层面，正确识别和经营战略性的空间资源，使之成为推动城市和区域经济社会发展的引擎，是高效率开发利用国土空间的重要一环。在我国城镇化快速发展的时期，规划为我国的城市和区域空间资源战略价值的提升，发挥了无可替代的作用。在战略性空间资源的正确配置下，土地的价值才可能获得最大程度的提升。在城镇内部，从片区到地块，空间的开发利用也存在着经济性问题，在具备同等的基础设施和服务设施条件下，土地开发收益的最大化依赖于好的规划设计和操作运营。可以说，规划作用不仅在于“控制”，还在于“谋划”“引导”和“塑造”。

还需强调的是，从国土空间资源配置到土地使用方式，这里只简单地触及了高效利用的一个侧面。好的规划只是必要而不充分的条件。以城市发展为例，在不同历史时期的产业选择以及社会管理政策，都会对国土空间的开发利用效率产生重大影响。尽管我们管理的对象是国土空间，但借用多年前对物质性规划的看法（张兵，1998），不要以为是国土空间规划就不必要研究社会经济发展，也不要以为研究了社会经济发展就不是国土空间规划。关键在于着眼于我国未来30多年人口资源环境的总体状况、城镇化发展趋势、高质量发展中“三大变革”（质量变革、效率变革、动力变革）所面临的机遇挑战，来深入研究探索国土空间规划和监督管理。

（四）公平

美丽国土空间意味着为人人提供公平的发展机会。如罗素所言，真正的伦理原则是把人人同等看待。国土空间看似是物质的空间，但是管理国土空间的政策以及将影响到的那些国土空间承载的活动都是社会经济的，因此，一切国土空间发展政策都必须在效率与公平之间做出选择和权衡。

国土空间是每个人赖以生存和发展的基础，在不同空间尺度上，公平对待每个人有着不同的意义。从国土区域之间的平衡发展，到城乡之间发展差距的缩小，以至于代际之间可持续发展，都是公平的体现。发展机会要考虑公平性的问题，同样在开发利用自然资源过程中分配环境的风险、收益和成本时也要考虑公平性的问题。国土空间作为最宝贵的公共资源（赵作权，2013），在追求对其高效利用的同时，必然要兼顾公平，特别是在城镇和乡村的层面，到了触及具体土地使用人权益的层面，如何尊重产权，是做好国土空间开发利用保护工作必须直面的基础问题。

（五）舒适

国土空间之美还在于舒适，舒适感当然是指活动在国土之上的人的感受，其社会意义不同于二维的“土地”，“国土空间”是三维的。人在其中，必然会对空间场所有所体验，相比之下，普通人脚踏在大地之上，不会对土地的“地力”有什么感知，除非去做科学化验。如果说自然、安全、效率、公平这些国土空间的特性是基于相关自然科学和社会科学的判断，那么舒适则主要靠感官和心理的评价。

在不同尺度上，国土空间的舒适感恐怕有不同的含义。国民生活在特定的国土空间中，舒适感具有社会的意义。生存和发展是人民基本的权利。在国家和区域层面，工程性和社会性的基础设施，其品质影响国民对国土空间的舒适度评价；实现“幼有所育、学有所教、劳有所得、病有所医、老有所养、住有所居、弱有所扶”的社会目标，解决好经济社会发展中的许许多多问题，为人民提供有品质的公共服务和宜人的生活生产环境，保障和改善民生水平，建设和谐的社会，对国民感知国土空间之美是有总体影响的。

在地方层面，对于城镇乡村那些近人尺度的国土空间，舒适意味着给人带来身心的舒服和安逸。舒适并不意味着奢侈，国土空间资源的开发利用求美、求合理的途径，要依赖于规划和设计，把人的体验和感受融进去，“因势利导，因地制宜，借助着势来导引，……借助着心地与实地的结合，做出适宜的空间形态”（冯纪忠，2009）。

理解上面这一点非常重要。我国人地关系紧张，耕地保护是基本国策，在坚持节约集约利用土地时，多年来不断有人提出增加城乡建设用地强度的对策，以为这是一条有效途径，其实不尽然。国土空间开发利用要注意用地开发强度的适当和合理，如果忽略了人的舒适感，定会给未来的发展留下后患，解决的成本无法估量。最近中共中央国务院对《河北雄安新区规划纲要》的批复中要求“原则是不建高楼大厦，不能到处是水泥森林和玻璃幕墙”，要塑造新时代城市特色风貌，政策上为国土空间开发利用方式指出了新方向，其实质是在土地开发的效益和建成环境的舒适宜人之间做出了有意义的取舍。

（六）艺术

“科学求真，人文求善，艺术求美”（吴良镛语），要建设美丽国土空间，怎能有艺术的缺位？国土空间的艺术之美，在于国土空间蕴藏着多样而独特的景观，我们也可以称之为“风景”，它在人们的精神层面孕育和生发出审美价值。

大家谈国土空间，谈自然资源，其中有没有审美的问题呢？答案是肯定的。国土之上高山大海、河流峡谷、森林草原、沙漠湿地，都是天然的地理景观，当人们身在其中，由直观到感观进而沉思，“有感而生情，启迪思考，从而身心得到陶冶”，这一刻天然的景观便成为“风景”。有不少的城镇乡村乃至建筑，在营造的过程中同自然环境融为一体，浑然天成，也使国土空间中的许多“风景”兼备了自然和人文的内涵。自然环境和城乡聚落中这种具有艺术感、具有审美价值的现象是今天重新认识国土空间规划和自然资源资产管理不可忽视的内容。

人是自然的一部分，自然同时也是人精神世界的一部分，在认识上不可把人（主体）和自然环境（客体）割裂开来。早在我国春秋时期便将自然人化了（冯纪忠，2010）。中国的风景园林在中华历史文化的演进中更是把自然的人化发挥到了极致。在这个方面继承和发扬中华优秀传统文化，对美丽国土空间的营造大有裨益。

冯纪忠先生1989年曾在题为“人与自然”的演讲中预言道，“当今对自然的认识，对人与自然关系的认识可是无论深度广度上都大大发展了。什么太空、宇宙景观，海底、两极景观，微观宏观，铺天盖地地触动着审美意识结构，扩展着审美客体对象”“人们已经越来越深刻地从生态环境的角度理解智力圈的意义。不见酸雨、核废、垃圾等吗？谁的认识落后是要付出代价的，这用‘有了数理化，什么都不怕’的眼光，也是看得到的。但是对理应与物质生态紧密结合的审美精神环境的研究，则只能算是刚刚起跑。信息时代，一旦认识，发展起来是很快的，差距的拉开也就很快。而代价可是深层而更为可观。这就是紧迫感所在”（冯纪忠，1990）。

今天当我们开始从体制机制上加强对“物质生态”的保护，以满足人民对优美生态环境日益增长的需要时，要认识到审美精神环境仍旧处在“刚刚起跑”的位置，需要从理念和技术方法上“与物质生态紧密结合”。“还自然以宁静、和谐、美丽”（十九大报告），指出了自然的“审美价值”，肯定了艺术性是国土空间规划管理中不可或缺的追求。

四、划定城镇开发边界需综合考虑的七个要素

用“美丽”来形容国土空间，不应只理解为热爱国土的情感和描绘理想的修辞，应基于科学与艺术的认知和衡量，来全面把握其中的意义。美丽国土空间，应该是自然的、安全的、高效的、公平的、舒适的、艺术的，丰富的含义意味着面向生态文明建设的国家空间治理目标和手段具有高度综合性。“城镇开发边界”作为空间治理的一种重要政策工具，其制度设计既要考虑到与其他制度安排之间的关联性，也要考虑其管理对象的复杂性和政策的针对性，综合把握各种影响要素是实现科学划定的基础。

首先，城镇开发边界具有多重管理属性。从政府、市场、社会等空间治理主体的相互关系来分析，城镇开发边界首先是上级政府指导和约束下级政府国土空间开发行为的政策工具。划定并一经上级政府批准的城镇开发边界是下级政府在空间开发中必须遵守的底线；同时，城镇开发边界也是城市政府约束开发建设行为的政策工具，其相对人可以是政府部门，也可以是企业和个人，是城市的规划行政许可过程中不可逾越的界线。

其次，城镇开发边界不能简单理解为建与不建的空间分界线。城镇开发边界作为国土空间管理的政策手段，不只是指物理意义上的空间边界，而是指一整套管理的措施。空间边界内与外会有不同的空间管理目标，制定和施行的管理规则因而各有不同。之所以说不能用建与不建作为区分城镇开发边界内外的标识，在于界线内外其实都存在建设活动，只是对建设方式的要求内外有别，城镇开发边界的政策包里，应有对内对外怎样建、怎样管的系列规则，体现全域统筹，使城乡空间发展更加有序有度。

再次，城镇开发边界不是简单地限定用地规模大小、数量多少的围合线。对城镇开发边界这一术语，容易望文生义，理解成一个允许城镇开发拓展范围的边界。对此，几年前我们提出，经批准的城市总体规划中土地使用规划总图上规划建设用地的边界，就是一条法律意义上的“城镇开发边界”，因为按照《城乡规划法》，规划建设用地以外不允许给出建设的规划许可。所以，如果“城镇开发边界”仅仅是一条允许开发的边界线，那么为什么要弃现有法律规定的界线不用另起炉灶再划出一条开发边界呢（张兵，林永新，等 2014）？如果我们接受了城镇开发边界是一种政策手段的观点，就可以从政策意图的解析中清晰地看到，城镇开发边界的政策目标是综合的，手段是多样化的，对国土空间的作用也不仅在

于限定”和“控制”，而是在限定和控制之外，还有“引导”和“塑造”的作用。

当然，在推进生态文明建设、建设美丽国土空间的过程中，城镇开发边界城镇只是一种政策工具，要看到生态文明领域的体制机制是“一整套紧密相连、相互协调的国家制度”，其中任何一种政策工具都需要与其他制度安排相辅相成，来共同发挥空间治理的作用。

划定城镇开发边界的过程是制定政策的过程。在这个过程中应充分体现对“美丽国土空间”的综合认识，在制度的设计上要力求同时发挥好控制、引导、塑造的多重作用。就划定城镇开发边界的方法来说，应综合考虑七个因素。

（一）可持续性的总体判断

众所周知，“可持续发展”强调了代际平等的发展目标，当代和子孙后代的所有人通过努力实现高质量生活，皆不超出自然系统的承载能力。划定城镇开发边界之前，要对城镇发展的可持续性做出总体评价，有利于未来政策在效率和公平之间的权衡，就是说要综合资源环境、经济发展、社会公平等重要方面做整体判断。这包括三个部分，首先对自然资源开发利用中的“资源性冲突”有所判断，资源环境承载能力的评价可以是判断自然资源开发容量、解决资源性冲突的一个技术步骤；同时，要研究评价当地经济增长与社会公平之间的状态，以及社会公平与环境保护之间的状态，其中相对贫穷的群体为改善生活条件对自然资源不得不进行的开发活动与资源环境保护之间的矛盾，应作为一个不可忽视的问题加以研究和权衡。这是全国14个集中连片特困地区占到15%以上的陆地国土面积以及所处地区生态环境脆弱等方面的国情［参见中共中央国务院印发《中国农村扶贫开发纲要（2011—2020年）》］所决定的。

（二）国土空间开发适宜性评价

国土空间开发适宜性评价是为了判断哪些地区适宜开展哪些类型的国土空间开发，哪些地区需要设定特定的条件限制开发，哪些地区禁止开发，以此提高国土空间开发的效率及安全性。应注意的是，国土空间开发适宜性评价与城乡用地评价之间是有许多区别的。

（三）城市性质和综合功能的分析

城市在国家和区域中都具有特定的地位和作用，划定城镇开发边界要考虑城市性质和战略定位，那些在国家和区域发展的战略格局中具有重要作用的城市，要按照有利于强化城市职能、完善综合功能的原则，在空间资源的配置上做出战略性和结构性的优先安排，使城市的功能和结构的匹配关系趋向合理。同时要深刻地认识到，随着我国城镇化进程的深入，都市区的形成成为非常普遍的空间现象，要把握城镇功能区域化的空间态势，要重视在都市区空间尺度上的规划管理，在城镇开发边界划定中认真研究城镇扩散和集聚的阶段特征，创新行政管理，正确发挥好城镇开发边界所具有的空间协同治理作用，使城市综合功能在区域的意义上得到更加有利的完善。

（四）城镇发展合理空间需求的分析

研究城市未来发展对空间拓展的合理需求，把握城镇发展的阶段特征是关键中的关键。要从国家、区域、城镇未来工业化、城镇化、信息化、农业现代化的总体趋势入手，结合城镇所在区域和地区的城镇化趋势、人口流动的空间特征、产业结构演化、空间结构动态演进特征等问题的研究，把握人地关系存在的问题和解决的方向，摒弃对自然资源无度索取的发展观，也避免在政策制定中削足适履，要因势利导，通过合理适度的国土空间资源配置，释放发展的潜能，促进城镇在产业结构、空间结构、生产方式和生活方式方面实现转型。

（五）城镇空间特色的积极塑造

每一座城镇的空间形态既是城镇功能和结构内在关系的外在表现，也是城镇与其所处自然环境相互作用、相互塑造的结果。先人在许多城镇早期的选址中相土尝水、象天法地，为的是给人们营造出安身立命之所，其中一些朴素的理念和手法对我们仍有启发。现代城镇的尺度和规模虽然远远超出古代城镇的尺度和规模，但是不变的追求是保持城镇和自然环境的有机和谐。城镇开发边界的划定，完全可以促进城镇成长同山水林田湖草生命共同体保持有机和谐的空间关系，在这个国土空间的底板上，为现代城镇空间特色的塑造和展现落好第一笔，凡城镇空间发展的管理事务，应时刻将美学意识、艺术追求内化于心，外化于行。

（六）城镇发展不确定性的应对

城镇开发边界既然作为一种规划政策工具，就离不开对于城镇空间增长趋势的预测。但预测终究是预测。空间增长因为经济、社会、技术、政治等因素的影响，其前景充满了不确定性。真正的规划师是永不停歇地同城镇发展不确定性做搏斗的战士。面对真实世界的复杂体系，确定性只是规划师不断捕捉的幻影。以往对规划预测不准确的责怪和把改善预测准确度视为提高规划科学性的说辞，是对城市特性缺乏充分认识的现象。今天，基于强大的新技术辅助和多种因素的综合判断来划定城镇开发边界的过程，仍不可低估城镇发展的不确定性。城市总体规划中规划建设用地的“留白”、土地利用规划中在规划的集中建设区边缘划定有条件建设区（也被俗称为“双眼皮”），以及我们设想的基于规划用地规模给出一定弹性用地规模指标阈值，都是应对城镇发展不确定性的实际做法。在一定程度上增强规划弹性的同时，应当清醒地认识到，划定生态保护红线、永久基本农田、城镇开发边界三条控制线，其目的是对国土空间进行结构性的管理，是为了“保护生态系统”，提高“生态系统质量和稳定性”，具体到城镇，就包含了城镇功能与结构的优化问题，因此，划定城镇开发边界不只是简单给出规模指标，在采取指标管理的同时，应不断检视城镇功能结构和生态系统的变化状况，判断其是否朝着优化完善的方向演进。毕竟，落实“坚持人与自然和谐共生”的基本方略（十九大报告），要求我们提高驾驭复杂问题的管理能力，应对城镇发展的不确定性就在复杂问题之中，这种驾驭能力的提高应是实现国家治理能力和治理体系现代化的应有之意。

（七）实施管理机制的创新设计

城镇开发边界作为一种政策工具，在党和国家机构改革实施后具备了体制条件。在明确了它的政策目标和作用定位基础上，“划定城镇开发边界”不只是提出“如何划定”的技术方法，而是要围绕政策实施的管理机制来开展研究，什么样的管理机制可能会直接影响到划定的办法。物理边界的勾画与划定后的管理都有行政成本。作为管理工具的城镇开发边界，首先不是要识别、穷尽所有适于建设的土地，而是应该聚焦在现阶段城镇发展的主要问题，通过突出政策的针对性来提高行政管理效率；其次，应根据我国市县政府管理的实际能力，来研究城镇开发边界划定的尺度和精度；再次，要创新机制，保障城镇开发边界一旦划定，就能够管理到位，以美国波特兰为例，城市增长边界政策自 1970 年代提出后，经过 40 年的演变，边界两侧呈现出截然不同的景象（图 1），尽管边界外蕴藏着巨大的土地开发潜力，但多年来能够实现有效管控，其背后不仅体现出社区的守法意识，而且反映了当地空间治理的水平，这其中不只是政府的努力。据了解活跃在当地的非政府组织“俄勒冈千友会”（1000 Friends of Oregon）也在监督中发挥了巨大作用。这一案例的启发性在于，尽管今天我们具有强大的遥感技术力量、监测信息平台和督查执法能力，但面对 661 个设市城市、1355 个县、117 个自治县、39888 个乡镇（截至 2017 年 12 月 31 日民政部公布的数据），监督实施城镇开发边界的工作量是巨大的，需要在制度设计上有新的考虑，创新分层分级的实施管理机制。

综上所述，城镇开发边界这项政策的作用，已经从早期单纯设想控制城市蔓延、保护耕地，转向兼有控制城市扩张、促进城市转型发展、塑造美丽国土空间的综合作用。这是在新的制度改革环境下，我们对城镇开发边界规划政策的新认

图1　波特兰城镇开发边界两侧的管理效果

识，也是对四年前有关城镇开发边界研究的再思考，其中可能存在的偏失和谬误，在这里恳请大家批评指正。

最后想进一步强调的是，“城镇开发边界”作为一种即将全面推开的规划政策，应当体现出我国规划领域对于城镇和乡村发展长期、全面、较为系统的知识积累，体现出在推动新型工业化、信息化、城镇化、农业现代化同步发展的历史背景下，政府管理驾驭城镇乡村发展、推进资源环境保护利用的综合能力的提升。党和国家机构改革决定的落实，为“多规合一”，为各种规划政策工具协同发挥作用，为相关学科合作发展创造了历史性的机遇。在新的条件下，当我们研究规划政策方向的时候，需要经常回到对自然规律、经济社会发展规律、规划工作规律认识的基点上，重新思考规划政策的目标作用，重新思考规划管理的方式方法，面向未来30年国家空间治理的新要求，使我们的努力和探索不断取得进步。

（撰稿人：张兵，自然资源部，博士，教授级高级规划师，中共中央组织部、科学技术部“科技创新领军人才”；林永新，中国城市规划设计研究院，主任规划师，教授级高级规划师；刘宛，清华大学建筑学院，博士，副教授；孙建欣，中国城市规划设计研究院，主任规划师，高级规划师）

注：摘自《城市规划学刊》，2018（04）：16-23，参考文献见原文。

追求善治与善政的统一

——杭州“最多跑一次”规划实施管理改革经验与启示

导语：国家治理现代化体现为追求“善治”和“善政”相统一的过程。本轮规划实施管理“放管服”改革应超越简单的“简政放权”，准确定位为追求善治与善政相统一的过程。本文以杭州“最多跑一次”规划实施管理改革探索为样本，在分析传统规划实施管理的关键问题基础上，从管理结构、运行机制、工作方法和外部协调四个方面，引介和探讨了“杭州样本”的改革方法论、创新举措和有关经验，以期为后续的改革深化和全国同类地区改革探索提供启示。

一、引言

从2013年党的十八届三中全会提出“国家治理现代化”作为全面深化改革的总目标，到2016年国务院推进简政放权、放管结合、优化服务的“放管服”改革，再到党的十九大报告旗帜鲜明地提出以人民为中心的发展思想，上述一系列国家要求清晰地描绘出一张全面深化行政管理改革的路线图，即：以实现国家治理现代化作为总体和长远的改革目标，以服务人民对美好生活的追求为改革的依据和标准，“放管服”改革则是近期的具体务实行动。

城乡规划实施管理改革是我国行政管理与国家治理现代化改革的重要一环。近年来，全国各地开展的规划实施管理改革直接动力来源于中央推进的“放管服”改革部署，但城乡规划实施管理的改革目标和标准，不能仅停留于被动、消极地清理过去不合理的管理事项和流程，也不能仅以规划行政审批事项减少或提速来考量改革的成效，而需要有总体规划和路径设计（顶层设计）。如果缺乏长远的目标和改革成效的评价标准，那么一切表层的形式变化都将只是“为改而改”，是流于形式的改变。笔者理解这一轮规划实施管理的改革，应该是一个“三位一体”（服务人民对美好生活的追求，实现规划治理现代化的目标，践行“放管服”的具体要求）的系统工程，规划实施管理改革的总体框架应该体现目标、路径、方法的协同，以及近远期改革内容的有机结合。

本文以杭州的“最多跑一次”规划实施管理改革探索为实证案例，探讨剖析实施“三位一体”改革工程所积累的经验。文章首先从理论上论述了“三位一体”改革，其根本体现为追求“善治”（good governance）和“善政”（good government）的过程，并以此为标准分析了传统规划实施管理中所存在的关键问题；在此基础上，系统地总结了杭州的“最多跑一次”规划实施管理改革的主要内容以及所积累的经验，以期为后续规划实施管理改革深化和业界同行的探索提供一定的启示。

二、理论基础：追求善治与善政的有机统一

（一）善治与善政是国家治理现代化的基本架构

准确认识国家治理现代化的目标和人民为中心的标准，构成了规划实施管理改革的理论基础。然而，国家治理现代化和以人民为中心的标准是两个相对抽象的政治概念，须经历精准的转译过程，即将抽象的政治概念转化为易于理解、易于操作的概念和专业术语，这样才便于各专业领域的管理部门和社会力量开展相应的改革实践。

所谓国家治理（governance），不同于国家统治（government）或管理（administration），它是一种新型的合作管理形式。它受到1990年代以来的全球治理变革思潮的影响，也是对中国既已形成的多元社会管理需求的呼应，是顺应时代要求和人民愿望而提出的战略思想。国家治理与传统政府管理的区别在于：（1）政府管理的主体主要是政府或公共权力机关，治理的主体则由政府、社会组织、市场和公民等组成；（2）政府管理的权力来自国家授权，而治理的权力则主要来自契约或制度保障。在治理关系中政府权力受制度约束，私人和社区权利得到保护，并在市场和社区领域发挥一定的自我管理功能；（3）政府管理呈现单中心管理结构，即以政府为中心，对社会经济活动实施单向和强制性管理，而治理则呈现多中心结构，政府、市场主体和社区组织通过对话、协商、沟通来实现共同管理。尽管各个国家的政治体制、文化传统不同，但是人们追求美好生活的愿望是一样的，“善治”的理想模式成为各国公共管理改革所追求的目标。所谓善治，就是政府与公民对公共生活合作管理的最佳状态，俞可平认为它包括六个基本的要素，其中合法性和可靠性（accountability）是非常关键的因素。追求善治的过程，既是逐渐缩小政府一元管理的过程，也是公共管理活动越来越响应人民的多元需求的发展过程。由此看来，追求“善治”为目标的治理现代化改革，与以人民为中心的发展思想应是内在统一的。正如胡鞍钢教授所言，国家治理现代化的核心理念是“以人民为中心”，其最终目的是通过有效治理实现人的现代化、全面发展和福祉。

在追求善治的过程中，到底需要什么样的政府管理？这是国际学术界长期争论的焦点之一。许多年以来，国际学界的主流观点是抨击“大政府”，力图把政

府管理的事务交给自由市场或公民社会，尽可能地实现最小化政府（the minimal state）。然而最近一些年来，政府管理的不可替代性越来越受到重视。如弗兰西斯·福山在其最近的著作中，提出政府软弱和无能是造成当今世界一系列严重问题的根源（贫困、社会不公、恐怖主义等），并将国家建构视为当前国际社会最重要的任务之一。英国学者鲍勃·杰索普（Bob Jessop）则提出了“元治理”（metagovernance）的概念，以作为对“治理”理论的修正。所谓元治理，就是“对治理的治理”，它强调“政府应保留自己对于治理机制开启、关闭、调整和修复的权力”，以此来应对可能存在的结构性治理失败（包括市场治理造成的分配不公、负外部性等）。基于中国的国情与经验，林毅夫认为，中国转型发展中有效市场与有为政府两者缺一不可。俞可平认为，建设“善政”是通往“善治”的关键。所谓善政，是指好的政府管理——政府不是消极无为，而是要在边界清晰的责任范围内，实现有为、高效能（效率和质量）的管理和服务（表1）。

政府治理改革的目标与可能路径　　表1

目标	善治(good governance)	善政(good government)
内涵	政府与公民对公共生活合作管理的最佳状态	在有限的政府管理责任范围内，实现有为、有效的管理和服务
特征	有限政府或受约束的政府权力；成熟的市场与社会组织(理性和责任意识)；可信赖的协商合作机制	(有效政府)制度化(透明的、法制的、可监督的)；协同化；高效化(具有高效率和高质量)；响应性
改革路径	结构改革；制度建设	制度建设；方法创新；跨部门协同创新

（二）善治与善政的协同：城乡规划管理改革的总体路径

笔者认为，城乡规划实施管理改革总体上需要遵循“善治”与“善政”两者相协同的路径。

中国城乡规划实施管理脱胎于计划经济体制下的一元管理，政府是城乡规划实施管理的唯一中心，承担了从计划到具体实施的全面管理责任；如今在市场经济发展和多元社会成长的背景下，仍有不少属于市场、社会自我管理的内容被包络在政府管理体系中，这些被“越俎代庖”的管理内容已经严重不适应市场和社会发展的需要了。因此，城乡规划实施管理必然首先要求政府建立一种边界观，并进行相应的结构性减量改革，即清理传统规划实施管理中过多的、过时的内容，将这些事项转由企业、社会成员或中介组织等自我管理或合作管理。这涉及结构性改革和制度建设等具体过程，也是实现规划实施治理体系现代化（善治）的过程。

精简规划实施管理程序与内容的同时，也是实现“善政”的过程。所谓善政，学界并没有一致的标准，有学者认为好的政府管理应能提供好的市场秩序维护、具有高效率的管理过程、成功的公共产品供给、有效率的政府支出，以及政府管理决策的民主和可监督。罗斯坦（Rothstein）和特奥雷尔（Teorell）将政府质量（quality of government）定义为政府机构行使权力过程中的公正性（impartiality），认为施政过程中的民主、法制、效率和效能构成政府质量的关键评价因素。国内学者认为，好的政府应该包括“廉洁”“法制”“责任”“有效”和“公平”等基本要素。综上所述，笔者认为好的规划实施管理应该是制度化（透明的、法制的、可监督的）、协同化、高效化（具有高效率和高质量）和响应性的（responsiveness，具备响应社会需求的能力），这需要规划管理者在制度建设、方法创新和跨部门协同等方面做出切实的改革创新。

三、传统规划实施管理主要问题诊断

（一）传统规划实施管理的主体内容

依照《城乡规划法》赋予的权限，城乡规划管理主要分为编制管理与实施管理两部分。规划实施管理作为承接编制管理的“下半程”，主要通过法律制度和有效手段，科学合理地安排各项当前建设活动，把批准的城乡规划意图落实在土地上，使之成为现实和具体化。换言之，如何精准地落实城乡规划的美好蓝图，促进城市经济社会有序和可持续发展，是规划实施管理的主要任务。传统的规划实施管理将这一任务转译为对建设项目“全生命周期”管控，即依据规划和相关法律法规的要求，从项目策划到建成验收全过程中实行以技术审查、行政审批和行政监督等为主要内容的过程管理（图 1）。规划实施管理可分解为建设项目选址、用地规划管理和建设工程管理等若干阶段，进行多次分阶段验收和许可，同时与发改、国土、环保、园林等部门管理事项发生着广泛的交叉。通过这种“全生命周期”式的管控，规划管理部门试图实现对于空间增长全面系统的管控，但也随之产生了一系列问题。

（二）传统规划实施管理面临的主要问题

我国当前的城乡规划实施管理主要面临着四方面的问题。

1. 单中心的科层管理结构

所谓单中心，就是规划管理部门是全面掌握规划实施管理权力的唯一主体，也相应承担全部管理责任；所谓科层（bureaucracy）结构，就是根据专业类型将规划实施管理的权力和责任（技术审查、审批、监督等）分解到不同的科室或分局。随着社会经济的发展，这种规管模式的弊端日益凸显。首先，在大规模城镇

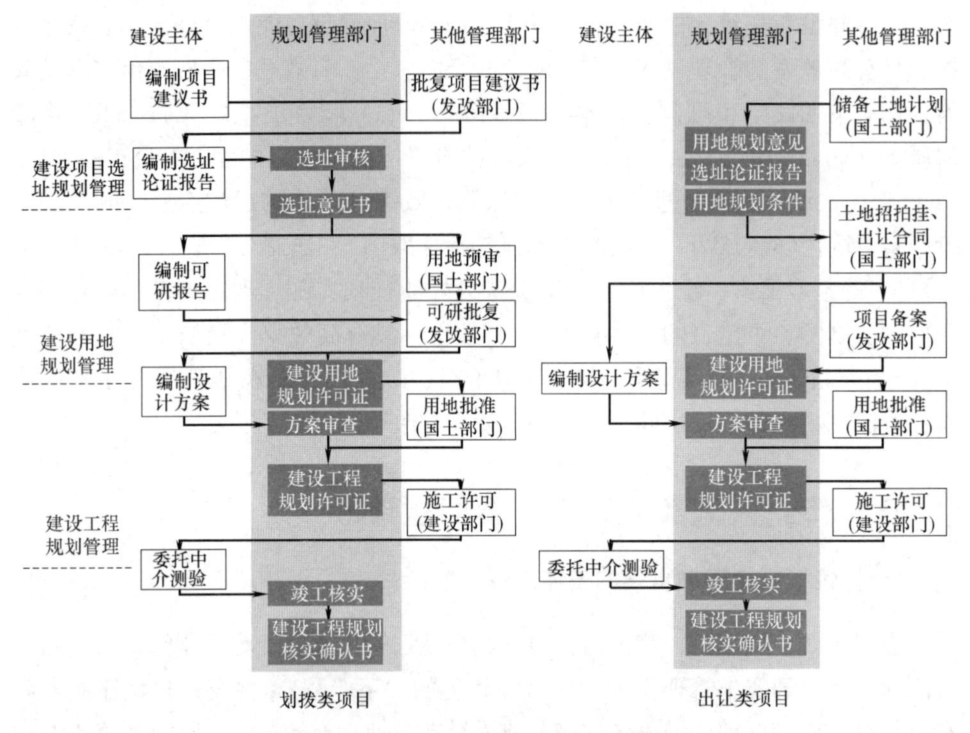

图1　传统规划实施管理的内容与流程

化建设过程中，规划实施管理的负担迅速增长且日益繁重，以致管理者不堪重负、有心无力；其次，分层分科的碎片化管理结构使得内部不同专业与管理环节间协调都已很困难，更毋庸谈及跨部门间的协同管理了；再者，政府部门的“一元责任”格局，使规划管理者被动地承担了超越审批职能的“额外责任”，规划管理常常成为社会公共事件的“背锅侠”。

2. 重审批、轻服务、轻监督

现有规划审批管理贯穿建设项目运作的“全生命周期”，导致规划管理体系庞大、管理内容复杂艰巨。大多数管理精力和资源“被动”沉淀在前期审批环节，对中后期的规划实施监督以及其他社会服务职能投入不足。例如杭州在实施“最多跑一次”改革前，单一建设项目建设前的报批超过100个工作日，其中65%以上的工作时间用在了前期规划审批上。规划实施过程及建成后的监督职能缺位，导致各地城市出现大量的违章建筑和违法建设，以及对生态、历史文化等不可再生资源的破坏。这种状况损害了规划实施管理的权威和政府公信力，使规划被诟病为“纸上画画、墙上挂挂”。

3. 权力分割导致管理环节复杂交错

通常一个建设项目的运作分为数个程序阶段、10余个审批环节和50多个审批事项，分别分散在发改、规划、国土、环保、园林等部门。在各程序节点之间，往往呈现“线性串联”关系，即“一机关在一程序中为事实认定及事项决定后，再接由另一机关以此为基础，就另一法定事项做出决定”。在部门利益固化和不断加强的“法制化”背景下，各个部门都奋力强化自身所在领域审批管理的优先地位，都在为部门利益和“部门存在感”设置重重障碍，加剧了建设项目管理环节的分割。杭州规划局在实施“最多跑一次”改革前，当事人需要“来回跑”近 30 次，平均每个环节需要跑 5 次及以上才能完成整个审批流程。

4. 标准复杂导致产生“技术壁垒”

现有法律法规、技术规定和流程规定等规划管理依据文件日趋复杂，即使是管理部门之间、内部也存在着技术规定重复不统一、管理流程复杂不清的情况，总体上构建了一套复杂难懂的“专业话语”。在传统体系下，规划管理部门作为实施审批权的“裁判员”，并没有主动解读这种复杂技术标准的义务和动力；相反，占有对专业标准的解释权和“技术理性”，是塑造和强化政府权力的重要要素。

（三）问题的本质：“家长式政府”与多元化社会的矛盾

规划实施管理在当下所展现的问题本质，是传统单中心科层管理体制与当今多元社会治理需求不相匹配的结果。规划管理部门把自己定位为负有无限监管责任的全能型“家长”，权力集中、事无巨细、无所不管，然而，当其有限的管理能力面对日益扩张的管理事务和日益变化的管理要求时，不可避免地表现出低能化与低效化。要想取得良好的规划实施管理效能，即实现规划实施管理的“善政”，如果仍然秉持“家长式政府”的思维，是很难实现根本突破的。探索规划实施的多中心分工与“合作治理”模式，是化解这一困境的关键突破点。只有厘清相应的管理责任，释放相应的管理空间给企业、社会组织，实现政府有限责任和有限力量的相对匹配，才有可能实现“善政”的目标。从这点来看，善政与善治不仅具有目标上的统一性，而且也互为条件，在规划管理改革中必须坚持两者协调同步推进。

四、解析“杭州模式”：“最多跑一次”规划管理改革试验

响应和落实中央的“放管服”改革部署，2017 年浙江省提出围绕让老百姓和企业有更多获得感，用老百姓“去政府办事方便不方便”来确立政府自身改革的价值取向，进而把“最多跑一次”确立为深化政府自身改革的目标，从群众去政府办事少跑腿、不用跑上改起。在全省实施“最多跑一次”改革的总体背景下，杭州市规划局围绕构建“善治”和“善政”相统一的改革目标，推出了一系

列具体的改革措施，总体可以归纳为四个方面，即结构性改革、运行制度建设、工作方法创新和外部协调机制创新，是为城市规划实施管理改革的“杭州模式”（表 2）。

杭州市规划实施管理改革试验的主要内容　　表 2

改革维度	具体内涵	操作方法	典型案例
结构性改革	通过优化管理结构精准适应社会需求，给市场和社会组织释放更多的空间	减少公民、市场和社会组织能自主决定、自律管理、市场机制能有效调节和行政机关事后监督能解决的事项和流程	设置“免予申请规划许可的建设工程”和“无需规划许可项目”两个清单并动态调整，引入承诺许可
		加强具有更强公共利益属性、民生事业发展所急需和关乎规划实施管理实绩而传统规划实施管理又难以应付的事项的管理	编制《三维模型辅助城市景观分析与评价技术指引》、探索老旧小区加装电梯服务、建立“双随机一公开”抽查的规划监督机制
运行制度建设	通过制度建设提升规划管理的效能，同时构建透明、规范的规划实施管理机制	梳理规划实施管理部门内部流程、精简申报材料、减少原流程中的冗余环节	按照“三不”原则全流程清理 32 项材料：无法律法规依据的不再提交；已提交过的不再提交；能通过大数据信息平台获取的不再提交
		“一套标准、两种表述”构建面向管理单位和建设单位的“双边”规范体系	编制《杭州市建设项目规划许可与管理标准化工作手册》《杭州市建设项目规划与管理服务指南》
		引入承诺许可制和承诺备案制两项新机制	杭州西子湖小学茅家埠校区扩建项目通过承诺许可仅 2 小时即获得建设工程规划许可证；“零土地技改”项目实行承诺备案制
工作方法创新	利用“互联网+”新技术革新规划管理，提升管理效能和服务质量	借助互联网技术开发“规划 E 家”APP，提升网上审批办事和监督效能；立足测绘地理信息化技术，依托规划审批管理 OA 系统，开发“数字监察+”廉洁风险防控系统	
外部协调机制建设	主动打破部门利益藩篱，主动协调相关部门	创新多部门规划协同方式，实现“一窗进件、综合受理、联合审查、并联审批”	“选址意见书、项目建议书两事项联办”以及“建设用地规划许可证、建设用地批准文件两事项联办”
		主动制定多部门协同标准，实行“多测合一”和数据共享	建筑工程建筑面积计算与房产面积测算标准统一

（一）结构性改革

结构性改革主要体现在“减量改革”和“增量改革”两个方面。这一减一增改革的目的在于精准适应社会需求、优化管理结构、提升管理成效，在不影响和损害公共利益的前提下，给市场和社会组织基于合理需求而自发开展和调整建设活动释放更多的空间。

减量改革是减少那些公民、市场和社会组织能自主决定、自律管理，市场机制能有效调节和行政机关事后监督能解决的事项和流程。减量的管理内容全部被列入“免予申请规划许可的建设工程”和“无需规划许可项目”两个清单中，例如将既有多层住宅建筑加装电梯，符合“三原”原则的C、D级危旧房拆复建等5类项目纳入免予申请规划许可的建设工程名录；将非重要街道两侧建筑物外立面装饰行为，在竣工规划核实确认的住宅小区内建设非经营性、用于休憩的小品、景观设施项目等12类项目，列入无需规划许可名录。而且规划管理部门还明确规定，将定期根据城市建设发展实际情况动态增补和调整这两个名录。通过推动“减量改革”，规划管理部门得以从大量繁琐的审批流程中释放出来，节约出的管理力量被精准投放到一些更具公共利益属性、民生事业发展急需、关乎规划实施实绩，而传统规划实施管理又难以应付的事项之中，这就是减中有增的“增量改革”。

增量改革首先体现在规划管理和服务覆盖管理难度较高，该管但受制于过去管理和技术水平却管不了的内容，以及关系民生福利和老百姓获得感的服务性职能。例如在加强城市风貌管控方面，杭州制定了《三维模型辅助城市景观分析与评价技术指引》，引入三维景观评价方式管控城市重点区域、重要节点、重大工程城市风貌和建筑景观，梳理景观评价的基本要求、思路和方法，供设计单位和规划管理部门参考，从而实现了从过去只能管控城市的“形”和“量”，到主动引导塑造城市的“神”和“韵”；再如针对老旧小区加装电梯的问题，规划部门改“许可审批”为“指导服务”，以上城区清波街道为试点，主动提供了从现场对接、社区对接、设计方案对接、部门对接到方案联合审查等系列服务，强化了规划“为民办事”的能力，极大提升了居民的获得感。增量改革还体现在强化事中、事后监督方面。针对一系列新型管理机制可能出现的漏洞以及常规实施监督的不足，杭州市规划管理部门建立了管理和服务事项定期抽查制度。目前，定期抽查已经对实施告知承诺制的审批项目、规划涉审中介服务事项实现了全覆盖，对抽查发现的问题，规划主管部门会同相关部门依法、依规、依承诺处理，并将违反承诺情况纳入企业诚信系统，情节较轻可以进行整改的，责成申请人进行整改；情节严重或无法整改的，依法撤销行政许可或备案。相对于以往规划管理部门将绝大部分精力放在事前审批的工作方法，实施减量改革后，杭州市规划管理部门对事中、事后的监督能力明显加强。

（二）运行制度建设

为提升规划管理的效能，构建透明、规范的规划实施管理机制，杭州市规划局对管理材料和流程进行了清理和规范，同时制定了面向管理人员和建设单位的操作规程，使规划实施管理过程更具有透明性、可靠性和可监督性。

首先，全面梳理规划实施管理部门内部流程，减少原流程中的冗余环节和重复材料。全面核对梳理规划、测绘权力事项，克服规划事项综合性强、牵涉部门多、情况复杂的困难，先后分三批公布了列入承诺“最多跑一次”的23个大项、31个小项事项清单目录，其中已实现“最多跑一次”20个大项（占比86.9%）、28个小项（占比达到90.3%）；精减申报材料32项，内部办理缩短时间近1/3，大大提高了审批项目在管理部门内的流转时间。

其次，采取“一套标准，两种表述”的方式，构建面向管理单位和建设单位的“双边”规范体系（表3）。一方面编制了《杭州市建设项目规划许可与管理标准化工作手册》，建立内部“标准化”的技术流程，形成建设用地规划管理、工程规划管理、批后监管等5本分册，包含审批职责、审批流程、审核材料、审核要点、审查结果、审批依据等技术内容；另一方面，从更好地服务建设单位的角度出发，编制了面向建设单位的《杭州市建设项目规划与管理服务指南》，该

面向管理和建设单位规范体系的主要内容　　表3

文件名称	建设项目规划许可与管理标准化工作手册	建设项目规划与管理服务指南
服务对象	规划管理部门	建设单位
内容特点	面向规划审批要求，准确详实	申报全流程覆盖，简明清晰，一事一册，提供申报样稿，温馨提示避免出错
主要内容	1　用地规划管理 2　工程规划许可 3　批后监督 建设工程设计方案审查 建设工程规划许可（建筑类） 建设工程规划许可（市政类） 临时建设工程规划许可 建设工程规划许可批后修改 4　其他	1　申报流程 2　申报事项 3　申报途径 选址意见书、规划条件、用地规划许可证、选址论证、用地规划意见、建设工程设计方案、建设工程规划许可证（建筑类）、建设工程规划许可证（市政类）、零土地技改承诺备案、临时改变房屋用途、行政许可的注销、批后修改、规划验线、竣工规划核实 4　结果送达
标准化内容	20个审批和管理流程 40个审批模板 113项受理和审查注意事项	22条温馨提示 19个办事填写样稿 16张办事流程图

指南包括 1 个合订本和 14 个分册，涵盖从选址意见书、规划条件、建设用地规划许可证到批后修改、规划验线、竣工规划核实的全过程。形式上采取图文并茂、有样可依的方式，帮助建设单位开展准备工作、熟悉流程和自主审查。“双边”规范体系的建立，明确了规划管理部门和建设单位双方的行为，明确了行政事项的边界和双方的职责，同时将规划管理的“技术壁垒”消除，让管理者和建设主体成为对等关系，有利于建设主体对政府审批过程进行监督，让争议情况的解决有据可依。

在此基础上，杭州市规划局还创新性地引入了承诺许可制和承诺备案制两项新机制，来探索政府与市场、社会主体在“诚信社会”中实现协作共治的可能性和操作办法（表 4）。这种合作治理机制的建立，旨在减少传统全覆盖规划管理造成的不必要的社会资源浪费，同时引导市场和社会主体发挥自我管理和自我监督的能动性，促进形成城市规划实施大家一起管、一起监督的局面。在传统的规划管理实践中，许多建设项目，规划管理部门只是对申请人提交的申请文件的合法性和真实性进行形式性审查，而难以做到实质性审查。因此，引入新型机制来简化这一类非实质性的审查审批项目的管理，本身不会实质性地降低管理质量。有鉴于此，杭州市规划部门积极引入承诺许可和备案制，一反由行政机关主导的传统行政许可模式，秉持建设“诚信社会”的理念，运用契约形式来处理法律法规上的强制性规定，用双方合意来取代已流于形式的行政审查和许可。

承诺许可制度和承诺备案制度的主要内容　　表 4

承诺形式	承诺许可制度	承诺备案制度
已覆盖建设项目类型	教育、医疗、社会福利和政府投资的省市重点建设项目等 7 类建设项目	工业用地“零土地技改”项目
未来延展覆盖建设项目类型	优质信用企业的商业性开发建设	所有工业项目，存量公共服务设施改造
承诺内容	建设单位主动对申报材料的准确性，真实性，合法性和合规性作出承诺	建设单位主动对申报材料的准确性、真实性、合法性和合规性作出承诺
许可内容	承诺后即可核发建设工程规划许可证	承诺备案后即可组织施工

承诺许可制目前适用于教育、医疗卫生、文化体育、社会福利、工业厂房、政府投资的重点建设工程等 7 类项目领域，由申请人和中介服务机构对申报材料（含设计方案）的准确性、真实性和符合相关技术规范、标准、政策做出承诺，并承担违反承诺的后果。以此为基础，规划管理部门不再对承诺内容做实质性审查，而是依据承诺直接做出许可。例如在实施该项改革后，杭州西子湖小学茅家埠校区的扩建项目在各项手续齐备的情况下，通过承诺许可仅花费 2 小时即获得

建设工程规划许可证。承诺备案制目前主要适用于工业“零土地技改”项目。截至2017年11月中旬，在杭州市城区共计29个项目试行了告知承诺许可，大幅缩短了审批时限，由13个工作日缩减至3个工作日，实现审批提速77%。据笔者对有关建设单位的随机性访谈调查，申请承诺许可或备案的建设单位“诚信意识”显著加强，会主动加强对于自身技术方案的把控，并与规划设计单位签订类似的承诺担保契约，在共担风险的同时，也强化了各方参与者对自身行为的自查自纠。

（三）工作方法创新

为简化建设单位办理事项的流程和提升管理活动双方实时互动的能力，杭州市规划管理部门积极利用“互联网+”新技术来革新规划实施管理的技术方式。首先，杭州市规划局开发了“规划E家”APP，整合了建设单位和管理主体双方需求，设置了“在线申报”“办事指南”“消息公告”“常用表格”“咨询预约”等模块。其中，在线申报模块整合了建设项目选址审批、规划条件审定、建设用地规划许可、建设工程规划许可等规划管理事项，建设单位可根据详细步骤在线核对所需材料、在线填报表格和上传图文材料等；办事指南模块提供各类事项办理的具体要求和流程；咨询预约模块则提供了与规划管理部门事项办理人员实时互动的界面，实现了有问即答，极大地提升了建设单位的规划服务体验。通过开发“规划E家”APP，规划实施管理朝着便捷、高效的服务模式迈进了一大步，减少了建设单位“跑部门”和管理部门“跑现场”的次数，赢得建设单位的好评。此外，规划管理部门还利用信息技术加强规划实施管理的自我监管，这主要体现在立足测绘地理信息化技术，依托规划审批管理OA系统，开发了“四个一”的“数字监察+”廉洁风险防控系统，即“一图（一份审批监督流程图）、一表（一张权力运行风险点列表）、一制度（一套规划管理权力运行监督制约制度）、一平台（一个数字监察平台）”，实时对规划审批人员事前、事中、事后效能和廉洁风险情况进行监管，推动“最多跑一次”改革得以规范落实。

（四）外部协调机制建设

针对规划实施管理过程中各政府部门间分割冲突、加剧建设主体负担的问题，杭州市规划局主动打破部门利益藩篱，主动协调相关部门，实现数据、信息的共享与统一，为建设单位提供高效联动的审批服务。首先，创新多部门规划协同方式。对于必须依赖多部门协同的审查内容，创新多部门联合办理的服务方式，实现“一窗进件、综合受理、联合审查、并联审批”。建立网上联审平台，规定部门审查和确认意见反馈时限。例如，通过“选址意见书、项目建议书两事项联办”，以及“建设用地规划许可证、建设用地批准文件两事项联办”，办理时间从25个工作日减少到15个工作日，整个审批流程中建设单位平均少跑22次，办理时间缩减近1/3，实现了“群众不跑、信息跑”。其次，主动制定多部门协同标准，实行“多测合一”和数据共享。长期以来，建设工程各专业数据计算标准存在差异，影响了规划成果有效传导。鉴于此，杭州市一方面试行把建设工程涉及的全部测绘事项交由一家中介单位测量，消除数据差异；另一方面则主动统一标准，将建筑工程建筑面积计算与房产面积测算标准统一，实现数据互认共享。

五、善治与善政的统一："杭州模式"规管改革的深刻解读

杭州市的规划管理创新总体上是在浙江省“最多跑一次”改革的精神下展开的，但在改革的目标路径、方法协同、近远期改革相结合等理念与操作方法上又颇有创新，超越了“最多跑一次”改革的要求。杭州市规划部门从推进结构性改革、开展运行制度建设、优化工作方法和主动推动跨部门协同四方面进行了积极的探索，为更长远和深远的改革行动铺垫了基础。相比于永恒变化的多元社会需求，规划实施管理改革“永远在路上”，但就杭州当前所取得的改革经验，笔者尝试做一些阶段性的总结和讨论。

基于过去的管理经验，以及当前改革所取得的一些初步成绩，笔者认为规划实施管理要实现以下四大转变。

（一）规划实施管理的指导思想转变

传统规划管理以维护国家的规划权威和理性管理为主要指导思想，由此形成了全覆盖、科层制的规划实施管理方式。然而，这种规划管理方式并未成功地达到维护国家规划权威的目的，反而使规划实施管理成为市场、社会所诟病的对象，成为诸多城市问题的“背锅侠”，不符合以人民为中心的执政思想。当今、未来的规划实施管理建构思想应该转变为以人民为中心、维护公共利益、促进社会发展、保障人民权利和多元需求得到最大化的实现。习近平总书记指出：“以人民为中心的发展思想，不是一个抽象的、玄奥的概念，不能停留在口头上、止步于思想环节，而要体现在经济社会发展各个环节”。以人民为中心的规划实施管理改革也不是抽象的，它是由以下几方面配套改革作为支撑的。

（二）规划实施管理的治理结构重构

传统的规划实施管理以政府为唯一权力主体，形成了以政府为单中心的管理

结构，政府把自己定位为全能型的家长，不分巨细，对建设项目实施全流程、全覆盖式的管控。在这种家长式的管理模式下，政府有意无意地把自己的偏好强加于市场和社会活动中，这种单中心的治理结构难免偏离以人民为中心的指导思想。杭州市的做法是逐步改变传统规划实施管理的治理结构，通过一系列结构性改革和承诺制为代表的制度建设，将一些成熟的、有自律能力的市场主体和社会主体纳入规划实施治理架构中，从而逐步实现从政府为唯一主体的单中心管理结构转变为政府、市场和社会多元主体合作的治理结构。让人民自身直接参与到规划实施管理活动中，远比英明政府去研究人民的需求要有效率得多。

（三）规划实施管理成效的评价标准重构

检验城市规划实施管理成效的传统标准，主要是看它是否能精准实施城乡规划的意图，这一评价标准本质上体现了追求结果效率和结果正义的目标导向。在这种评价标准的驱动下，城乡规划实施管理者为追求终极结果，常常会有意无意地忽略规划实施管理过程中的效率和正义，造成了过程效率和正义与结果效率和正义的矛盾冲突。事实上，过程与结果并不是一对天然的矛盾体，只要转变思想和方法，两者也可以实现协调和统一。杭州市的规划实施管理改革中，将实施过程的效率和正义视为规划实施管理绩效的重要标准，这意味着改革后的杭州市规划实施管理评价标准可完整表述为：在精准落实规划意图的同时，追求实施过程社会效益的最大化（参与度、满意度）和社会成本的最小化。以此为目标，杭州市采取了规划实施管理工作标准化、实施管理过程内部监督创新和外部主动协同等方式，来积极提升过程效率与正义。

（四）规划实施管理的战略重心转移

传统规划实施管理把大量的精力放在了事前审批环节，60%以上的工作精力都倾注在了各类方案审查、规范性审核和许可证发放等环节，试图从事先规范环节就引导建设活动走向正轨，却忽略了后期的实施效果监督，以及人民群众最急切需要的一些基本服务。这种工作重心的设置结构，造成了众多建设主体应付前期审批成本过高，但却降低了他们事后违法违规建设的成本，导致城市中广泛出现违法违规建设的现象。杭州市通过建立免检免审清单制、承诺许可和备案制等改革，努力构建诚信体系，给规划管理部门释放了大量的精力投入到事后监督、检查及更有意义的增量工作方面。总之，实现规划实施管理的战略转型转移，是应对传统规划管理“管太多太死”与“管不住”并发症的一种可行办法。

在规划实施管理的“放管服”改革方面，杭州获得了一些有价值的经验。国务院部署和推动的“放管服”改革是落实推进“国家治理体系和治理能力现代化”总体改革的务实性步骤，其着眼点在于通过一系列改革行动来提升政府管理效能，其根本着眼点还是政府内部自身的革命。然而，国家治理现代化不仅是政府自身的革命，还包括如何引导多元主体正确地参与国家治理，建立制度化的、可信赖的多元治理机制。基于目标途径方法的协调性以及近远期改革相结合的思想，杭州市在谋划和布局“放管服”改革过程中将构建现代化的治理架构与机制等长远目标充分考虑在内。在这种系统的思维框架下，杭州市所进行的规划实施管理精简改革本身并不是目的，不是为减而减，而是服务于系统性改革的一个重要环节。因此，杭州将规划实施管理改革工作分成四个部分，结构性改革只是其中一个维度，而减量改革又只是结构性改革中的一个部分——除了减量改革，还做了必要的增量改革。

在这次改革中，杭州市规划管理部门总体上设立了实现“善治”和“善政”相统一的改革目标，这两个目标既是内在兼容的，又互为条件，必须协同推进。首先，基于“善治”理念，杭州市通过减量改革、承诺制、备案制等，给市场主体、社会组织参与规划实施管理和自助管理提供了更多空间，可以说这次改革实质性地推动了规划实施治理的显著进步，朝着“善治”的方向迈进了一步；其次，在减轻政府管理负担的同时，把节约的管理资源精准投放到城市和社会所急需的增量服务上，使规划实施管理工作更加精准地响应了社会的需求。此外，还通过事项、流程的简化和标准化，跨部门并联审批、规划管理网络平台系统建设等，大大提高了规划实施管理的效能。因此，本次改革在推动规划实施管理的“善政”方面，也迈进了重要的一步。

六、结语与讨论

杭州市的规划实施管理改革取得了阶段性成绩，要进一步深化规划实施管理改革，还面临着一系列深层次问题，诸如：(1) 向市场和社会主体放权还不够；(2) 制度建设还缺乏系统支撑。许多新型制度机制（如承诺许可制、承诺备案制、并联审批机制等）思路非常创新，也确实能促进“善治”和“善政”的改革目标的达成，但还缺乏系统性法规支撑，以及社会诚信机制建设的支撑；(3) 标准化建设和线上管理服务尚需协同推进；(4) 政府部门间协同的长效机制还有待建立完善，等等。这些问题的解决，仅仅依靠规划管理部门的努力显然是不够的，还应该有更加系统的配套变革。

“最多跑一次”规划实施管理改革并非杭州市规划改革的终极目标，但是毫无疑问本次改革深化了对城乡规划属性和运行方式的认识，有助于未来在更深层面、更广域范围来推进城乡规划的改革。在本次改革中，杭州市以“善治”和

“善政”为目标，扎实清理了那些传统规划实施管理中管得过多、管理低效的内容，同时加强了对传统管理体系难以覆盖、监管不足的内容的管理，还推动了多部门在规划实施中的管理协同。应该说，规划实施管理工作中存在的“过度”“不足”与“部门协同”等问题，并不是规划实施管理阶段可以完全解决的，它们根本上是由上位法规、规划编制等上游环节所共同决定的产物。相比于这些上游环节，规划实施管理最贴近市场和社会主体，最能清晰认知社会的规划需求，因此规划实施管理改革所取得的重要经验有利于反溯、推动上游环节的改革，使城乡规划真正成为落实治国理政思想、推进治理体系和治理能力现代化的重要手段，切实发挥规划“龙头”的作用。从这个意义上看，杭州的“最多跑一次”规划实施管理改革提供了有益的经验探索与可资借鉴的思路。

（参与杭州市“最多跑一次”规划审批改革并做出重要贡献的还有倪丽华、周宁宁、梁学彦、赵烨儿、张帆等同志，在此一并致谢。）

（撰稿人：张勤，杭州市规划和自然资源局副局长（正局长级），浙江省政府参事，中国城市规划学会常务理事，中国城市规划学会学术工作委员会副主任委员；章建明，杭州市规划和自然资源局副局长，中国城市规划学会国外城市规划学术委员会委员；张京祥，南京大学建筑与城市规划学院教授，中国城市规划学会常务理事；邱钢，杭州市规划和自然资源局总体规划与城乡统筹处处长；李传江，杭州市规划和自然资源局建设项目管理处（行政审批处）副处长；陈浩，南京大学建筑与城市规划学院助理研究员、博士后，南京大学区域规划研究中心高级研究员，本文通信作者）

注：摘自《城市规划》，2018（04）：09-17，参考文献见原文。

论空间规划体系的构建

——兼析空间规划、国土空间用途管制与自然资源监管的关系

导语：近年来，随着生态文明建设的不断推进，建立空间规划体系、统一国土空间用途管制和完善自然资源监管体制成为备受瞩目的问题。研究三者的关系发现：(1) 建立空间规划体系的初衷是立足生态文明体制改革、完善自然资源监管体制，实施国土空间用途管制是其中的连接点；(2) 自然资源监管可以区分为载体使用许可、载体产权许可和产品生产许可三个环节；国土空间首先是自然资源的载体，国土空间用途管制对应资源载体使用许可，是载体产权许可和产品生产许可的前置条件；(3) 空间规划服务并作用于国土空间用途管制，现实类型多，但内容、管理逻辑基本相同，产生的冲突是因土地发展权管理权力之争带来的；(4) 国家机构改革方案表明，以资源保护为出发点的一级土地发展权管理，对属于地方事权的二级土地发展权管理产生了更强的约束力，国土空间用途管制内容也将包括"建还是种""种什么""建什么""建多少"等；(5) 未来两级土地发展权的统一归口管理，要求空间规划管理既要管好全域国土空间的重要控制边界，也得管住微观的用地、用海行为，这对空间规划体系的构建和实施提出了更高的要求；(6) 构建空间规划体系，应立足于生态文明建设的根本大计、长远大计，承担起基础性、指导性、约束性的功能；结合"管什么""谁来管""怎么管"的"管""用"前提，设想构建"一总四专、五级三类"的新时代空间规划体系，推进"三基一水两条线，两界一区五张网"的保护开发边界"落地"。

2013 年中共十八届三中全会做出的全面深化改革决定中，提出"建立空间规划体系"。后续一系列围绕生态文明建设和体制改革的文件，对建立空间规划体系提出了期许和要求，从国家到地方，结合以往开展的"两规合一""三规合一""县市域总体规划"等经验[1]，也纷纷进行了"多规合一"、空间规划等形式

---

[1] 早在 1990 年代末，就有学者开始研究城市规划和土地利用规划"两规衔接"问题。2003 年，广西钦州率先提出发展规划、城市规划和土地利用规划"三规合一"的编制理念。国家发展改革部门在 2003 年 10 月启动规划体制改革，首批共 6 个市县，开展"三规合一"试点，但由于思路、技术途径等各方面原因，未能取得预期的效果。2004 年，习近平同志在浙江工作期间主持召开的全省统筹城乡发展座谈会上，明确要求各市县要研究制定市县域总体规划，启动了德清等多个试点，重点探索土地利用规划和城市规划"两规合一"；2006 年，习近平同志在浙江全省城市工作会议上部署强调要全面推开县市域总体规划编制（2004 年会议时称为市县域，2006 年之后改为县市域），浙江省人民政府出台文件予以重点推进，并正式批准了一批县市域总体规划。同时，武汉、上海、广州等城市也先后开始"两规合一"和"三规合一"的探索。

和内容多样的试点。直到2018年，中共十九届三中全会和后续召开的第十三届全国人大第一次会议做出国家机构改革的重大决定：组建自然资源部，承担“建立空间规划体系并监督实施”职责。作为一个备受社会各界瞩目的问题，本文试图结合生态文明体制改革的诉求，从空间规划的地位和功能认知入手，结合现实状况、问题根源等分析，思考新时代空间规划体系构建的目标、前提和可能结构。

一、空间规划的重要地位：完善自然资源监管体制的关键环节

空间规划体系的首次提出，是在2013年《中共中央关于全面深化改革若干重大问题的决定》“加快生态文明制度建设”篇章中：“建立空间规划体系，划定生产、生活、生态空间开发管制界限，落实用途管制……完善自然资源监管体制，统一行使所有国土空间用途管制职责”。在2014年《生态文明体制改革总体方案》中发展为：“构建以空间规划为基础、以用途管制为主要手段的国土空间开发保护制度”“构建以空间治理和空间结构优化为主要内容，全国统一、相互衔接、分级管理的空间规划体系”。2015年《中共中央关于制定国民经济和社会发展第十三个五年规划的建议》中则进一步提出：“建立由空间规划、用途管制、领导干部自然资源资产离任审计、差异化绩效考核等构成的空间治理体系”。2017年《省级空间规划试点方案》印发，进一步探索空间规划编制思路和方法。在上述中央文件中，空间规划、用途管制、自然资源监管体制、国土空间开发保护制度、空间治理体系等逐次出现，构成推进生态文明体制改革的重要内容。

在生态文明建设已成为千年大计、根本大计的今天，建立空间规划体系是中央结合生态文明建设做出的重大战略部署，也是推进国家治理体系和治理能力现代化的重要环节。从空间规划体系概念的提出到十九届三中全会、十三届人大一次会议做出的国家机构改革决定来看，建立空间规划体系的初心并未改变，简言之，其初衷是统一实施国土空间用途管制，推进自然资源监管体制改革，是生态文明体制改革的重要一环，是推动人与自然和谐共生，加快形成绿色生产、绿色生活、绿色发展方式的重要抓手。

二、空间规划的功能认知：实施国土空间用途管制的基础依据

要在完善自然资源监管体制的视角下认识空间规划，首先必须厘清自然资源和国土空间的关系，以此延伸到自然资源监管与国土空间用途管制的关系，最后才能落足于空间规划在自然资源监管中扮演的作用与角色。

（一）国土空间：自然资源依附的载体

国土空间是自然资源和建设活动的载体，占据一定的国土空间是自然资源存在和开发建设活动开展的物质基础。国土空间是指国家主权与主权权利管辖下的地域空间，是国民生存的场所和环境，包括陆地、内水、领海、领空等。虽然不同学科对自然资源的内涵和外延有着不同的界定，但我国法理和管理意义上的“自然资源”，主要指有空间边界或有载体、可明确产权、经济价值易计量的天然生成物，例如《宪法》《物权法》和《民法》中列举出的矿藏、水流、森林、山岭、草原、荒地、滩涂、海域、土地等。在现实生活中，各类自然资源以国土空间为载体，并呈现出不同的立体分布形态。水流、森林、草原、土地（含山岭、荒地）、滩涂、海洋、矿藏等主要依附土地、水域（淡水）、海洋（海域）三类空间母体（或载体），呈现地表和地下立体空间分布格局（表1）。同时，国土空间也是各类开发建设活动不可或缺的载体。

自然资源类型及其空间载体　　表1

资源类型	土地资源	矿产资源	森林资源	草原资源	海洋资源	滩涂资源	水资源
依附的空间母体	土地	土地	土地	土地	海洋	土地、海洋、水域	水域、土地
土地立体空间	地表、地下	地表、地下	地表	地表	地表	地表	地表、地下

（二）自然资源监管：区分资源载体使用许可、载体产权许可和产品生产许可

合理利用和保护各类自然资源的载体，是合理利用和保护各类自然资源的前提条件。现实中的自然资源利用分为自然资源开发和自然资源生产两种行为。其中，自然资源开发是对自然资源空间场所（即载体）的利用，属于自然资源的一次利用；而自然资源生产是指根据自然资源的天然生成物的价值特性，通过物化劳动把生产要素的投入转换为有形的产出，从而实现附加值并产生效用的过程，包括由采集、狩猎、农耕、畜牧和捕捞等活动构成的农、林、牧、渔、矿产业等产业形态，是资源产品获得行为，属于自然资源的二次利用。

在现实的自然资源管理中，自然资源的开发和生产都必须获得相应的使用权利（表2）。根据对权利的限制，自然资源监管对载体利用和产品生产的监管，按照载体使用许可、载体产权许可、产品生产许可三个环节来开展（图1）：（1）载体使用许可——发生在资源所有权人将资源使用权交给资源使用权人之前，审核自然资源开发利用项目的四至、空间用途、开发条件等是否符合法定规划，是

国土空间用途管制的重要实施手段；（2）载体产权许可——在明确载体使用范围、用途和开发条件等前提下，资源使用权人通过订立合同或获得用地批准书（如订立土地承包合同、土地出让合同、海域使用权出让合同、获得划拨用地决定书、办理建设用地批准书等），获得资源载体的使用权利，再经资源管理部门核准后获发相应的资源载体产权证书，如国有（集体）土地使用证、农村土地承包经营权证、林权证、草原使用权证、水域滩涂养殖证等；（3）产品生产许可——资源使用权人在获取前述的资源载体开发权利后，向相关部门申请进一步投入生产要素，将自然资源转化为劳动产品；相关部门将对申请的生产内容、规模、方式及其他附加条件进行核准，颁发产品生产的行政许可文件，如林木采伐许可、建设项目工程许可等。

自然资源利用过程中的权利体系 **表2**

<table>
<tr><th>类别</th><th>载体</th><th>权利</th><th>主要管理部门(原)</th></tr>
<tr><td rowspan="4">自然资源载体使用权</td><td rowspan="2">陆域</td><td>建设用地使用权，宅基地使用权、农村土地承包经营权、林权、草地(原)使用权等</td><td>国土资源部、农业部、国家林业局等</td></tr>
<tr><td>探矿权</td><td>国土资源部</td></tr>
<tr><td>水域</td><td>水域滩涂养殖权</td><td>农业部(渔业管理)</td></tr>
<tr><td>海域</td><td>海域使用权、水域滩涂养殖权</td><td>国家海洋局</td></tr>
<tr><td rowspan="6">自然资源产品获取权</td><td rowspan="3">陆域</td><td>采矿权、房屋所有权等</td><td>国土资源部、住房和城乡建设部</td></tr>
<tr><td>林木采伐权、狩猎权、采集权</td><td>国家林业局</td></tr>
<tr><td>放牧权</td><td>农业部(畜牧业管理)</td></tr>
<tr><td rowspan="2">水域</td><td>捕捞权</td><td>农业部(渔业管理)</td></tr>
<tr><td>河道采砂权、取水权、河道及水工程范围内建设权</td><td>水利部</td></tr>
<tr><td>海域</td><td>捕捞权</td><td>国家海洋局</td></tr>
</table>

（三）国土空间用途管制：立足资源载体使用许可

最初的国土空间用途管制来自对开发建设活动的监管，也是世界各国和地区普遍采取的方式，如美国、日本、加拿大的“土地使用分区管制”，韩国、法国的“建设开发许可制”，英国的“规划许可制”，瑞典的“土地使用管制”等。而我国的相应制度源于1984年《城市规划条例》提出的城市规划区建设用地许可证和建设许可证制度，后续1990年《城市规划法》明确了建设项目选址意见书、建设用地规划许可证、建设工程规划许可证“一书两证”制度，1998年修订后

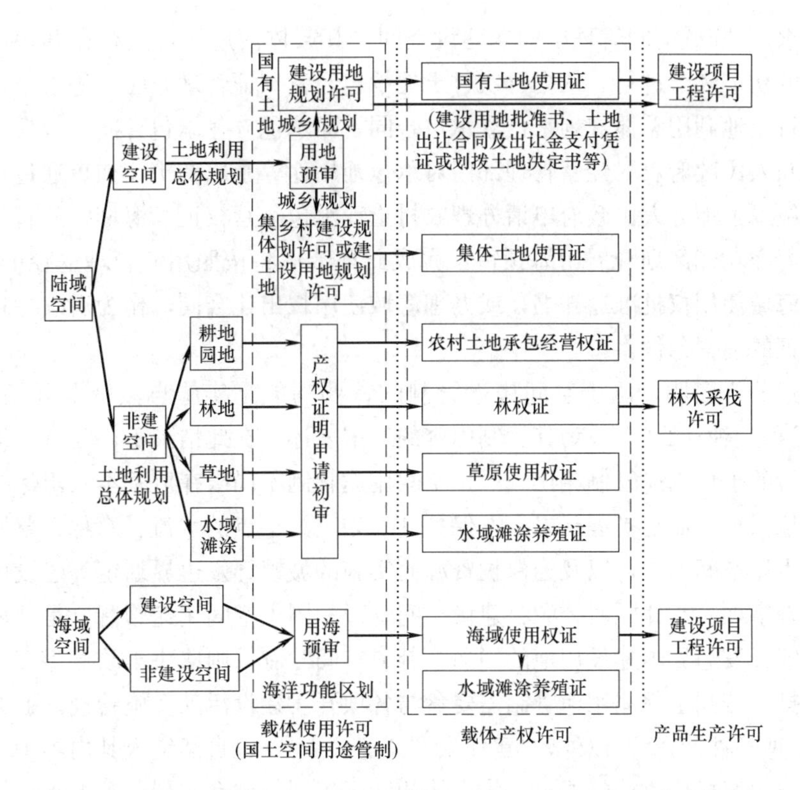

图 1　自然资源监管的实施方式（含陆域和海域、建设空间和非建设空间）

的《土地管理法》确立了对耕地实行特殊保护和严格控制农用地转为建设用地的土地用途管制制度，2007 年颁布的《城乡规划法》增加了乡村建设规划许可证的“一书三证”制度。与此同时，不同部门实施了主体功能区制度、林地占用补偿制度等，使国土空间用途管制内容不断增加，不但涉及建设用地管理、耕地和基本农田管理，也涉及其他自然资源的保护管理。

国土空间用途管制的本质是对自然资源的载体进行开发管制，是政府运用行政权力对空间资源利用进行管理的行为。分析现行的自然资源载体使用许可的管理内容（参见图 1），可以分为陆域空间管理和海域空间管理；自然资源开发行为包括建设行为和非建设行为，相应形成的国土空间分为建设空间和非建设空间。陆域空间管理中的建设空间，载体使用许可将先后涉及用地预审、建设用地规划许可（或乡村建设规划许可）等环节。其中，土地行政主管部门进行用地预审，依据是土地利用总体规划及其他规定条件，核准有关用地可否用于“建设”；城乡规划管理部门依据控制性详细规划或村庄规划等的要求，明确具体用地的规划条件，核定用地（通常是地块）的位置、用途、开发强度等，这一环节审核的关键在于用地的“用途”（即性质）、“开发强度”（包括容积率、建筑密度、绿地率等要求)。陆域空间管理中的非建设空间，其载体使用许可主要在办理产权证明申请的初审环节进行，依据《农村土地承包经营权证管理办法》等规定，发包方要执行土地利用总体规划来订立承包合同，而承包方在承包合同生效后，需由乡（镇）人民政府农村经营管理部门对承包地用途等予以初审，初审通过后，才能向县级以上地方人民政府申请办理农村土地承包经营权证。海域空间管理，主要依据海洋功能区划开展用海预审，完成此环节后将按照用海管理途径的不同，或申请海域使用权批准通知书，或办理海域使用权出让合同，作为后续办理海域使用权证的前提条件。

上述分析表明，国土空间用途管制的首要功能是实施自然资源开发监管，“建还是种？种什么？”成为其管制内容的通俗表述。在此情形下，与《土地管理法》实行的土地用途管制相比，国土空间用途管制不局限在以基本农田保护为重点的耕地保护，而是扩展到以生态保护红线划定为重点的水流、森林、草原等各类自然生态空间保护，以及为保护资源而实施的城镇开发边界划定等建设区域引导等管理事项。与此同时，源自建设空间管理的国土空间用途管制，是否需要延伸到城镇开发边界内建设用地的用途管制或空间管制，则取决于政府管理体制机制的安排。若国土空间用途管制需要参与各项开发建设活动实施管理，那么除了“建还是种？种什么？”以外，“建什么？”“建多少？”也自然纳入其内容中。现阶段，按照国家机构改革的要求，将主体功能区规划、城乡规划、土地利用规划等空间规划职能都归属到自然资源部，“统一行使所有国土空间用途管制和生态保护修复职责”。按照《生态文明体制改革总体方案》要求的“空间规划是国家空间发展的指南、可持续发展的空间蓝图，是各类开发建设活动的基本依据”，国土空间用途管制需要参与各类开发建设活动的管理。在这样的制度安排下，国土空间用途管制内容实际上包括“建还是种？＋种什么？＋建什么？＋建多少？”的全口径管理。

在此情形下，笔者将国土空间用途管制定义为：政府为保证国土空间资源的合理利用和优化配置，促进经济、社会和生态环境的协调发展，编制空间规划，逐级规定各类农业生产空间、自然生态空间和城镇、村庄等的管制边界，直至具体土地、海域的国土空间用途和使用条件，作为各类自然资源开发和建设活动的行政许可、监督管理依据，要求并监督各类所有者、使用者严格按照空间规划所确定的用途和使用条件来利用国土空间的活动。

（四）空间规划：服务并作用于国土空间用途管制

上文所提及的国土空间用途管制定义，明确指出了空间规划与国土空间用途管制相互依存的关系。从实践的角度看，实施国土空间用途管制，需要涉及规划

（即方案编制）、实施（即审批许可）、监督（即监察督察）三个环节；而全链条的空间规划管理同样涉及规划编制、实施（即审批许可）、监督（即监察督察）三项核心职能。毋庸置疑，空间规划管理与国土空间用途管制在功能上有很强的对应性。空间规划要保证对自然资源开发的监管，凡是与自然资源载体使用（用地、用海）有关的规划，都需要明确纳入空间规划范畴，如：现行的土地利用总体规划、城市总体规划、城市控制性详细规划、林地保护利用规划、海洋功能区划等。中共十九届三中全会明确指出，"强化国土空间规划对各专项规划的指导约束作用，推进'多规合一'，实现土地利用规划、城乡规划等有机融合"，进一步凸显了空间规划的基础性、指导性、约束性功能。空间规划的重要任务在于立足生态文明建设的根本大计、长远大计，谋划长远的国土空间开发保护构想，并要充分体现中央和国家对国土空间管理的意志。

正如前文所述，国土空间用途管制立足于自然资源的载体使用监管，是自然资源监管体制的起始点和自然资源生产监管的基础。因此，构建空间规划体系，是国土空间用途管制的基本依据，对自然资源监管体制的完善具有决定性的作用。

三、空间规划的现实基础：逻辑相同但成熟度有别的多种规划

规划协调是世界各国空间规划和政策变革的长期命题。在我国，由于条块分割管理体制以及各类规划编制的要求和基础的不同，空间规划的改革也存在许多难点，规划间的冲突和审批效率的低下等问题已经开始严重制约经济社会的发展，规划之间的衔接不够，也使得一些规划难以真正落地。改革需要克服许多现实的阻碍，不宜采取简单的"拿来主义"，而应结合国情进行扬弃。要建立适应中国国情的空间规划体系，就必须以现实格局为基础，把握其问题和产生的根源，才能"对症下药"。

（一）客观存在的多规划共存并冲突的局面

目前我国在规划方面已形成了分地域、多部门、多层级的复杂体系，具有法定依据的各类规划已超过 80 种。各类规划反映不同的主题，隶属不同的部门，纵跨不同的层级，依据不同的法律规定，使用不同的技术标准，存在"各自为政"的状况。主要的空间规划可以分为战略类规划、国土资源类规划、生态环境类规划、城乡建设类规划、基础设施类规划等，具有战略引导、资源保护利用、建设开发等不同目的（图 2）。各类空间规划客观面临的困境是：基础数据不统一，地理坐标系有差异，空间布局有矛盾。从国家层面开始，就存在各类规划的

用地目标数值的冲突，导致逐层传导的结果是：下位各级规划的目标和布局矛盾不断加剧，管理职能交叉化、权利义务不清晰等问题更加突出。

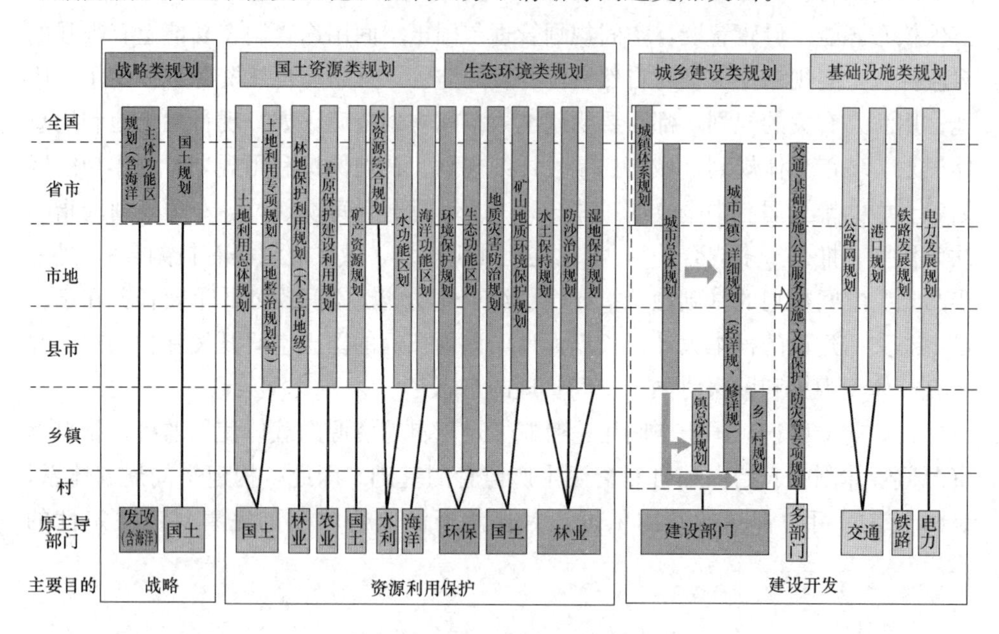

图 2　现实中的空间规划关系

（二）基本相似的规划核心内容和管控思路

从各类空间规划发展趋势看，规划编制都在加强指标管理和空间管控，核心内容呈现出“指标控制＋分区管制＋名录管理”方式（表 3），实际上正适应了指标、边界、名录的规划实施管理思路。

我国部分空间规划的核心内容　　**表 3**

规划名称	指标控制	分区管制	名录管理
城乡规划	城市、镇总体规划：城市人口规模、建设用地规模；控制性详细规划：容积率、建筑密度、绿地率等	三区四线（适宜建设区、限制建设区、禁止建设区；蓝线、绿线、紫线、黄线）；城市、镇总体规划、详细规划中的用地分类管控	近期建设项目名录
土地利用总体规划	约束性指标（耕地保有量、基本农田指标、城乡建设用地规模、人均城镇工矿用地规模、新增建设占用耕地规模、土地整理复垦开发补充耕地规模）；预期性指标（建设用地规模，城镇工矿用地规模、新增建设用地规模、新增建设占农用地规模）	用途分区：建设用地空间管制分区（三界四区：城乡建设用地规模边界、扩展边界和禁止建设边界；允许建设区、有条件建设区、限制建设区、禁止建设区）	重点建设项目、土地整治项目名录

续表

规划名称	指标控制	分区管制	名录管理
主体功能区规划	国土开发强度	优化开发区、重点开发区、限制开发区、禁止开发区	重点生态功能区、农产品主产区、城市化地区名录
林地保护利用规划	森林保有量、征占用林地定额指标	公益林和商品林两大类、林地质量等级管理	林业重点工程名录
水功能区划	—	两级区划（一级区划：保护区，保留区，开发利用区、缓冲区；二级区划主要针对开发利用区的分类管理）	—
海洋功能区划	—	分类区别	—

注：指标控制主要反映总量、强度、资源补偿等指标；分区管制主要有边界、用途分区等方式。

（三）成熟度和权威度有别的实施监管手段

在规划实施层面，各部门将编制的空间规划与自身的审批管理权限相结合，对自然资源的载体进行用途管制，但成熟度存在较大的差异。其中，部分空间规划具备较强“落地”实施能力，如乡镇土地利用总体规划要求落实地块用途，满足农转用审批等要求，城乡规划对应“一书三证”管理需求；而另外一些空间规划则只是功能性区划，并无实现针对具体地块进行管理的途径，如主体功能区规划、生态功能区划等。因此，在管理实施手段上，土地利用总体规划、城乡规划的成熟度高，林地保护利用规划、水功能区划、海洋功能区划等成熟度较好，主体功能区规划、生态功能区划等则尚无明确手段。

此外，根据监督对象和内容的不同，我国空间规划实施的传统监督方式可分为监察执法和行业督察，同样存在成熟度和权威度的差异。监察执法的主要任务是在各级人民政府自然资源主管部门领导下，依法对辖区内自然资源生产开发利用及生态环境破坏事件实施现场监督、检查，并参与处理。而土地、矿产、森林、城乡规划、环保等部门还设立了行业督察制度。其中，土地、城乡规划督察进驻地市，矿产督察进驻企业，森林管理部门进行辖区督察；设置层级、成熟度最高的属土地督察，由国务院设置。

（四）规划冲突本质是土地发展权的管理权力之争

土地发展权是土地利用和再开发过程中用途的转变、利用强度的提高而获得的权利，以建设许可权为基础，可拓展到用途许可权、强度提高权。其始创于1947年英国颁布的《城乡规划法》，目的在于解决因政府的空间管制影响土地价值而造成的补偿支付和增值回收问题，是英国、美国等发达国家应对空间管制有效性和合理性问题的重要手段。国际经验表明，土地发展权的产生源自对国土空间的用途管制，并将空间规划作为实行国土空间用途管制的依据和基础。虽然我国不同形式的空间规划称谓不同、层级不同，但在强调对国土空间资源的管理和控制的背景下，只有通过设立或限制土地发展权，各部门才能强化自身在促进资源与环境可持续发展、管控不同利益主体对国土空间利用行为的能力，体现其管理地位和作用。因此，各类规划冲突的根源和焦点就在于对控制和调配土地发展权的权力争夺，规划之间正是围绕土地发展权的空间配置展开博弈。

回溯历史，我国对土地发展权的管理经历了几次重要的变化（表 4），尤其是 1998 年修订的《土地管理法》致使传统的单一层级的土地发展权管理转化为两级土地发展权管理。一级土地发展权管理表现为中央自上而下控制建设用地规模等的管理模式，体现在土地利用规划、计划中的数量调控和分区引导；二级土地发展权管理表现为地方政府在空间管理和开发利用监管中，对个体行为进行引导和约束，呈现出用途限定、强度控制、实施许可的方式。2004 年《国务院关于深化改革严格土地管理的决定》强调“调控新增建设用地总量的权力和责任在中央，盘活存量建设用地的权力和利益在地方”。在这个框架下，凡是能对新增建设用地产生刚性约束的因素，如新增建设用地总量、基本农田面积指标、永久基本农田划定等，都成为目前国土空间用途管制的主要抓手。可以预见，随着自然资源监管体制调整的到位，未来刚性管制的要素可能延伸到天然林、生态公益林、基本草原、湿地等。此外，国家机构改革方案也表明这样一个逻辑：二级土地发展权管理要接受一级土地发展权管理的控制和引导，这也充分反映了我国作为单一制国家，实行中央统一领导、地方分级管理的体制特性。

我国土地发展权控制体系沿革　　表 4

时间	法律依据	管制内容及特点
1984 年	《城市规划条例》	明确了城市规划区建设用地许可证和建设许可证制度、管理事权在地方
1986 年	《土地管理法》	确定了“统一的分级限额审批”的土地管理模式，地方拥有较大的管理权
1990 年	《城市规划法》	提出了“一书两证”（建设项目选址意见书，建设用地规划许可证、建设工程规划许可证）制度，管理事权仍在地方
1998 年	修订后的《土地管理法》	标志着土地用途管制制度的正式确立，土地管理权上收中央和省、分为城市批次用地报批和单独选址项目用地报批，实行了土地利用计划管理、建设用地预审制度等
2007 年	《城乡规划法》	在“一书两证”基础上增加了乡村建设规划许可证，强调了控制性详细规划编制和管理作用，城乡规划管理事权仍在地方

四、思考新时代的空间规划体系及结构

（一）新时代空间规划体系构建的目标和前提

1. 新时代空间规划体系构建的目标

结合上文分析，构建新时代空间规划体系的目标在于：一是保障“统一行使所有国土空间用途管制和生态保护修复职责”的落实；二是推进国土空间开发保护制度的构建；三是在由空间规划、用途管制、领导干部自然资源资产离任审计、差异化绩效考核等构成的空间治理体系中发挥引领作用。

2. 新时代空间规划体系构建的前提：管什么、谁来管、怎么管

作为自然资源监管与国土空间用途管制的起点，空间规划应该体现“管”“用”性，即国土空间“用途管制”“合理利用”和实践中的“管用”。因此，明确“管什么、谁来管、怎么管”将成为构建空间规划体系的前提。

第一，“管什么”方面。《生态文明体制改革总体方案》要求：“明确城镇建设区、工业区、农村居民点等的开发边界，以及耕地、林地、草原、河流、湖泊、湿地等的保护边界”。海南省在开展空间规划试点时，尝试予以全面的刚性落实，划定每一种资源的边界，但由此衍生的问题是，《生态文明体制改革总体方案》同时强调完善“资源总量管理和全面节约制度”，要求“完善耕地占补平衡制度，对新增建设用地占用耕地规模实行总量控制，严格实行耕地占一补一、先补后占、占优补优”，由于不同类型资源之间存在彼此互为后备资源的关系，一旦过于刚性地确定所有资源的空间管理边界，实际上就很难有效应对实践中的种种不确定性。值得借鉴的是：围绕实行最严格的耕地保护制度，土地利用规划采取了重点要素（如永久基本农田）静态划界刚性管理与非农建设占用耕地动态占补平衡相结合的方式，实现了刚性管控和弹性管理的有效结合。因此，空间规划“管什么”，笔者认为：首先要实现国土空间用途管制对自然资源开发的监管职责，对一定面积的区域，实行重点要素边界管控，兼顾刚性与弹性，按照非建设和建设、有效保护和合理开发的两条主线，构建“三基一水两条线，两界一区五张网”的体系。其中，“三基一水两条线”为国土空间保护边界体系，“三基”指永久基本农田、基本草原、基本林地（天然林、生态公益林），“一水”指江河、湖泊、湿地等水域，“两条线”指生态保护红线和自然岸线；“两界一区五张网”为国土空间开发边界体系，“两界”指城镇开发边界、村庄建设边界，“一区”指开发区、园区等产业集聚区，“五张网”指交通网、能源网、水利网、信息网、安全网等。在区域各类开发保护边界管控基础上，对城镇开发边界内地域编制控制性详细规划，作为开发建设活动的基本依据。

第二，“谁来管”方面。应该构建“五级三类”的规划体系，即：规划层级上，包括国家、省、市、县、县级以下五级，对应相应的管理主体；规划内容上，分为三类：（1）国家、省级规划；（2）市、县级规划；（3）县级以下实施规划，地级以上的区域性规划纳入国家、省级规划。国家、省级规划主要通过战略布局、功能定位、指标分配和名录清单对空间进行管理；市、县级规划则以指标、边界、名录三类管控和布局引导为主要内容；最后一类为乡镇级规划或单元型规划，内容包含指标、边界、名录、利用强度分区等，城镇开发边界内地区则须涵盖控制性详细规划等工作内容。

第三，“怎么管”方面。以空间规划作为国土空间用途管制的依据，纵向做好分级事权对应管理，沿海地区规划编制应海陆统筹，实施管理则可以海陆相对独立。

（二）新时代空间规划体系及结构的设想

依照新时代空间规划体系构建的目标和前提，在整体实施两级土地发展权管理的情况下，设想构建“一总四专、五级三类”的空间规划体系。具体包括：一个总体规划、四类专项规划，其中，总体规划由前述的“五级三类”规划构成，内容涵盖指标、边界、名录等管控要点，服务于规划编制、实施、监管等职责；专项规划包括：（1）资源保护利用类规划；（2）国土空间整治与生态修复类规划；（3）重大基础设施与公共设施类规划；（4）保护地类的保护利用规划，等等。具体可以对应各级总体规划，根据需要编制。

国家、省级的总体规划为战略性规划，重点是明确目标、任务与责任并对下分解，落实重大空间布局，明确专项规划的目标和任务，确定县级单元的主体功能定位；在形式上，需要融合国土规划、主体功能区规划和土地利用总体规划、城镇体系规划、海洋主体功能区规划等，编制“全国国土空间规划”和“××省（或区）国土空间规划”。

市、县总体规划重点是落实国家、省级总体规划的目标任务要求并对下分解，突出以土地利用总体规划和城市总体规划的“合一”为基础，分层级、有重点地划定生态保护红线、永久基本农田、城镇开发边界“三线”等重要控制线，绘制市域、县域一张蓝图；对中心城区等重点地区的城镇开发边界内地域，要进一步明确功能分区、开发强度分区以及用于指导控制性详细规划编制的单元分区；对城镇开边界外地域，可根据规划管理需要，划定用于指导下位规划编制的管控分区或单元范围；提出编制市域、县域专项规划的原则和指令性要求；编制“××市域总体规划”（或“××市域空间总体规划”）、“××县域总体规划”（或“××县域空间总体规划”）。面积较小或具备精细化管理能力的市、县，可以全面落实“三基一水两条线，两界一区五张网”的空间布局内容。

县级以下实施性规划可以按照单元规划或乡镇规划组织编制，首先落实“三基一水两条线，两界一区五张网”的空间布局。涉及城镇开发边界内的规划，应开展控制性详细规划，整合专项规划，构建满足空间管理要求的信息平台；涉及城镇开发边界外的规划，重点整合目前的各自然资源类规划和专项规划，统一实施自然资源监管。

五、结论与讨论

我国空间规划改革的设想由来已久，早期由地方通过“两规合一”“三规合一”“县市域总体规划”等形式来开展，2014 年以后转为国家层面来推动。随着党和国家对生态文明建设认识的不断深入，建立空间规划体系已成为完善自然资源监管体制的关键环节，其改革的出发点在于保障生态文明建设，统一实施国土空间用途管制，并以此推进国家在空间治理体系和能力上的现代化。

空间规划是实施国土空间用途管制的基础，也是自然资源监管的源头。作为资源载体使用许可的依据，确定了自然资源监管的底图、底数和底线，是载体产权许可和产品生产许可的前提。国家机构改革方案表明，适应统一实施国土空间用途管制的需求，空间规划要明确“建还是种”“种什么”“建什么”“建多少”，既要满足自然资源开发的管理需求，又要成为《生态文明体制改革总体方案》要求的“各类开发建设活动的基本依据”。

各类规划冲突的根源是对土地发展权的管理权力的争夺，统一监管目标是协调规划矛盾的核心。事实上，中国的土地发展权管理已经形成了两级管理体系，土地用途管制制度体现了中央对地方的一级土地发展权管理，城乡规划“一书三证”制度反映出地方政府承担着二级土地发展权管理的事权。生态文明体制改革的内在基本逻辑是：以资源保护为出发点的一级土地发展权管理，要对属于地方事权的二级土地发展权管理产生更强的约束力。现实的国家机构改革方案选择了这样一条路径：将两级土地发展权的管理进行统一，并归口到自然资源部进行。在这种情况下，对于具有“统一”特征的自然资源管理部门来说，未来的空间规划管理不仅“下乡”，还需“进城”，既要管好全域国土空间的重要控制边界，也得管住微观的用地、用海行为。如此的空间规划和国土空间用途管制的职能安排，一定程度上打通了自然资源及不动产调查、确权登记、空间规划编制、用途管制管理、资源保护利用管理、资源资产管理、执法督察等自然资源管理的“逻辑链”，实现了宏观和微观、整体和局部、陆域和海域等国土空间及资源管理的全面统筹，这对空间规划体系的构建和实施也提出了更高的要求。

面向新时代，空间规划应立足于生态文明建设的根本大计、长远大计，承担起基础性、指导性、约束性的功能，以“管”“用”的管制目标、职责划分和实施手段为前提，构建“一总四专、五级三类”体系，重点推进“三基一水两条线、两界一区五张网”的保护开发边界体系“落地”，形成以指标、边界、名录等管理手段为主的空间规划体系。

（撰稿人：林坚，博士，北京大学城市与环境学院城市与区域规划系系主任、教授、博士生导师，北京大学城市规划设计中心负责人，国土规划与开发国土资源部重点实验室副主任，中国城市规划学会城乡规划实施学术委员会副主任委员，中国土地学会土地规划分会副主任委员；吴宇翔，北京大学城市与环境学院城市与区域规划系硕士研究生；吴佳雨，北京大学城市与环境学院城市与区域规划系博士研究生；刘诗毅，博士，北京大学城市与环境学院城市与区域规划系、国土规划与开发国土资源部重点实验室研究助理）

注：摘自《城市规划》，2018（05）：09-17，参考文献见原文。

自然资源管理框架下空间规划体系重构的基本逻辑与设想

导语：国家机构改革将原来分散的空间规划职能整合到自然资源部，体现了当前国家空间治理的基本逻辑：整体性治理思路、根除多个空间规划的冲突、支持生态文明建设。文章认为自然资源管理框架下的空间规划体系重构要维护空间系统的整体性，注重规划的基础性、约束性、综合性与战略性的平衡，区分不同层级空间规划的职能，吸收原有规划体系各自的优势。在此认识上，文章提出了重构新型空间规划体系的设想和建议，展望了规划学科和行业发展走向。

一、引言

随着2018年“两会”期间国务院机构调整方案的出台，多年来“多规演义”引发的空间规划管理权归属之争以新的自然资源部的成立而尘埃落定，多个部门各自主导推动的沸沸扬扬的“多规合一”试点工作也由此画上了一个句号。尽管近几年关于空间规划体系的讨论一直是规划界的热点话题，但那毕竟是在制度环境不确定条件下的开放式学术研讨。而“多规合一”的体制问题得以基本解决后，在新的制度框架下重构统一的国家空间规划体系就成为现实工作的当务之急。要顺利完成这一国家空间治理体系的顶层设计，必须深刻理解当前国家经济社会的宏观形势背景和当下国家治理的重点任务，厘清当下国家空间规划体系重构的基本逻辑。

二、当前国家空间治理问题的基本逻辑

（一）整体性治理是当前国家空间治理方向的理论诠释

国家治理体系的现代化需要新的理论支持，国际公共管理理论研究由新公共管理转向整体性治理的趋势变化，可从学术视角为当前国家机构改革的方向提供理论注解。

兴起于20世纪80年代的新公共管理理论，推崇的是一种以效率为基本价值取向的政府治理模式。它倡导在政府内部引入市场化的竞争机制，强调绩效、结

果、分权及解制等。这种治理方式在提供多样化政府服务的同时，也使政府机构破碎化，而且过度分权造成了组织之间信息的分散和沟通的不畅，降低了政府服务公众的聚合能力。整体性治理理论是对新公共管理的一种修正，它强调政府部门提供服务的整体性，依靠信息技术手段，对治理层级、功能、公私部门关系和信息系统的碎片化问题进行有机协调与整合，建立一个跨部门紧密合作、协同运作的治理结构，使政府治理从分散走向集中、从部分走向整体、从破碎走向整合，以改变新公共管理过度分权产生的多头等级结构的状况，克服政府组织内部的部门主义、各自为政的弊病；它强调以网络信息技术为平台，提高政府整体运作效率和效能，尤其有助于强化中央政府对政策过程的控制能力。

整体性治理理论为当前国家空间治理体系改革提供了理论基础。其倡导在机构设置上加大职能整合力度，健全部门之间的协调配合机制；在技术手段上注重信息技术的应用，构建协同服务空间信息平台。

（二）根除多个规划的冲突是空间规划体系重构的基本前提

空间治理当务之急是需要解决长期以来多个空间规划重床叠架、相互打架的问题。尽管主体功能区划、生态环境规划等也存在不协调的问题，但与城乡规划与土地利用规划（以下简称“两规”）之间的激烈冲突相比，仍属于次要矛盾。众所周知，“两规”的管理对象均指向同一空间，而且是空间核心的资源——土地；“两规”都拥有各自学科的理论和技术基础，经过多年的发展已经形成了系统固定的规划体系和技术规范，且各自都得到了国家法律体系的支持。因此，根除“两规”冲突是解决多规矛盾的关键所在。

“两规”的协调与冲突经历了一个发展变化的过程：

(1) 在改革开放之初的1978年，全国城镇化水平不过17.9%，“百废待兴”，加快经济发展和城市建设是这一时期国家的头等任务。在“先规划，后建设”的指导思想下，无论是1984年颁布的《城市规划条例》还是1990年颁布的《中华人民共和国城市规划法》，都将城市规划区内的土地利用和各项建设纳入了城市规划的管理范畴[1]；而1986年和1988年颁布的两版《中华人民共和国土地管理法》，也都接受了“在城市规划区内，土地利用应当符合城市规划”的制度安排[2]。可见，在1998年之前，城市规划管城市土地、土地利用规划管农村土地，

---

[1] 1984年国务院颁布的《城市规划条例》第4章第30条规定：“城市规划区内的土地由城市规划主管部门按照国家批准的城市规划，实施统一的规划管理。在城市规划区内进行建设，需要使用土地的，必须服从城市规划和规划管理。”1990年的《中华人民共和国城市规划法》第4章第29条规定：“城市规划区内的土地利用和各项建设必须符合城市规划，服从规划管理。”

[2] 详见1986年版和1988年版《中华人民共和国土地管理法》第3章第16条。

两者管理边界泾渭分明，彼此倒也“相安无事”。而且，由于城市规划区是由城市总体规划自主划定的，这一阶段实际是由城市规划主导着空间管理权的设置。

（2）20 世纪 90 年代后期，市场经济全面推进，随着城市土地制度、住房制度的改革以及分税制的实施，城市政府的“地方企业主义”趋向日益明显。招商引资和房地产驱动形成的“土地财政”模式，促使地方政府普遍拥有扩大城市规划区的强烈意愿，造成城市空间扩张和土地消耗的速度大大超过经济及人口的增长规模。这一时期，在“发展是硬道理”的指导思想下，作为宏观调控手段的城市总体规划往往被地方政府当作与中央政府、上级政府进行利益博弈的工具，迫使国家另寻其他政策工具加以制衡。

（3）1998 年国土资源部成立，同年修订的《中华人民共和国土地管理法》确立了土地用途管制制度，并强化了土地利用总体规划的法定地位，明确城市总体规划必须服从土地利用总体规划确定的建设用地规模等核心控制要求❶。虽然该法律承认了城市规划在规划区内的管理权，但是也明确了其管理范围仅限于建设用地，而非以前对所有土地使用都适用❷。2008 年颁布的《中华人民共和国城乡规划法》虽然将规划管理权限延伸到了乡村地区，但是实际管理内容却被限制为建设活动❸，并接受了土地利用总体规划的约束条件❹。在这一轮“两规”的激烈博弈过程中，土地利用规划借助严格的土地用途管制制度取得了一定的优势地位。

市场化改革的不彻底，导致各政府部门都有扩张自己权力边界的强烈冲动，导致公共利益部门化、部门利益法定化。这在“两规”冲突中表现得十分突出：“规划下乡、国土进城”导致“两规”的管理空间高度重叠，两部法律支持下的两个规划在过去 10 多年中互不衔接、相互掣肘的倾向日趋严重，让地方政府无所适从，苦不堪言，已经严重影响到经济社会的发展效率，整合“两规”成为各方的基本共识。面对这一难题，中央最终选择将城乡规划职能转入以原国土资源部为班底组建的自然资源部的解决方式，虽出乎许多人的意料，但却与我国当前发展形势、背景有关。

---

❶ 1998 年版《中华人民共和国土地管理法》第 3 章第 22 条规定：“城市总体规划、村庄和集镇规划中建设用地规模不得超过土地利用总体规划确定的城市和村庄、集镇建设用地规模。”

❷ 1998 年版《中华人民共和国土地管理法》第 3 章第 22 条规定：“在城市规划区内、村庄和集镇规划区内，城市和村庄、集镇建设用地应当符合城市规划、村庄和集镇规划。”

❸ 2008 年版《中华人民共和国城乡规划法》第 1 章第 3 条规定：“城市、镇规划区内的建设活动应当符合规划要求。”

❹ 2008 年版《中华人民共和国城乡规划法》第 1 章第 5 条规定：“城市总体规划、镇总体规划以及乡规划和村庄规划的编制，应当依据国民经济和社会发展规划，并与土地利用总体规划相衔接。”

（三）支持生态文明建设是当前国家空间治理的重点任务

国家规划机构和职能的设定及调整，既与当前面临的形势、治理重点和价值取向密切相关，也与中央对于部门落实国家战略的手段、力度和预期效果的认识判断有关，但却与该项职能所依赖的学科研究基础是否扎实、行业技术力量是否雄厚、技术储备是否充足并没有必然联系。当前国家空间治理面临以下形势、背景的变化。

1. 背景一：国家城镇化进程进入下半场

我国城市规划的起点是服务项目建设，无论是中华人民共和国成立初期156项重点工程建设，还是后来具有重大影响力的唐山灾后重建、特区建设、新城新区建设及汶川震后重建等，都与“建设”二字紧密联系。这与英美等国家针对城市化过程中出现的城市问题，将城市规划作为公共干预手段的背景存在本质的区别。尽管我国学术界反复强调城市规划的工作重点是空间资源的综合性利用，但在行政职能的设置上，服务于城市建设始终是城乡规划工作的核心内容。

据官方数据统计，2017年我国城镇化水平达到58.5%，城镇常住人口为8.13亿，城镇建设用地面积超过10万km^2。虽然城镇建成区面积占国土面积很小，但是已足以容纳10亿城镇人口居住和就业；虽然国家城镇化进程仍将持续相当长的一段时期，但是未来城镇发展将告别“大扩张、大建设”的时代，进入内部结构优化提升的阶段；虽然近年来中央城市工作会议强调城市在国家发展中占据举足轻重的地位，但是相较于广阔的国土空间，城市建设空间毕竟只是其中的一部分。提升发展质量，保护生态环境，协调人与自然的关系，在整个国土空间管理中居于更加重要的战略地位。

2. 背景二：生态环境保护成为国家持续发展的根本大计

改革开放40年来，我国经济高速增长的一个沉重代价就是资源的巨大消耗，累积了严峻的生态环境问题，资源约束趋紧，环境污染严重，生态系统退化快速。面对如此局面，2013年中央开始将生态文明建设列入“五位一体”总体布局；2018年5月召开的全国生态环境保护大会规格空前，大会关于“生态文明是关系中华民族永续发展的根本大计”的表述和“关键期、攻坚期、窗口期三期叠加”关键时间节点的重大判断，反映出中央决策层将协调人类生产与自然环境的关系提到前所未有的高度[1]。尊重自然、顺应自然、保护自然将成为新时期空间规划工作的主基调，空间规划不仅要关注人与建设、人与人之间的关系，体现以人为本，还要追求人与自然的和谐相处，坚持以自然为本、以生态为要。

---

[1] 参见习近平总书记在全国生态环境保护大会上的讲话。

3. 背景三：自然资源管理和生态保护需要国家强力干预

与经济增长和城市建设更多需要借助市场力量来推动所不同的是，生态环境保护不能完全依赖市场机制，必须依靠政府特别是中央政府的强力干预。过去30多年，城乡规划在适应市场经济运行规律、自下而上调动市场力量来实现城市空间资产的保值增值方面积累了丰富的经验，但在管控资源使用、约束地方机会主义行为方面缺乏有力有效的抓手。而强调自上而下的约束、以管制为治理导向的土地利用规划被认为更加“实用管用好用”，更能落实中央的战略意图，这或许是其能从“多规合一”改革的部门竞争中最终胜出的重要原因之一。

三、自然资源管理框架下空间规划体系重构的基本原则

自然资源管理框架下的空间规划体系重构，是一个复杂庞大的系统工程，不仅要有机地整合既有的各类规划，还要在纵向上协调处理好国家、省、城市、县乡等不同层级空间规划的权责关系，在横向上协调处理好与外部其他部门规划的关系，避免产生新的规划冲突。

（一）维护空间系统的整体性

“冰冻三尺非一日之寒”，“多规演义”既定格局的形成有其漫长的过程，长期的理念隔阂与技术壁垒非短期可以消除，表面形式上的整合完全可能导致一种“貌合神离”的局面。最近关于空间规划体系的建构，就存在建立所谓“1＋N”体系的方案建议❶，即在一个国土空间规划下，并列设置N个专项规划。不同的学者对这其中的“N”也有不同设想，有按专业类型进行划分的，如城乡规划、林地保护利用规划、海洋功能区划、土地利用规划、自然生态保护规划等；也有按行动类型进行划分的，如资源保护类（耕地、林地、海洋保护规划）、要素配置类（交通、水利、市政、公共服务设施规划……）、实施操作类（五年近期规划、年度计划土地复垦与整治规划、项目建设规划……）等。

自然资源管理框架下空间规划体系的重构必须强化一个基本共识：山、水、林、田、湖、海、草是一个生命共同体，这些自然要素与城镇共同组成的国土空间是一个连续完整的系统，是一个有机整体，不能再被分割、肢解。基于这样的原则，上述设想建议并没有很好地解决国土空间系统的整体性规划问题，仅仅以国土空间规划的名义在现有各类规划之上“戴了一个整合统筹的大帽子”，实际

---

❶ 不久前在南方某高校举办的空间规划体系论坛上，就有一些学者提出这些构想。

仍是多规并存的局面，空间系统仍然是被分割的，这些建议至多只能作为过渡阶段的权宜之计。如果短期空间规划体系重构难以一步到位，至少应保证在国家层面由一个全国国土空间规划统筹全局，以充分体现国家战略意志，防止再度被专项和条条规划所肢解；在城市层面，城市总体规划与土地利用总体规划合为一体，从根本上消除“两规”冲突造成的不良影响。否则，这次中央下大决心推动的机构改革终将失去应有的价值和意义。

（二）注重基础性、约束性与综合性、战略性的平衡

自然资源部的职能是统筹自然资源的开发利用和保护，履行全民所有的各类自然资源资产的所有者责任。自然资源不仅拥有自然属性，还拥有资产和价值属性，即经济和社会属性。因此，空间规划体系既要立足于资源的自然属性进行有效保护，也要考虑资源的资产属性来进行合理开发和公平分配。自然资源管理框架下的空间规划，继续强化规划的基础性和约束性功能是完全必要的，但决不能仅满足于此。自然资源部之所以取“自然”二字，是国家对于过去城市建设忽视自然、破坏自然行为的纠偏，但完整意义上的自然资源管理仍要寻求保护与利用的平衡。新的空间规划绝不是单一地保护自然资源，而是在保护的前提下科学合理地利用资源，这就要求具有综合性思维，平衡协调各方利益、各类要素的关系，统筹城镇空间、农业空间、生态空间的良性系统治理。同时，还要高质量、高效率地开发利用自然资源，发掘自然资源的最大价值，这就需要有战略性思考、前瞻性谋划和科学理性的分析判断。

（三）注重不同层级的空间管控特点的差异性

作为一个发展中的大国，我国已经形成了中央负责宏观调控、地方主导经济发展的分工模式，其优势已被过去30多年的巨大成就所证明，而且仍将持续相当长的时期。此次城乡规划职能调整传递了中央对地方规划权力上收的明确信号。这虽然有利于解决国土资源开发失序、利用低效及消耗过快等问题，但是也可能影响地方发展的积极性和创造性，限制创新动力的发挥空间。因此，如何科学划分中央与地方的规划管理、实施的权责关系就变得十分重要。遵循的原则应是上位规划必须有效制约下位规划，下位规划服从上位规划。同时，上位规划也应该给下位规划留足弹性，激发下级政府创新发展的动力；建立下位规划对上位规划的反馈机制，防止信息不对称产生的决策偏差。区分不同层级空间规划的定位，国家和省级规划应以资源和环境保护为主，强调管控；市、县级规划在落实上级刚性管控要求的同时，仍然要以高质量发展为目标，追求资源的合理高效利用。

(四) 在规划职能整合中充分发挥原有规划的优势

“两规”在特定历史条件下各自形成的技术体系和制度安排，均在各自领域发挥了积极作用，也各有优势和劣势。土地利用规划的优势在于资源的刚性管控手段：首先，是拥有及时更新的土地利用现状数据、权属数据和全覆盖的 GIS “一张图”管理功能。经过十多年的实践积累，土地利用规划不仅在技术上形成了统一的统计标准、数据格式和技术规范，还在机制上建立了统一的土地调查制度、数据验收程序和信息库管理制度。这有助于准确掌握国土空间的“家底”，夯实资源管控的“底盘”。其次，是建立了与规划实施相匹配的行之有效的制度安排，包括农地转用、用地计划和土地监察执法等，在空间资源管控上具有扎实基础。而城乡规划的优势在于更接近地方需求，更了解市场运作，在长期实践中积累了对于空间价值、空间利益等复杂问题的深刻认识和丰富经验；善于主动的战略谋划，具有创新性思维，通过合理高效配置空间资源使其产生增值效应；善于识别新的经济增长极并赋予土地新动能，实现地方财富增长。

新的空间规划体系构建应有机融合两个规划体系的优势，扬长避短，而不应简单拼合，更不能以一个规划取代另一个规划；要实现刚性管控和弹性发展之间的平衡，满足落实国家战略意志和尊重地方发展意愿的双重需要。

四、不同层级空间规划的职能定位和工作重点

新型空间规划体系重构应考虑不同层级政府的角色分工，确立各层次空间规划的重点，发挥传导国家空间管控意志、协调区域空间发展和管理地方空间事务的多种作用。

(一) 国家和省域层次空间规划的定位与工作重点

长期以来，我国缺少一个具有高度权威性、兼具战略指引和管控功能的国家级空间规划，是导致各类规划横向难以协调、纵向传导不力的根本原因。在新的空间规划体系中，全国国土空间规划是总纲，必须是具有唯一性的权威规划，而非在一个规划纲要下再并列设置若干具有同等地位的法定专项规划。如果考虑涉及内容过多和庞杂，可以在形式上采用“1＋N”的篇章结构，但各专项内容只是一个统一规划下相对独立的篇章，不单独具有法定意义，而且必须同步编制、同时审批、同时实施。这样，可从横向上遏制部门的扩权企图，避免再出现政出多门、相互干扰的局面；从纵向上对下位规划提出明确的指导和约束，压缩地方政府与上级政府的博弈空间。这个规划不仅是约束性规划，还要具有战略引领性

功能，应集全国主体功能区划、全国城镇体系和全国国土规划的功能于一体，并纳入永久基本农田、生态保护红线及城镇开发边界等空间管制内容。在此，笔者特别强调原有全国城镇体系规划的作用。全国城镇体系规划作为目前唯一具有法定意义的全国性空间规划，曾先后编制两版，对全国和省域城镇空间布局与规模、重大基础设施的布局、生态环境保护及资源合理使用等各方面都进行了全面的安排，但由于多种原因却未正式批复。在自然资源管理框架下，笔者认为原城镇体系规划的核心内容仍具有重要应用价值。另外，全国国土空间对于用地指标等重大权益的分配不应完全基于现状格局，而应与人口、产业发展的趋势和方向相协调，真正发挥对空间发展格局的战略引领功能。在区域落差巨大的国情面前，如何体现全国自然资源保护利用的效率与公平的平衡，是对国家空间规划的巨大挑战和考验。

省域国土空间规划起承上启下的作用，以传导落实国家规划的要求、协调省内各地区和城市的关系为主要功能，其编制内容和形式与国家级规划大体类似。要落实到位永久基本农田范围、生态保护红线和城镇开发边界，实现对下层次的定量定界定标管理；根据省内国土空间保护利用提出深化细化的要求，可以在全省国土空间规划下编制专项规划，指导重大交通基础设施、能源资源利用与重要生态功能区布局等。

（二）城市、县域层次空间规划的工作重点和编制内容

城市和县级规划将不再设规划区范围，而是实施全域空间覆盖、全要素统筹管理。过去的“两规”在这一层级必须实现完全彻底的融合，以原土地利用总体规划为基础底盘，根据城市战略发展需要安排原城市总体规划的功能布局等各项内容。坚持“规划一张图”的管理，划定“三区三线”，对上落实刚性约束要求；同时也要对辖区范围内各地区、各专项提出管控和约束性要求，可设定地方事权内的强制性规划管理内容。

由于我国实施“市带县、市管县”的管理体制，市域范围和规模差别很大，经济社会发展和城镇化水平也不同，应区分“大城小县”和“大县小城”的不同特点，因地制宜地确定各自的规划编制内容与方法。核心城市中心城区大而强、下辖县少的“大城小县”，可以编制统一的国土空间规划；核心城市中心城区不强、下辖县又多又大的“大县小城”，可以参照省域国土空间规划的做法，构建一个大的空间框架，对核心城市以及下辖各县提出功能定位、发展规模和边界等指引与管控要求，再深化制定核心城市和各县域的规划。

（三）控制性详细规划职能的拓展和完善

城市和县域的空间规划仍然可分为总体规划和详细规划两个层次，地域范围大的还可以增加分区规划层次。控制性详细规划作为地方规划管理和行政许可的依据，已被实践证明行之有效，应继续发挥其作用并拓展职能，即不只针对城镇空间或建设用地进行管理，而应覆盖到全域。在城镇开发边界内，过去的控制性详细规划继续作为建设管理的工具；在农业地区（更确切应该是乡村地区）和生态地区，可根据地区的不同特点和管控要求，划定控制管理单元，分别编制农业控制单元详细规划和生态控制单元详细规划，提出管控指标和要求等。城镇、农业、生态三类地区的控制性详细规划应结合过去的土地利用规划的用途管制手段，建立统一的“规划一张图”管理平台和数据库，进行动态维护、更新和定期评估。此外，控制性详细规划归于地方政府管理事权，但接受上级政府在标准和程序上的监督。

五、国土空间规划与其他部门职能的协调关系

本次机构调整后，空间规划的职能在自然资源管理框架下得到了整合，但也没有达到“一统天下”的程度，仍有大量与空间管理密切相关的内容和环节需要衔接与协调。

（一）与城市建设管理的衔接关系

本次改革的一个重大变化，是自中华人民共和国成立后城市规划首次与城市建设、管理部门相分离。而城市规划管理的“一书两证”制度设计正是与建设项目的全过程管理环节相关联的。最近住房和城乡建设部就工程建设项目的审批流程进行了大幅度的改革，以落实“放、管、服”的改革要求。今后规划与建设、管理的衔接协调问题，将在地方城市和县、乡层面凸显。如何在满足自然资源管控要求的同时，继续跨部门有效指导城市建设，是住房和城乡建设部门面临的一个新挑战。笔者建议采取两种解决路径：①允许地方政府因地制宜，因城施策，根据自己管理实际需要设置部门和职能，不求与国家和省级部门一一对应，这样仍可以实现规划、建设、管理等环节的全流程统一管理。②重新划分规划管理链条，将控制性详细规划以上层次的规划职能划归规划部门，作为下层次修建性详细规划编制和建筑方案设计的规划条件；将修建性详细规划和方案设计职能归属建设部门，保证设计与建设管理环节的连续性。规划和设计的管理从此将彻底分离，归属不同的工作性质和管理范畴。但无论采用哪种路径方式，在城市层面都

必须坚持以空间规划“一张蓝图”统筹项目实施，建立统一空间信息平台和业务协同平台，统筹协调各部门的项目规划建设条件，进行动态管理监测。

（二）城市设计工作的定位和走向

2015年城市工作会议召开后，全国掀起一轮城市设计热潮，学术界也发出为其立法的呼声。但城市设计追求创意和灵活的工作方式，与立法要求的规范和严谨本身就存在一定的矛盾。城乡规划职能划归自然资源部后，进一步强化管控和秩序的治理思路也将影响城市设计立法的进程。自然资源的空间管控遵循的是底线思维，而要塑造高品质的城市空间则需要高水平城市设计的价值创造。笔者建议将城市设计定位为一项研究工作，贯穿各层次空间规划之中，既服务于宏观规划层次“山、水、林、田、湖、海、草”大空间格局的构筑，又服务于微观层次的公共空间设计，并指导修建性详细规划编制和建筑方案设计及其管理实施。

（三）与生态环境规划的衔接关系

目前生态保护红线管理职能的归属尚未最终确定，笔者因此对未来能否实现空间统一管理心存疑虑。生态保护红线属于典型的空间管制规划，涉及一系列国土空间管理和建设项目准入的内容，与日常的开发建设管理许可紧密相关。如果不归属一个部门管理，今后又可能出现不同部门对于同一用地空间的项目准入资格认定的差异，增加诸多协调成本。可以预计，为方便各自管理需要，相关部门又可能建立各自的空间信息平台，设定不同的标准，以及不同的项目审查手续，极有可能重现以往“两规”的矛盾冲突。笔者认为，“三区三线”的统一管理应作为空间规划体系重构的基础。

（四）与其他部门规划的关系

在国家、省和区域层面，涉及国土空间开发利用的规划职能，如经济区规划、城市群规划、区域交通基础设施规划、水利设施规划和流域规划仍分散于多个部门中，多规冲突的可能性依然存在。因此，必须厘清这些规划的基本属性问题：①规划是否法定？有无国家审批的规范编制内容、实施期限和程序？②规划是否落地？是否涉及空间管治的内容？③是否涉及日常的项目审批管理或准入门槛？

如果暂不涉及上述与空间管理相关的权责关系，只要能够归口到统一的国土空间信息平台上进行统筹协调，就比较好处理。毕竟国家空间治理涉及方方面面，并不能靠国土空间规划“包打天下”。

六、结语

自然资源管理框架下的空间规划体系重构是一项艰巨复杂的工作，需要相当长时间的反复磨合，并需要通过实践的检验来逐步完善。当前，国家机构改革在城乡规划行业和学科领域引起的反响程度远远超过土地管理和生态环境领域，这不仅与长期以来城乡规划学术研究领域的不断扩大、技术队伍的持续壮大、行业领域的快速拓展有关，还与国家对城乡规划工作边界限制严重不匹配、不平衡有关，引发了部分规划从业人员对未来职业出路和市场前景的焦虑。笔者认为，作为政府行政权力工具的城市规划，与规划技术机构承担的业务范畴、城乡规划学科的研究范畴存在根本区别，三者不能混为一谈。目前讨论的国家空间规划体系重构，实际是探讨政府职能和权力架构调整后的政府规划工作边界问题，对行业和学科发展有一定影响，但这种影响并不具有颠覆性。城乡规划学科有其自身的知识体系和发展规律，不应该因行政机构的调整而随意改变，但可以优化学科的研究方向，为空间规划改革提供理论支撑。城乡规划设计行业必须顺应国家改革和市场需求，不断拓展业务范围，延伸服务链条，寻找新的发展机会。无论是城乡规划还是土地利用规划从业者，都需打破各自扩张或管控的单一思维惯性和路径依赖，互学彼所长，弥补己不足，才能适应新的挑战。

（撰稿人：邹兵，教授级高级规划师，深圳市规划国土发展研究中心总规划师）

注：摘自《规划师》，2018（07）：05-10，参考文献见原文。

基于立法视角的空间规划体系改革思路研究

导语：在当前行政机构改革，自然资源部门集中行使规划管理权的背景下，从立法视角探讨空间规划体系的改革思路，有利于审视空间规划体系的合理性、消除不同类型规划间的管理制度障碍、清除技术壁垒、厘清管理主体的权利和责任。从各类空间性规划的价值取向、立法基础、技术特点以及业务需求出发，结合“多规合一”“省级空间规划”试点经验，尝试从立法的视角，研究“央—地”事权的传导逻辑，探讨《空间规划法》[1] 与《城乡规划法》《土地管理法》及相关法律法规、技术标准的整合思路；提出在省域、市县以及乡镇层面，以国土空间规划为法定的空间规划纲领性文件，实现“一张图”＋“一套政策”的纵向、横向相结合的规划管理平台；建立基于地方事权的专项规划、详细规划体系。

空间规划自1980年代才逐渐作为专有名词正式出现在各国的文件中，1980年之前国际上所指的“空间规划”多为空间性的规划（Forman，等，1995；霍兵，2007）。空间规划往往被冠以不同的名称，如欧洲的“领土规划（urbanism eetaménagement du territoire)”、爱尔兰的“土地利用规划（land use planning)”、德国的“空间规划（raum planning)”英国的“城乡规划（town and country planning)”、日本的“国土规划”等（Healey Patsy，2004）。Healey Patsy（1998）甚至认为空间规划就是城市规划、区域规划。尽管国际上对其定义尚有分歧，可在内涵方面却有共识，均包括空间利用、政策协调、土地管制等方面的超前性安排。所谓空间规划，是指所有具备空间意义的规划行为和活动的统称，空间规划与国家或地区政治、行政体制联系紧密，包括空间发展、空间布局两层内容，具备纲领性和法定性的特征（Grabski-Kieron U，2005）。

我国学者严金明等（2017）、刘彦随等（2016）、董祚继（2015）等认为空间规划是对国土空间使用、政策协调和政府治理过程进行的预见性安排，是对国土空间格局的综合优化。朱江、尹向东等人则认为空间规划是经济、社会、文化、生态等政策的地理表达，是空间协调的手段和工作方法（王向东，等，2012）。

---

[1] 我国目前并无《空间规划法》，《空间规划法》是我国学者基于空间规划立法相关政策文件提出来的概念。

以2015年《生态文明体制改革总体方案》的颁布为分水岭，之前的研究侧重于空间规划体系以及存在的问题，旨在寻求“多规合一”的方法和路径（林坚，等，2014；顾朝林，2015；何子张，2015；苏涵，等，2015），之后的研究则侧重于我国条块分割的规划管理体制和规划运作机制的改革建议（王蒙徽，2015；樊杰，2016；张兵，等，2017）。

可见，目前政府机构、学界在空间规划技术与体制层面都进行了较深入的探讨，研究内容集中于多规合一、空间性规划之间的技术统筹或协调机制方面（杨保军，等，2016），而对于空间规划立法视角的研究并不多。既有的研究有助于剖析我国各类空间性规划偏多、规划之间矛盾冲突、规划法定地位差异较大和规划失效等问题，但并不能从制度上厘清上述问题。因此，空间规划立法过程中潜在的制度整合、管理体制梳理以及法定规划间的关系等方面尚有进一步研究的必要。

一、空间规划改革的背景

（一）新时代城乡空间发展面临着新的问题

当前中国正处于城镇化中期和社会转型发展的新时代，生态文明需求下资源承载力已达到或接近上限，人口、资源、环境的约束性不断加剧，转型面临的问题日趋复杂（严金明，等，2017）。首先，城镇化模式发生了重大变化，城镇从普遍的快速扩张转向扩张和内部优化并存，人口从农村向城镇单向流动的趋势出现了新苗头[1]。其次，传统城镇化过程中的地产、工业和基建动力正逐步减弱，规划要解决的主要矛盾亦出现了根本性变化。再次，城乡规划已从以“建”为主发展到“建管”并重的历史时期，应着重强化现代化国家治理体系和治理能力。最后，新一轮科技创新浪潮给空间规划决策支持系统带来了新的机遇和挑战。大数据时代下空间规划具备了支持深入研究城乡空间流动、土地混合利用、微观个体差异、空间时间分布等问题的条件，能够发挥网络、信息设备及传感设备的数据采集、挖掘分析等技术优势，在空间规划中逐步凸显技术理性和逻辑理性（秦萧，等，2014）。

因此，新时代城乡空间转型发展过程中面临的新问题，决定了我国的空间规划改革的复杂性和关键矛盾，必须建立适应新时代空间规划需求的规划技术、管理和法律法规体系。

---

[1] 根据王晓东在2017中国城市规划年会之学术对话八“让城市总体规划更有用”学术报告上的发言《总规的时代需求和变革方向》整理。

（二）空间规划立法的政策背景

自“十五”时期实施新的区域政策和“十一五”时期的主体功能区政策，规划界开始思考从空间整合的角度重构完整的空间规划体系（吴良镛，2001；王凯，2006；汪劲柏，赵民，2008）。2013 年 12 月，中央城镇化工作会议明确提出：“建立空间规划体系，推进规划体制改革，加快规划立法工作。编制空间规划和城市规划要多听取群众意见、尊重专家意见，形成后要通过立法形式确定下来，使之具有法律权威性。”2014 年 3 月由中共中央、国务院印发的《国家新型城镇化规划（2014—2020 年）》，再次明确：“建立空间规划体系，加快完善空间开发管控制度”。2014 年 8 月，国务院四部委开展全国 28 个市县的“多规合一”试点工作，旨在探索空间规划协调工作机制。2015 年 9 月国务院发布《生态文明体制改革总体方案》提出：“构建以空间规划为基础、以用途管制为主要手段的国土空间开发保护制度”及“构建以空间治理和空间结构优化为主要内容，全国统一、相互衔接、分级管理的空间规划体系”。2017 年 1 月，中共中央办公厅、国务院办公厅印发《省级空间规划试点方案》，先后启动了海南、宁夏、浙江和江西等 9 个省份的省级空间规划试点，尝试通过划定“三区三线”，统筹各级各类空间性规划，建立省、市统一衔接的空间规划体系；对导致各类空间性规划矛盾冲突的法律法规、部门规章、技术规范等进行系统梳理，在试点地区暂停执行或调整完善的相关法律、行政法规，统一提请全国人大常委会或国务院批准后实施；探索空间规划立法，在省级空间规划和市县“多规合一”试点基础上，对空间规划立法问题进行研究。

2018 年 3 月 17 日，十三届全国人大一次会议通过了《国务院关于提请审议国务院机构改革方案》，组建自然资源部，集中行使住房和城乡建设部城乡规划管理、国家发展和改革委员会主体功能区规划、国土资源部、国家农业部、国家林业局、海洋局、国家测绘地理信息局等所有国土空间用途管制和生态维护的职责，各省、市县的机构改革也将跟进。将规划管理权限整合为一个部门仅仅是空间规划体制改革的第一步，各规划管理机构并入后如何分工，工作边界如何界定，相应法律法规和技术标准之间的矛盾如何协调，这些都亟待综合性地解决。而从空间规划立法的视角审视空间规划体系改革思路的可行性，对于从制度层面研究规划协调困难问题，统筹各类规划内容从属关系、清除彼此间技术壁垒，厘清中央和地方在规划管理中的工作边界等方面都有十分重要的参考意义。

因此，在当前省级空间规划试点仍在继续，规划管理部门已然确立的背景下，开展空间规划立法的研究已非常迫切，而改革的取向则是空间规划体系建构的关键。

二、空间规划体系的研究综述

目前，国务院、各部委、各级政府部门以及各学术团体从自身的职能、经验出发，在空间规划体系的建设方面积累了较多的研究成果，形成了诸如“1＋N（X）”“1＋4＋N（X）”“1＋3＋N（X）”等在内的6类主要的改革观点。一是合并主要的空间性规划类型，自上而下地建立发展规划与空间规划并行的规划体系；二是以国土规划为基础，编制国土空间规划，将城乡规划、环境保护规划、主体功能区规划等整合成为统一的国土空间规划（王向东，等，2012；祁帆，等，2016；马永欢，等，2017）；三是以法定的城乡规划为基础，整合其他各类规划的核心内容，完善统一后的“总体规划”（王凯，2006；尹强，2015；杨保军，等，2016）；四是以社会经济发展规划、主体功能区规划为依托，统筹其他各类规划，编制市县“总体规划”（王磊，等，2013；陶岸君，等，2016）；五是协调各类规划的核心内容，编制新的空间总体规划作为城市整体层面法定的纲领性文件，主体功能区规划、国民经济和社会发展规划、城乡规划、国土规划、环境保护规划等作为下层次专项规划对其进行补充和完善（许景权，等，2016，2017；严金明，等，2017；谢英挺，等，2015；廖威，等，2017；李桃，等，2016）；六是部分学者认为当前体制下实现一个规划统领全局尚不现实，主张通过沟通、协商的机制，推进多线并行的空间规划体系（林坚，等，2011；朱江，等，2016；朱德宝，2016）。另外，还有部分学者从现行各类规划的特点出发，融合了上述的改革思路。认为在国家、省域层面以主体功能区规划、社会经济发展规划为主体，整合城镇体系规划的内容，编制区域空间规划，与区域发展规划共同组成法定的规划体系；而在市、县层面，则以城乡规划或国土规划为基础，整合成为新的法定的空间总体规划，统筹各专项规划的编制。无论哪种空间规划的改革观点均有其特定的法律、法规基础，现实的规划管理经验积累和相应的技术规范体系，都具备从各自领域出发统筹考虑空间规划全局的条件。从省级空间规划、“多规合一”、城市总体规划改革等各类试点经验来看，在没有相应的法律政策授权下，“多规合一”只能是一项规划协调和衔接工作，仅可作为短期的施政计划，需要不断的行政干预，不具备“一张蓝图”干到底的条件（王富海，等，2016）。试点县市开展的发展总体规划、国土空间综合规划、“城乡总体规划”等创新设计，多追求技术乃至形式的一致，往往因其法律地位、技术标准、行政管理制度等方面的缺失而难以实施。新的空间规划仅仅解决了规划结果的矛盾，条块分离的协调机制并未形成（邹兵，2018；袁奇峰，等，2018）。随后，国家适时开展了省级空间规划试点，放开了法律法规的限制，试点对各系统的法律法规突破不尽相同，试点之间的差异性也亟待总结，这些突破和创新终究需要制度化的解决方案，通过立法的途径确立下来。

因此，单纯地从技术上很难界定空间规划体系的合理性，而从立法的视角进行理论探讨，弄清改革价值导向，厘清中央和地方、国土空间规划和现存规划之间的工作边界，对于建立完善的空间规划体系具有十分积极的意义。

三、规划立法与空间规划体系改革取向

（一）空间规划的改革导向

空间规划体系改革的根本在于对各类空间性规划的定位。规划究竟是对地方有用还是对中央或上级政府有用？2017年10月至12月，中共中央、国务院先后批复了北京、上海两个城市的总体规划，其本身就是国土空间规划。以上海为例，新一轮的总体规划建立的“1＋3”成果体系，其中的“1”为大都市区空间规划，内容包括了目标、模式、布局、策略等，是从战略、政策层面指导城市空间发展的纲领性文件，与中央事权有关，经国务院批复后由地方进行贯彻实施。“3”的内容为分区指引、专项规划大纲和规划行动大纲，属于地方事务，由上海市政府根据国务院批准的总规文件自行审批和实施。通过上下垂直传导和地方治理工具两条线索，解决了规划的有用性，明确了规划对谁有用的问题。

根据《宪法》：“中央和地方的国家机构职权的划分，遵循在中央的统一领导下，充分发挥地方的主动性、积极性的原则。”因此，对地方事务的管理同样需要服从上级和中央的领导，这并不等同于所有的地方规划事务都需要上级乃至中央的审批，在当前“简政放权”的背景下，对地方与上级、地方与中央的事权进行适当划分是必要的。早在2004年，国务院《关于深化改革严格土地管理的决定》（国发〔2004〕28号）就曾提出：“调控新增建设用地总量的权利和责任在中央，盘活存量建设用地的权利和利益在地方，保护和合理利用土地的责任在各级人民政府”。《立法》也明确：设区城市的人民代表大会及其常务委员会根据本地的具体情况和实际需要，可以对城乡建设与管理的事项制定地方性法规。可见，关于中央和地方在具体的规划事务方面，其实是有一定的划分原则的，应随着空间规划的立法逐步得到明确。

从本次的规划职能调整结果来看，体现了中央对地方规划管理权的上收。城市规划本质上说属于地方事务，其核心目的是体现城市在社会经济发展中的诉求，是具有扩张性的规划。而国土规划是以“分指标”为特征，自上而下地刚性传导，体现保护控制的特点。在我国城镇化经历了长达几十年的快速扩张后，面临的资源环境压力使得我们不得不加强对自然资源的控制力度，这一点从自然资

源部的命名中即有体现。而在生态文明建设的背景下开展的空间规划体系改革，应彰显国家对坚守生态底线、保护资源的决心。

从“央—地”关系的角度来说，城市仅需要一部具有纲领性的空间总体规划，应随着自然资源部门的组建，自上而下地建立法定的国土空间规划，对地方的发展定位、目标和关键性指标进行约束，贯彻国家发展战略部署。而城市的发展和建设思路则是地方事权的范畴，应是地方政府实施规划治理的政策工具，无论是分开还是合片编制，都与国土空间规划的核心逻辑有着本质的差异，而关键在于在现有的行政体制下“央—地”事权在规划内容上很难界定（孙施文，2018）。从当前的规划体系来看，各类空间性规划均具有自上而下传导的特征，体现着中央和上级政府对城市的管控，不属于本级政府决策的内容或多或少地进入各类规划的编制，甚至作为了主体内容。各类空间性规划中，主体功能区规划、土地利用总体规划均具有很强的自上而下的传导特点，有条件调入国土空间规划中，城市总体规划中诸如城市定位、发展规模等上层次规划管控的内容亦可考虑纳入国土空间规划。体现地方事权的规划可以作为国土空间规划的一部分，并在审批和监督管理方面有所区别。从这个角度而言，城市规划应更集中关注城市的社会经济统筹，加强对城乡空间的建设管理、空间布局和设施安排等地方发展的问题（图 1）。

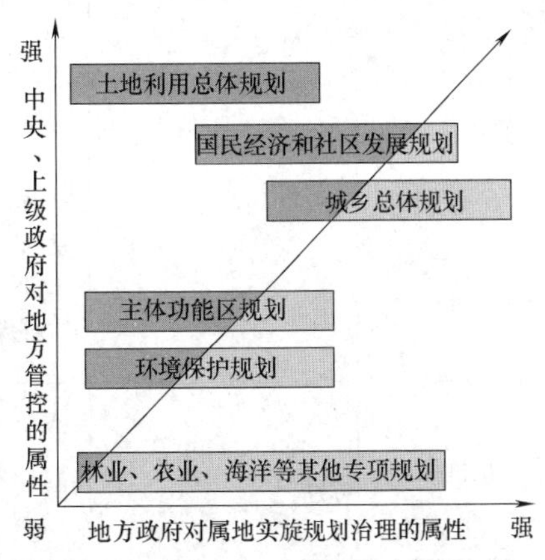

图 1　现状各类空间规划的规划导向

（二）空间规划的法理基础

当前我国正在实施的主要空间性规划分别有其相应的法律、法规支持体系。如我国《宪法》明确要求编制的国民经济和社会发展规划，《城乡规划法》明确要求的城镇体系规划、城市规划、乡规划和村庄规划，《土地管理法》明确的土地利用总体规划以及《环境保护法》明确的生态环境保护规划等。长期以来，为保证规划的管理实施，国务院以及各行政主管部门相继颁布了大量的法规、行政规章，各类规划的制度建设均有不同程度加强。其中，法定规划内容最明确、要求最严格当属城乡规划和土地利用规划，管理最为严格的当属国民经济和社会发展规划、土地利用规划。各类规划的法律、法规基础之间并不存在明显的从属关系。从法律条款内容来看，城乡规划侧重对建设用地的管理，空间建设管理属性较强；土地利用规划侧重对建设用地指标和非建设用地土地用途的管制，空间属性并不十分严格。在当前自然资源部门集中行使规划管理权的背景下，有条件通过颁布《空间规划法》，来统筹各从属法、法规以及行政规章等内容，形成完善的法律、法规体系（表1）。

各类空间性规划的法律基础对照表　　表1

	主体功能区规划	城乡规划	土地利用规划	环境保护规划
法律依据	无	《城乡规划法》	《土地管理法》	《环境保护法》
法规及部门规章等政策性依据	《国务院关于编制全国主体功能区规划的意见》（国发〔2007〕21号）； 《全国主体功能区规划》	《省城城镇体系规划编制审批办法》,2010； 《城市规划编制办法》,2006； 《城市、镇控制性详细规划编制审批办法》,2010； 《历史文化名城名镇名村保护条例》,2008； 《城市黄线管理办法》,2005； 《城市蓝线管理办法》,2005； 《城市绿线管理办法》,2002； 《城市紫线管理办法》,2003； 《建筑项目选址规划管理办法》,1991； 《城市国有土地使用权出让转让规划管理办法》,1993； 《城市地下空间开发利用管理规定》,2001	《关于进一步做好永久基本农田划定工作的通知》（国土资发〔2014〕128号）； 《土地利用总体规划编制审查办法》,中华人民共和国国土资源部令第43号〔2009〕	《国务院关于实行最严各水资源管理制度的意见》（国发〔2012〕3号）； 《全国生态环境保护刚要》,（国发〔2000〕38号）
审批机关	省（区、市）人民政府	上级人民政府	国务院、省人民政府	国务院、省环境保护厅、市县人民政府
法律效力	弱	较强	强	一般

注：法律法规效力等级由弱到强分别由弱、较弱、一般、较强、强表示。
资料来源：笔者自绘。

空间性规划的实施还得益于行政许可制度。我国自1984年《城市规划条例》建立国有建设用地规划许可制度后，1990、2007年先后对其进行了修订，形成了如今的“三证一书”，随着30余年城镇化发展，不断趋向成熟。国土部门也于1986年通过《土地管理法》，建立了“统一的分级限额审批”机制，并于1998年修订，确立了土地用途管制制度。2000年以后，环保、发改、林业等部门相继提出了各自领域的空间规划或许可制度，参与国土空间开发控制权。这些制度除“三证一书”为二级土地用途管制外，其余均为一级土地开发控制权（林坚，等，2018）。自改革开放以来，国土空间用途管制制度对规范我国城乡管理、维持开发建设秩序都起到了至关重要的作用，对空间规划立法改革而言，可分别从中央对地方的垂直约束和地方事务管理的角度继承其经验，规避曾经出现的问题（图 2）。

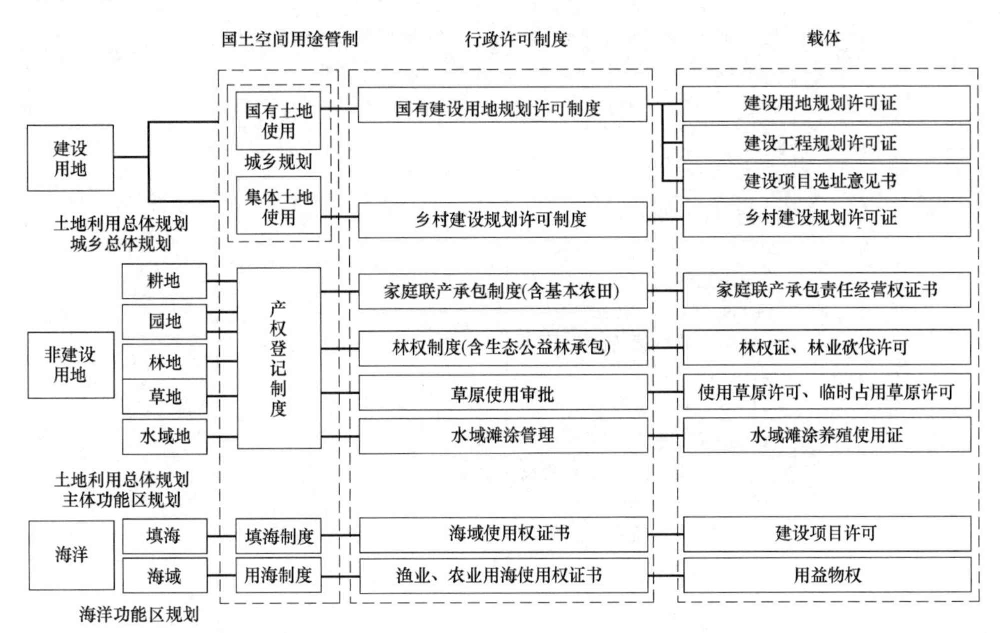

图 2　我国的国土空间用途管制制度示意图

（三）空间规划的技术特点

从我国主要的空间类规划的技术特点来看，国民经济社会发展规划和主体功能区规划是综合性、纲领性的规划；土地利用总体规划是指标控制性的规划；城乡规划则具有点—线—面特点，对各级城市、镇、乡和村庄等构成的城镇体系进行布局，并以建成区内的空间功能为重点进行土地开发用途的具体化管理（杨志恒，2011）。对于城镇建设用地而言，城乡规划无论是法律、法规和技术标准、规范，还是技术分析方法都更为成熟，研究手段更丰富，更能体现地方的实际需求；而国土规划则侧重指标的控制和土地用途的管控，在现状地理信息调查、数据管理、一张图维护等方面，都体现准确和总量控制特征，管理效果显著。与前两者相比，主体功能区规划则侧重空间分析技术的运用和主导发展方向的引领，技术标准和规范体系建设都相对匮乏；环境保护规划的技术积累侧重评估，体现很强的技术校核特点。一旦相应的技术规范体系得到整合，各类规划所积累的技术经验本身是通用的（表2）。

各类空间性规划的技术标准、规范对照表　　表2

	主体功能区规则	城乡规划	土地利用规划	环境保护规划
分类标准	无	城市用地分类与规划建设用地标准(GB 50137—2011) 镇规划标准(GB 50188—2007)	土地利用现状分类标准(GB/T 21010—2007)	无
主要的国家标准	无	防洪标准(GB 50201—2014) 城市居住区规划设计规范(GB 50180—93)2016年版 城市道路交通规划设计规范(GB 50220—95) 城市工程管线综合规划规范(GB 50289—2016) 城市环境卫生设施规划规范(GB 50337—2003) 历史文化名城保护规划规范(GB 50357—2005) 风景名胜区规划规范(GB 50298—1999) 城市防洪工程设计规范(GB/T 50805—2012) 城市规划基本术语标准(GB/T 50280—98) 城市工程管线综合规划规范(GB 50289—2016) 城市给水工程规划规范(GB 50282—2016) 城市排水工程规划规范(GB 50318—2017) 城市电力规划规范(GB/T 50293—2014) 城市抗震防灾规划标准(GB 50413—2007) 城镇老年人设施规划规范(GB 50437—2007) 等相关的标准50余部	无	企业节能规划编制通则(GB/T 25329—2010)

续表

	主体功能区规则	城乡规划	土地利用规划	环境保护规划
主要的行业标准	无	城市绿地分类标准(CJJ/T 85—2002) 城市道路绿化规划与设计规范(CJJ 75—97) 城市规划工程地质勘查规范(CJJ 57—2012) 城市用地竖向规划规范(CJJ 83—99) 城市规划制图标准(CJJ/T 97—2003) 等相关的标准30余部	土地利用现状调查省级、地(市)级汇总技术规程(TD 1002—1993) 土地利用动态逐感监测规程(TD/T 1010—1999) 市(地)、县、乡级土地利用总体规划编制规程(TD/T 1023—2010) 市(地)、乡(镇)土地利用总体规划数据库标准(TD/T 1026—2010) 市(地)、县、乡(镇)土地利用总体规划制图规范(TD/T 1020—2009)等	矿山生态环境保护与恢复治理方案(规划)编制规范(试行)(HJ 652—2013) 环境专题空间数据加工处理技术规范(HJ 927—2017)等
特点	—	以国家标准为主,侧重规划布局和设计,形成了较为完整的规划标准体系	以行业标准为主,注重现状数据的摸查和管理	行业标准侧重检测技术,较少涉及空间规划的内容

注:从环境保护部(现生态环境部)网站查询,环境保护类的标准包括水、大气、噪声、土壤、固废、核辐射、生态保护、环评等标准多达501项,绝大多数为行业标准且与空间规划不直接相关。

资料来源:笔者自绘。

就当前空间规划体系而言,总体规划层面既需要刚性的、指标总量约束性的技术管理工具,又需要成熟的配套标准、规范支撑,才能快速形成完整的规划制度,保障城乡空间管理体制的上传下达;具体到城镇建设用地部分仍依赖于城乡规划领域成熟的技术管理经验,对于建设用地的规划管理,应继承控制性详细规划、修建性详细规划,几十年的城镇建设实践也证明了规划许可制度的有效性。因此,在当前空间规划立法的背景下,一方面需要做好对现有成熟的技术规范、标准进行整合;另一方面还要针对城镇建设用地外的空间规划领域,快速补充相应的技术标准和规范,加强政策和技术配套,形成完备的技术标准体系。

(四)空间规划的业务需求

从业务开展的视角来看,应结合现有的主要空间性规划的业务特点,在制度上进行适度的整合。包括法律法规的整合、技术标准和规范的整合,行政许可制度的梳理,重复性管控内容的整合和考核机制的建设五个层面的制度建设。

法律层面,可制定《空间规划法》,同步修改和完善《城乡规划法》《土地管理法》等法律的内容,加强配套的法规、行政规章的整合,形成符合空间规划体系的法规体系;技术标准和规范方面,应加强城乡规划、国土规划等规划类型的技术标准的整合,形成新的规划技术标准体系,实现国土空间的统筹管理,完善空白领域的标准建设；在许可制度层面，整合各类规划许可事项，以机构改革为契机，合理配置发改、规划、国土、环保、林业、海洋等部门技术力量，形成与实际业务需求一致的自然资源空间管理队伍；在空间规划体系的建设中，对原规划、国土、环保、林业等部门重复管理的内容，结合法律、法规进行具体化整合，重新明确空间规划强制性内容；在干部考核机制方面，将空间资源的管理、空间规划的建设管理水平与干部的考核挂钩，建立基于自然资源的执政考核机制（表 3）。

各类空间性规划的业务特点对照表 **表 3**

<table>
<tr><th></th><th>主体功能区规划</th><th colspan="2">城乡规划</th><th>土地利用规划</th><th>环境保护规划</th></tr>
<tr><td>工作坐标</td><td>无</td><td colspan="2">地方坐标、西安 80 坐标</td><td>西安 80 坐标、北京 54 坐标、2000 国家大地坐标系❶</td><td>西安 80 坐标、北京 54 坐标</td></tr>
<tr><td>工作抓手</td><td>主体功能管控</td><td colspan="2">三证一书等行政许可</td><td>年度计划、农用地转建设用地审批、用地预审等</td><td>准入性审批、可研、环保监察等</td></tr>
<tr><td>工作重点</td><td>定原则</td><td colspan="2">管坐标</td><td>控指标</td><td>保底线</td></tr>
<tr><td>管理平台</td><td>无</td><td colspan="2">城乡规划信息平台，遥感卫星督查</td><td>一张图管理平台、遥感卫星监察</td><td>遥感卫星监察</td></tr>
<tr><td rowspan="2">主要管理内容</td><td rowspan="2">优化开发区、重点开发区、限制开发区以及禁止开发区环境资源承载力</td><td>总体规划层面</td><td>已建区、适建区、限建区以及禁建区“四线”的规定
城市绿线、蓝线、紫线、黄线以及建设用地红线的规定三区三线❷
中心城区以及城市规划区
城镇体系规划
城市性质、规模以及功能布局
基础设施布局
城市更新</td><td rowspan="2">允许建设区、有条件建设区、限制建设区以及禁止建设区的边界基本农田保护区
山水林田湖草矿等用地管理三区三线❸</td><td rowspan="2">生态红线
重点生态功能区、生态环境敏感区和脆弱区等生态功能区划
自然保护区
饮用水源保护区</td></tr>
<tr><td>详细规划层面</td><td>用地控制以及规划条件</td></tr>
<tr><td>考核机制</td><td>无</td><td colspan="2">规划评估（几年一次或修编前评估）</td><td>计划指标使用考核、耕地保护责任制</td><td>无</td></tr>
</table>

注：自然保护区、风景名胜区、湿地、生态公益林等内容往往同时在城乡规划、国土规划、林业规划等规划类型中体现，业务的重叠将同本表中的主要管理内容一样，随着自然资源部门的建立而得到整合。
资料来源：笔者自绘。

---

❶ 据 2018 年 3 月 27 日，国土资源部、国家测绘地理信息局关于加快使用 2000 国家大地坐标系的通知（国土资发〔2017〕30 号）要求：2018 年 7 月 1 日起全面使用 2000 国家大地坐标系。

❷ 2016 年 10 月，国务院法制办发布的《城市总体规划编制审批管理办法（征求意见稿）》（未实施）“三区三线”内容为：生态空间、农业空间、城镇空间和生态保护红线、永久基本农田、城镇开发边界。2017 年 9 月 8 日，住房和城乡建设部颁布《关于城市总体规划编制试点的指导意见》（建规〔2017〕199 号）明确：“科学划定‘三区三线’空间格局，协调衔接各类控制线，整合生态保护红线、永久基本农田保护线、水源地和水系、林地、草地、自然保护区、风景名胜区等各类保护边界，按最严格的标准，在全市域范围内划定生态控制线和城市开发边界……”。

❸ 2017 年 3 月 24 日，国土资源部印发《自然生态空间用途管制办法（试行）》（国土资发〔2017〕33 号）：“‘三区三线’，包括陆域生态空间、农业空间、城镇空间和生态保护红线、永久基本农田、城镇开发边界，以及海洋生态空间、海洋生物资源利用空间、建设用海空间和海洋生态保护红线、海洋生物资源保护线、围填海控制线”。

四、立法视角下的空间规划体系

立法视角的空间规划体系的研究，不但包括各级空间规划的技术体系，还包括相应的法律法规及规划管理制度体系的研究。基于空间规划的改革导向、法理基础、技术积累和业务需求等维度考虑，各类空间性规划均具有各自领域的局限性，过多地整合其他行业规划到某类规划中，等同于异化成了一种新的总体空间规划类型，而一个城市不需要也不能同时存在多部法定的总体性空间规划。因此，空间规划的改革并不具备以城乡规划、土地利用规划、主体功能区规划或环境保护规划等某一行业规划为主体，统筹其他规划的可行性。在当前空间规划立法的前提下，城市只能以国土空间规划作为唯一法定的总体性空间规划。

在省域、市县以及乡镇层面，分别确立国土空间规划为法定规划，与相应的国民经济和社会发展规划共同形成全域的纲领性文件。该层面空间规划作为中央、上级政府对地方的垂直管理依据，强调自上而下的衔接和政治管理需要，同时明确全域空间的指标和底线，体现地方社会经济发展目标。应分别强调规划的垂直管理属性和地方发展两方面的诉求。而具体的空间规划体系改革可参考两种思路。

（一）继承性思路

省域层面的主体功能区规划、城镇体系规划、土地利用规划等作为专项规划，分别在相应的领域深化和支撑国土空间规划内容，形成专项规划体系。市县层面需在国土空间规划指导下编制城乡规划、土地利用规划、主体功能区规划等专业规划，成为国土空间规划的附件：强调政策性、制度性，注重与配套政策的结合，全面体现地方发展意图。在国土空间规划、专项规划的指导下编制覆盖全域的法定控制性详细规划，服务于具体化的规划管理。该思路很好地继承了现有各类空间性规划的基础，抽离了各类规划的不属于地方事务的内容形成国土空间规划的核心内容，强调规划的垂直传导属性。同时也将能够体现地方发展意志的内容纳入空间规划体系中。有利于自然资源部门对各类空间性规划管理团队的快速整合，便于统筹已编或在编的各类规划的成果，具有较强的传承性。同时，将控制性详细规划延展至生态空间和农业空间也将有利于对全域的精细化规划管理，贯彻具体的城乡治理措施。该思路，需要确立《空间规划法》为主干法，同步修改《城乡规划法》《土地管理法》《环境保护法》等相关法律内容；整合各类有关空间规划的部门规章、行政法规等政策性文件；跟进技术标准、规范的修编工作（图 3）。

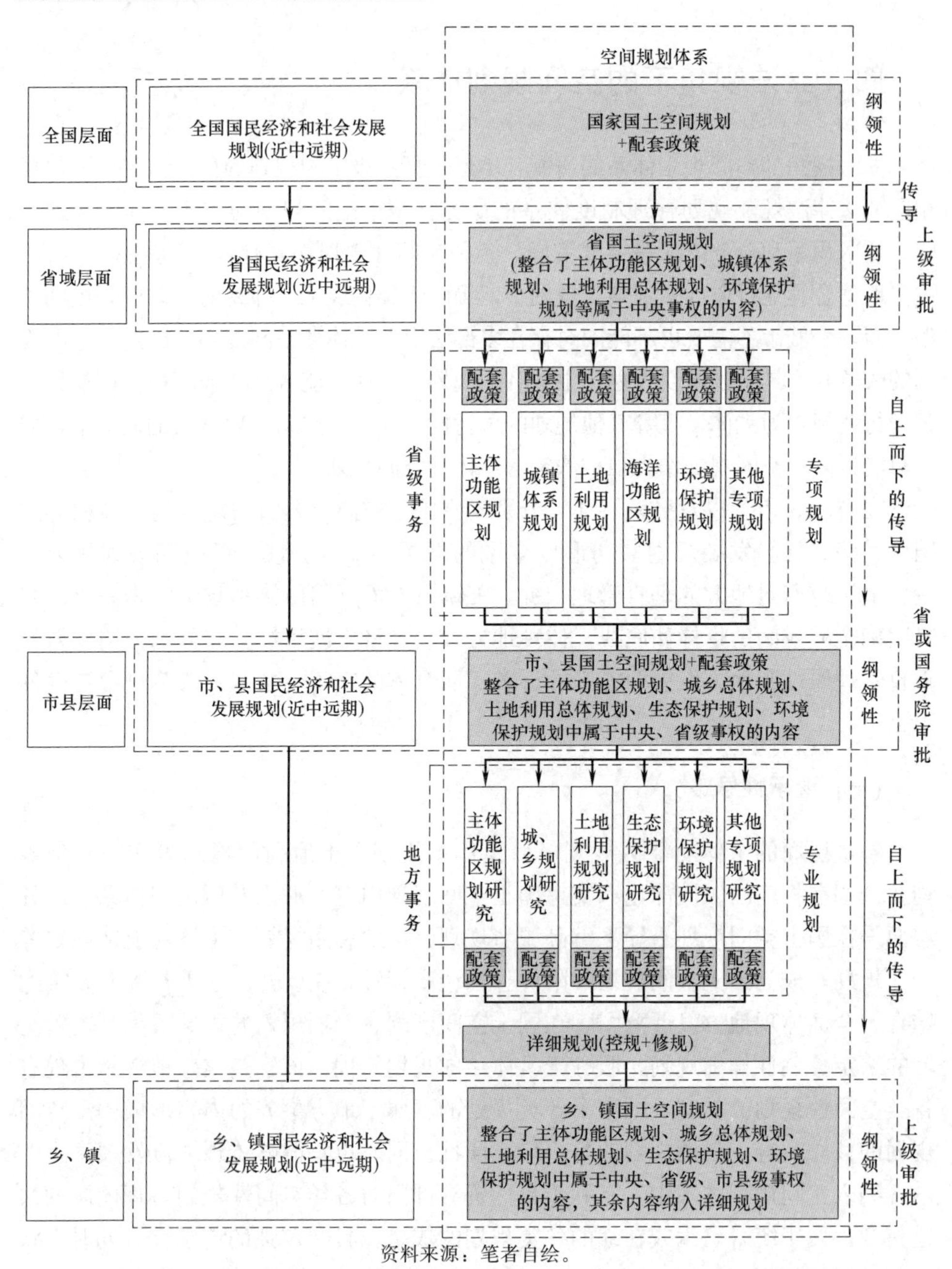

资料来源：笔者自绘。

图3　空间规划体系改革思路1

（二）整合性思路

省域层面的国土空间规划整合了主体功能区规划、土地利用总体规划、城镇体系规划以及环境保护规划等规划的中央事权有关的内容，形成唯一的法定规划。不再单独编制主体功能区规划、土地利用规划、城镇体系规划以及环境保护规划等规划，将其属于省级事权的内容整合到相关的各行业专项规划中。市县层面将城乡总体规划、主体功能区规划、土地利用规划、环境保护规划等规划中属于中央、省级事权的内容整合到国土空间规划编制中，形成唯一的法定规划，其余内容分别整合到相关的专项规划中，成为国土空间规划的组成部分，体现地方施政理念和管理需要，指导各分区规划、详细规划的编制。市县层面仍然需要编制覆盖全域的控制性详细规划，作为土地规划管理的法定依据。整合性思路需要结合《空间规划法》，大幅修改《城乡规划法》《土地管理法》中的部分章节以及

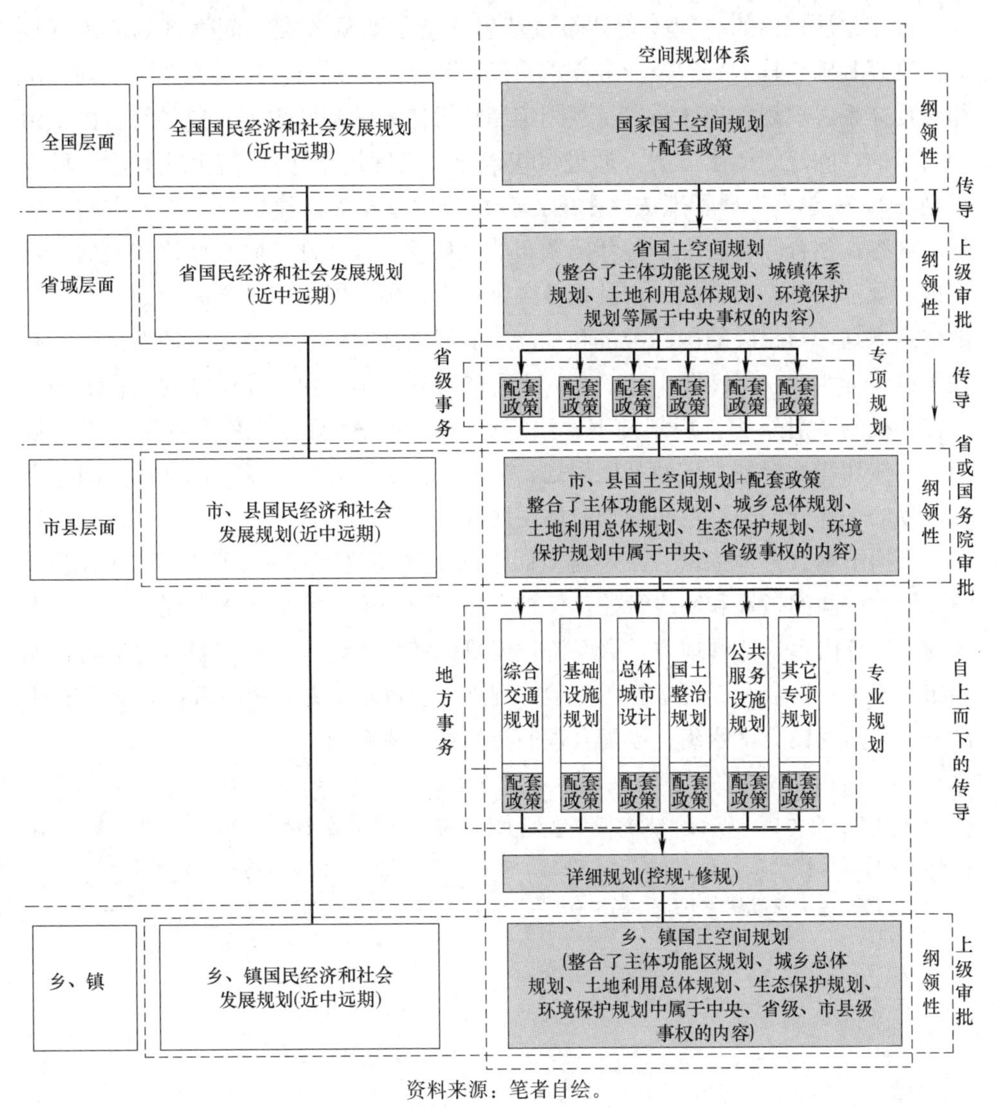

资料来源：笔者自绘。

图 4　空间规划体系改革思路 2

相关法律法规中有关空间规划的内容。整合原有法规、各部门颁布的规章等政策性文件，同步修改相关的技术标准、规范文件。该思路对现有各类型规划的整合力度较大，通过空间规划立法的手段能够将各类空间规划进行最大程度的整合，便于自然资源部门对管理队伍、规划编制体系以及法律法规、标准规范等系统进行根本性的梳理，形成全新的空间规划体系（图 4）。

五、结语

基于立法视角的空间规划体系改革思路就是要从各类空间性规划的改革导向、法理基础、技术特点及业务需求出发，从立法的视角分析研究各类规划在法律法规体系、规划管理体系以及规划编制技术体系的基础积累，提供符合国土治理需求的空间规划体系方案。通过尽快颁布《空间规划法》，整合或修改《城乡规划法》，完善《土地管理法》中的部分章节以及相关法律法规中有关空间性规划的内容；整合原有法规、各部门颁布的规章等政策文件；同步修改相关的技术标准、规范文件。在省域、市县以及乡镇层面，确立以《国土空间规划》为唯一的法定规划，与相应的国民经济和社会发展规划共同形成全域的纲领性文件，有利于搭建全域“一张图”＋“一套政策”的规划管理平台，强调规划的自上而下的传导机制，消除各类规划冲突、法定地位差异大和规划失效等问题；城乡规划、主体功能区规划、土地利用规划、环境保护规划等作为专业规划成为国土空间规划的一部分。国土空间规划应体现两部分的属性。其一，作为中央、上级政府自上而下垂直管理依据，强调自上而下的衔接和政治管理及监督考核的需要，应强调对空间的指标和底线管控，保护自然资源和平衡社会经济发展；其二，作为地方事务内容，体现地方社会经济发展目标和行动计划，落实城市的空间管理和布局安排，结合配套规章，落实地方规划治理诉求，并在审批和执行方面有所区分。从而建设分工明确、级配合理的空间规划体系。

（撰稿人：赵广英，深圳市城市规划设计研究院有限公司，主创规划师，工程师；李晨，深圳市城市规划设计研究院有限公司，总师室主任，副总规划师，教授级高级规划师）

注：摘自《城市规划学刊》，2018（05）：37-45，参考文献见原文。

伦理与秩序

——空间规划改革的价值导向思考

导语：当前我国空间规划改革处于由国土整合阶段向体制变革阶段过渡的时间拐点，首先，对国土整合阶段的核心方法和核心特征进行总结，并反思当前空间规划所面临的核心困境为精细治理目标下的空间管理权界缺位。然后，通过对近30年来我国空间资源配置措施的梳理，认为我国空间规划的价值观由工业文明时代的重发展轻保护转变为生态文明时代的保护与发展相融合。基于此，从价值本源角度分析，提出当前空间规划的问题在于体系与制度的调整滞后于价值观的转变。最后，以发展与保护融合的价值观，对新时期空间规划改革路径进行优化与创新，提出近期以分级分类为手段，在纵向上优化国家空间规划体系，远期遵循“依目标划空间、依空间定事权、依权界行整合”的路径在横向上重构空间规划体系。

一、引言

我国正处于全面深化改革的转轨时期，中共十八届三中全会提出“推进国家治理体系和治理能力现代化”作为改革的总体目标之一。在空间治理方面，现行空间规划存在体系上的交叉重叠以及体制上的事权冲突等问题，严重影响了空间治理效率，由空间规划、用途管制、差异化绩效考核等构成的空间治理体系同样面临着转型与重构的新使命。为适应中国具体而复杂的实际需求，以及防止由于缺乏底层经验和中间过渡环节而造成阶段性的体系混乱，我国空间规划改革分为两个阶段：以“多规合一”为探索手段的国土整合和以“权界清晰”为后续目标的机制变革。前者是问题倒逼下的一种过渡性、应对式的技术措施，属于方法论；后者是体现国家现代治理价值理念的意识形态，属于上层建筑。层级上，我国的国家空间规划体系包括国家、省、市县三个层面，因此，空间规划改革必然是分阶段、分层级动态渐进的过程。

从第一批市县“多规合一”试点工作结束，到省级空间规划试点方案启动，再到海南省空间规划委员会的成立，标志着我国空间规划改革达到了阶段转换的拐点：既是探索完善省和市县两级规划协调衔接的技术拐点，又是基于顶层设计视角探索体制机制重构的政策拐点。新阶段我国空间规划改革的工作内容和目标将呈现出从空间到非空间、从技术到体制、从问题导向到价值导向的转变，无论是技术层面还是体制层面均须主动应对。

学术界对于空间规划的研究，伴随着改革实践的推进同样大致分为两个阶段。以2015年中共中央国务院印发《生态文明体制改革总体方案》为时间节点，节点以前多集中于以空间规划体系的现状问题为核心，对其产生的原因、“合一”的路径和成果等方面进行探讨；节点以后，越来越意识到多规矛盾的根本原因在于体制上的条块分割，研究方向多基于政府事权视角提出相关体制机制建议，同时2016年10月中央深改组第二十八次会议将“三区三线”[1]融入空间规划编制过程，技术实践进一步丰富和完善。然而既往研究多基于自下而上的问题导向，却忽视了空间规划改革所处的时代背景转变：由工业文明转向生态文明、由追求高速发展转向理性发展。相应地，并未意识到将空间规划改革纳入生态文明体制改革，实质上体现了国家在空间资源配置的价值取向和措施方法上主动适应新时期空间发展价值观的战略意图。价值观决定方法论，本文试图基于保护和发展融合的价值导向视角，探讨新阶段空间规划改革的创新路径。

二、返躬内省——对当前空间规划实践的反思

国土整合阶段，空间规划改革以市县“多规合一”和省级空间规划为主要内容，在试点范围内进行分部门探索，各部门的技术路线和改革路径各具技术优势与特色，对我国的空间规划改革做出了多方式探索，但又同时面临着相同的核心困境。

（一）核心方法：战略引领下的秩序建构

总结市县“多规合一”试点经验，概括目前“多规合一”的核心技术路线为“‘城市发展战略+政府统筹平台’—全域一张蓝图—近期实施策略”。首先全域层面编制城市空间战略规划进行定性、定量、定形，即确定影响城市空间发展的目标及定位、确定各类发展指标和人均指标、确定城市空间结构及主体功能空间布局；其次基于城市政府的统筹编制平台进行定界，协调各空间管制主体和规划，即划定“三区三线”，统筹生态、生产、生活的空间安排及布局，然后消除图斑矛盾，形成未来全域性空间资源管理依据的“一张蓝图”；最后即定策，向上承

[1] 2016年10月中央全面深化改革领导小组第二十八次会议上审议了《省级空间规划试点方案》。会议强调，开展省级空间规划试点，要以主体功能区规划为基础，科学划定城镇、农业、生态空间，即“三区”，以及生态保护红线、永久基本农田、城镇开发边界，即“三线”。对于“三区三线”的具体内涵及划定方法本文不作讨论。

接部门的上位规划，向下以“一图各表”的形式对现有空间体系中的各专项规划进行修改调整，明确对应的实施策略和管控机制。省级层面空间规划多以空间资源保护、空间要素统筹、空间结构优化、空间效率提升、空间权利公平等方面为重点，以“三区三线”的控制线为主要衔接形式，进行同市县层面空间规划的互动反馈、反复校核，以确保刚性内容的有效传递。

（二）核心特征：问题导向下的技术协调

“多规合一”是在我国当前空间治理效能低下与空间管控失衡的倒逼下，作为探索顶层设计上的体制改革路径而呈现出的一种过渡方案，具有较强的问题导向性。自下而上的固有属性决定了“多规合一”必然受困于地方政府的权限，只能基于多规矛盾的结果状态，依托政府“多规合一”平台的行政力量，去协调相关部门的利益和权责，进而优化调整相关规划各自不同的空间管制分区，试图实现“空间属性类”规划的完全融合。需要注意的是，“消除矛盾≠调整属性”。一方面，问题应对式的机械整合不是空间规划，而是各部门争夺事权的“数字游戏”，其最大公约数式的结果只能算作阶段性的操作计划，不具备“干到底”的蓝图属性。另外，空间规划编制过程中涉及的资源、生态、环境等要素，具有很强的外部性，单一主体利益最大化的取向，导致“多规合一”容易变成地方城市借以扫除利益障碍或是与中央博弈（比如绕过土地指标限制）甚至政治邀宠的“政策工具”。因此，当前的“多规合一”并不能够真正地化解矛盾，仅是阶段性地实现了多规协调而非融合。

（三）核心困境：精细化的权界体系难以建立

竖向条条分割的权力控制模式不符合按照空间主体功能实现用途管制的需要，而部门规划之间的横向衔接与融合机制却未真正建立，这正是我国部门管理体系和空间规划的整合现状同精细化发展目标之间的矛盾。精细治理需要精细化的事权边界体系作为支撑，无论是“协调”后的用地图斑还是“三区三线”，对应城市实施管理的事权边界仍然模糊，均不能满足对全域空间的综合管控。首先，“用途管制≠图斑管理”，若以“蓝图”中的图斑属性来划分管理权界，必然难以单独实现部门利益整合，也必将导致部门管理的弹性缺失和碎片化，最终造成更多的责任推诿与利益争夺。其次，“空间治理≠专业管理”，“三区三线”按要素主导功能，将全域分为三类弹性空间以及针对重点要素的三条刚性控制线，却仍然回避了当前体系内的主要矛盾。一方面，“三类空间”[1]之间，空间边界

---

[1] 通常“三类空间”等同于前文注释中的“三区”。

代表事权边界，“三类空间”的划分依然代表事权的争夺，脱离不了部门和地方政府的本位主义，其划分过程本质上是图斑协调的放大化表达，到最后空间分治的实质依然如故；另一方面，“三类空间”内部，往往同时存在“城镇、农业、生态”三类功能，且边界互为耦合难以界定，依此划分的事权边界容易造成空间管控的混沌和僵化。如果空间治理不能超越或者归并专业管理，现代精细化的治理目标便无从谈起。

三、正本清源——价值导向下空间规划改革的再认识

价值是客体属性之于主体的有用性，体现的是一种以主体为尺度的客观性主客关系。价值观是人们对于价值的基本观点，是认识、对待和处理价值问题的基本态度和方法，表现为价值取向、追求，凝结为一定的价值目标，或是约束某种行为的价值尺度。空间规划是国家发展战略和政策的空间投射，目标是通过空间资源配置促进经济社会的全面健康发展。空间规划的价值观则是政府对于空间资源配置的理念和准则。

（一）空间规划价值观的转变及其耦合关系

探讨空间规划的价值观脱离不了其所处的阶段背景，尤其受到国家经济社会发展阶段、城市化阶段、空间特点、制度框架等先决条件的影响和制约，并不断发展转变。回溯本源，对空间资源“保护与发展价值关系”内涵的理解，直接决定了空间规划的价值导向。相应地，空间规划体系则会顺应城市不同发展阶段的价值导向进行调整与变革。

回顾历史，改革开放40多年以来，伴随着工业化和城镇化的进程，国家针对城镇的不同需求、不同问题、不同地域，在空间资源利用上实施了一系列与发展阶段价值观密切相关且各具时代特色的空间开发措施：1980年代，围绕经济建设的民族发展目标以及应对对外开放的市场化，在全国层面相继设立经济技术开发区和高新技术开发区；1990年代，为应对主城区人口快速集聚带来的城市问题、促进有序城镇化，各地普遍推进大城市周边地区新城新区建设；进入21世纪后，为应对新时期的全球化，设立国家级新区承担进一步深化对外开放的国家战略。总体上，这一阶段的空间规划紧密围绕经济建设的价值观为核心，追求开发带来的经济效益，忽视资源的保护和控制。

审视现实，中共十八大做出“大力推进生态文明建设”的国家战略决策以来，致力于寻求经济发展与社会发展、环境保护三者之间适宜的平衡，实现生产、生活、生态协调发展。2015年9月，国家《生态文明体制改革总体方案》

将空间规划体系纳入生态文明制度体系，空间规划改革成为建设生态文明总体战略部署的重要环节。这不仅是对空间规划价值观转变的制度性肯定，同时也是价值观转变的一个阶段性标志。空间规划作为推进生态文明领域国家治理体系和治理能力现代化的重要政策工具，其背后的伦理秩序和价值逻辑由保护与发展的对立走向融合，空间资源的合理保护和有效利用成为空间利用的共同目标。习总书记的“两山两化”[1] 理论便是对当前空间规划价值观的完美诠释。

（二）空间规划困境的价值本源解析

毫无疑问，“多规”难以真正融合的原因在于体制机制的重叠倾轧，导致实施管理的事权边界持续模糊，体现在土地斑块属性非唯一。然而回溯空间规划的价值本源，可以将当前空间规划体系的内部矛盾转译为我国从快速增长向绿色发展的阶段转变过程中，央地关系的变迁带来双方对空间治理价值取向的转变，双方对于空间资源调配理念的差异导致空间发展目标不统一，焦点则是保护或开发的价值取向相异。

过去的增长型空间规划的重点是经济的增长，在国土空间的直观表现就是部门间不断博弈后，建设性的国土空间与农业、生态等类型国土空间之间的转换。例如，1988 年国家开始实施“火炬计划”，高新技术产业开发区建设呈现火热状态的现象背后，却引起了现今空间规划体系普遍存在的矛盾之一，即盲目圈地导致开发区和城镇建设占用耕地情况客观存在。然而这一时期空间规划作为直接服务于增长主义的发展方式的政策工具，关于空间资源利用的价值取向高度统一，空间保护让位于经济增长所产生的用地需求，回避了发展与保护的矛盾。

尊重城市发展规律，经济发展由高速转为中高速，必然反映在城市发展价值观的转变上面，传统发展价值观导向下，基于城市本体的“城市增长规模—土地要素供应—开发边界划定”的“指标思维”已不再适应新的发展方式。当价值观转变普遍存在且孕育出新生事物，而又没有及时通过对特定时期的技术手段和制度设计进行调整规范和约束时，行动将失去指引并造成消极的效果。依据问题导向而来的“多规合一”反映出的空间管理事权不清，是空间规划体系和体制的重构滞后于价值观转变造成的，以工业文明时代的价值观念去约束和引导生态文明时代的空间资源利用，其效甚微。

（三）新时期空间规划改革的视角转换

空间规划改革不仅是解决当前体系问题，更要回归到空间规划的价值本源中

[1] 习近平总书记关于生态文明建设提出的“绿水青山就是金山银山”“产业发展生态化，生态建设产业化”理论，是对保护与发展融合的价值观的辩证阐述。

去，将新阶段的空间规划改革作为空间资源的配置适应价值观转变的新实践。通过试点城市“多规合一”工作，我们应该深刻意识到，即便通过部门之间的利益博弈和有效协调，实现了城市土地斑块属性的唯一性，并对应“一张蓝图”提出了部门规划的调整要求，可是如果只是试图针对各类空间规划之间矛盾的结果状态去调整图斑属性，那么导致空间管理权限重叠背后的动因未来势必会瓦解这个新的短时期平衡状态。如果部门之间的管理职能仍然相互掣肘，空间发展目标仍然不够清晰，“一张蓝图”对于空间治理并不会产生新的意义，以至于体系内部的缺位、错位和越位仍然避免不了地成为空间规划的常态。绘制一张清新的“蓝图”容易，“多规”难以真正融合起来，就是因为忽视了问题背后的根源在于空间规划体系的各内容之间缺乏统一的价值导向。若利益博弈的解决路径无法建立在实现空间资源有效配置的共同价值导向基础之上，则仍然无法确立统一的管理目标和要求。

新阶段的空间规划实践，需要实现指导思想由问题导向向价值导向的转变。而每一类国土空间可以实现的价值是多元复合的，因此空间规划的重点需要从调控不同类型的国土空间，转换到通过制度设计发挥出每一类国土空间的多元复合价值。在“底线思维”的基础之上，实现生态保护和经济发展等多元目标的协同。发展与保护融合的空间规划价值观，是统一空间发展目标，厘清技术编制同规划管理的权界关系，建立空间秩序的基本伦理。

无论从认识论还是实践论的角度出发，要将价值观的转变转化为制度和实践的转变，必然需要自上而下克服原有的制度惯性、打破旧的平衡。加之市县“多规合一”和省级空间规划试点的实践探索，我国的空间规划改革已经积累了足够的底层经验，有必要将当前“基于多规矛盾—协调利益冲突—调整图斑状态—优化编制体系—管理体制调整”问题导向的被动式路径转换到“空间发展价值观—明确共同目标—重构编制体系与管理体制并行—多规融合”价值导向的主动式路径，采用自上而下和自下而上相结合的方式，构建新的空间秩序。

四、适时应务——空间规划改革路径的再调整

空间规划改革的目标是重构“空间治理事权划分、空间规划编制、空间资源整合”三位一体的空间规划体系。结合生态文明时代的价值取向，改革的路径一方面需要在“纵向”上，重点针对保护权与发展权，建构国家、省级政府层面到地方政府层面的协同机制与对话平台，重塑央地空间治理权力结构；另一方面需要重构“横向”部门体系，在空间资源的合理保护和有效利用整体性目标下，建构部门事权和部门规划“合而不同”且不失弹性的权界体系。地方政府自主权的

增加和规划编制实施部门机构整合成为必然趋势。

（一）纵向上分级分类、各有侧重的空间规划体系

近期，在现行体制机制框架下，为保障空间规划内容的有效实施、提高治理效率，改革路径应该是界定中央政府引导宏观发展与地方政府土地发展权的事权关系，实现空间规划体系的优化而非完全重构，为远期空间管制类部门的重组奠定基础。

编制层面，国家、省、市县三级空间规划对于保护与发展的目标各有侧重，需要采取分级分类的方法，区分编制内容中涉及上级政府和本级政府事权的管控内容及措施。国家层面偏重国土空间的保护管控，制定空间保护与发展的目标和指标，但以原则性指引为主。同时划定涉及国家利益的刚性控制线，如国家级自然保护区、国防设施的边界等。省层面保护管控和引导发展并重，偏重战略性，重点在于协调促进区域内城市间资源配置的公平与均衡，以对影响长期可持续发展的重大战略性空间资源进行有效监管，对跨行政区的重要发展地区进行有效协调，如规定各城市的“三类空间”比例。同时淡化行政区划界限，基于“网络化”划定涉及省级事权的空间政策分区和管控边界，如区域性基础设施边界、区域生态红线等。市县层面以引导发展为主，是城乡发展的战略纲领和法定蓝图，负责制定操作性和管制性的政策和内容，并落实到具体的土地利用细则。

审批层面，按照一级政府、一级事权的原则，适当将保护权上收、发展权下放，差异化设定空间规划审批内容、要求和重点，对应事权级别将管控内容分别报国家、省、市县审批。相应地，规划调整也分别由涉及的各级事权分别批准。按照这样的分级分类，上层的刚性约束内容得以有效传导，下层可以发挥地方优势，保持弹性实施和调整，保障规划审批和调整的效率提高。

机制上，重点在于建立地方政府竞争中的协同对话机制，一方面通过控制线和指标保障及强化上下位规划之间刚性内容的有效传递；另一方面协调地方利益和上位规划目标之间的不匹配，强调自下而上反映中微观规划管理中的问题。明确各级行政主体和实施主体的职责、权责、罚则，由此构建“国家层面统筹监督、省级层面指导调控、市县层面实施反馈”的空间规划体系，既保障上级规划内容的刚性传导，又保留下级空间发展的活力与弹性（图 1）。

（二）横向上部门体制机制改革的路径优化与创新

远期，政府通过机构改革来调配和控制发展权是空间规划改革的本质。基于保护与发展整体性的价值导向，依据目标和管理明晰不同权利主体的事权，对相关部门和规划进行衔接、协同与整合，分时段和地段进行权利分配。

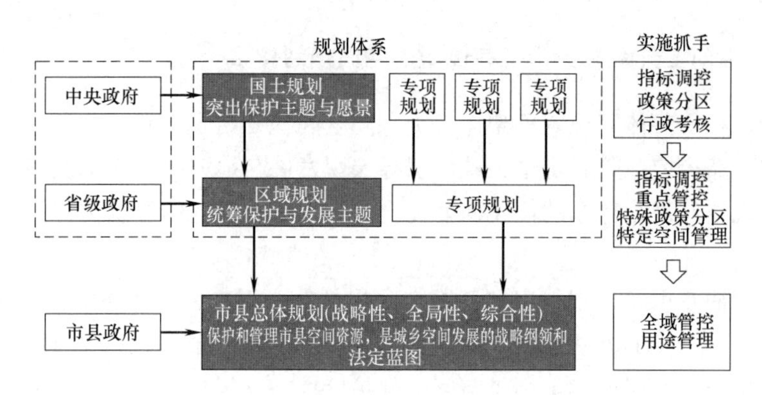

图1　近期纵向空间规划体系优化

1. 依目标划空间

社会事务的管理是以目标为导向的，当前空间规划划定的“三类空间”便是如此，将城市化、农业和生态安全三大战略目标落地于国土空间管控。依据主体目标可以将“三类空间”向上归并为发展和保护两类，城镇空间以发展为主体目标，农业空间和生态空间以保护为主体目标。但是，无论以发展还是保护为主体目标的空间内必然同时存在发展建设和保护管控的空间要素。因此，在“三类空间”内部，进一步将空间资源划分为城镇发展建设区和土地保护管控区两类空间。同时，应对精细化治理的需求，摒弃传统的经济发展或生态保护单一规划目标，从资源本底、人口发展、经济发展、空间开发、基础设施、公共服务、生态环境等多元价值角度进行整体目标构建和空间划分。如产业集聚区和都市农业区之于城镇空间、水利设施和耕地保护区之于农业空间、风景名胜区和水源保护区之于生态空间（表1）。

“三类空间”内部依目标划空间　　表1

城镇空间		农业空间		生态空间	
发展建设区	○城镇建设用地 城镇周边的城乡用地交织地区 区域交通设施项目(机场、港口码头、铁路公路枢纽) 城镇周边的旅游度假区 城市周边其他具有开发性质的园区 ……	发展建设区	○城镇空间外的部分村庄 采矿区 田园综合体 水库、水利设施 基础设施廊道(铁路、公路、电力、通信、管道等) ……	发展建设区	○部分村庄 依法确立的各类保护区缓冲地区的建设地带，如风景名胜区及各类国家公园缓冲区内的集散中心等 围填海造地 基础设施廊道(铁路、公路、电力、通信、管道等) ……

续表

城镇空间		农业空间		生态空间	
保护管控区	○与城市紧密相连的农业地区，如都市农业区 与城市紧密相连的生态绿地城镇内部的山水自然资源 ……	保护管控区	○基本农田保护区 一般耕地 其他农用地 河流、坑塘等水体 ……	保护管控区	○依法确立的各类保护区的核心区 列入省级以上保护名录的野生动植物自然栖息地 蓄滞洪区 森林、山岭、草原、湿地河流、湖泊、滩涂、自然岸线等生态地域 荒地、荒漠、无人岛屿等自然保留地 ……

2. 依空间定事权

对应“三类空间”的主体目标，首先设立城镇发展建设部门和土地保护管控的一级部门，并从属于省市县空间规划委员会。当然，两个部门并非将保护与发展彻底割裂开来，而是基于保护与发展整体性视角进行制度设计，两个部门内部均会涉及保护与发展的双重事权，各有侧重。城镇空间追求产业发展的生态化，需要盘活存量用地，在资源环境禀赋强约束下进行空间资源开发与空间结构优化，因此前者明确城镇空间内部保护和发展用地比例的刚性要求。农业空间和生态空间追求生态资源的产业化，需要盘活生态空间和农业空间，将生态空间由单纯的保护性空间，转化为绿色生产空间，因此后者明确农业空间和生态空间内部保护和发展用地比例的刚性要求。与此同时，在一级部门层面，应分别制定“三类空间”内部的发展与保护的正负责任清单：在生态和农业空间内，应根据不同地区的资源条件、生态环境承载力和主导功能发展要求，为区域开发主体制定负面清单，为保护主体制定正面清单，追求生态功能的产业化，为城市提供生态系统服务功能；在城镇空间内，为开发主体制定正面清单，依据发展目标与战略，对于影响区域整体发展价值、长期发展目标的重大战略性空间资源进行合理保护和有效利用，追求产业的生态化。

进而，依据“三类空间”内部细分的发展建设和保护管控两类目标区划，将城镇发展建设部门和土地保护管控部门均分别下设负责发展建设引导和资源保护管控的二级管理部门，以目标划分的空间边界作为事权边界。如，土地保护管控部门下的发展引导部门负责组织编制风景名胜区、田园综合体等空间的规划和管理。然而，空间资源的多元价值特性和空间治理的复杂性特征，决定了清晰分明的边界体系通常难以精确划定，且空间治理的精细化要求资源的管控与利用具有充分的弹性，以应对未来发展的不确定性进行动态调整。因此，纵向上二级部门遵守一级部门制定的刚性内容，横向上二级部门之间的事权边界由一级部门统筹协调，保持动态和弹性调整。

3. 依权界行整合

基于上述次级权界体系，对现行空间规划体系的规划编制和实施部门机构的调整。首先，将当前行政体制下的发展改革部门、城乡建设部门、国土资源部门、林业部门、生态环保部门等空间类管理部门，依据职能类别和层级进行分解及重组，构成上述城镇发展建设部门和土地保护管控的一、二级部门。然后，在二级部门下，在各分目标的基础上，进一步细分为交通、农业、历史文化保护等专项类的三级部门。

对应在空间规划编制体系，城市空间规划委员会首先组织编制全域层面总体发展战略规划，进而指导编制空间规划。然后一级部门对应事权边界分别编制发展建设性规划和保护约束性规划，并由二级部门负责各自的建设类和约束类专篇内容。最后分别从交通设施、农业发展、耕地保护、历史文化保护等方面制定专项发展或保护规划。发展类空间内部编制控制性详细规划和修建性详细规划，保护类空间内部编制保护性详细规划。（图 2）

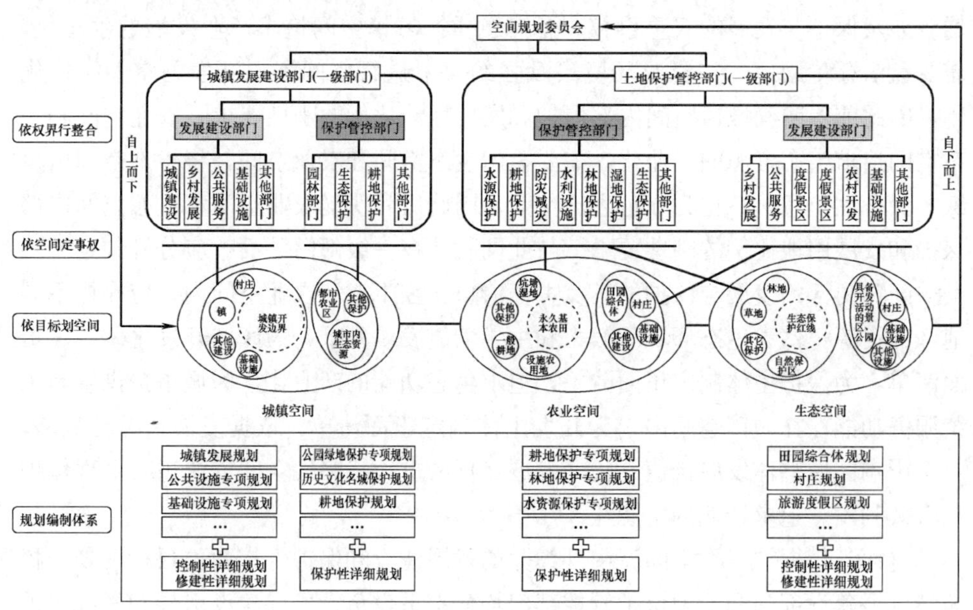

图 2　远期部门体制机制改革的路径

五、结语

我国由工业文明步入生态文明，除了表现为经济增长速度放缓以外，空间资源配置的价值观也随之转变，由经济增长主义下的保护与发展相对立，转向保护与发展协调共生。而空间规划体系和体制调整却相对滞后，由此导致当前空间规划体系的若干问题。将空间规划改革纳入生态文明体制改革总体方案，既为生态文明建设奠定基础，又为空间规划改革自身提供了一个良好契机，是国家实现治理体系、治理能力现代化目标的关键一步。基于目前阶段问题导向下空间规划体系改革面临的困境，笔者认为价值导向是新时期空间规划改革的本源视点。由此顺应保护与发展协调共生的空间配置价值取向，提出近期空间规划改革的路径侧重于纵向上依据保护或发展的主体功能分级分类，界定各级政府事权以及上下互动反馈的机制和审批内容；远期，在横向上提出先依目标划空间、再依空间定事权、最后依权界行整合，实现体制机制重构的创新性空间规划改革路径。

（撰稿人：高洁，北京交通大学；刘畅，中国城市规划设计研究院）

注：摘自《城市发展研究》，2018（02）：01-07，参考文献见原文。

面向治理现代化的特大城市总体规划实施探索

导语：城市总体规划是城市重要的公共政策和城市建设的战略纲领，推进总体规划实施转型是提升城市治理水平、实现治理能力现代化的重要内容。深圳历版总体规划在城市发展建设过程中都发挥着引领性作用，文章对深圳总体规划实施的经验做了总结，认为深圳总体规划的实施较为成功主要在于把握了“分时”“分层”“分区”“分点”“分线”等几个维度，并借助特区立法权的优势强化制度建设和保障。随后从明确总体规划地位、加强总体规划的综合统筹作用、强化总体规划对下层次规划的约束力、近远期结合推动总体规划实施、监理规划管理信息平台等方面提出面向实施的总体规划改革建议。

党的十八届三中全会提出推进国家治理体系和治理能力现代化，而城市规划是城市治理的基础，也是实现国家治理能力现代化的重要平台。党的十八大以来，中央高度关注城市规划工作，中央领导对新时期的城市规划也提出了一系列新要求。

城市总体规划是城市重要的公共政策和城市建设的战略纲领，也是社会各界关注的重点。随着社会经济发展的持续变革，其存在的问题也日渐凸显。尤其是在总体规划实施过程中，出现了实施效率不高、落实效力不强、规划与建设脱节等诸多问题，也体现了当下城市总体规划实施机制与政府治理现代化要求的不适应。近两年，国内主要城市先后启动了新一版城市总体规划的编制工作，如何适应治理现代化要求，切实加强总体规划的实施成效，成为重要议题之一。

深圳被认为是一座基本按照规划建成的城市，其历版总体规划为全国规划建设领域提供了良好的样本，其规划实施同样具备借鉴意义。本文基于治理现代化视角，对深圳在过去总体规划实施中的实践与探索进行了梳理及总结，并提出了面向实施的城市总体规划改革建议。

一、城市治理现代化与总体规划实施

城市治理是城市政府与市民社会相互合作促进城市发展的过程。城市规划是城市治理的基础，综合城市治理与城市规划的相关理论及研究，可以认为城市治理的现代化主要包括三方面内涵：一是强调政府治理的内部结构优化与法制化，包括不同层级政府之间的合理分权、同层级不同政府部门之间的合理分权与协同，更重要的是从法治和制度建设上为治理现代化提供基础；二是强调政府与市场、社会之间的协同关系，充分发挥市场在资源配置中的决定性作用，并重视社会组织的作用，以三者的共同行动作为城市治理的重要手段；三是强调城市治理是一种持续互动的过程而不仅是结果，一方面关注治理过程中多元利益主体之间的持续参与协作，另一方面关注从过程上强化、优化治理手段的科学性与合理性。（图 1）

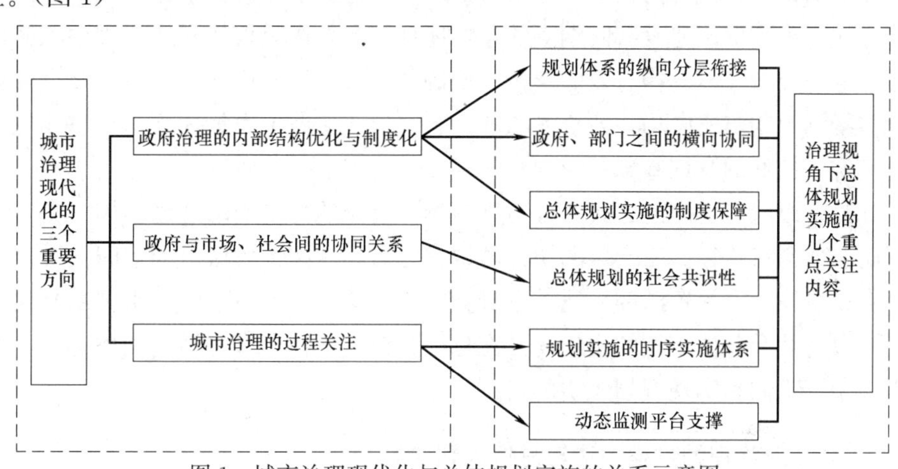

图 1　城市治理现代化与总体规划实施的关系示意图

（一）政府治理内部结构优化及制度化视角下的总体规划实施

规划体系的纵向分层衔接是厘清各级政府规划事权的基础，更是自上而下逐级落实总体规划的重要支撑。各大城市均强调在将总体规划作为城市发展战略性框架的基础上，通过地方规划编制体系的建构与完善，推动总体规划的落实。例如，北京在总体规划的实施过程中，对应区、镇（乡）、村各级政府，逐步建立起分区规划、卫星城镇建设规划、村镇建设规划和重点地区建设规划等下层次规划体系，以分解、落实总体规划的要求。

总体规划的实施需要各政府部门之间的充分协同。应以城市总体规划为技术平台，充分与政府政策及规划实施的体制机制相结合，并建构相应的激励与约束机制，方能在现有制度背景下充分改善总体规划的实施环境。例如，上海建立了“目标（指标）—策略—机制”的成果体系，充分纳入各相关政府部门的诉求与建议，将总体规划由狭义的规定性技术文件转变为战略性空间政策，以充分保障总体规划的实施。

制度体系的建设与完善是总体规划有序落实的重要保障。例如，北京建立了重大问题政策研究机制、重大建设项目公示与听证制度、公众参与制度等城市规划的监督检查、决策机制，完善了基础设施建设投融资体制、土地储备制度等相关制度。深圳则通过年度实施计划制度、基本生态控制线管理制度、以存量用地二次开发为核心的土地管理制度等，探索城市从增量发展向存量发展转变的规划实施机制。

（二）政府与市场、社会协同关系下的总体规划实施

政府与市场、社会的共识，是城市治理现代化的重要特征，也是城市总体规划作为城市未来发展建设共同纲领的重要体现。在总体规划的实施过程中，应保障各方的充分参与，建构有效的宣传、协调与决策机制。例如，上海、北京等地的总体规划编制与实施均在公众参与的内容、形式上做了大量探索，为总体规划实施奠定了良好的共识基础。

此外，政府以协商的方式充分借助市场、社会的力量推动规划实施，是存量发展阶段的必然路径。三十年的快速城镇化之后，我国特大城市的空间发展普遍进入存量阶段，空间资源的权属关系日益复杂，单一自上而下的城市规划与建设路径难以持续。总体规划的实施需要充分综合市场、社会多方面的利益诉求，通过管治市场机制来实现规划既定的目标。

（三）政府治理的过程关注与总体规划实施

近期建设规划是面向过程的总体规划实施手段。近期建设规划对总体规划的建设用地规模、基础设施和公共服务设施、环境保护等强制性内容进行细化，并构建分步实施、切实可行的操作体系，强化城市总体规划的实施力度。

对总体规划进行动态评估和调校是总体规划实施过程中应对未来不确定性的重要保障。城市总体规划实施是一项长期的工作，需要持续对城市发展过程进行监控，以保持对相关影响因素的不断调试，进而不断推动规划实施和整个社会有序地向规划所确定的目标发展。在监控过程中，新的技术手段不断被开发与使用，如上海新一轮总体规划提出建立城市空间基础信息平台和城市发展战略数据库（SDD），有效保障城市总体规划自上而下的实施和动态维护。

二、治理视角下城市总体规划实施面临的问题与挑战

当前城市总体规划的实施机制仍存在一定问题与挑战，其技术思路与实施路径在一定程度上需要优化，以适应新时期的治理要求和新的社会经济发展环境（图 2）。

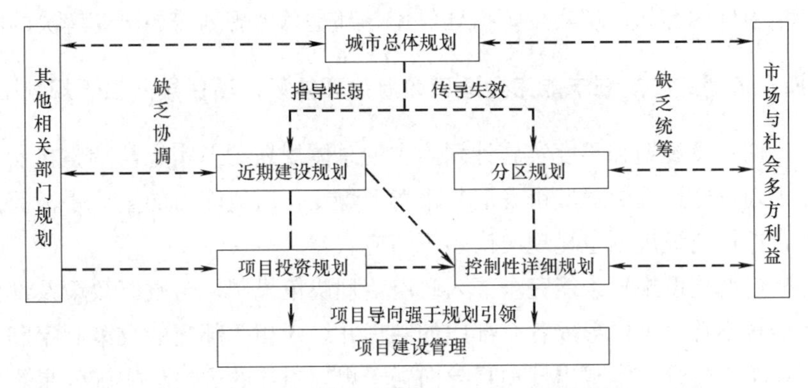

图 2 当前总体规划实施面临的问题示意图

（一）总体规划的统筹地位有待提高，跨部门协同存在挑战

传统的总体规划编制内容偏重技术性，对与规划实施密切相关的行政治理体系嵌入不足。发改部门的经济社会发展规划、国土部门的土地利用总体规划、环保部门的环境保护规划普遍自成体系，与总体规划内容有所重叠但协调不足，由此带来的后果是各类规划相互脱节甚至相互冲突的情况屡见不鲜，导致规划难以执行和实施。

（二）公共政策性有待提升，政府、社会、市场协同不足

过去的总体规划实施对公众参与考虑偏弱。一是成果的技术性太强，公众理解难度与门槛较高，因此影响了公众参与的热情，也降低了公众对总体规划实施的监督作用；二是在公众参与过程中的手段与方式缺乏创新，在新媒体广泛发展、互联网应用深入生活的时代，总体规划应该充分利用这些新媒介，加强公众对规划实施的认知与监督作用。

（三）纵向层级规划联动有待强化，刚性不刚、弹性不弹

总体规划作为城市发展的综合性治理手段，其内容体系涵盖面广。一方面包括需要上级政府监督、审批、管控的刚性管控内容，如城市开发边界、重大基础设施布局等；另一方面包括各领域发展的指引性内容、随着城市发展环境变化可以动态调整的弹性内容，如各分区的发展指引与功能导向、具体用地布局等。

当下的总体规划实践中，纵向政府层级的事权边界并不清晰，导致实施中出现了一系列问题。一是纵向传导的刚性与弹性内容边界相对模糊，导致刚性内容约束性受到影响，而弹性内容的动态调整受到制约，导致“刚性不刚、弹性不弹”；二是传导机制未能完全建立，各类刚性内容如何向下层次规划和建设管控

落实，指引性内容如何切实发挥指导作用，都是总体规划需要研究解决的问题。

（四）近期建设规划未能完全适应政府治理体系，项目导向强于规划引导

以近期建设规划和年度实施计划为主的总体规划动态实施与调整机制，是加强总体规划实施过程中对城市发展与市场形势变化适应能力的重要手段。然而在实践中，近期建设规划也显现出诸多不适应。

一是近期建设规划未能完全嵌入政府治理决策机制，与政府政策及部门间审批流程结合不够，难以形成各个部门的共识并纳入相关部门的政策制定和运作体系中，在城市建设中常常出现项目导向强于规划引导的现象，实施效果不佳；二是传统建设规划的增量空间供给模式在土地资源日渐紧张、城市走入存量化的背景下，原有的技术思路与方法已经难以适应，需要进行相应的改革创新。

（五）总体规划动态反馈和调整机制尚未建立

传统的总体规划实施主要关注规划管理，缺乏总体规划的执行效应反馈及反馈后的修正。总体规划实施主要通过下层次规划在空间单元上的分解予以落实，但在此过程中往往存在不同层次目标相偏离、控制性不强且引导性弱、偏静态而动态适应性差等问题。在实施环节缺乏从下到上的动态评估与反馈，以及对规划实施效果必要的跟踪和维护，使得总体规划实施过程中的效果无法向编制阶段反馈，也成为城市建设过程中总体规划指导性不强，不能及时适应新发展的重要原因。

三、深圳总体规划实施的探索

深圳经济特区被称为“按照城市规划建设起来的城市”，这与深圳持之以恒地推动规划转型和规划实施密切相关。尤其是特区成立至今，历版城市总体规划在城市发展建设过程中都发挥着前瞻引领性作用。总结深圳总体规划实施的经验，可以概括为“分时”“分层”“分区”“分点”“分线”五个维度。

（一）“分时”：建立“总体规划—近期建设规划—年度实施计划”的动态实施体系

“分时”即规划实施的时间维度，即将总体规划予以分步骤、分阶段地落实。自2000年以来，深圳已连续开展了四轮近期建设规划编制工作，回顾深圳四轮近期建设规划编制历程，主要取得了三方面成绩：

首先，确立了与国民经济和社会发展五年规划的“双平台”机制，近期建设

规划、国民经济和社会发展五年规划共同发挥在计划投资与空间保障上的综合协调作用。

其次，土地和财政是政府调控城市发展的两大“闸门”，近期建设规划成为政府调控空间资源的重要手段。

最后，完善了总体规划动态实施体系。

为推进近期建设规划的分步实施和落实，深圳还建立了年度实施计划制度。年度实施计划通过对每年的城市空间资源供应做出具体安排，提高了规划的可操作性和实施力度，为规划管理提供了直接依据。目前，深圳已基本建立起近期建设规划、年度实施计划与国民经济发展五年规划和年度投资计划在时序上达成一致，相互衔接和互为补充的机制（图 3）。

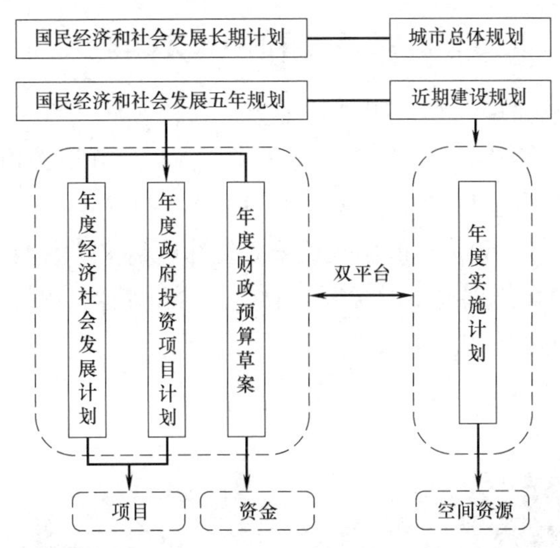

图 3　近期建设规划与国民经济和社会发展五年规划“双平台”示意图❶

（二）“分层”：不断调整以“总体规划—法定图则”为核心的规划编制体系

特区成立之初，深圳的规划建设管理主要集中在原特区范围内，且基本上是一片空地，在这一背景下，深圳最初的规划体系只有总体规划与详细规划两个层次。随着城市空间的扩张，原来局部、点状编制的小区规划已经难以指导全面推进的城市建设，需要通过分层次的规划控制引导来建立整体秩序，为此深圳构建了由城市总体规划、次区域规划、分区规划、法定图则和详细蓝图的“三层次五阶段”规划编制体系。

然而，随着深圳城市空间从增量扩张转向存量挖潜阶段，原有“三层次五阶

❶ 来源于 2016 年深圳市规划和国土资源委员会对深圳市近期建设规划编制情况的介绍。

段”的规划编制体系就显得繁杂且不适应市场变化。故这一阶段，深圳重点围绕存量土地利用进一步简化规划体系，形成以城市总体规划和法定图则为核心的两层级规划体系。

规划层次简化的背后实际上是深圳市规划和土地审批权的上收，这也在一定程度上影响了区政府的积极性。近年来，随着深圳开始新一轮强区放权，各区涌现出了一些新的规划类型，如分区综合规划。不同于分区规划，分区综合规划是以区政府为主导，以面向实施为导向，规划统筹、多学科融合、多部门参与的新型规划编制模式，是一个集空间资源、社会、经济和环境于一体的综合发展规划。分区综合规划虽不是传统意义上的分区规划，但却起到了分区规划上传下达的作用，成为各区城市发展建设的纲领性文件。

（三）“分区”：建立以功能区为主导的行政管理体制

2010版深圳总体规划在组团的基础上，结合区域关系、资源条件、发展基础和生态环境约束等多要素，将全市分为中心城区、西部滨海分区、中部分区、东部分区和东部滨海分区五个差异化的发展区域，并提出了四大“新城计划”（图4）。然而，总体规划提出的次区域分区往往跨越多个行政区，与行政区划范围不一致，导致总体规划提出的次区域战略目标和管控指引无法直接落实到各行政主体，给总体规划的实施带来了障碍。

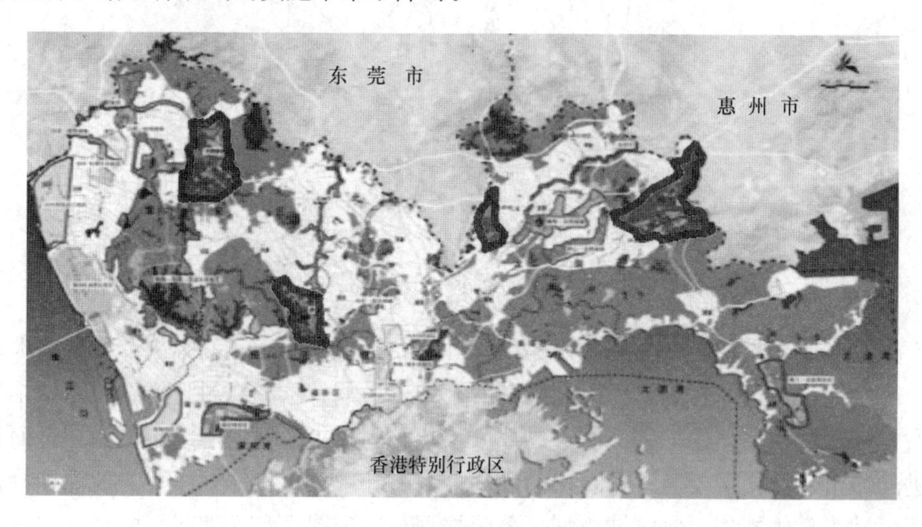

图4　深圳四大新城计划图

针对这一情况，深圳依据总体规划提出的“新城计划”，推动行政区划调整和行政体制改革：2007年设立光明新区，2008年设立坪山新区，2011年设立龙华新区和大鹏新区，建立了新型功能区管理体制，实现了城市空间结构的优化和资源整合。然而，与各行政区相比，新区在发展和定位方面多少会受到制约，某种程度上可以说是“一级政府三级管理”运作的一个困境[1]。此后，2016 年国务院正式批复同意设立龙华区、坪山区，也可视作对新区这一模式的调整。

（四）“分点”：持续推进战略性节点地区的实施

“分点”，即在总体规划中对未来城市空间战略节点进行识别和预判，并持之以恒地推动战略节点地区的实施，进而实现总体规划目标的过程。战略性节点地区的识别是城市规划发挥战略引领作用的重要体现，而战略性地区能否培育起来，也是关系到总体规划空间结构能否实现的关键。

以 2010 版深圳总体规划为例，规划提出培育多个战略节点，前海就是其中之一。依据这一目标，深圳推出了“前海计划”“前海概念规划国际咨询”等一系列后续实施规划，并成功上升至国家战略。最终，前海成为集自贸区战略、深港合作战略、“一带一路”等国家倡议于一体的国家级新区。可以说，前海中心是继福田中心后，深圳规划引导城市发展和总体规划实施的又一个典范。前海中心的崛起，也使得深圳总体规划所提出的“双中心”构想成为现实（图 5）。

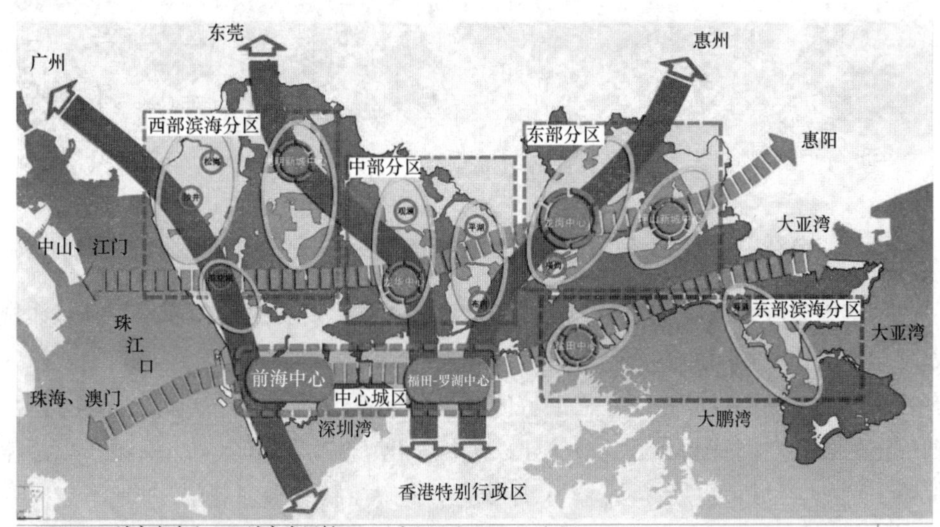

图 5 《深圳城市总体规划（2010—2020 年）》空间结构图

---

[1] 深圳大学管理学院课题组认为，新区与行政区相比，除了不具有人大、政协与法院等机构外，其实际运作状况已与行政区无异，这种功能新区行政化的现实，某种程度上是“一级政府三级管理”运作的一个困境。

继前海之后，大空港地区是深圳大力推动实施的另一节点。2012 年 2 月 8 日，时任深圳市市长许勤做出了建设“宝安新城区、前海功能拓展区、深莞合作示范区”的重要指示，经过近几年的谋划，大空港地区的集聚效应已初步显现。可以说，深圳总体规划的实施就是一个个战略节点从概念到远见、从远见到现实的过程。2016 年，深圳相继设立了 17 个重点发展区域，并成立市重点区域开发建设总指挥部，将其作为深圳着力打造的新增长极（图 6）。

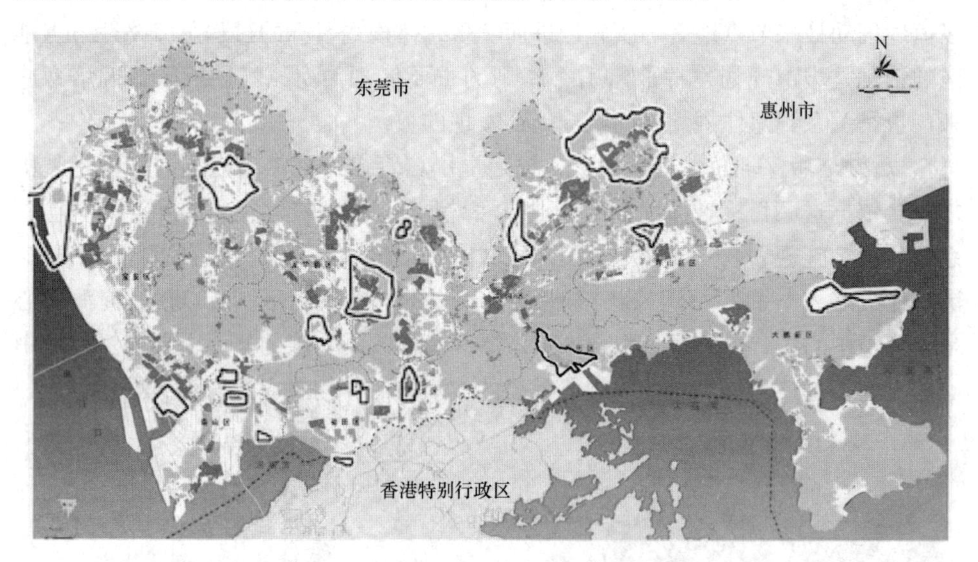

图 6　深圳 17 个重点开发区域示意图

（五）“分线”：以制度保障空间管制内容的落实，强化总体规划刚性控制作用

划定生态红线和城市开发边界，确定城市可持续发展的长久框架，是总体规划强化刚性控制作用的重要趋势，但城市规划部门往往缺乏有效引导规划实施的有力手段。深圳的经验在于，借助特区立法权优势，通过编制专项规划将总体规划提出的各项空间管制和公共政策建议进行深化落实，并出台地方法规予以法律保障。例如，《城市更新办法》《深圳市基本生态控制线管理规定》《地下空间开发利用暂行办法》等专项政策和制度的出台，有力地促进了总体规划的实施，也为城市平稳运行打下了良好基础。

以基本生态控制线为例，深圳是最早提出和划定基本生态控制线的城市，共划入全市陆域面积的 50％进行严格保护，并出台《深圳市基本生态控制线管理规定》，提出对生态控制线定坐标、定管理方式、定管理主体、定奖惩标准等细致规定。同时，推动光明新区基本生态控制线分级、分类管理试点，探索线内建设用地清退与城市更新、土地整备、“农地”入市等手段捆绑挂钩机制，以及生态控制线内产业转型升级政策等，实现对生态空间的精细化管理。

四、面向实施的城市总体规划改革建议

（一）从建设蓝图走向战略纲领——明确总体规划地位是关键

“打铁还需自身硬”，笔者认为，当前城市总体规划实施面临的各种挑战，根本原因还在于总体规划实施受到规划自身地位的约束，总体规划的前瞻性和引领性不足导致决策者对总体规划的不重视、不信任。深圳历版总体规划实施较为成功，就在于总体规划对城市发展的前瞻性预判，如“86 版经济特区总体规划”对于组团式空间结构的引导，2003 版城市发展策略和 2010 版总体规划对于前海、大空港等城市战略节点地区的判断等，都有效地引导了城市空间发展。

因此，笔者认为，新一轮城市总体规划改革，首要任务是加强总体规划的前瞻性和引领性，通过规划的供给侧改革，引导城市发展质量的提升。总体规划应开展面向未来 30 年的空间发展战略研究，加强城市综合承载能力评价，明确影响城市可持续发展的短板和主要制约因素，提出有针对性的解决方案，进一步强化规划对城市发展的战略引领作用。

（二）从技术文件走向协同平台——注重统筹规划和规划统筹

总体规划的有效实施，不仅需要规划政策的有力支撑，更需要争取部门、社会对于规划本身的共识和支持，实现“多规合一”和“一张蓝图干到底”。

根据各地的经验，“多规合一”首先要有一个能够形成广泛共识的“一”作为引领，这个“一”，在厦门是《美丽厦门战略规划》[1]，在浙江、江苏的县（市）域则是以县（市）域城乡总体规划作为引领。笔者认为，总体规划作为对城市经济、社会与环境等各方面发展具有全局性指导作用的战略纲领，理应成为统筹各类空间规划的“一”，而非另起炉灶单独编制或创建新的规划类型。事实上，随着城市总体规划对于城乡统筹和全域管控理念的深入落实，总体规划已经具备统筹各类空间规划体系的基础和条件。

因此，新一轮总体规划改革需要搭建跨区域、跨部门的沟通平台，建立以总体规划为核心、在统一空间平台下的部门协同博弈机制，实现“空间共治”。同时，总体规划要加强统筹各类要素，从整体和长远发展要求出发，综合考虑生态与基本农田保护、产业发展要求和城市空间布局的合理性，对不一致的控制要求

---

[1] 厦门提出以美丽厦门战略规划为统领，协调国民经济和社会发展规划、城市总体规划、土地利用总体规划、环境保护规划等涉及空间的规划，实现“多规合一”。

进行整合，建立以生态为本底、多部门统筹、与行政事权相协调的全域空间管制体系，形成“一张图”，实现“多规合一”。

（三）从系统指引走向约束传导——强化总体规划对下层次规划的约束力

传统的总体规划往往通过次区域指引、分区指引等章节来实现对下层次规划的传导。但目前大部分总体规划分区指引主要对区县的目标定位、发展策略、人口规模和产业选择、空间布局等做出引导，偏重于目标导向。而对于约束性内容，则由于担心总体规划深度不足和“管得过死”，往往只有极少量的约束性内容，结果导致总体规划的分区指引被诟病为可有可无。

因此，新一版城市总体规划编制应继续强化“分区指引”“发展单元指引”的地位，作为总体规划向下传导的重要部分，同时对“分区指引”“发展单元指引”的内容和管理方式进行改革：首先，在内容上，加强战略引导与底线控制的结合。具体而言，战略引导更加关注对各区县发展的方向性、功能性、结构性导控，弱化传统用地规划总图的法定效用；而底线控制侧重对关乎城市永续发展、人民福祉的保护及发展要素的管控，包括生态底线、用地底线和历史保护等。其次，在管理方式上，可将底线控制的相关要素实行“目标管理”“定界管理”两种管理方式。所谓“定界管理”即明确管控对象的边界，属于刚性管理，并一直往下传导，如城市开发边界、禁建区、“四线”等；“目标管理”则是在规划中不确定管控对象的具体边界或内容，但明确提出开发功能目标与布局要求，具体边界可由下层次规划落实，或直接通过市场调节解决，也就是弹性管理。通过“目标管理”“定界管理”相结合，建立弹性、有效的总体规划传递机制，将管控要素和管控要求分类落实到下层次规划当中，彻底解决总体规划“刚性不刚、弹性不弹”的问题❶。

（四）从静态管理走向动态管理——近远期结合推动总体规划实施

笔者认为，要做好近期建设规划和年度实施计划，需要从几个方面着手：一是要强化近期建设规划的统筹地位，借鉴深圳经验，将近期建设规划与国民经济和社会发展规划共同构成调控城市发展的“双平台”，确立以近期建设规划为依据的立项审批制度。二是要建立以近期建设规划为目标的监督考核机制，将近期建设规划提出的重点任务和建设项目分解到各区，明确责任主体和监督考核部门。三是要以近期建设规划为契机，建立城市总体规划的动态评估和互动反馈机

---

❶ 来源于2016年东莞市城乡规划局对关于《东莞市城市总体规划（2016—2030年）》编制方法创新情况的说明。

制，定期跟踪和监测城市发展动态对总体规划的影响，以保障规划的适应性。实际上，深圳近期建设规划刚开始是为满足城市发展现实需求而做出的应变之举，后来随着工作的深入，近期建设规划已逐步演化为对总体规划的一次深刻检讨。

（五）从权责不清走向分级管理——明确各级政府规划审批监督事权

当前大部分总体规划没有明晰的管理权责，往往采用“一刀切”的僵化方式进行管理监督，造成总体规划的管制效力下降，规划监督和实施效果不佳。未来应按照各级政府的规划事权，实现对城市总体规划实施监督的分级管理。其中，涉及国家战略、利益和安全的内容，体现国家、省对城市建设引导和调控意图的重大战略，涉及重大基础设施布局和跨市域协调的内容，涉及城市资源底线、安全运行和民生保障的内容，以及需要重点保护的自然和文化资源等，应主要纳入上级政府的审批监督范围。除此之外，其他内容主要由城市人民政府决定，地方人大进行监督。

五、总结

推进规划实施转型是提升城市治理水平、推进治理能力现代化的重要内容，其改革完善仍有较大空间。基于治理现代化的研究框架，当下的总体规划实施还需要从明确地位、强化协同、约束传导、注重参与和动态管理等方面进行优化。此外，笔者认为基于治理现代化的规划实施探讨和研究，还需进一步关注三个方向：一是城市步入存量发展阶段，城市更新将成为常态，物权所有者有权参与规划，协商式规划将是规划的重要取向；二是区域一体化深化，“去边界化”趋势明显，总体规划实施需要创新区域协调管理机制，毕竟市场经济、人员流动和空气质量是不受行政区域限定的；三是规划实施应该成为公共利益最大化的社会管理过程，需要从“有效的治理推动经济发展”转向“确保社会既充满活力又和谐有序”[1]。

（撰稿人：邱凯付，硕士，规划师，中国城市规划设计研究院深圳分院；孙文勇，硕士，规划师，中国城市规划设计研究院深圳分院；罗彦，博士，教授级高级规划师，中国城市规划设计研究院深圳分院总规划师。）

注：摘自《规划师》，2018（02）：48-54，参考文献见原文。

---

[1] 党的十八届三中全会关于全面深化改革的决定明确提出，“推进社会领域制度创新，推进基本公共服务均等化，加快形成科学有效的社会治理体制，确保社会既充满活力又和谐有序”。

2018 年中国海绵城市建设工作综述

2018 年是第一批国家海绵试点城市验收的一年，也是第二批国家海绵试点城市建设的最后一年。总体上看，试点城市将推进海绵城市建设作为城市绿色发展、转型发展、高质量发展的重要抓手，围绕提升城市基础设施建设的系统性，在改善环境质量、提升防灾减灾能力、增加优质生态产品供给、增强人民群众获得感幸福感等方面取得显著成效，在推进海绵城市建设的体制机制、运作模式、制度建设、标准规范等方面取得了成功经验。

一、开展的主要工作

（一）以标准为抓手，倒逼工程建设项目落实要求

2018 年，制订颁布了《海绵城市建设评价标准》GB/T 51345，建立科学评判海绵城市建设成效的指标体系；抓好标准协调衔接，研究相关专业落实海绵城市建设的标准修订要求，对工程建设领域城市规划、建筑小区、道路交通、园林绿化、市政排水等专业的 115 本标准进行全面梳理，提出 290 多条修订建议及条文要求。

（二）以规划为统领，强化顶层设计的系统性

2018 年，印发了海绵城市专项规划样本，充分考虑城市地区差异、规模差异等因素以及大中小、南北方等因素，将编制思路和方法正确、规划成果可落地的典型专项规划形成样本供各地参考；选择编制思路正确、规划成果可落地的石家庄、昆山、句容市海绵城市专项规划作为样本，指导各地做好规划编制工作。开展专项规划专题辅导，组织专家对部分地方的海绵城市专项规划进行专题辅导，讲解专项规划编制的要求和思路，对当地海绵城市规划进行评价，提出改进要求。

（三）以试点为载体，探索总结可复制可推广的经验模式

2018 年，组织开展了第一批海绵城市建设试点城市绩效评价，系统评判 3 年试点成效，为全面总结经验提供支撑；从体制机制、技术标准、制度建设、运

作模式、创新性等方面深入总结试点城市经验；对试点城市进行“点穴式”专项督导，形成督导意见反馈试点城市，督促试点城市直面问题、提出解决思路和措施；委托零点公司对试点城市进行全面调查，掌握第一手情况，了解公众对海绵城市建设的满意度情况。

二、试点进展及成效

30 个试点城市以“小雨不积水、大雨不内涝、水体不黑臭、热岛有缓解”为目标，累计完成海绵城市项目近 5000 项，取得了显著成效。

（一）环境质量明显提升

试点区域内的 48 个黑臭水体基本实现不黑不臭，形成水畅水清、岸绿景美的休闲滨水景观带，昔日的“臭水沟”变成今天的“后花园”。

（二）防灾减灾能力明显提升

30 个试点城市改造与建设排水管网 3200 多公里，治理易涝积水区段 345 个，城市排水防涝标准显著提升，2018 年汛期遇到暴雨时，试点区域内没有发生过内涝。

（三）优质生态产品供给明显增加

新改建公园绿地 303 个，整治和改善河道湖泊 215 个，恢复和扩展蓝绿空间，也发挥了涵养水源、净化水质、降低城市热岛效应、调节城市小气候等生态功能，还为生物提供栖息地，恢复城市生物多样性。

（四）群众获得感、幸福感明显增强

改造了老旧小区 2204 个，既解决了以往群众身边“淹水没腰”的问题，又提升了景观环境，还与水电气热“最后一公里”改造、停车位增建等同步实施，获得群众广泛赞誉。

三、主要经验总结

通过对试点城市经验的总结，形成经验并加大推广力度，生态文明建设之路将越走越实，要抓好海绵城市建设必须要从以下方面着手：

（一）领导高位推动是核心

必须要让城市的书记、市长亲自抓，才能统筹协调调动各部门，形成工作合力。如，萍乡市成立了以市委书记任组长、市长为第一副组长的海绵城市建设领导小组，下设并强化了领导小组办公室职能，由分管副市长任办公室主任，市建设局局长任第一副主任，从市财政局、规划局、建设局、水务局抽调了4名副局长与原单位脱钩任副主任，充分发挥这些部门在海绵城市建设相关领域的作用，并定期组织调度、时时跟踪督办、高位协调推进，各有关部门形成合力，将海绵城市建设要求落到实处。常德市成立以市委书记为顾问、市长为组长，市委、市政府、人大、政协分管负责同志为副组长的海绵城市建设领导小组，将海绵城市建设作为市政府对各区政府工作考核内容，将各区政府负责同志作为海绵城市建设的责任人，纳入干部政绩考核，并建立严格的责任追究和问责机制，形成强大的政府内部工作激励机制。

（二）专门机构支撑是基础

必须要建立专门机构负责，在人员、机制上给予充分保障，让海绵城市有人、财、物支撑，有位方能有为。主要有3种方式：一是通过增设、更名等方式设立行政机构，如，青岛市编办印发文件，在市建委增设海绵城市建设推进处，增加行政编制8名、处级领导4名；武汉市编办将市城乡建委的“管网建设统筹办公室”更名为“海绵城市和综合管廊建设办公室”，核增行政编制8名、处级领导2名。二是建立事业单位等专门机构，如，重庆市等成立专门的事业单位，统筹负责海绵城市建设。三是依托现有“大建委”体制。如，嘉兴市、池州市、遂宁市等，依托“大建委”的管理体制，统一负责海绵城市建设规划、建设、管理，能够发挥快速推进的优势，最大限度减少部门间的协调成本。

（三）理念认识转变是关键

体会好“道”与“术”的关系，海绵城市不是透水铺装、下凹式绿地等具体技术，而是城市落实生态文明建设的方式和理念，转变传统的“头疼医头、脚疼医脚”的做法，用系统、统筹的理念解决城市水问题。如，萍乡市是一座资源枯竭的老工矿型城市，萍乡市运用海绵城市理念破解基础设施薄弱、发展方式粗犷、建设理念落后、发展质量不高等城市转型难题，抓重点、补短板、强弱项。一是转变城市发展方式，带动萍乡市传统企业由中低端制造向人才培训、规划与设计、雨水生态收集利用系统构件制造、新技术新材料研发制造及运营管理维护等全产业链，形成新的产业集群。推动城市发展方式从“资源依赖型”向“创新高效型”转变；二是转变城市建设理念，更加注重对山体、园林、绿地、湿地等自然生态的保护利用，城市建设不改变原有自然生态本底和水文特征；更加注重节约资源，不盲目扩大城市建设范围，不随意改变城市空间格局，做到适度开发、布局合理、集约高效，还城市以舒适、和谐、美丽。

（四）规划顶层设计是前提

抓住龙头，先规划后建设，制定系统化实施方案，将海绵城市理念落实到城市开发建设当中。新区以目标为导向，先梳山理水再造地营城；老区以问题为导向，从源头、过程、末端上提出具体的技术措施。试点城市均编制了海绵城市建设专项规划，明确了新老区海绵城市建设的目标与路径，特别是新区建设中，遵循规划确定的管控目标，有效避免了“先破坏、再修复，先建设、再治理”的弯路。如，贵安新区、天津滨海新区、深圳光明新区、宁波慈溪新城等新区海绵城市建设，在海绵城市建设专项规划编制过程中，先梳山理水、分析生态本底，识别天然水系、低洼地、湿地等敏感区域，划定蓝绿线予以严格保护，作为禁建区和限建区，并反馈到城市总体规划当中；济南、池州、武汉等针对旧城海绵化改造，制定了系统化实施方案，针对老旧小区存在的内涝积水、水体黑臭、人居环境差、蓝绿空间不足、停车位紧张、水电气热等公共设施老化等问题，运用海绵理念统筹实施、有序推进，一次施工、系统提升。

（五）标准规范建立是抓手

海绵城市理念要想落地，必须要通过建筑、道路、园林、给排水等专业当中落实，标准是重要的抓手。通过标准制定，倒逼海绵城市理念落实到各类工程项目设计、施工、建设、运维当中。如西咸新区、嘉兴市等，在试点过程中，充分结合科学研究成果，科研、建设、监测同步推进，取得了一批设施设计、运行的成果，并在此基础上形成了适宜本地区的地方标准、地方参数等，在同类地区快速推广，示范效应明显。

（六）长效机制落实是保障

海绵城市建设要有刚性，就必须要通过长效机制来管控，必须将海绵城市的建设要求纳入规划土地出让“一书两证”，施工图审查、竣工验收环节的重要审查事项，形成刚性管控制度。如，厦门市结合“多规合一”，建立了规划建设管控信息化平台，城市开发建设均通过同一平台进行审批、协调，用信息化手段解决海绵城市规划建设全流程管控、多专业协同的难题，在不增加审批时间、不加重被审批对象负担的前提下，实现了“只进一次门”就能同步实现海绵城市建设的管控，取得了良好效果。深圳市制定了《深圳市政府投资建设项目施工许可管理规定》《深圳市社会投资建设项目报建登记实施办法》《海绵城市建设管理暂行办法》等，将海绵城市管控全面纳入工程建设项目审批制度，根据项目适宜性分类提出管控要求，把住用地规划许可、工程建设许可、施工许可、竣工验收四个核心环节，细化项目报建审批流程，统一审批准绳，并加强激励引导和事中事后监管，形成有效的海绵城市建设规划管控制度，试点以来已审批入库项目1800余项，核发“一书两证”共计1660个，施工图审查160项，开展事后巡查监督项目420多个。

（七）实施效果导向是重点

海绵城市必须切实解决城市面临的问题，必须要以效果为导向评判海绵城市建设的成败，城市涝不涝、水体臭不臭、城市基础设施建设系统不系统，这是海绵城市建设最终目标是否实现的标准，必须要将效果与绩效考核挂钩，实行按效果付费。住房城乡建设部制定的《海绵城市建设绩效评价与考核办法》《海绵城市建设评价标准》，与财政部、水利部制定的试点城市绩效评价要求中，都将海绵城市的实施效果作为重要内容，推动海绵城市整体打包运作，将可经营、准经营和非经营不同类型的项目“肥瘦搭配”，既节约城市开发建设成本，又促进城市品质和价值提升，实现资金平衡，政府不增加隐形债务；鼓励社会资本参与海绵城市建设，创新公共服务供给模式，促进政府职能转变，严格执行合同管理、绩效考核、按效付费。试点城市在实施海绵城市PPP项目中，也都采取“绩效考核、按效付费”的方式，如，南宁市海绵城市建设竹排江流域PPP项目中，从水质、水量、防洪等角度分别设置了考核指标，每年进行考核，根据结果支付相应费用，实现社会效益、环境效益、政府资金效益最大化。

（八）技术人才培养是根本

作为新生事物，海绵城市从接受到熟悉、从熟悉到实践，客观上需要一个过程，必须要加大人才培养力度，特别是本地技术力量的培育，方能保证提供源源不断的支撑和动力。如，西咸新区针对本地技术力量不足的实际，采用“关键技术重点引进＋实践改进局部创新＋基础研究集成创新”三级保障模式，与国内知名科研设计单位合作，从海绵城市设计、施工、材料设备选用等环节紧迫需求入手，系统筛选并储备涉及水、材料、土壤、植物、气象等多学科20余项课题，开展技术研发10余项，借助外部力量的同时培育了本地的技术力量，不仅较好地解决了建设标准匮乏、地域差异显著、技术依据不足等实际问题，还形成了“政、产、学、研、用”协同创新平台。白城、遂宁等城市，在引进国内外高水平技术团队协助开展方案设计、技术把关等工作的同时，还注重发挥本地技术和管理人才熟悉情况、经验丰富的优势，运用本地化的措施，探索出海绵式渗井、“微创式”雨水系统改造等工艺，不仅取得了良好的效果，还大大节约了资金成本，锻炼了一批技术人员，形成了人才梯队。

四、下一步工作展望

通过试点，海绵城市建设的理念和效果得到社会的逐步认同，下一步的重点工作主要有以下几方面：

（一）深入实施评价标准，以评促建

广泛开展培训，宣贯实施《海绵城市建设评价标准》，根据《海绵城市建设评价标准》，指导规范海绵城市建设效果评价；建立评价机制，以评促建，带动各地全面推进海绵城市建设。

（二）推广试点城市经验，广泛带动

深入总结海绵城市建设试点城市经验，从体制机制、制度建设、运作模式、技术路线、创新性等方面总结试点城市经验并加以推广，并选择部分城市作为海绵城市建设样板，大力开展宣传。

（三）完善海绵城市标准，专业协调

根据海绵城市建设绩效评价标准，继续研究建立海绵城市建设的标准体系，进一步明确各专业标准落实海绵城市建设要求的强制性条文，完善海绵城市建设相关的工程验收、运行维护标准图集。加大相关标准宣传贯彻培训力度，严格施工图审查，增强城市规划、给排水、景观园林、道路等专业间的协调性。

（四）找准落地实施路径，统筹推进

海绵城市是城市转型发展的新理念，在推进城市黑臭水体治理、排水防涝、污水处理提质增效、供水安全保障、老旧小区改造、园林绿地建设等建设项目中具体落地，切实解决实际问题。同时，以人民群众满意为海绵城市建设的重要标准，切实发挥海绵城市解决民生问题的效益。

2018年城市设计管理工作综述

2018年，城市设计管理工作认真贯彻落实党的十九大精神和习近平新时代中国特色社会主义思想，按照党中央、国务院决策部署，狠抓各项工作落实，紧紧围绕住房和城乡建设部中心任务，不断推动城市设计改革创新，较好完成了全年各项工作任务。

一、工作开展情况

按照中央城市工作会议关于加强城市设计的要求，有序推动57个城市设计试点工作。总结试点经验，修改完善关于加强城市设计工作的指导意见。组织遴选和编写城市设计示范案例。加强街道空间规划管理，保护历史肌理。加强城市雕塑等公共艺术的建设指导，提高城市艺术品位。利用住房和城乡建设部门户网站、相关微信公众号等组织宣传试点工作经验。

二、试点工作成效

全国57个城市设计试点城市中，有42个城市完善试点工作实施方案，46个城市成立了试点工作领导小组，明确了工作组织架构和工作职责，各地出台或正在制定相关法规规章、标准等累计197项，投入城市设计编制经费约13.5亿元，开展各类城市设计920余项，其中城市总体城市设计44项，重点地区和地块城市设计约736项，专项城市设计约140项，有24个城市建设了城市设计信息技术管理平台。总的来看，各试点城市在工作方案、管理机制、法规制定、城市设计编制以及资金投入等方面均取得一定成效，区域特色塑造、历史风貌保护、地方空间治理等方面的能力不断提升。

三、下一步工作展望

一是完善城市设计制度。召开城市设计试点城市工作总结会，总结北京城市副中心和河北雄安新区经验做法，修改完善并适时印发加强城市设计工作的指导意见。研究探索城市设计与空间规划的关系。

二是指导城市特色风貌管理。研究推动全国一带一路城市、民族地区城市、革命圣地、历史文化名城、风景旅游城市加强城市设计工作的工作思路，指导塑造新时代城市特色风貌。组织开展城市街道设计导则研究，适时印发导则。指导开展城市公共空间规划设计和街道设计工作，增强街道街区的活力和特色。

三是加强城市雕塑建设管理。会同文化部修改《城市雕塑建设管理办法》，明确新时期城市雕塑建设管理要求。报请批准组织开展建国 70 周年优秀城市雕塑评选，引导城市雕塑创作。研究印发加强城市雕塑等公共艺术建设管理的通知，指导各地提高公共艺术水平。

（撰稿人：汪科，中国城市规划设计研究院副院长；李昕阳，住房和城乡建设部城乡规划管理中心规划技术处城市规划师，博士）

附录篇

2018—2019年度中国规划相关领域大事记

2018年2月7日，第九届世界城市论坛在马来西亚首都吉隆坡开幕，本次会议的主题是“城市2030，人人共享的城市：实施《新城市议程》”。我国住房和城乡建设部副部长倪虹率团出席会议。倪虹副部长指出本次论坛是“人居三”大会之后召开的第一次世界城市论坛，具有承上启下、继往开来的历史意义。作为人居大国，中国一直是全球人居和城市可持续发展事业的积极参与者、推动者和贡献者，特别是近年来中国在人居领域积极落实联合国《2030年可持续发展议程》和《新城市议程》，扎实推进以人为核心的新型城镇化，持续加强城市规划建设管理，推动人居环境不断改善。

2018年2月12日，国务院正式批复并原则同意《呼包鄂榆城市群发展规划》。批复要求，《规划》实施要全面贯彻党的十九大精神，以习近平新时代中国特色社会主义思想为指导，统筹推进“五位一体”总体布局和协调推进“四个全面”战略布局，坚持以人民为中心的发展思想，牢固树立和贯彻落实新发展理念，坚持质量第一、效益优先，以供给侧结构性改革为主线，推动经济发展质量变革、效率变革、动力变革，着力推进生态环境共建共保，着力构建开放合作新格局，着力创新协同发展体制机制，着力引导产业协同发展，着力加快基础设施互联互通，努力提升人口和经济集聚水平，将呼包鄂榆城市群培育发展成为中西部地区具有重要影响力的城市群。

2018年2月22日，中共中央政治局常务委员会召开会议，听取河北雄安新区规划编制情况的汇报。中共中央总书记习近平主持会议并发表重要讲话。会议指出，规划建设雄安新区，是以习近平同志为核心的党中央对深化京津冀协同发展作出的又一项重大决策部署，是一项历史性工程，对承接北京非首都功能、探索人口密集地区优化开发模式、调整优化京津冀空间结构、培育推动高质量发展和建设现代化经济体系的新引擎具有重大现实意义和深远历史意义。

2018年3月1日，国务院批复了《兰州—西宁城市群发展规划》。批复要求，《规划》实施要全面贯彻党的十九大精神，以习近平新时代中国特色社会主义思想为指导，统筹推进“五位一体”总体布局和协调推进“四个全面”战略布局，坚持以人民为中心的发展思想，牢固树立和贯彻落实新发展理念，坚持稳中求进工作总基调，以供给侧结构性改革为主线，解放思想、实事求是，尽力而为、量力而行，着力优化城镇空间布局，着力加强生态建设和环境保护，着力补齐基础设施和公共服务短板，着力推进产业优化升级和功能配套，着力融入“一带一路”建设，积极推动高质量、特色化发展，把兰州-西宁城市群培育发展成为支撑国土安全和生态安全格局、维护西北地区繁荣稳定的重要城市群。

2018年3月6日，国家体育总局、国家发展和改革委员会、财政部、国土资源部、住房和城乡建设部等部门研究制定的《百万公里健身步道工程实施方案》印发。《实施方案》提出，到2020年，力争在全国每个县（市、区）完成300公里左右健身步道建设，以此为载体，推动全民健身活动广泛开展，带动县域经济发展，助力脱贫攻坚，决胜全面小康。

2018年3月9日，国家发展和改革委员会、住房和城乡建设部等5部门联合印发了《关于规范主题公园建设发展的指导意见》。《意见》提出，要防止一哄而起、盲目发展、重复模仿、同质化竞争，防范地方债务、社会、金融等风险；要严控房地产倾向，对拟新增立项的主题公园项目要科学论证评估，严格把关审查，防范“假公园真地产”项目。《意见》结合我国当前实际，将主题公园划分为特大型、大型和中小型3个等级。《意见》提出要合理规划布局主题公园。主题公园项目选址应当符合土地利用总体规划和城市、镇总体规划以及相关专项规划。统筹考虑主题公园项目游客众多、人员密集的特点，合理规划选址布局，避免与住宅等人员密集区域交叉叠加。

2018年3月13日，国家发展和改革委员会印发了《关于实施2018年推进新型城镇化建设重点任务的通知》，《通知》明确了2018年新型城镇化建设的五大重点任务：（一）加快农业转移人口市民化。包括全面放宽城市落户条件，强化常住人口基本公共服务，深化“人地钱挂钩”配套政策，不断提升新市民融入城市能力四个方面的部署。（二）提高城市群建设质量。包括全面实施城市群规划，稳步开展都市圈建设，加快培育新生中小城市，引导特色小镇健康发展四个方面的部署。（三）提高城市发展质量。包括提升城市经济质量，优化城市空间布局，建设绿色人文城市，推进城市治理现代化四个方面的部署。（四）加快推动城乡融合发展。包括做好城乡融合发展顶层设计，清除要素下乡各种障碍，推进城乡产业融合发展，推动公共资源向农村延伸四个方面的部署。（五）深化城镇化制度改革。

2018年3月22日，国务院办公厅印发《关于促进全域旅游发展的指导意见》，就加快推动旅游业转型升级、提质增效，全面优化旅游发展环境，走全域旅游发展的新路子作出部署。《意见》提出，发展全域旅游要坚持统筹协调、融合发展，因地制宜、绿色发展，改革创新、示范引导的原则，将一定区域作为完整旅游目的地，以旅游业为优势产业，统一规划布局、优化公共服务、推进产业融合、加强综合管理、实施系统营销，有利于不断提升旅游业的现代化、集约化、品质化、国际化水平，更好满足旅游消费需求。

2018 年 4 月 10 日，自然资源部正式挂牌。作为统一管理山水林田湖草等全民所有自然资源资产的部门，自然资源部整合了国土资源部的职责，国家发展和改革委员会的组织编制主体功能区规划职责，住房和城乡建设部的城乡规划管理职责，水利部的水资源调查和确权登记管理职责，农业部的草原资源调查和确权登记管理职责，国家林业局的森林、湿地等资源调查和确权登记管理职责，国家海洋局的职责，国家测绘地理信息局的职责。国家林业和草原局也由自然资源部管理。

2018 年 4 月 20 日，中共中央国务院批复了《河北雄安新区规划纲要》。批复的主要内容包括：一、同意《河北雄安新区规划纲要》；二、设立河北雄安新区，是以习近平同志为核心的党中央深入推进京津冀协同发展作出的一项重大决策部署，是继深圳经济特区和上海浦东新区之后又一具有全国意义的新区，是千年大计、国家大事；三、科学构建城市空间布局；四、合理确定城市规模；五、有序承接北京非首都功能疏解；六、实现城市智慧化管理；七、营造优质绿色生态环境；八、实施创新驱动发展；九、建设宜居宜业城市；十、打造改革开放新高地；十一、塑造新时代城市特色风貌；十二、保障城市安全运行；十三、统筹区域协调发展；十四、加强规划组织实施。

2018 年 4 月 24 日，国家发展和改革委员会联合自然资源部、住房和城乡建设部以及中国铁路总公司近日印发了《关于推进高铁站周边区域合理开发建设的指导意见》。《指导意见》提出了 8 项重点任务：强化规划引导和管控作用、合理确定高铁车站选址和规模、严格节约集约用地、促进站城一体融合发展、提升综合配套保障能力、合理把握开发建设时、防范地方政府债务风险、创新开发建设体制机制。

2018 年 4 月 26 日，中共中央总书记、国家主席、中央军委主席习近平在武汉主持召开深入推动长江经济带发展座谈会并发表了重要讲话。习近平强调，总体上看，实施长江经济带发展战略要加大力度。必须从中华民族长远利益考虑，把修复长江生态环境摆在压倒性位置，共抓大保护、不搞大开发，努力把长江经济带建设成为生态更优美、交通更顺畅、经济更协调、市场更统一、机制更科学的黄金经济带，探索出一条生态优先、绿色发展新路子。

2018 年 5 月 10 日，国务院发布《国务院关于同意将河北省蔚县列为国家历史文化名城的批复》，同意将蔚县列为国家历史文化名城。蔚县历史悠久，古城形制独特，风貌保存较好，文化遗存丰富多样，古代建筑数量众多，具有重要的历史文化价值。河北省、张家口市及蔚县人民政府要根据本批复精神，按照《历史文化名城名镇名村保护条例》的要求，加强文物保护利用和文化遗产保护传承，正确处理城市建设与保护历史文化遗产的关系，深入研究发掘历史文化遗产的内涵与价值，明确保护的原则和重点。编制好历史文化名城保护规划，并将其纳入城市总体规划，划定历史文化街区、文物保护单位、历史建筑的保护范围及建设控制地带，制定并严格实施相关保护措施。

2018 年 5 月 18～19 日，全国生态环境保护大会在北京召开。中共中央总书记、国家主席、中央军委主席习近平出席会议并发表重要讲话。习近平指出，新时代推进生态文明建设，必须坚持好以下原则。一是坚持人与自然和谐共生，坚持节约优先、保护优先、自然恢复为主的方针，像保护眼睛一样保护生态环境，像对待生命一样对待生态环境，让自然生态美景永驻人间，还自然以宁静、和谐、美丽。二是绿水青山就是金山银山，贯彻创新、协调、绿色、开放、共享的发展理念，加快形成节约资源和保护环境的空间格局、产业结构、生产方式、生活方式，给自然生态留下休养生息的时间和空间。三是良好生态环境是最普惠的民生福祉，坚持生态惠民、生态利民、生态为民，重点解决损害群众健康的突出环境问题，不断满足人民日益增长的优美生态环境需要。四是山水林田湖草是生命共同体，要统筹兼顾、整体施策、多措并举，全方位、全地域、全过程开展生态文明建设。五是用最严格制度最严密法治保护生态环境，加快制度创新，强化制度执行，让制度成为刚性的约束和不可触碰的高压线。六是共谋全球生态文明建设，深度参与全球环境治理，形成世界环境保护和可持续发展的解决方案，引导应对气候变化国际合作。

2018 年 5 月 21 日，住房和城乡建设部组织中国城市规划设计研究院等单位起草了国家标准《城市绿地规划标准》并向社会公开征求意见，意见反馈截止时间为 2018 年 6 月 28 日。本标准适用于城市绿地系统规划以及城市总体规划、详细规划的编制和管理工作。主要技术内容包括：1. 总则；2. 术语；3. 基本规定；4. 市域绿色生态空间统筹；5. 规划区绿地系统规划；6. 中心城区绿地系统规划；7. 绿地分类规划；8. 专项规划。

2018 年 5 月 21 日，国家标准《城市公共服务设施规划标准》GB 50442（修订）公开征求意见。本标准适用于城市总体规划、详细规划以及城市公共服务设施专项规划。城市公共服务设施是为城市或一定范围内的居民提供基本的公共文化、教育、体育、医疗卫生和社会福利等服务的、不以营利为目的公益性公共设施，其规划建设应遵循以人为本的发展理念，坚持集约共享、绿色开放的基本原则，合理配置、高效服务。

2018年5月25日，十三届全国政协第三次双周协商座谈会在京召开，中共中央政治局常委、全国政协主席汪洋主持会议并讲话。汪洋强调，历史文化名城名镇是培育文化自信和文化认同的重要物质基础。双周协商座谈会以“历史文化名城名镇保护”为议题，发挥政协委员的智力优势，为历史文化名城名镇保护资政建言，具有重要意义。要深入学习领会习近平总书记关于做好历史文化遗产保护的一系列重要指示精神，本着对历史负责、对人民负责的精神，强化保护优先、合理利用的理念，处理好城市改造开发和历史文化遗产保护的关系，切实做到在保护中发展、在发展中保护。

2018年6月22日，自然资源部发布了《自然资源部 住房和城乡建设部关于国家级开发区四至范围公告》，附件《国家级开发区四至范围公告目录（2018年版）》中共公开552家国家级开发区四至范围。其中包括219家经济技术开发区，156家高新技术产业开发区，135家海关特殊监管区域，19家边境/跨境经济合作区和23家其他类型开发区。

2018年6月24日，《中共中央国务院关于全面加强生态环境保护坚决打好污染防治攻坚战的意见》发布。《意见》对全面加强生态环境保护、坚决打好污染防治攻坚战作出部署安排。《意见》确定，到2020年，生态环境质量总体改善，主要污染物排放总量大幅减少，环境风险得到有效管控，生态环境保护水平同全面建成小康社会目标相适应。通过加快构建生态文明体系，确保到2035年节约资源和保护生态环境的空间格局、产业结构、生产方式、生活方式总体形成，生态环境质量实现根本好转，美丽中国目标基本实现。到21世纪中叶，生态文明全面提升，实现生态环境领域国家治理体系和治理能力现代化。

2018年7月3日，国务院印发《打赢蓝天保卫战三年行动计划》（以下简称《行动计划》）。《行动计划》提出，经过3年努力，大幅减少主要大气污染物排放总量，协同减少温室气体排放，进一步明显降低细颗粒物（$PM_{2.5}$）浓度，明显减少重污染天数，明显改善环境空气质量，明显增强人民的蓝天幸福感。

2018年7月26～27日，由中国城市科学研究会、江苏省住房和城乡建设厅、苏州市人民政府主办的2018（第十三届）城市发展与规划大会在苏州市召开。2018年是贯彻党的十九大精神的开局之年，也是改革开放40周年再出发，实施“十三五”规划承上启下的关键一年。本届城市发展与规划大会以“城市设计引领绿色发展与文化传承”为主题，并围绕主题设立20个研讨会专题，包括国际生态城市理论前沿与实践进展、生态宜居城市规划建设、中外城镇化发展进程比较、绿色交通与综合交通体系、智慧城市建设最新进展、城乡规划改革与城市转型发展、黑臭河道治理与水生态修复、历史文化名城（镇）的保护与发展、城市双修理论与实践、城市综合管廊线规划建设管理、海绵城市规划与建设、“多规合一”与空间规划体系变革、城市老旧小区有机更新理论与实践、城市设计与城市特色风貌塑造、特色小镇规划建设管理与产业创新、绿色生态社区评价与发展、雄安新区与京津冀协调发展、历史街区复兴研究、绿色宜居雄安、弹性城市理论与设计等。

2018年8月23日，《全国城市区域建设用地节约集约利用评价情况通报》公开发布。评价范围覆盖了全国31个省（区、市）及新疆生产建设兵团的560余个城市。2014～2016年度，参评城市国土开发强度从6.85%上升至7.02%，城乡建设用地人口密度从4665人/平方公里下降到4613人/平方公里，地均GDP由201.1万元/公顷提高到222.2万元/公顷，地均固投由125万元/公顷增长至152.3万元/公顷，单位GDP地耗从11.1公顷/亿元下降到9.07公顷/亿元，单位固投地耗由1.2公顷/亿元减少到0.8公顷/亿元，集约用地水平逐年提高。

2018年9月20日，中共中央总书记、国家主席、中央军委主席、中央全面深化改革委员会主任习近平主持召开中央全面深化改革委员会第四次会议并发表重要讲话。他强调，改革重在落实，也难在落实。改革进行到今天，抓改革、抓落实的有利条件越来越多，改革的思想基础、实践基础、制度基础、民心基础更加坚实，要投入更多精力、下更大气力抓落实，加强领导，科学统筹，狠抓落实，把改革重点放到解决实际问题上来。此次会议审议通过了《关于统一规划体系更好发挥国家发展规划战略导向作用的意见》等7个重要文件。

2018年9月28日，住房和城乡建设部就进一步做好城市既有建筑保留利用和更新改造工作发布通知，要求各地高度重视城市既有建筑保留利用和更新改造，建立健全城市既有建筑保留利用和更新改造工作机制，构建全社会共同重视既有建筑保留利用与更新改造的氛围。通知提出，各地要充分认识既有建筑的历史、文化、技术和艺术价值，坚持充分利用、功能更新原则，加强城市既有建筑保留利用和更新改造，避免片面强调土地开发价值，防止“一拆了之”。坚持城市修补和有机更新理念，延续城市历史文脉，保护中华文化基因，留住居民乡愁记忆。

2018年10月16日，国务院批复同意设立中国（海南）自由贸易试验区并印发《中国（海南）自由贸易试验区总体方案》。《方案》明确，发挥海南岛全岛试点的整体优势，紧紧围绕建设全面深化改革开放试验区、国家生态文明试验区、国际旅游消费中心和国家重大战略服务保障区，实行更加积极主动的开放战略，加快构建开放型经济新体制，推动形成全面开放新格局，把海南打造成为我国面向太平洋和印度洋的重要对外开放门户。《方案》以现有自贸试验区试点任务为基础，明确了海南自贸试验区在加快构建开放型经济新体制、加快服务业创新发展、加快政府职能转变等方面开展改革试点，并加强重大风险防控体系和机制建设。同时，结合海南特点，在医疗卫生、文化旅游、生态绿色发展等方面提出特色试点内容。

2018年10月22～25日，习近平总书记在中共中央政治局委员、广东省委书记李希和省长马兴瑞陪同下，先后来到珠海、清远、深圳、广州等地，深入企业、高校、乡村、社区，就贯彻落实党的十九大精神、深化改革开放、推动经济高质量发展等进行调研。习近平指出，城市规划和建设要高度重视历史文化保护，不急功近利，不大拆大建。要突出地方特色，注重人居环境改善，更多采用微改造这种“绣花”功夫，注重文明传承、文化延续，让城市留下记忆，让人们记住乡愁。

2018年10月31日，由住房和城乡建设部、江苏省政府、联合国人居署共同主办，由徐州市政府承办，中国城市规划学会、中国建筑文化中心、中国市长协会、上海世界城市日事务协调中心等有关单位协办的2018年世界城市日中国主场活动在徐州拉开帷幕，本届世界城市日以“生态城市，绿色发展”为年度主题，重点交流和展示世界各地在城市可持续发展、防灾抗灾、绿色建筑、建设海绵城市、绿色城市等方面的创新做法，探讨如何进一步落实联合国《新城市议程》，推动国际合作与交流。

2018年11月23～26日，“中国城市规划年会”在杭州召开，本次会议的主题是“共享与品质”。会议精神强调城乡规划工作要以习近平新时代中国特色社会主义思想为指导，适应新时代的发展要求，更加突出“以人民为中心”的价值导向，聚焦新目标，落实新部署，推动实现人的全面发展、社会的全面进步；要在理论、实践、制度等各个方面不断创新，建立并完善多方参与、协同治理的规划体制和机制，推动城乡建设和发展更加公平、更为协调，实现城乡、地区、社会的包容与和谐，让发展成果惠及全体人民；要坚持科学规划，运用合理的规划技术方法和人文关怀精神，编制高品质的城乡规划，促进城乡间在空间布局、产业经济、公共服务、生态保护、基础设施建设等方面协同发展，营建高品质的城乡人居环境，不断提升城乡发展品质，为美丽中国目标的实现打下坚实基础。

2018年12月18日，庆祝改革开放40周年大会在北京隆重举行，习近平总书记出席大会并发表重要讲话。习近平总书记在讲话中指出，40年来，我们始终坚持保护环境和节约资源，坚持推进生态文明建设，生态文明制度体系加快形成，主体功能区制度逐步健全，节能减排取得重大进展，重大生态保护和修复工程进展顺利，生态环境治理明显加强，积极参与和引导应对气候变化国际合作，中国人民生于斯、长于斯的家园更加美丽宜人！

2018 年 12 月 24 日，全国住房和城乡建设工作会议在京召开。住房和城乡建设部党组书记、部长王蒙徽全面总结了 2018 年住房和城乡建设工作，分析了面临的形势和问题，提出了 2019 年工作总体要求和重点任务。会议指出，改革开放 40 年来，城镇化进程波澜壮阔，城乡面貌发生了翻天覆地的变化。住房制度、建筑业体制机制、城乡规划建设管理体制等改革深入推进，住房和城乡建设事业在改革大潮中不断发展前进，群众居住条件显著改善，城乡建设成就斐然，建筑业不断发展壮大。

2018 年 12 月 25 日，住房和城乡建设部、国家文物局在北京联合召开国家历史文化名城和中国历史文化名镇名村评估总结大会。会议系统总结了我国历史文化名城名镇名村保护工作取得的成绩和存在的问题，并部署了下一阶段加强历史文化名城名镇名村保护工作的总体要求和重点任务。

2019 年 1 月 2 日，国务院正式批复《河北雄安新区总体规划（2018—2035 年）》。批复指出，总体规划是雄安新区发展、建设、管理的基本依据，必须严格执行，任何部门和个人不得随意修改、违规变更。批复指出，总体规划牢牢把握北京非首都功能疏解集中承载地这个初心，坚持世界眼光、国际标准、中国特色、高点定位，坚持生态优先、绿色发展，坚持以人民为中心、注重保障和改善民生，坚持保护弘扬中华优秀传统文化、延续历史文脉，对于高起点规划高标准建设雄安新区、创造“雄安质量”、建设“廉洁雄安”、打造推动高质量发展的全国样板、建设现代化经济体系的新引擎具有重要意义。

2019 年 1 月 3 日，国务院发布《中共中央 国务院关于对〈北京城市副中心控制性详细规划（街区层面）（2016 年—2035 年）〉的批复》，原则同意《北京城市副中心控制性详细规划（街区层面）（2016 年—2035 年）》。《城市副中心控规》以习近平新时代中国特色社会主义思想为指导，深入贯彻习近平总书记对北京重要讲话精神，紧紧围绕统筹推进“五位一体”总体布局和协调推进“四个全面”战略布局，坚持以人民为中心的发展思想，牢固树立创新、协调、绿色、开放、共享的发展理念，按照高质量发展的要求，以供给侧结构性改革为主线，坚持世界眼光、国际标准、中国特色、高点定位，以创造历史、追求艺术的精神，牢牢抓住疏解北京非首都功能这个“牛鼻子”，紧紧围绕京津冀协同发展，注重生态保护、注重延续历史文脉、注重保障和改善民生、注重多规合一，符合党中央、国务院批复的《北京城市总体规划（2016年—2035年）》，对于以最先进的理念、最高的标准、最好的质量推进北京城市副中心（以下简称城市副中心）建设具有重要意义。《城市副中心控规》有许多创新，对于全国其他大城市新区建设具有示范作用。

2019年1月11日，国务院新闻办公室举行河北雄安新区和北京城市副中心规划建设发布会，介绍了京津冀协同发展，特别是河北雄安新区和北京城市副中心规划建设有关情况。

2019年1月11日，自然资源部网站发布《自然资源部办公厅、住房和城乡建设部办公厅关于福州等5个城市利用集体建设用地建设租赁住房试点实施方案意见的函》，原则同意福州、南昌、青岛、海口、贵阳5个城市利用集体建设用地建设租赁住房试点实施方案。至此，集体土地建设租赁住房试点城市已经扩展到18个城市。函中强调，坚持“房子是用来住的、不是用来炒的”定位，按照区域协调发展和乡村振兴的要求，促进建立多主体供给，多渠道保障、租购并举的住房制度，实现城乡融合发展、人民住有所居。

2019年1月17日，住房和城乡建设部在广东省珠海市召开城市设计试点经验交流会，总结交流城市设计试点经验，探索行之有效的机制、方法和技术，塑造城市特色风貌，打造宜人亲民的城市公共空间和环境，不断提升城市品质。

2019年1月21日，住房和城乡建设部、国家文物局批准公布第七批中国历史文化名镇名村名录。在各地推荐的基础上，经专家评选，确定了山西省长治市上党区荫城镇等60个镇为中国历史文化名镇、河北省井陉县南障城镇吕家村等211个村为中国历史文化名村。

2019年1月21日，国务院办公厅关于印发“无废城市”建设试点工作方案的通知，同意《“无废城市”建设试点工作方案》。明确现阶段要通过“无废城市”建设试点，统筹经济社会发展中的固体废物管理，大力推进源头减量、资源化利用和无害化处置，坚决遏制非法转移倾倒，探索建立量化指标体系，系统总结试点经验，形成可复制、可推广的建设模式。为指导地方开展“无废城市”建设试点工作，制定本方案。

2019年1月22日，国务院办公厅印发《关于开展城镇小区配套幼儿园治理工作的通知》。《通知》要求，城镇小区没有按照相关标准和规范规划配套幼儿园或规划不足，或者有完整规划但建设不到位的，要通过补建、改建或就近新建、置换、购置等方式予以解决。

2018—2019年度城市规划与设计相关法规文件索引

一、中共中央、国务院颁布政策法规

序号	政策法规名称	发文字号	发布日期
1	中共中央办公厅 国务院办公厅印发《关于推进城市安全发展的意见》		2018年1月7日
2	国务院关于关中平原城市群发展规划的批复	国函〔2018〕6号	2018年1月15日
3	国务院关于呼包鄂榆城市群发展规划的批复	国函〔2018〕16号	2018年2月12日
4	国务院关于兰州—西宁城市群发展规划的批复	国函〔2018〕38号	2018年3月1日
5	国务院办公厅关于保障城市轨道交通安全运行的意见	国办发〔2018〕13号	2018年3月23日
6	中共中央 国务院关于对《河北雄安新区规划纲要》的批复		2018年4月20日
7	国务院关于同意将河北省蔚县列为国家历史文化名城的批复	国函〔2018〕70号	2018年5月10日
8	中共中央 国务院关于全面加强生态环境保护 坚决打好污染防治攻坚战的意见		2018年6月16日
9	国务院办公厅关于进一步加强城市轨道交通规划建设管理的意见	国办发〔2018〕52号	2018年7月13日
10	中共中央 国务院印发《乡村振兴战略规划(2018—2022年)》		2018年9月26日
11	中共中央办公厅 国务院办公厅关于调整住房和城乡建设部职责机构编制的通知		2018年9月13日
12	中共中央 国务院关于建立更加有效的区域协调发展新机制的意见		2018年11月18日
13	中共中央 国务院关于统一规划体系更好发挥国家发展规划战略导向作用的意见		2018年11月18日
14	国务院关于河北雄安新区总体规划(2018—2035年)的批复	国函〔2018〕159号	2019年1月2日
15	中共中央 国务院关于对《北京城市副中心控制性详细规划(街区层面)(2016年—2035年)》的批复		2019年1月3日
16	国务院办公厅关于印发"无废城市"建设试点工作方案的通知	国办发〔2018〕128号	2019年1月21日
17	中共中央 国务院印发《粤港澳大湾区发展规划纲要》		2019年2月18日

二、住房和城乡建设部等部委颁布政策法规

序号	政策法规名称	发文字号	发布日期
1	关于印发三江源国家公园总体规划的通知	发改社会〔2018〕64 号	2018 年 1 月 17 日
2	住房和城乡建设部 国家发展改革委关于批准发布《特困人员供养服务设施(敬老院)建设标准》的通知	建标〔2017〕179 号	2018 年 2 月 1 日
3	住房和城乡建设部 国家发展改革委关于批准发布《国家口岸查验基础设施建设标准》的通知	建标〔2017〕219 号	2018 年 2 月 1 日
4	住房和城乡建设部 国家发展改革委关于批准发布食品药品医疗器械检验检测中心(院、所)建设标准的通知	建标〔2017〕223 号	2018 年 2 月 1 日
5	关于印发关中平原城市群发展规划的通知	发改规划〔2018〕220 号	2018 年 2 月 7 日
6	住房和城乡建设部关于做好推进“厕所革命”提升城镇公共厕所服务水平有关工作的通知	建城[2018]11 号	2018 年 2 月 28 日
7	住房和城乡建设部 国家发展改革委关于印发《国家节水型城市申报与考核办法》和《国家节水型城市考核标准》的通知	建城〔2018〕25 号	2018 年 3 月 1 日
8	关于印发呼包鄂榆城市群发展规划的通知	发改地区〔2018〕358 号	2018 年 3 月 6 日
9	住房和城乡建设部关于 2018 年第一批城乡规划编制单位甲级资质认定的公告	中华人民共和国住房和城乡建设部公告 第 1853 号	2018 年 3 月 9 日
10	关于印发兰州—西宁城市群发展规划的通知	发改规划〔2018〕423 号	2018 年 3 月 19 日
11	关于规范主题公园建设发展的指导意见	发改社会规〔2018〕400 号	2018 年 4 月 9 日
12	住房和城乡建设部关于 2018 年第二批城乡规划编制单位甲级资质认定的公告	中华人民共和国住房和城乡建设部公告 2018 年第 55 号	2018 年 4 月 19 日
13	住房和城乡建设部 国家发展改革委关于批准发布《妇幼健康服务机构建设标准》的通知	建标〔2017〕248 号	2018 年 4 月 28 日
14	关于印发全国沿海渔港建设规划(2018-2025 年)的通知	发改农经〔2018〕597 号	2018 年 5 月 2 日
15	住房和城乡建设部关于发布行业标准《城市绿地分类标准》的公告	中华人民共和国住房和城乡建设部公告 第 1749 号	2018 年 6 月 26 日
16	住房和城乡建设部 国家文物局关于推荐全国历史文化名城名镇名村保护专家委员会委员的通知	建城函〔2018〕135 号	2018 年 7 月 5 日
17	自然资源部关于健全建设用地“增存挂钩”机制的通知	自然资规〔2018〕1 号	2018 年 7 月 30 日
18	自然资源部关于印发《城乡建设用地增减挂钩节余指标跨省域调剂实施办法》的通知	自然资规〔2018〕4 号	2018 年 8 月 8 日

续表

序号	政策法规名称	发文字号	发布日期
19	住房和城乡建设部关于发布行业标准《既有社区绿色化改造技术标准》的公告	中华人民共和国住房和城乡建设部公告第1748号	2018年8月24日
20	住房和城乡建设部关于发布国家标准《城市轨道交通线网规划标准》的公告	中华人民共和国住房和城乡建设部公告2018第78号	2018年8月24日
21	关于苏州市城市轨道交通第三期建设规划(2018～2023年)的批复	发改基础〔2018〕1148号	2018年9月6日
22	住房和城乡建设部关于进一步做好城市既有建筑保留利用和更新改造工作的通知	建城〔2018〕96号	2018年9月30日
23	关于印发《淮河生态经济带发展规划》的通知	发改地区〔2018〕1588号	2018年11月7日
24	住房和城乡建设部等部门关于开展无障碍环境市县村镇创建工作的通知	建标〔2018〕114号	2018年11月12日
25	关于印发《汉江生态经济带发展规划》的通知	发改地区〔2018〕1605号	2018年11月12日
26	住房和城乡建设部办公厅关于印发贯彻落实城市安全发展意见实施方案的通知	建办质〔2018〕58号	2018年11月27日
27	住房和城乡建设部关于发布国家标准《城市居住区规划设计标准》的公告	中华人民共和国住房和城乡建设部公告2018第142号	2018年11月30日
28	住房和城乡建设部办公厅关于学习贯彻习近平总书记广东考察时重要讲话精神进一步加强历史文化保护工作的通知	建办城〔2018〕56号	2018年12月4日
29	住房和城乡建设部办公厅关于同意河北雄安新区开展建筑师负责制试点的复函	建办市函〔2018〕689号	2018年12月7日
30	国家级文化生态保护区管理办法	中华人民共和国文化和旅游部令第1号	2018年12月10日
31	住房和城乡建设部关于发布国家标准《城镇老年人设施规划规范》局部修订的公告	中华人民共和国住房和城乡建设部公告2018年第334号	2019年1月7日
32	住房和城乡建设部 国家文物局关于公布第七批中国历史文化名镇名村的通知	建科〔2019〕12号	2019年1月30日
33	住房和城乡建设部关于发布国家标准《历史文化名城保护规划标准》的公告	中华人民共和国住房和城乡建设部公告2018年第250号	2019年2月28日
34	文化和旅游部办公厅关于印发《国家全域旅游示范区验收、认定和管理实施办法(试行)》和《国家全域旅游示范区验收标准(试行)》的通知	办资源发〔2019〕30号	2019年3月1日
35	文化和旅游部办公厅关于贯彻落实《国家级文化生态保护区管理办法》的通知	办非遗发〔2019〕47号	2019年3月13日
36	住房和城乡建设部关于发布国家标准《城市综合防灾规划标准》的公告	中华人民共和国住房和城乡建设部公告2018年第200号	2019年3月20日

续表

序号	政策法规名称	发文字号	发布日期
37	住房和城乡建设部关于发布国家标准《风景名胜区总体规划标准》的公告	中华人民共和国住房和城乡建设部公告 2018年第201号	2019年3月20日
38	住房和城乡建设部关于发布国家标准《城市环境规划标准》的公告	中华人民共和国住房和城乡建设部公告 2018年第202号	2019年3月20日
39	住房和城乡建设部关于发布国家标准《城市环境卫生设施规划标准》的公告	中华人民共和国住房和城乡建设部公告 2018年第256号	2019年3月20日
40	住房和城乡建设部 国家文物局关于部分保护不力国家历史文化名城的通报	建科〔2019〕35号	2019年3月21日